普通高等教育"十一五"国家级规划教材

高等医药院校创新教材

供医学美容技术专业使用

美容营养学

第 2 版

主　　编　蒋　钰　杨金辉

副主编　刘长征　周理云

编　　者　(以姓氏笔画排序)

朱葛勇　(丽都医疗集团)

任　刚　(辽宁卫生职业技术学院)

邬晓婧　(宁波卫生职业技术学院)

刘长征　(宜春学院)

刘紫萍　(天津医学高等专科学校)

闫润虎　(大连医科大学)

杨金辉　(淮南联合大学)

肖杰华　(青海卫生职业技术学院)

陈　蔚　(广州美莱美容医院)

周　昊　(宜春职业技术学院)

周理云　(江西护理职业技术学院)

晏志勇　(江西护理职业技术学院)

蒋　钰　(宜春学院)

游　牧　(淮南联合大学)

科学出版社

北　京

内 容 简 介

本书属高等医药院校创新教材,是医学美容技术专业系列教材中的一本。全书共14章,详尽阐述了与美容相关的营养问题、损容性疾病与营养之间的联系及中医膳食美容等基本知识。本书以理论与实践密切结合为原则、突出实用性、注重知识的应用能力培养,与第1版教材及同类教材相比,本书丰富了案例,增加了学习目标以及目标检测等内容,更利于激发学生的学习动力,调动学生的学习兴趣,提高学习效果。

本书是一部供医学美容技术专业使用的全面、系统、新颖的教材,同时也可作为美容医学专业教育以及各级各类专科培训班的教学用书。

图书在版编目(CIP)数据

美容营养学 / 蒋钰,杨金辉主编 . —2版 . —北京:科学出版社,2015.1
普通高等教育"十一五"国家级规划教材·高等医药院校创新教材
ISBN 978-7-03-043290-2

Ⅰ.①美… Ⅱ.①蒋… ②杨… Ⅲ.①美容—饮食营养学—高等学校—教材 Ⅳ.①TS974.1②R151.1

中国版本图书馆 CIP 数据核字(2013)第 311421 号

责任编辑:秦致中 格桑罗布 / 责任校对:韩 杨
责任印制:赵 博 / 封面设计:范璧合

科 学 出 版 社 出版
北京东黄城根北街 16 号
邮政编码:100717
http://www.sciencep.com

北京富资园科技发展有限公司印刷
科学出版社发行 各地新华书店经销
*
2006 年 8 月第 一 版 开本:787×1092 1/16
2015 年 1 月第 二 版 印张:16 3/4
2024 年 7 月第十六次印刷 字数:395 000

定价:**54.80 元**
(如有印装质量问题,我社负责调换)

高等医药院校医学美容技术专业
教材建设专家委员会名单

前　言

美容营养学是 21 世纪兴起的一门交叉性的营养学分支学科,是美容医学领域一个新的研究方向。随着美容医学的发展,营养与美容的关系日益受到人们的关注,营养学也逐步成为美容医学的重要组成部分。

2003 年 11 月,全国医学美容技术专业教育会议研究确定将美容营养学正式列入课程设置计划。2006 年,由我主持编写的首部供医疗美容技术、医学美容本、专科及相关专业使用的普通高等教育"十一五"国家级规划教材《美容营养学》正式出版发行。为了更适应高职高专医学美容技术专业教育的需要,2014 年 1 月,科学出版社在江西省南昌市召开了高职高专医学美容技术专业规划教材主编会,正式确立由我们编写本部《美容营养学》教材。

本教材内容丰富,包涵营养学的基本知识及营养素与美容、食物美容保健、皮肤美容与营养、损容性疾病与营养、美容外科与营养、衰老与美容保健、中医膳食与美容等内容,具有科学性、系统性、实用性和创新性,更加适合专科层次的学生学习。

本教材按 36 学时编写,各校可根据实际情况进行调整,选取内容进行教学,亦可选取部分章节作为选修课的内容使用。

本教材编写过程中承蒙全体编者的辛勤努力,尤其是得到了相关院校和企业的大力支持,使本书的编写得以顺利完成,在此一并表示由衷的感谢。限于主编的水平和经验,书中还可能存在一些缺点或错误,还望广大师生和读者不吝赐教,予以指正。

蒋　钰
2014 年 9 月

目　　录

第 **1** 章
绪论

1. 掌握营养学、美容医学的概念。
2. 了解营养学、美容医学的发展过程。
3. 掌握美容营养学的概念。
4. 了解美容营养学的发展，熟悉美容营养学的研究内容。

第 1 节　营养学的概念及其发展

一、营养学的概念

营养学是生命科学的一个分支学科，是研究食物与机体的相互作用，以及食物营养成分（包括营养素、非营养素、抗营养素等成分）摄取、消化、吸收、代谢的一门学科。

营养学的学科内容主要包括人体对营养的需要，即营养学基础、各类食物的营养价值、不同人群的营养、疾病与营养、美容与营养、社区营养等。

二、营养学的发展

营养学是一门很古老的科学。几乎从有文字记载的历史时期开始，人们就发现了营养这一基本生物学过程。我国早在 3000 多年前的西周时期，官方医政制度就把医学分为四大类：食医、疾医、疡医、兽医，其中，食医排在"四医"之首。2000 多年前，中医经典著作《黄帝内经·素问》中即提出了"五谷为养、五果为助、五畜为益、五菜为充，气味合而服之，以补精益气"的膳食模式。东晋葛洪撰写的《肘后备急方》记载了用豆豉、大豆、小豆、胡麻、牛乳、鲫鱼等六种方法治疗和预防脚气病。唐代医学家孙思邈提出了"食疗"的概念和药食同源的观点，认为就食物功能而言，"用之充饥则谓之食，以其疗病则谓之药"。元朝忽思慧等撰写的《饮膳正要》，针对各种保健食物、补益药膳以及烹调方法进行了较为深入的研究。明代李时珍总结了我国 16 世纪以前的药学经验，撰写了《本草纲目》，其中有关抗衰老的保健药物及药膳就达 253 种。

在几千年探索饮食与健康关系的历史进程中，逐渐形成了祖国传统医学中关于食物保健的独特理论体系，如"药食同源学说"、"药膳学说"、"食物功能的性味学说"、"食物的升、降、浮、沉学说"、"食物的补泻学说"、"食物的归经学说"、"辨证施食学说"等。

国外最早关于营养方面的记载始见于公元前 400 多年前的著作中。《圣经》中就曾描述将肝汁挤到眼睛中治疗一种眼病。古希腊名医希波克拉底在公元前400多年提出"食物即药"的观点,还尝试用海藻治疗甲状腺肿、动物肝脏治疗夜盲症、用含铁的水治疗贫血,这些饮食疗法有些现在仍被沿用。

现代营养学起源于19世纪末,整个19世纪到20世纪是发现和研究各种营养素的鼎盛时期。基础营养侧重从生物科学和基础医学角度揭示营养与机体间的一般规律。从19世纪中叶开始,经过漫长时间人们逐渐认识到蛋白质、脂肪、碳水化合物、矿物质以外的营养素(维生素)的生理作用。对微量元素的大量研究始于20世纪30年代,当时世界一些地方出现原因不明的人畜地区性疾病,经研究认为与微量元素有关。如1931年发现人的氟斑牙与饮水中氟含量过多有关,1937年发现仔猪营养性软骨障碍与锰缺乏有关等。从此,揭开了微量元素研究的热潮。在以后的40年间,铜、锰、硒、锌等多种微量元素被确认为是人体所必需的微量元素。

第二次世界大战以后,生物化学及分子生物学的发展为探索生命奥秘奠定了理论基础,分析技术的进步又大大地提高了营养学研究的速度和有效性,酶、维生素及微量元素对人体的重要作用不断地得到深入揭示,营养与疾病、营养与美容的关系也得到进一步阐明。营养科学进入了立足于实验技术科学的鼎盛时期。对营养科学规律的认识也是从宏观转向微观、更微观方面发展。以分子营养学的研究手段阐述各种营养相关疾病发病机制,探讨营养素与基因间的相互作用,并从分子水平利用营养素预防和控制这些相关疾病,已成为21世纪营养学的又一研究热点。

近年来,对基础营养的研究又有许多新的进展,例如对膳食纤维的生理作用及其预防某些疾病的重要性逐渐被认识。对多不饱和脂肪酸特别是n-3系列的α亚麻酸及其在体内形成的二十碳五烯酸和二十二碳六烯酸的研究越来越受到重视,α亚麻酸已被许多学者认为是人体必需的营养素。叶酸、维生素B_{12}、B_6与出生缺陷及心血管疾病病因关联的研究已深入到分子水平。维生素E、维生素C、β-胡萝卜素及微量元素硒、锌、铜等在体内的抗氧化作用及其机制的研究已成为当前十分普遍的热点。微量元素、维生素等营养物质对人体美容的影响也日渐深入。

营养素生理功能研究进展,说明了它已经不仅仅是具有预防营养缺乏病的作用。膳食、营养与一些重要慢性病(癌症、心脑血管病、糖尿病等)及人体美容的关系已成为现代营养学的一项重要内容。越来越多的研究资料表明,营养与膳食因素是这些疾病的重要病因或预防和治疗这些疾病的重要手段。如:高盐饮食可引起高血压;蔬菜和水果对多种癌症有预防作用;叶酸、维生素B_6、维生素B_{12}、同型半胱氨酸与冠心病的关系;食物的血糖生成指数与糖尿病的关系等,这些方面的研究还在不断发展。另外一些研究表明,癌症、高血压、冠心病、糖尿病乃至骨质疏松症等的发生和发展都与一些共同的膳食因素有关,尤其是由于营养不平衡而导致的肥胖,则是大多数慢性病的共同危险因素。还有研究表明,缺乏维生素E、维生素C、β-胡萝卜素及微量元素硒等与人体皮肤色斑形成有一定关系。所以,世界卫生组织强调在社区中采用改善膳食、适当体力活动为主的干预策略来防治多种主要慢性病,这一措施是很有道理的。

营养因素与遗传基因的相互作用是营养学研究的一个新的热点。从理论上讲,每一种人类主要慢性病都有其特异的易感基因。人体内特异疾病基因的存在对于决定个体对某种疾病的易感性有重要的影响。包括膳食因素在内的环境因素则对于特异性疾病基因的表达有重要作用。一些事例说明,遗传基因不是一成不变的。从疾病预防的策略考虑,首先是要防止疾病基因得到表达,其次是通过较长期的努力,减少人群中疾病特异性基因的存在。目前,营养因素与基因相互关系的研究还刚刚起步,还没有足够的结果可用于指导实践。不过,从长远的观点看,这是营养学能为疾病控制做出的又一贡献。

在食物成分方面,除营养素以外,近来食物中的非营养素生物活性成分成为热点研究课题。这是因为有些流行病学观察结果难以用营养素来解释,如蔬菜、水果对癌症的预防作用,难以用所含的维生素和矿物质来解释。同时,有越来越多的动物实验结果和一些流行病学研究资料表明这些成分具有重要功能。目前,最受重视的有:茶叶中的茶多酚、茶色素;大蒜中的含硫化合物;蔬菜中的胡萝卜素及异硫氰酸盐;大豆中的异黄酮;蔬菜和水果中的酚酸类;魔芋中的甘露聚糖以及姜黄素、红曲等。如果再加上一些药食两用食品以及保健食品中的人参皂苷、枸杞多糖、灵芝多糖等,则已形成了一大类不同理化性质和生理、生化功能的营养成分。这些成分中的大多数具有不同强度的抗氧化作用和免疫调节作用。有较多动物实验和少数流行病学研究表明这些成分对心血管病和某些癌症具有保护作用。尽管日前还没有可靠的流行病学证据表明从一般膳食中摄入的这些成分的量确实对健康有促进作用或对某些慢性病有保护作用,但是,多数学者认为这一新领域无论在理论上还是在实际应用上均具有广阔的前景。

经过长期的实践与发展,营养学已发展成为人类营养学、公共营养学、预防营养学、临床营养学、美容营养学、运动营养学等分支学科。随着分子生物学与临床医学的迅速发展、营养学的一些新领域正在不断拓展,如:分子营养、完全胃肠外营养、营养与癌肿、营养与机体的抗氧化延缓衰老等。

营养学的进展和成果只有被广大民众了解和应用后才能发挥更大作用,为了指导民众合理地选择和搭配食物,世界各国都制定了膳食指南。膳食指南的内容随着营养学的研究进展而不断修改。

然而,要真正做到改善国民营养、增强全民体质和预防疾病,除了政府制定和颁布有关的政策、法规和标准以外,全民的参与是十分重要的。因此,广泛开展营养宣传教育,将营养改善作为健康促进的一项重要内容具有十分重要的意义。当前,我国面临着两方面性质全然不同的营养问题。一方面是营养不良和营养缺乏的问题还没有得到根本解决。微量营养素(如铁、维生素 A、碘、锌)以及钙的缺乏也还比较普遍。即使在城市中,儿童、孕产妇、老年人的缺铁性贫血仍不容忽视。另一方面,由于营养不平衡和体力活动不足所致的肥胖和一些主要慢性病(癌症、心脑血管病、糖尿病等)发病率不断上升,在城市和富裕的农村尤其明显。这是我国现阶段在营养工作中面临着的双重挑战。我们相信,只要有政府的重视,营养工作者的努力,以及广大人民的积极参与,在一段时间内将会取得可喜的成绩。

营养平衡的膳食不仅有助于提高身体素质,还是人们美容不可缺少的要素。营养学中的许多因素会对人体体形、容貌的美化产生一定的影响,甚至在某种程度上会产生重要的影响,营养与美容关系的研究正日益受到各方专家学者的关注。随着社会的发展、物质的丰富,美容营养的研究逐渐成为了营养研究的热点课题。

第2节 美容医学的概念及发展

一、美容医学的概念

美容医学是以美学理论为指导,以艺术为基础,以审美为目的,采取手术与非手术的医学手段,来维护、修复和再塑人体美,以增强人体生命活力美感和提高生命质量为目的的一门新兴的医学交叉学科。

美容医学研究的对象是人的形体美以及设计、维护、修复、再塑形体美的一切医学技能、设施和基础理论。鉴于"美容"是人的一种特殊的审美需求,具有一种特殊的心理学内涵。所以美容医学心理学的研究和实施,也是美容医学学科的对象和内容的重要组成部分。

二、美容医学的发展

我国美容医学,是 20 世纪 80 年代以来顺应美容外科、皮肤美容、中医美容、口腔颌面美容等美容临床学科的不断扩展,在医学美学基础理论研究的兴起和美容医学实践经验的总结的基础上逐渐发展起来的。它是由美容外科学、美容牙科学、美容皮肤学、美容中医学 4 个美容临床分支学科,以及医学美学、美容医学心理学、美容医学伦理学、美容艺术学基础等美容医学基础理论研究多学科发展整合而成的。随着美容医学的发展,1999 年 11 月中华医学会医学美学与美容学分会召开的第三届委员会第一次全会上决定增设医疗美容技术学组。2004 年 5 月卫生部、教育部颁发的《护理、药学和医学相关类高等教育改革和发展规划》中,将"医疗美容技术专业"列入医学相关类高等医学教育规划,它标志着美容医学教育进入系统规范阶段。医疗美容技术专业的创立进一步丰富了美容医学的内涵,使之臻于完善。

第 3 节　美容营养学的概念及研究内容

一、美容营养学的概念

美容营养学是在营养学的基础上研究营养与美容关系的学科。具体而言,它是以营养学和美容医学为基础,以人体美容为目的,通过合理营养和特定膳食,预防和治疗营养失衡或代谢障碍所致的美容相关疾病,延缓衰老,以达到维护和增进具有生命活力美感的人体健康美的应用科学。

二、美容营养学的研究内容

美容营养学是 21 世纪兴起的一门交叉性营养学分支学科。营养学中有许多因素对人体体形、容貌的美容起到一定的影响,甚至在某种程度上会产生重要的影响。营养与美容的关系日益受到人们的关注,营养学也逐步成为美容医学的重要组成部分。2003 年 11 月,全国医学美容技术专业教育会议研究确定将"美容营养学"正式列入课程设置计划,目的是使学生了解和熟悉与美容相关的营养学知识,掌握预防和治疗由于营养缺乏或代谢障碍影响体形、容貌的主要疾病,了解中医养颜和食物美容保健等基本知识,拓宽知识面。

美容营养学涉及面较广,研究的内容较多,主要包括以下 6 个方面。

1. 营养学的基本知识及营养素与美容　主要研究人体所需各种营养素的生理功能、食物来源、参考摄入量以及营养素对体形、容貌的影响,如蛋白质、脂类、碳水化合物、水、维生素、微量元素与美容的关系。

2. 食物美容保健　主要研究各类食物的营养成分、营养特点以及美容保健作用。

3. 皮肤美容与营养　主要研究皮肤衰老的机制及对形体、容貌的影响,延缓人体衰老的对策以及抗衰老的食膳。

4. 损容性疾病与营养　主要研究各种常见的损容性皮肤疾病、损容性内分泌疾病及其他损容性相关疾病对形体、容貌的影响及预防、治疗对策。如痤疮、黄褐斑、垂体性侏儒症、甲状腺功能亢进症、原发性骨质疏松症、肥胖、消瘦、白发、脱发等与美容的关系及营养膳食治疗。

5. 美容外科与营养　主要研究美容外科相关问题与膳食营养的关系。如促进伤口愈合、瘢痕修复的营养膳食措施,美容外科手术、美容外科围手术期的膳食营养。

5. 衰老与美容保健　主要研究衰老对体形、容貌的影响及延缓衰老的饮食营养对策。

6. 中医膳食与美容　主要研究中医药膳美容养颜功效,美容养颜药膳的配方。如祛斑增白药膳、美体瘦身药膳、美乳丰胸药膳、美目健齿护唇药膳、美发乌发药膳等。

目 标 检 测

简答题

1. 简述美容营养学的定义。
2. 简述美容营养学的研究内容。
3. 结合你的学习、生活,谈谈你对美容营养学的认识。

（蒋　钰）

第 **2** 章

营养素与美容

1. 掌握能量的概念,基础代谢的概念,能量消耗的测量方法。
2. 掌握蛋白质、脂类、碳水化合物、维生素、矿物质、水和膳食纤维的概念、分类、生理功能、食物来源及对美容的作用;掌握蛋白质的营养价值评价;掌握各类维生素、矿物质的缺乏症。

营养(nutrition)是指人体摄入、消化、吸收和利用食物中营养成分,维持生长发育、组织更新和良好健康状态的动态过程。营养素(nutrient)是在人体生物代谢与环境进行物质交换循环过程中,能够为生命正常活动提供热能,以及构成、修补、更新机体成分,维持正常生理功能的一类物质。这一类物质包括蛋白质、脂肪、碳水化合物、维生素、矿物质及膳食纤维、水等。其中,蛋白质、脂肪和碳水化合物经生化代谢后会产生热量以供机体活动所需,这三类营养素又称为产热营养素或产能营养素。

第 1 节　能　　量

人体为维持生命和从事体力活动,每天都消耗一定的能量,需不断从外界环境中摄取食物,从中获得人体必需的营养素,已知食物中能产生能量的营养素是碳水化合物、脂肪和蛋白质,称为三大产能营养素。三大产能营养素经消化转变成可吸收的小分子物质被吸收入血,这些小分子物质一方面经过合成代谢构成机体组成成分或更新衰老的组织;另一方面经过分解代谢即生物氧化释放能量,一部分用于维持体温,另一部分则以高能磷酸键化合物(ATP、GTP)等形式储存。在一定的生理条件下释放能量,供机体各组织器官活动所用。

一、能量单位与能量系数

能量单位,过去习惯上用卡(cal)或千卡(kcal)表示,国际上通用的能量单位是焦耳(Joule,J)。1kcal 指 1kg 纯水的温度由 15℃ 上升到 16℃ 所需要的能量。而 1 焦耳则是用 1 牛顿(N)力把 1kg 物体移动 1 米所需要的能量。1000J 等于 1"千焦耳"(kJ);1000 kJ 等于 1"兆焦耳"(MJ)。

两种能量单位的换算如下:

$$1\ kcal = 4.184\ kJ$$
$$1000\ kcal = 4.184\ MJ$$
$$1\ kJ = 0.239\ kcal$$
$$1\ MJ = 239\ kcal$$

碳水化合物、脂肪和蛋白质在体内氧化实际产生可利用的热能值称为能量系数（或热能系数）。产能营养素所产热能多少可通过测热器进行测量。由于三种产能营养素在消化过程中不能完全被消化吸收，特别是蛋白质可产生一些不能继续被分解利用的含氮化合物。因此，在营养学上，产能营养素的产能多少，经过换算其能量系数分别是：每克碳水化合物为16.8kJ（4.0kcal），每克脂肪为37.6kJ（9.0kcal），每克蛋白质为16.7kJ（4.0kcal）。

案例 2-1

李某在一日内摄入碳水化合物360g，蛋白质70g，脂类55g，请问李某在该日摄入的总能量是多少？

计算：因产能营养素的能量系数分别是：每克碳水化合物为16.8kJ（4.0kcal），每克脂肪为37.6 kJ（9.0kcal），每克蛋白质为16.7kJ（4.0kcal）。所以计算如下：

360×4.0+70×4.0+55×9.0＝2215 kcal（9267.56 kJ）

所以李某在该日摄入的总能量是2215 kcal（9267.56 kJ）。

二、能 量 来 源

人体所需要的能量来源于食物中的碳水化合物、脂肪和蛋白质。

（一）碳水化合物

碳水化合物是人体能量的主要来源。我国的膳食结构主要是以植物性食物为主，一般所需能量约60%以上是由食物中碳水化合物提供的。食物中的碳水化合物经消化产生的葡萄糖、果糖等被吸收后，一部分直接作为能源被利用或参与构成机体组织，另一部分则以糖原的形式储存在肝脏和肌肉中，肌糖原是骨骼肌中随时可动用的储备能源，用来满足骨骼肌活动的需要。肝糖原也是一种储备能源，但储存量较少，主要用于维持血糖水平的相对稳定。

脑组织消耗的能量较多，在通常情况下，脑组织消耗的能量均来自碳水化合物的有氧氧化，因而脑组织对缺氧非常敏感。另外，脑组织细胞储存的糖原又极少，代谢消耗的碳水化合物主要来自血糖，所以脑功能对血糖水平有很大的依赖性，血糖水平过低可引起头晕、头昏，甚至低血糖昏迷。不吃早餐容易引起低血糖，使脑组织能量供应不足，影响正常的工作和学习。

（二）脂肪

机体内的脂类分为定脂和动脂。定脂主要包括胆固醇，磷脂等，是组织、细胞的组成成分，在人体饥饿时不减少，也不能成为能源。动脂主要是脂肪，大部分分布在皮下、大网膜、肠系膜以及肾周围等脂肪组织中，可作为能源来源。在正常情况下，人体所消耗能量的40%～50%来自体内的脂肪，其中包括从体内碳水化合物和氨基酸所转化成的脂肪。在短期饥饿情况下，主要由体内的脂肪供给能量。所以脂肪也是重要的能源物质，但它不能在人体缺氧条件下供给能量。

（三）蛋白质

人体在一般情况下主要是利用碳水化合物和脂肪氧化供能。但在某些特殊情况下，人体所需能源物质供能不足，如长期饥饿或消耗性疾病时，体内的糖原和储存脂肪已经大量消耗之后,将依靠组织蛋白质分解产生氨基酸来获得能量,以维持必要的生理功能。

进食是周期性的,而能量消耗则是连续不断的,因而储备的能源物质不断被利用,又不断得到补充。当机体处于饥饿状态时,碳水化合物的储备迅速减少,而脂肪和蛋白质则作为长期能量消耗时的能源。

三、能 量 消 耗

能量从一种形式转化为另一种形式时,既不增加也不减少,即能量守恒定律。根据这个原理,机体利用蕴藏于食物中的化学能与最终转化成的能量和所做的外功,按能量折算是完全相等的。也就是说,机体的能量需要与消耗是一致的。在理想的平衡状态下,个体的能量需要量等于其消耗量。成年人的能量消耗主要用于维持基础代谢、体力活动和食物生热效应;儿童、青少年还包括生长发育的能量需要;孕妇则包括子宫、胎盘、乳房等生殖系统器官的生长发育和胎儿的生长;乳母还要考虑合成乳汁的能量需求。

(一) 基础代谢

1. 基础代谢(basal metabolism)**与基础代谢率**　基础代谢是指维持机体最基本生命活动所消耗的能量。一般指清晨睡醒静卧,未进食,免除思维活动,心理安静的状态,此时,只有呼吸、心跳等最基本的生命活动,不受精神紧张、肌肉活动、食物和环境温度等因素影响时的能量代谢。而单位时间内的基础代谢,称为基础代谢率(basal metabolic rate, BMR)。一般以每小时、每平方米体表面积所发散的热量来表示($kJ/m^2 \cdot h$ 或 $kcal/m^2 \cdot h$)。正常情况下,人体的基础代谢率比较稳定;在相同年龄、性别、体重的正常成年人中,85%的人其基础代谢率在正常平均值±10%以内。

2. 基础代谢的测量

(1) 气体代谢法:能量代谢始终伴随着氧的消耗和二氧化碳的产生。故可根据氧的消耗量推算能量消耗量。计算方法:测定基础状态下一定时间内耗氧量,再乘以吃混合食物(呼吸熵为 0.82)时的氧热价 20.195kJ(4.825kcal)。目前临床常用的是一种特制的能量代谢车。

(2) 用体表面积计算

基础代谢=体表面积(m^2)×基础代谢率($kJ/m^2 \cdot h$ 或 $kcal/m^2 \cdot h$)×24

体表面积 $S(m^2)$ = 0.0061×身高(cm)+0.0128×体重(kg)-0.1529

(3) 直接用公式计算:在临床或实际应用中,可根据体重、身高、年龄直接计算基础代谢。

男 BMR = 66.4730+13.571×体重(kg)+0.50033×身高(cm)-6.7550×年龄(岁)

女 BMR = 65.50955+9.463×体重(kg)+1.8496×身高(cm)-4.67560×年龄(岁)

(4) 临床粗略估算:基础代谢按每千克体重每小时男性 4.184kJ(1.0kcal),女性 4kJ(0.95kcal)计算。

3. 影响基础代谢的因素

(1) 体表面积:基础代谢率的高低与体重并不成比例关系,而与体表面积基本上成正比。因此,用每平方米体表面积为标准来衡量能量代谢率是比较合适的。儿童年龄越小相对体表面积越大,基础代谢率也就越高。瘦高体型体表面积大于矮胖体型,其基础代谢率也高于矮胖的人。

(2) 年龄:婴幼儿时期是一生中代谢最旺盛的阶段,与身体组织迅速生长有关。青春期又是一个代谢率较高的时期,但成年后随着年龄增长代谢率又缓慢地降低,当然,也存在一定的个体差异。内分泌的影响可能是重要因素,也和体内活性组织相对量的变动有密切关系。

（3）性别:即使年龄与体表面积都相同,女性的基础代谢耗能仍然低于男性。因为女性体内的脂肪组织比例大于男性,瘦体重比例则小于男性。育龄妇女在排卵期前后有基础体温波动,表明此时基础代谢也有变化。

（4）激素:激素对细胞的代谢及调节都有较大影响。对基础代谢影响最大的是甲状腺激素。如甲状腺功能亢进可使基础代谢率明显升高,可比正常平均值增加 40%~80%;相反,黏液水肿时,基础代谢率比正常平均值降低 20%~40%。肾上腺素对基础代谢也有影响,但作用小于甲状腺激素。去甲肾上腺素可使基础代谢率下降 25%。

（5）其他因素:基础代谢率在不同季节和不同劳动强度人群中存在一定差别,说明气候和劳动强度对基础代谢率有一定影响。例如,气温过高或过低都可引起基础代谢率增高;劳动强度增加也可使基础代谢率增高。另外,能引起交感神经兴奋的因素,通常也使基础代谢率增高。

（二）体力活动

除了基础代谢外,体力活动是人体能量消耗的主要因素。因为生理情况相近的人,基础代谢消耗的能量是相近的,而体力活动情况却相差很大。机体任何活动都可提高代谢率。人在运动或劳动时耗能量显著增加。这是因为在运动或劳动等体力活动时肌肉需要消耗能量。如男性卧床消耗的能量为 4.5kJ/min,静坐为 5.8kJ/min,步行为 15.5kJ/min。通常各种体力活动所消耗的能量约占人体总能量消耗的 15%~30%。体力活动不仅消耗大量机械能,而且还要消耗用于修整组织及合成细胞内物质的能量。能量消耗的多少除了与劳动强度及持续时间长短相关外,还与劳动熟练程度、肌肉发达与否、体重水平有关。

（三）食物的热效应

食物的热效应(thermic effect of food,TEF)也称食物特殊动力作用,是指由于进食而引起能量消耗增加的现象。食物的热效应随食物而异,进食碳水化合物或脂肪,分别增加 5%~6% 与 4%~5%,摄入蛋白质可增加 30%,三者的混合膳食增加 10%。食物热效应只能增加体热的外散,而不能增加可利用的能。其作用机制尚未完全阐明。研究表明可能主要由于摄食引起消化系统的活动以及吸收入体内的物质进行中间代谢,而使能量消耗增高。

（四）生长发育

成人能量的消耗是基础代谢、体力活动、食物的热效应三者能量消耗的总和,但对于正处于生长发育阶段的儿童还应包括生长发育所需的能量。新生儿按每千克体重与成人比较,其能量消耗多 2~3 倍。3~6 个月婴儿,每天用于生长发育的能量占摄入能量的 15%~23%。根据 waterlowd 的测定结果,体内每增加 1g 新组织约需供给 4.78kcal 能量。孕妇除供给胎儿生长发育所需的能量外,还需向自身器官尤其是生殖系统器官发育提供特殊能量。乳母则应补偿乳汁分泌所需的能量,每天约 200kcal。

四、能量的需要量及食物来源

人体能量代谢的最佳状态是达到能量消耗与能量摄入的平衡。能量代谢失衡,即能量缺乏或过剩都对身体健康不利。能量需要量是指维持身体正常生理功能及日常活动所需要的能量,低于这个值将对身体产生不良影响。

(一)能量需要量的确定

由于基础代谢约占总能量消耗的 60%~70%,故近年多以基础代谢率(BMR)乘以体力活动水平(PAL)计算能量需要量,即:

$$能量需要量 = BMR \times PAL$$

成人年的 PAL 受劳动强度的影响,不同劳动强度的 PAL 值见表 2-1。

表 2-1 不同活动强度 PAL 值

活动强度	PAL 值
轻	1.0~2.5
中	2.6~3.9
重	> 4.0

(二)膳食能量推荐摄入量

中国营养学会根据上述 BMR 和 PAL 的计算方法,推算我国成年男子(18~40 岁,身高 170cm,体重 60kg)轻体力劳动膳食能量推荐摄入量(RNI)为 10.03MJ/日(2400kcal/d)。中年后,能量需要量随年龄的增加而逐渐减少,可按照 40~49 岁减 5%,50~59 岁减 10%,60~69 岁减 20%,70 岁以上减 30% 来计算。其他年龄,参照中国居民膳食营养素参考摄入量(DRIs)。

(三)能量的食物来源

根据我国居民以植物性食物为主,动物性食物为辅的饮食习惯,三大产能营养素占总能量比分别为:蛋白质 10%~15%,脂肪 20%~30%,碳水化合物 55%~65%。这三类营养素普遍存在于各种食物中。粮谷类和薯类食物含碳水化合物较多,是膳食能量最经济的来源;油料作物富含脂肪;动物性食物一般比植物性食物含有更多的脂肪和蛋白质;但植物性食物中大豆和硬果类例外,它们含丰富的油脂和蛋白质;蔬菜和水果一般含能量较少。

第 2 节 蛋 白 质

蛋白质是化学结构复杂的一类有机化合物,是人体的必需营养素之一。它不仅是一种产能营养素,而且是构成人体组织的基本材料,是机体合成多种具有特殊生理功能物质的原料。如胶原蛋白是构成人体皮肤的主要成分,弹性蛋白决定人体肌肉的弹性,体内的各种激素没有蛋白质就无法生成,因此摄入足量的蛋白质将有助于增加肌肉的弹性与皮肤的光泽,延缓衰老,维护皮肤的健康。生命的产生、存在和消亡都与蛋白质有关,没有蛋白质就没有生命。因此人体内蛋白质的营养状况受到高度重视。

一、蛋白质的组成与分类

(一)蛋白质的组成

1. 蛋白质的元素组成　蛋白质是自然界中一大类有机化合物,食物蛋白质由碳、氢、氧、氮四种元素组成,有些蛋白质还含有少量的硫、磷、铁、锰及锌等元素。由于碳水化合物和脂肪中只含碳、氢、氧,不含氮,所以蛋白质是人体氮元素的唯一来源,碳水化合物和脂肪不能代替。大多数蛋白质的含氮量相当接近,平均约为 16% 。每克氮相当于 6.25g 蛋白质(即 100÷16),其折算系数为 6.25。因此,只要测出生物样品中的含氮量,就可算出其中蛋白质的大致含量:样品中蛋白质的百分含量(g%)= 每克样品中含氮量(g)×6.25 ×100%

但不同蛋白质的含氮量还是存在微小差别,故折算系数也不相同。

2. 蛋白质的结构组成

氨基酸是组成蛋白质的基本单位,其分子具有共同的基本结构——氨基和羧基。如果把蛋白质比喻为房子的基本结构,那么,氨基酸就是这些结构中的砖瓦、钢筋、水泥、石子。

(1)氨基酸分类:①按化学结构分:脂肪族氨基酸,芳香族氨基酸(含苯环)和杂环氨基酸(含杂环)。②根据氨基酸在营养学上的必需性分:必需氨基酸,非必需氨基酸和条件必需氨基酸。人体蛋白质由 20 多种氨基酸组成。其中有些氨基酸是体内必需的,而人体不能合成或合成速度不足,必须从食物中获取,这些氨基酸叫做必需氨基酸。必需氨基酸共有 8 种,即亮氨酸、异亮氨酸、赖氨酸、蛋氨酸、苯丙氨酸、苏氨酸、色氨酸和缬氨酸。此外,对婴儿来说,组氨酸也是必需氨基酸。另一些氨基酸也是体内需要的,但能够在体内合成,不一定要通过食物供给,叫做非必需氨基酸,如精氨酸、丙氨酸、甘氨酸、脯氨酸、丝氨酸、胱氨酸、谷氨酸、谷氨酰胺、天门冬氨酸、天门冬酰胺等。非必需氨基酸并非机体不需要,而是可在体内合成,食物中缺少了也无妨。半胱氨酸和酪氨酸在体内可分别由蛋氨酸和苯丙氨酸转变而成,如果膳食中直接提供这两种氨基酸,则人体对蛋氨酸和苯丙氨酸的需要量可分别减少 30% 和 50% 。所以半胱氨酸和酪氨酸称为条件必需氨基酸或半必需氨基酸。③根据氨基酸的酸碱性分:酸性氨基酸、碱性氨基酸、中性氨基酸。④临床分类:芳香族氨基酸、支链氨基酸。

(2)氨基酸模式:指某种蛋白质中各种必需氨基酸的构成比例。即根据蛋白质中必需氨基酸的含量,以含量最少的色氨酸为 1 计算出的其他氨基酸的相应比值。在营养学上常用氨基酸模式反映人体蛋白质以及各种食物蛋白质在必需氨基酸的种类和含量上存在的差异,并以人体必需氨基酸需要量模式作为参考蛋白质,用以评价食物蛋白质的营养价值。

(3)限制氨基酸:指食物蛋白质中一种或几种必需氨基酸含量相对较低,导致其他必需氨基酸在体内不能被充分利用而使蛋白质营养价值降低,这些含量相对较低的氨基酸称为限制氨基酸,其中比值最低者为第一限制氨基酸,余者类推。如:大米、面粉的第一限制氨基酸是赖氨酸,第二限制氨基酸是缬氨酸。食物蛋白质氨基酸组成与人体必需氨基酸需要量模式越接近的食物,在体内的利用率就越高,反之则低。例如,动物蛋白质中的鱼、肉、蛋、奶以及植物蛋白质中的大豆蛋白的氨基酸组成与人体必需氨基酸需要量模式较接近,所含的必需氨基酸在体内的利用率较高,故称为优质蛋白质。其中鸡蛋蛋白质的氨基酸组成与人体蛋白质氨基酸模式最为接近,在比较食物蛋白质营养价值时常作为参考蛋白质。而在植物蛋白质中,赖氨酸、蛋氨酸、苏氨酸和色氨酸含量相对较低,所以营养价值也相对较低。

(二)蛋白质分类

蛋白质的化学结构非常复杂,大多数蛋白质的化学结构尚未阐明。目前主要依照蛋白质三方面性质:即化学组成、溶解度和形状进行分类。在营养学上也常按营养价值分类。

1. 按化学组成分类

（1）单纯蛋白质：由氨基酸组成，单纯蛋白质又可按其溶解度、受热凝固性及盐析等物理性质的不同分为清蛋白、球蛋白、谷蛋白、醇溶谷蛋白、鱼精蛋白、组蛋白和硬蛋白等7类。

（2）结合蛋白质：由单纯蛋白质和非蛋白质组成，其中非蛋白质称为结合蛋白质的辅基，按辅基的不同，结合蛋白质分为：核蛋白、糖蛋白、脂蛋白、磷蛋白和色蛋白等5类。

2. 按蛋白质形状分类

（1）纤维状蛋白：多为结构蛋白，是组织结构不可缺少的蛋白质，是各种组织的支柱，如皮肤、肌腱、软骨及骨组织中的胶原蛋白。

（2）球状蛋白：具有生理活性的蛋白质，如 酶、转运蛋白、蛋白类激素与免疫球蛋白、补体等均属球蛋白。

3. 按蛋白质的营养价值分类

（1）完全蛋白质：所含必需氨基酸种类齐全，数量充足，比例适当，能维持人的健康，并能促进儿童生长发育，如乳类、蛋类、大豆及瘦肉中所含的蛋白质，都是完全蛋白质。

（2）半完全蛋白质：所含必需氨基酸种类齐全，有的氨基酸数量不足，比例不适当，可以维持生命，但不能促进生长发育，如米、麦、土豆和干果中的蛋白质多属于这类。

（3）不完全蛋白质：所含必需氨基酸种类不全，既不能维持生命，也不能促进生长发育，如玉米中的玉米胶蛋白，动物结缔组织和肉皮中的胶质蛋白，豌豆中的豆球蛋白等。

二、蛋白质的生理功能

（一）构成和修补人体组织

构成和修补组织细胞的"建筑材料"是蛋白质的主要生理功能，体内所有组织都含有蛋白质，如人体的肌肉、血液、皮肤、毛发等都是由蛋白质构成的。身体的成长发育可视为蛋白质的不断积累过程。儿童的生长发育，增加了许多新的细胞，需要有充足的蛋白质。成年人虽不再发育，但人体的各器官和组织细胞都在不断衰老、死亡与新生，如有疾病、损伤，细胞的破坏就更多，这就需要蛋白质来修补组织。机体只有摄入足够的蛋白质才能维持组织的更新与修复。

（二）调节机体生理功能

机体生命活动之所以能够有条不紊的进行，有赖于多种生理活性物质的调节。而蛋白质是体内构成多种具有重要生理活性物质的材料，如构成酶、激素、抗体的成分。在体内，酶参与各种生化反应，没有酶，生命活动无法进行，抗体是血液中免疫球蛋白的一部分，具有维持机体免疫功能的作用。另外，蛋白质还具有运输、促消化、维持血浆正常渗透压、酸碱平衡等功能。如：血液中的脂蛋白、运铁蛋白、视黄醇结合蛋白具有运送营养素的作用；血红蛋白具有携带、运送氧的功能；白蛋白具有调节渗透压，维持体液平衡功能；酶蛋白具有促进食物消化、吸收、利用的作用；肌动球蛋白具有调节肌肉收缩的功能。

（三）供给能量

蛋白质在体内分解成氨基酸后，经脱氨基作用生成的 α-酮酸，可以直接或间接经三羧酸循环氧化分解，同时释放能量，是人体能量来源之一。1g 蛋白质在体内氧化约产生 16.7kJ（4.0kcal）能量。如果身体中有足够碳水化合物及脂肪来供给热量，则蛋白质就不用消耗供能了。

三、食物蛋白质的营养评价

（一）食物蛋白质的含量

食物蛋白质含量是评价食物蛋白质营养价值的基础,如果食物中蛋白质含量很低,即使摄入的是优质蛋白质,也不能满足机体的需要。蛋白质含氮量比较稳定,一般食物平均约为 16%,故测定食物中的总氮乘以 6.25,即得蛋白质含量。

（二）蛋白质的消化率

蛋白质的消化率是指一种食物蛋白质在消化道内被分解和吸收的程度。用蛋白质在消化道内被吸收的蛋白质占摄入蛋白质的百分数表示。根据是否考虑内源粪代谢氮因素,可分为表观消化率和真消化率两种。

1. 蛋白质表观消化率　不计内源粪代谢氮的蛋白质消化率

$$蛋白质表观消化率(\%) = \frac{摄入氮 - 粪氮}{摄入氮} \times 100\%$$

2. 蛋白质真消化率　考虑内源粪代谢氮时的消化率。粪中排出的氮来自两部分:一是未被消化吸收的食物蛋白质;二是脱落的肠黏膜细胞以及肠道细菌等所含的氮。这第二部分的氮称粪代谢氮。

$$蛋白质真消化率(\%) = \frac{摄入氮 - (粪氮 - 粪代谢氮)}{摄入氮} \times 100\%$$

由于粪代谢氮测定烦琐复杂,且难以准确测定,因此在实际工作中,尤其是食物中的膳食纤维含量少时常忽略不计;当膳食纤维含量多时,成年男子的粪代谢氮,可按每天每千克体重 12mg 计算。

食物蛋白质消化率受蛋白质的性质、膳食纤维、多酚类物质和酶反应等因素影响。一般动物性食物的消化率高于植物性食物。如鸡蛋和牛奶蛋白质的消化率分别是 97% 和 95%。而大米为 85%,土豆为 74%。但植物性食物通过加工烹调,使纤维素破坏或去除,可提高消化率。如整豆蛋白质消化率只有 65%,将其加工成豆腐后可提高到 90% 以上。蛋白质的消化率越高,被机体吸收利用的可能性越大,营养价值也越高。

（三）蛋白质利用率

指食物蛋白质被消化吸收后在体内被利用的程度。测定方法很多,大体上可分为两类:一是以体重增加为基础的方法;二是以氮在体内储留为基础的方法。

1. 蛋白质功效比值（PER）　幼小动物平均每摄入 1g 蛋白质时所增加的体重克数。

$$PER = \frac{实验期内动物体重增加量(g)}{实验期内蛋白质摄入量(g)}$$

由于同一种食物蛋白质在不同实验室所测得的 PER 值重复性常不佳,为了便于结果的相互比较,减少误差,常设酪蛋白(参考蛋白)为对照组进行校正。

$$被测蛋白质 PER = \frac{实验组蛋白质功效比值}{对照组蛋白质功效比值} \times 2.5$$

几种常见食物蛋白质 PER:全鸡蛋 3.92、牛奶 3.09、鱼 4.55、牛肉 2.30、大豆 2.32、精制面粉 0.60、大米 2.16。

2. 生物价（BV）　是反映蛋白质吸收后在体内被利用程度。生物价越高,说明蛋白质被机体利用程度高,则蛋白质的营养价值越高。

$$BV = \frac{储留氮}{吸收氮} \times 100$$

吸收氮=摄入氮-(粪氮-粪代谢氮),储留氮=吸收氮-(尿氮-尿内源氮)

蛋白质生物学价值的高低取决于必需氨基酸的含量和比值。各种食物蛋白质生物学价值均不一样,一般动物性食物比植物性食物要高。常用食物蛋白质的生物价见下表 2-2。

表 2-2　常用食物蛋白质的生物价

蛋白质	生物价	蛋白质	生物价
全鸡蛋	94	熟大豆	64
鸡蛋蛋白	83	扁豆	72
鸡蛋蛋黄	96	蚕豆	58
脱脂牛奶	85	白面粉	52
鱼	83	小米	57
牛肉	76	玉米	60
猪肉	74	白菜	76
大米	77	红薯	72
小麦	67	马铃薯	67
生大豆	57	花生	59

3. 蛋白质净利用率(NPU)　指蛋白质在体内被利用的情况,即将蛋白质生物学价值与消化率结合起来评定蛋白质的营养价值。

$$蛋白质净利用率=生物价 \times 消化率=\frac{氮储留量}{氮摄入量} \times 100\%$$

(四) 氨基酸评分

氨基酸分(amino acid score, AAS)亦称蛋白质化学分,是目前应用较广的食物蛋白质营养价值评价方法,不仅适用于单一食物蛋白质的评价,还可用于混合食物蛋白质的评价。方法是将被测食物蛋白质的必需氨基酸组成与推荐的理想蛋白质或参考蛋白质氨基酸模式进行比较,确定第一限制氨基酸,并根据被测食物蛋白质的第一限制氨基酸与参考蛋白质中同种必需氨基酸进行比较,获得氨基酸分。计算氨基酸分公式如下:

$$AAS = \frac{被测食物蛋白质每克氮或蛋白质氨基酸含量(mg)}{参考蛋白质每克氮或蛋白质氨基酸含量(mg)} \times 100$$

参考蛋白质采用 WHO 人体必需氨基酸模式。

四、蛋白质的互补作用

将富含某种必需氨基酸的食物与缺乏该种必需氨基酸的食物互相搭配混合食用,使必需氨基酸取长补短,相互补充,达到提高膳食蛋白质营养价值的作用称为蛋白质互补作用。例如,将谷类和大豆制品同时食用,大豆蛋白可弥补谷类蛋白质中赖氨酸的不足,谷类也可以补充大豆蛋白中的蛋氨酸的不足。在选择食物混合食用时,动、植物混合食用比单纯植物混合要好,见表2-3。

表2-3 几种食物混合后蛋白质的生物价

食物名称	单独食用 BV	混合食用所占比例(%)	
小麦	67		31
小米	57	40	46
大豆	64	20	8
玉米	60	40	
牛肉干	76		15
混合食用 BV		73	89

从氨基酸分的角度来看,也明显可见蛋白质的互补作用,例如谷类、豆类氨基酸分为 44 和 68。若按谷类 67%,豆类 22%,奶粉 11% 的比例混合评分,氨基酸分可达 88,见表2-4。

表2-4 几种食物混合后蛋白质的氨基酸分

蛋白质来源	蛋白质氨基酸含量(%)				氨基酸分(限制氨基酸)
	赖氨酸	含硫氨基酸	苏氨酸	色氨酸	
WHO 标准	5.5	3.5	4.0	1.0	100
谷类	2.4	3.8	3.0	1.1	44(赖氨酸)
豆类	7.2	2.4	4.2	1.4	68(含硫氨基酸)
奶粉	8.0	2.9	3.7	1.3	83(含硫氨基酸)
混合食用	5.1	3.2	3.5	1.2	88(苏氨酸)

为充分发挥食物蛋白质的互补作用,在调配膳食时,应遵循以下三个原则。

1. 食物的生物学种属越远越好。
2. 搭配的种类越多越好。
3. 食用时间越近越好,同时食用最好。

五、蛋白质推荐摄入量及食物来源

(一) 蛋白质推荐摄入量

我国成人蛋白质推荐摄入量为 1.16g/kg·d。依据是根据蛋白质的需要量,确定蛋白质需要量有两种方法:一是要因加算法;二是氮平衡法。

要因加算法以补偿从尿、粪便、皮肤以及其他方面不可避免或必要氮损失为基础,再加上诸多因素来确定蛋白质需要量的方法。不可避免丢失氮,58mg/kg 体重,成人对鸡蛋蛋白质利用率55%,应激因素安全性10%,混合膳食蛋白质利用率80%,个体差异30%,则每天、每公斤体重蛋白质需要量 = 0.058÷55%÷80%×1.1×1.3×6.25 = 1.18g/kg·d。

或根据 B = I−(U+F+S)式中 B—氮平衡、I—摄入氮、U—尿氮、F—粪氮、S—皮肤氮。蛋白质膳食推荐摄入量(RNIs)见表2-5。

表 2-5 成年男女不同体力活动蛋白质膳食推荐摄入量

体力活动	蛋白质推荐摄入量（g/d）	
	男	女
轻体力活动	75	65
中体力活动	80	70
重体力活动	90	80

若按能量计算,蛋白质摄入量应占总能量摄入量的 10%～12%（成人）,儿童青少年则为 12%～15%。

（二）蛋白质的主要食物来源

一是动物性食物,如肉、鱼、蛋,其蛋白质含量在 10%～20% 左右,奶类 3.0%～3.5%,均属优质蛋白质。二是植物性食物,如谷类、薯类、豆类等,其中大豆的蛋白质含量高达 36%～40%,是唯一能够替代动物性蛋白的植物蛋白,属优质蛋白质;谷类蛋白质含量约 10% 左右,是膳食蛋白质的主要来源。薯类 2%～3%,蔬菜、水果中也有少量蛋白质。常见食物蛋白质含量见表 2-6。

表 2-6 常见食物的蛋白质含量

食物名称	蛋白质含量（%）	食物名称	蛋白质含量（%）
猪肉（瘦）	16.7	河虾	17.5
猪肝	21.2	对虾	20.6
牛肉（瘦）	20.3	稻米（籼）	6.9
羊肉（瘦）	17.3	稻米（粳）	6.2
牛乳	3.3	小麦粉（标准粉）	10.4
鸡肉	23.3	小麦粉（富强粉）	9.1
鸡蛋	11.8	黄豆	40.5
鸭肉	13.1	绿豆	23.0
鸭蛋	14.2	花生	24.6
小黄鱼	18.7	油菜	1.2
带鱼	16.3	大白菜	0.9
鲫鱼	19.5	萝卜	1.8
白鲢	17.0	黄瓜	0.7
花鲢（胖头鱼）	15.2	苹果	0.2
		橘子	0.7

为改善膳食蛋白质的质量,在膳食中应保证有一定量的优质蛋白质。一般要求动物性蛋白质和大豆蛋白质应占膳食蛋白质总量的 30%～50%。

六、蛋白质与美容

蛋白质是构成人体组织的主要成分,能够促进生长发育,修补身体组织,并补充代谢的消耗。

（一）蛋白质是皮肤等组织的重要成分

皮肤是人体最大的器官,是人体的第一防御系统,又是"美"的重要标志。胶原蛋白是人体结缔组织的重要组成成分,具有活性和生物功能的胶原蛋白能主动参与细胞的迁移、分化和增殖代谢,具有联结和营养功能,又具有支撑和保护作用。人体皮肤中含有大量的胶原蛋白和黏多糖,它们对水有很强的亲和力,使皮肤中保持着大量的水分,保持皮肤湿润、细腻及嫩滑,维持着人体皮肤的弹性和韧性。缺少蛋白质,皮肤就会老化而失去弹性,出现皱纹、褐斑、干燥、粗糙、瘙痒、衰老等。

（二）皮肤等组织新陈代谢需要蛋白质参与

皮肤新陈代谢状态旺盛,在这个过程中会由于角质层脱落而失去蛋白质,必须及时加以补充。体内长期蛋白质摄入不足,会降低对各种致病因子的抵抗力,导致皮肤的生理功能减退。

蛋白质是体内最多、最复杂的物质。蛋白质不充足时,发育迟缓,憔悴,消瘦;皮肤粗糙,弹性降低,早生皱纹;头发稀疏,失去光泽,干枯易断。蛋白质摄入过多,其产生的酸性物质会刺激皮肤,引起早衰,加重肝、肾负担。

第3节 脂 类

脂类是一大类能溶于有机溶剂而不溶于水的化合物。脂类包括脂肪和类脂,脂肪是体内重要的供能营养素,是体内主要的储存物质;类脂主要包括磷脂和胆固醇,是细胞的构成原料。正常人体内,按体重计算,脂类为14%~19%,肥胖者达30%以上。

一、脂类的组成和分类

（一）脂肪

脂肪是油和脂的总称,也是人们通常所说的油脂。凡在室温时（20℃）成液体状的,称为油,如豆油、菜油、麻油等植物油;在室温下成固体状的,称为脂,如猪油、鸡油、牛油、羊油等动物油。膳食中的脂肪主要为中性脂肪,由一分子甘油和三分子脂肪酸组成,故称三酰甘油或甘油三酯,约占脂类的95%。脂肪大部分分布在皮下、大网膜、肠系膜以及肾周围等脂肪组织中,常以大块脂肪组织形式存在,这部分脂肪常受营养状况和体力活动等因素的影响而变动较大,故有"可变脂"或"动脂"之称。脂肪所含的元素是碳、氢、氧,但是碳、氢的比例要比碳水化合物高,因此脂肪的产热量比碳水化合物约高2倍。1g脂肪在体内氧化可供给能量37.6kJ（9kcal）。

脂肪酸是构成甘油三酯的基本单位。常见的分类方法有如下四种。

1. 按脂肪酸碳链长度分为长链脂肪酸（含14碳以上）,中链脂肪酸（含6~12碳）和短链脂肪酸（含2~5碳）。

2. 根据脂肪酸饱和程度分为饱和脂肪酸（SFA）,单不饱和脂肪酸（MUFA）,多不饱和脂肪酸（PUFA）。

3. 根据脂肪酸空间结构分类分为顺式脂肪酸（其联结到双键两端碳原子上的两个氢原子都在链的同侧）和反式脂肪酸（其联结到双键两端碳原子上的两个氢原子在链的不同侧）。天然食物中的油脂,其脂肪酸结构多为顺式脂肪酸,反式脂肪酸是氢化脂肪产生的,如人造黄油。研究表明,反式脂肪酸可以使血清低密度脂蛋白胆固醇(LDL-C)升高,而使高密度脂蛋白胆固醇(HDL-C)降低,因此增加了冠心病的危险性,所以不宜多吃人造黄油。

4. 按不饱和脂肪酸第一个双键的位置分类。脂肪酸分子上的碳原子用阿拉伯数字编号定位通常有两种方法。△编号系统从羧基碳原子算起;n或ω编号系统则从甲基端碳原子算起。分为n-3系,n-6系,n-9系或ω-3,ω-6,ω-9系列脂肪酸。如果第一个不饱和键所在的碳原子序号是3,则为n-3或ω-3系脂肪,以此类推。

各种脂肪酸的结构不同,功能也不一样。一般来说,人体细胞中不饱和脂肪酸的含量至少是饱和脂肪酸的2倍,但各种组织中两者的组成有很大差异,并在一定程度上与膳食中脂肪的种类有关。人体除了从食物中得到脂肪酸外,还能自身合成多种脂肪酸,包括饱和脂肪酸,单不饱和脂肪酸和多不饱和脂肪酸。有些脂肪酸是人体不能自身合成的,如亚油酸($C_{18:2}$,n-6)和亚麻酸($C_{18:3}$,n-3),它们是维持人体健康所必需的,必须由食物供给,称为必需脂肪酸。亚油酸主要来源于植物种子油,亚麻酸则来源于大豆油。

(二) 类脂

类脂主要有磷脂、糖脂、脂蛋白、类固醇等。类脂在体内的含量较恒定,即使肥胖者其含量也不增多;反之,在饥饿状态也不减少,故有"固定脂"或"不动脂"之称。

1. 磷脂 磷脂按其组成结构分类两类:一类是磷酸甘油酯,包括磷脂酸、磷脂酰胆碱(卵磷脂)、磷脂酰乙醇胺(脑磷脂)、磷脂酰丝氨酸和磷脂酰肌醇。它们是构成细胞膜的物质,并与脂肪酸的吸收、转运及储存有关,特别是对不饱和脂肪酸起着重要作用。另一类是神经鞘脂,其分子结构中不含甘油,但含有脂肪酰基,磷酸胆碱和神经鞘氨醇,是膜结构中的重要磷脂,它与卵磷脂并存于细胞膜外侧。

2. 糖脂 糖脂是含有碳水化合物、脂肪酸和氨基乙醇的化合物。糖脂包括脑苷脂类和神经苷脂。糖脂也是细胞膜的组成成分。

3. 固醇类 固醇类包括胆固醇和植物固醇,胆固醇存在于动物性食物中,植物固醇常见有植物组织中的谷固醇和豆固醇。人体内胆固醇来源于人体肝脏合成即内源性和外源性动物性食物的摄入。

4. 脂蛋白 它是血液中脂类的运输方式。

二、脂类的生理功能

(一) 脂肪

1. 储存和供给能量 脂肪是人体内产热最高的热源,每克脂肪在体内氧化可供给能量37.6kJ(9kcal)。脂肪酸是细胞的重要能量来源,脂肪酸经β-氧化有节奏地释放能量供给生命细胞应用,β-氧化在细胞线粒体经酶催化进行。体内脂肪的储存和供热有两个特点:一是脂肪细胞不断地储存脂肪,人体可因不断地摄入过多的热能而不断地积累脂肪,导致越来越胖;二是机体不能利用脂肪酸分解含二碳的化合物合成葡萄糖,所以脂肪不能给脑和神经细胞以及血细胞提供能量。

2. 构成身体成分(起主要作用的是类脂) 脂类,特别是磷脂和胆固醇是所有生物膜的重要组成成分,是细胞维持正常结构和功能所必需的。正常人按体重计算含脂类约14%~

19%,一般肥胖者约含32%,重度肥胖者可高达60%左右。

3. 供给必需脂肪酸 亚油酸作为 n-6 系脂肪酸的前体,在体内可转变生成 γ-亚麻酸,花生四烯酸等 n-6 系的长链多不饱和脂肪酸。亚麻酸则作为 n-3 系脂肪酸的前体,可转变生成二十碳五烯酸(EPA),二十二碳六烯酸(DHA)等 n-3 系脂肪酸。必需脂肪酸有多种功能,主要有:

(1)参与生物膜的结构:必需脂肪酸参与磷脂的合成,并以磷脂的形式存在于线粒体和细胞膜中,是膜磷脂具有流动性的物质基础,对膜的生物学功能有重要意义。人体缺乏必需脂肪酸时,细胞对水的通透性增加,毛细血管的脆性和通透性增高,皮肤水代谢紊乱,出现湿疹样病变。

(2)合成活性物质的原料:合成前列腺素(PG)、白三烯(LT)等体内活性物质的原料。这些活性物质参与炎症发生、平滑肌收缩、血小板凝聚、免疫反应等多种过程。

(3)参与胆固醇代谢:胆固醇需要和亚油酸形成胆固醇亚油酸酯后,才能在体内转运,进行正常代谢。如果必需脂肪酸缺乏,胆固醇则与一些饱和脂肪酸结合,由于不能进行正常转运代谢,而在大动脉沉积,形成动脉粥样硬化。

(4)参与动物精子的形成:膳食中长期缺乏必需脂肪酸,动物可出现不孕症。

(5)维护视力:α-亚麻酸的衍生物 DHA 是维持视网膜光感受体功能所必需的脂肪酸。当 α-亚麻酸缺乏时,可引起光感受器细胞受损,视力减退。

4. 提供脂溶性维生素并促进其吸收 脂肪是脂溶性维生素的溶媒,可促进脂溶性维生素的吸收。另外,有些食物脂肪含有脂溶性维生素,如鱼肝油,奶油含有丰富的维生素 A 和维生素 D。

5. 维持体温,保护脏器 脂肪是热的不良导体,在皮下可阻止体热散发,具有隔热保温的作用。在器官周围的脂肪,有缓冲机械冲击的作用,可固定和保护器官。

6. 提高膳食感官性状,增加饱腹感 脂肪不但可使膳食增味添香,改变感官性状,而且在胃内停留时间较长,使人不易感到饥饿。

(二)类脂

类脂主要功能除了构成身体组织外,还参与构成一些重要的生理活性物质。如脂蛋白是细胞膜和亚细胞器膜的重要成分,对维持膜的通透性有重要作用;神经鞘酯可保持神经鞘的绝缘性;脑磷脂大量存在于脑白质,参与神经冲动的传导;胆固醇是所有体细胞的构成成分,并大量存在于神经组织;胆固醇还是胆酸、7-脱氢胆固醇和维生素 D_3、性激素、黄体酮、前列腺素、肾上腺皮质激素等生理活性物质和激素的前体,是机体不可缺少的营养物质。

三、脂类的合理营养及油脂质量评价

(一)脂肪的合理营养

营养学家认为,脂肪供能占总热能的量按人群分类,成人 20% ~ 25%,儿童青少年25% ~ 30% 比较合适,必需脂肪酸占总热能的 2%,饱和脂肪酸、单不饱和脂肪酸、多不饱和脂肪酸的比例为 1∶1∶1 为宜。

动物性脂肪含有丰富的饱和脂肪酸,植物脂肪含有丰富的多不饱和脂肪酸,两种脂肪都含有单不饱和脂肪酸。研究表明,淡水鱼富含十八碳的多不饱和脂肪酸 PUFA/SFA<1,

海水鱼富含二十碳、二十二碳的多不饱和脂肪酸,并且海水鱼是 EPA 和 DHA 的良好来源。α-亚麻酸在豆油、麻油、苏子油以及绿叶蔬菜的叶绿体中含量最多。因此烹调用植物油;从动物性食物中获得动物脂肪;经常食用海水鱼;注意控制脂肪摄入总量,则可达到脂肪的摄入合理。

对于胆固醇要注意不要过多进食富含胆固醇高的动物性食物如动物内脏、蛋黄等。植物性固醇有降低血胆固醇作用可多食用。如大豆,大豆蛋白属优质蛋白,不但含有豆固醇,而且含有丰富的磷脂,蛋氨酸,多不饱和脂肪酸,丰富的铁、钙以及 B 族维生素。近年研究表明,大量消费大豆的人群,其乳腺癌、结肠癌、前列腺癌以及心脏病的发病平均低于对照组,提示大豆有防癌和保护心血管的作用,并认为主要与大豆异黄酮有关。因此大豆是良好的脂类营养食品。

另外卵磷脂、胆碱、蛋氨酸因参与磷脂或脂蛋白的合成,与脂肪转运有关,称为抗脂肪肝因子。

(二) 油脂质量评价

评价指标主要是脂类中必需脂肪酸含量,脂溶性维生素 A、D、E 含量,油脂的稳定性以及消化率等。

四、膳食脂肪参考摄入量及脂类食物来源

(一) 膳食脂肪适宜摄入量

由于脂肪的需要量受饮食习惯、季节和气候的影响,变动范围较大,特别是脂肪在体内供给的能量,也可由碳水化合物来供给。因此,目前尚难确定人体脂肪的最低需要量。研究资料表明,亚油酸摄入量占总能量的 2.4%,亚麻酸占 0.5%～1% 时,即可预防必需脂肪酸缺乏症,一般成人每日膳食中摄入 50g 脂肪即能满足机体的需要。若脂肪摄入过多,会增加肠胃负担,容易引起消化不良,发生腹泻、厌食等。当人体内脂肪贮存过多,还会得肥胖病、高血压和心脏病等,影响身体健康。所以,脂肪摄入不能过少,也不能过多。

中国营养学会参考各国不同人群脂肪推荐摄入量(RDA),结合我国膳食结构的实际,提出成人脂肪适宜摄入量(AI)见表 2-7。

表 2-7　中国成人膳食脂肪适宜摄入量(AI)

年龄(岁)	脂肪占总能量百分比(%)	SFA	MUFA	PUFA	n-6∶n-3	胆固醇(mg)
成人	20～30	<10	10	10	(4～6)∶1	<300

(二) 脂类的主要食物来源

脂肪的食物来源主要是烹调用油、油料作物种子及动物性食物。必需脂肪酸的最好来源是植物油。所以要求植物油的摄入量不低于总脂肪量的 50%。畜肉类含脂肪最丰富,为饱和脂肪酸,猪肉含脂肪量在 30%～90% 之间,牛肉(瘦)脂肪含量为 2%～5%,羊肉(瘦)为 2%～4%,禽肉一般含脂肪量较低,多数在 10% 以下,鱼类脂肪含量基本在 10% 以下,且其脂肪含不饱和脂肪酸多,蛋黄含脂肪量高,约为 30%,而全蛋仅为 10% 左右,其组成以单不饱和脂肪酸为多,植物性食物能提供大量的多不饱和脂肪酸,

其脂肪组成多以亚油酸为主。

胆固醇只存在于动物性食物中,畜肉中胆固醇含量大致相近,肥肉比瘦肉高,内脏比肥肉高,脑中含量最高,鱼类和瘦肉相近。常见食物胆固醇含量见表2-8。胆固醇除来自食物外,还可由人体组织合成,主要部位是肝脏和小肠,肝脏是胆固醇代谢的中心,合成胆固醇的能力很强,同时还有使胆固醇转化为胆汁酸的特殊功能,而且血浆胆固醇和各种脂蛋白所含的胆固醇的代谢皆与肝脏有密切的关系。

表 2-8　常见食物中胆固醇含量(mg/100g)

食物名称	含量	食物名称	含量	食物名称	含量	食物名称	含量
猪脑	2571	黄油	296	鲫鱼	130	香肠	82
鸡蛋黄	2850	猪肝	288	海蟹	125	瘦猪肉	81
羊脑	2004	河蟹	267	肥猪肉	109	肥瘦猪肉	80
鸭蛋黄(咸)	1576	对虾	193	鸡	106	鲳鱼	77
鸡蛋黄(咸)	1510	猪蹄	192	甲鱼	101	带鱼	76
松花蛋黄	1132	基围虾	181	金华火腿	98	鹅	74
鲥鱼子	1070	猪大排	165	鸭	94	红肠	72
松花蛋	608	猪肚	165	猪油	93	海鳗	71
鸡蛋	585	蛤蜊	156	肥瘦羊肉	92	海参	62
虾皮	428	肥羊肉	148	草鱼	86	瘦羊肉	60
鸡肝	356	蚌肉	148	鲈鱼	86	兔肉	59
羊肝	349	猪大肠	137	螺蛳	86	瘦牛肉	58
干贝	348	熟腊肉	135	马肉	84	火腿肠	57
牛肝	297	肥牛肉	133	肥瘦牛肉	84	鲜牛乳	15
墨鱼	226	鲜贝	116	豆奶粉	90	酸奶	15

五、脂肪与美容

脂肪组织分布于皮下起着保护的作用,可防止热量散失,保持体温,又可对机械撞击起缓冲作用,同时防止皮肤干裂、毛发脆断等。适量的脂肪可保持适度的皮下脂肪,使皮肤丰润、富有弹性和光泽,增添容貌的光彩和身体的曲线美。

脂肪的美容保健作用还体现在 EFA 的特殊作用上。EFA 缺乏导致皮肤细胞膜对水通透性增加,出现炎性反应;可以增强组织的生长,损伤组织的修复。因此,EFA 对X 射线、紫外线等引起的一些皮肤损害有保护作用,其中亚麻酸效果较好。脂肪酸还可促进生长发育,增进皮肤微血管的健全,预防脆性增加,从而增加皮肤弹性,延缓皮肤的衰老。

第 4 节　碳水化合物

碳水化合物也称糖类,是由碳、氢、氧三种元素组成的一类化合物,其中氢和氧的比例为 2:1,与水相同,故称为碳水化合物,它是人体必需的一类营养素。

一、碳水化合物的组成和分类

碳水化合物是一大类有机化合物,根据能否被人体消化吸收分为可利用的碳水化合物和不可利用的碳水化合物(即膳食纤维)。两类碳水化合物对人体健康都具有重要意义。根据 AFO/WHO 的最新报告,综合化学、生理和营养学的考虑,碳水化合物按聚合度(DP)来分,可分为糖、寡糖和多糖三类,见表2-9。

表2-9 碳水化合物分类

分类(糖分子 DP)	亚组	组成
糖(1~2)	单糖	葡萄糖、果糖、半乳糖
	双糖	蔗糖、乳糖、麦芽糖、海藻糖
	糖醇	山梨醇、甘露糖醇
寡糖(3~9)	异麦芽低聚寡糖	麦芽糊精
	其他寡糖	棉子糖、水苏糖、低聚果糖
多糖(≥10)	淀粉	直链淀粉、支链淀粉、变性淀粉
	非淀粉多糖	纤维素、半纤维素、果胶、亲水胶质物

(一) 糖

1. 单糖 单糖是自然界最简单的糖,可以不经过消化,直接被人体吸收利用。包括葡萄糖、果糖、半乳糖等。葡萄糖是自然界最丰富的有机物。它存在于血液、脑脊液、淋巴液、水果、蜂蜜以及多种植物液中,是构成多种寡糖和多糖的基本单位。可分为 D 型和 L 型,人体只能代谢 D 型而不能利用 L 型。L 型葡萄糖可用做甜味剂,既能增加食品的甜味而又不会增加热能的摄入;果糖主要存在于水果和蜂蜜中。其甜度是天然碳水化合物中最高的。它是生产饮料、冷冻食品、糖果蜜饯的重要原料,果糖吸收后经肝脏转变成葡萄糖而被人体利用,有一部分可转变成糖原、乳酸和脂肪;半乳糖是乳糖的重要组成成分,几乎全部以结合形式存在,在人体内先转变成葡萄糖才被利用。母乳中的半乳糖是在体内重新合成的,而不是由食物提供的。

2. 双糖 双糖是由两分子单糖脱水缩合而成的,易溶于水,须分解成单糖才能被吸收利用。包括蔗糖、麦芽糖和乳糖等。

(1) 蔗糖:俗称白糖、砂糖或红糖。它是由一分子葡萄糖与一分子果糖彼此缩合脱水而成,它普遍存在于植物界中的叶、花、根、茎、种子及果实中。在甘蔗、甜菜及蜂蜜中含量丰富。日常食用的白糖,就是在甘蔗和甜菜中提取的。

(2) 乳糖:乳糖由一分子葡萄糖与一分子半乳糖缩合而成,它只存在于哺乳动物的乳汁中,在鲜奶中约占5%。人体消化液中乳糖酶可将乳糖水解为相应的单糖。

(3) 麦芽糖:由二分子葡萄糖缩合而成,大量存在于发芽的谷粒,特别是麦芽中。它是淀粉和糖原的结构成分。淀粉在酶的作用下,可生成麦芽糖。

3. 糖醇 糖醇是单糖的衍生物,常见有山梨醇、甘露醇、木糖醇、麦芽糖醇等。

(1) 山梨醇和甘露醇:二者互为同分异构体。山梨醇存在于植物果实中,甘露醇在海藻、蘑菇中含量丰富。它们在临床上常用作脱水剂,使周围组织和脑实质脱水,从而降低颅内压、消除水肿。

（2）木糖醇：存在于多种水果、蔬菜中的五碳醇,其甜度与蔗糖相等。其代谢不受胰岛素的调节,故常作为甜味剂用于糖尿病人专用食品及许多药品中。

（3）麦芽糖醇：由麦芽糖氢化制得,可作为功能性甜味剂用于心血管病、糖尿病等患者的保健食品中。由于它在口腔中不被微生物利用,有防龋齿作用。

（二）寡糖

寡糖由 3~9 个单糖分子组成,又称低聚糖,其甜度通常只有蔗糖的 30%~60%,重要寡糖有低聚果糖、大豆低聚糖、棉籽糖、水苏糖、异麦芽低聚糖、低聚甘露糖等。

1. 低聚果糖,又称寡果糖,主要存在于日常食用的水果、蔬菜中,如洋葱、大蒜、香蕉等。甜度约为蔗糖的 30%~60%,难以被人体消化吸收,被认为是一种水溶性膳食纤维,但易被大肠双歧杆菌利用,是双歧杆菌的增殖因子。另外,它不提供口腔微生物沉淀、产酸、腐蚀的场所,故可作为防龋齿甜味剂。

2. **大豆低聚糖**　存在于大豆中的可溶性糖的总称,主要成分是水苏糖、棉籽糖和蔗糖,除大豆外,各类豆中均存在,甜度为蔗糖的 70%,但能量仅为蔗糖的 50% 左右。也是肠道双歧杆菌的增殖因子,可作为功能性食品的基料,能部分代替蔗糖应用于清凉饮料、酸奶、乳酸菌饮料、冰淇淋、面包、糕点、糖果和巧克力等食品中。

（三）多糖

多糖是由 10 个及以上单糖分子缩合并借糖苷键彼此连接而成的高分子聚合物,其特点是分子大,不溶于水,无甜味,不形成结晶,无还原性,但经消化酶的作用,可分解为单糖而被人体吸收利用。营养学上重要的多糖有淀粉、糖原和非淀粉多糖等。

1. **淀粉**　存在于谷类、根茎类等植物中,由葡萄糖聚合而成,因聚合方式不同分为直链淀粉和支链淀粉。天然食品中,直链淀粉含量较少,一般仅占淀粉成分的 19%~35%。支链淀粉含量较高,一般占 65%~81%,直链淀粉容易使食物老化,支链淀粉易使食物糊化。为了增加淀粉的用途,淀粉经改性处理后获得了各种各样的变性淀粉。

2. **糖原**　几乎全部存在于动物体内,故又称动物淀粉,包括肌糖原和肝糖原,由肝脏和肌肉合成及储存。肝糖原可维持正常的血糖浓度,肌糖原可提供肌肉运动所需要的能量。

3. **非淀粉多糖即膳食纤维**　指存在于植物体中不易被人体消化吸收的部分,包括纤维素、半纤维素、果胶等。

4. **其他多糖**　动物和植物中含有多种类型的多糖,有些多糖具有调节生理功能的活性,如香菇多糖、茶多糖、银耳多糖、壳聚糖等。

二、碳水化合物生理功能

（一）储存与提供能量

碳水化合物是人类获取能量最经济和最主要的来源,在维持人体健康所需的能量中,55%~65% 由碳水化合物提供。每克葡萄糖在体内氧化可以产生 16.7kJ（4kcal）的能量。碳水化合物在体内释放能量较快,供能也快,是神经系统和心肌的主要能源,也是肌肉活动时的主要燃料,可维持神经系统和心脏的正常供能,增强耐力,提高工作效率。

（二）构成机体组织及重要生命物质,并参与细胞的组成和多种活动

碳水化合物构成机体组织,并参与细胞的组成和多种活动。每个细胞都有碳水化合

物,其含量约为 2% ~10%,主要以糖脂、糖蛋白和蛋白多糖的形式存在,分布在细胞膜、细胞器膜、细胞质以及细胞间基质中。除细胞含有碳水化合物外,神经组织、血液等都含有糖,另外,一些具有重要生理功能的物质,也需碳水化合物的参与。如:核糖核酸(RNA)和脱氧核糖核酸(DNA)两种重要生命物质均含有核糖;抗体、酶和激素的组成成分中也有碳水化合物。

(三) 协助脂肪氧化,节约蛋白质

脂肪在体内分解代谢,需要葡萄糖的协同作用,脂肪酸被分解产生的乙酰基需与草酰乙酸结合进入三羧酸循环,才能彻底被氧化分解。当膳食中碳水化合物供应不足时,体内脂肪或食物脂肪被动员并加速分解脂肪酸来供能,在这一代谢过程中,脂肪酸不能彻底氧化而产生过多的酮体,酮体不能及时被氧化在体内蓄积,而产生酮症酸中毒,影响健康;同时机体为了满足自身对葡萄糖的需要,还通过糖原异生作用将蛋白质转化为葡萄糖供给能量;如果膳食中有充足的碳水化合物,则可以防止上述现象的发生,既可以协助脂肪彻底氧化,防止酮体的产生;又不需要动用蛋白质供能,节约蛋白质即节约蛋白质作用。

(四) 帮助肝脏解毒

碳水化合物经糖醛酸途径代谢生成的葡萄糖醛酸,是体内一种重要的结合解毒剂,在肝脏中能与许多有害物质如细菌毒素、酒精、砷等结合,以消除或减轻这些物质的毒性或生物活性,从而起到解毒作用。实验证明,肝脏内肝糖原不足时,肝脏对四氯化碳、酒精、砷等有害物质的解毒作用明显下降。所以,保证身体碳水化合物的供给,在一定程度上能保护肝脏免受有害因素的侵害。

(五) 增强肠道功能,提供膳食纤维

非淀粉多糖类,如纤维素、果胶、抗性淀粉、功能性低聚糖等抗消化的碳水化合物,虽不能在小肠消化吸收,但具有增强肠道功能,促进胃肠运动,利于粪便排出,预防便秘;控制体重和减肥;降低血糖和血脂;预防肠道肿瘤等功能。

三、碳水化合物的膳食参考摄入量与食物来源

(一) 膳食参考摄入量

人体对碳水化合物的需要量,常以占总能量的百分比来表示。由于体内其他营养素可转变为碳水化合物,因此其需要量尚难确定。中国营养学会根据目前我国膳食碳水化合物的实际摄入量和 FAD/WHO 的建议,建议膳食碳水化合物的参考摄入量为占总能量的 55% ~65%(AI)。对碳水化合物的来源也做出要求,即包括复合碳水化合物淀粉、不消化的抗性淀粉、非淀粉多糖和低聚糖等碳水化合物;限制纯能量食物如单糖、双糖的摄入量,以保障人体能量和营养素的需要及改善胃肠道环境和预防龋齿的需要。

(二) 食物的来源

膳食中淀粉的来源主要是粮谷类和薯类食物。粮谷类一般含碳水化合物 60% ~

80%，薯类含量为 15%～29%，豆类为 40%～60%。常见食物碳水化合物含量见表 2-10。

表 2-10　常见食物碳水化合物含量（g/100g）

食物名称	含量	食物名称	含量	食物名称	含量	食物名称	含量
粉条	83.6	木耳	35.7	葡萄	9.9	番茄	3.5
粳米（标二）	77.7	鲜枣	28.6	酸奶	9.3	牛乳	3.4
籼米（标一）	77.3	甘薯	23.1	西瓜	7.9	芹菜	3.3
挂面（标准粉）	74.4	香蕉	20.8	杏	7.8	带鱼	3.1
小米	73.5	黄豆	18.6	梨	7.3	白菜	3.1
小麦粉（标粉）	71.5	柿	17.1	花生仁	5.5	鲜贝	2.5
莜麦面	67.8	马铃薯	16.5	南瓜	4.5	猪肉	2.4
玉米	66.7	苹果	12.3	萝卜	4.0	黄瓜	2.4
方便面	60.9	辣椒	11.0	鲫鱼	3.8	冬瓜	1.9
小豆	55.7	桃	10.9	豆腐	3.8	鸡蛋	1.5
绿豆	55.6	橙	10.5	茄子	3.6	鸡肉	1.3

单糖和双糖的来源主要是蔗糖、糖果、甜食、糕点、甜味水果、含糖饮料和蜂蜜等。单糖和双糖过多摄入对血糖波动影响较大。无论对健康人还是糖尿病人来说，保持血糖浓度稳定，没有大的波动才是理想状态，而达到这个状态就是合理地利用低 GI 食物。

血糖生成指数（GI），简称血糖指数，指餐后不同食物血糖耐量曲线在基线内面积与标准糖（葡萄糖）耐量面积之比，以百分比来表示。

$$GI = \frac{某食物在食后 2h 血糖曲线下面积}{相当含量葡萄糖在食后 2h 血糖曲线下面积} \times 100$$

GI 是用以衡量某种食物或某种膳食组成对血糖浓度影响的一个指标。GI 高的食物或膳食，表示进入胃肠后消化快，吸收完全，葡萄糖迅速进入血液，血糖浓度波动大；反之则表示在胃肠内停留时间长，释放缓慢，葡萄糖进入血液后峰值低，下降速度慢，血糖浓度波动小。食物 GI 可作为糖尿病患者选择多糖类食物的参考依据，也可广泛用于高血压病人和肥胖者的膳食管理，居民营养教育，甚至扩展到运动员的膳食管理，食欲研究等。常见糖类的 GI 见表 2-11，某些常见食物的 GI 见表 2-12。

表 2-11　常见糖类的 GI

糖类	GI	糖类	GI
葡萄糖	100	麦芽糖	105.0±5.7
蔗糖	65.0±6.3	绵白糖	83.8±12.1
果糖	23.0±4.6	蜂蜜	73.5±13.3
乳糖	46.0±3.2	巧克力	49.0±8.0

表 2-12　常见食物的 GI

食物名称	GI	食物名称	GI	食物名称	GI
馒头	88.1	玉米粉	68.0	葡萄	43.0
熟甘薯	76.7	玉米片	78.5	柚子	25.0
熟土豆	66.4	大麦粉	66.0	梨	36.0
面条	81.6	菠萝	66.0	苹果	36.0
大米饭	83.2	闲趣饼干	47.1	藕粉	32.6
烙饼	79.6	荞麦	54.0	鲜桃	28.0
苕粉	34.5	甘薯(生)	54.0	扁豆	38.0
南瓜	75.0	香蕉	52.0	绿豆	27.2
油条	74.9	猕猴桃	52.0	四季豆	27.0
荞麦面条	59.3	山药	51.0	面包	87.9
西瓜	72.0	酸奶	48.0	可乐	40.3
小米	71.0	牛奶	27.6	大豆	18.0
胡萝卜	71.0	柑	43.0	花生	14.0

引自《中国营养科学全书》。

四、碳水化合物与美容

（一）可利用碳水化合物

1. 促进蛋白质的利用　碳水化合物的供给充足,能促进蛋白质合成和利用,并能维持脂肪的正常代谢,起到美容润肤作用。

2. 机体热能的主要来源　供应不足,导致身体能量减少,生长发育迟缓,体重减轻,易疲劳,皮肤干燥,缺少光泽;反之,如果糖类摄入过多,可转化为中性脂肪,贮存在体内,导致肥胖的发生。

（二）膳食纤维

1. 促进减肥　膳食纤维吸水膨胀,可形成饱腹感而减少进食;膳食纤维减低消化酶对食物的分解作用,使糖、脂肪吸收减少,起到控制体重和减肥的作用;减低肠道对胆固醇的重吸收,降低血脂。

2. 排毒功能　膳食纤维促进肠道蠕动,利于排出机体代谢废物;吸附食物中食品添加剂、重金属离子等有毒有害物质。经常便秘的人,肤色枯黄,因为有毒物质在体内存留,损害皮肤所致。

第5节　维　生　素

一、概　述

维生素是维持人体正常生命活动所必需的一类有机化合物。在体内含量极微,但对机体的代谢、生长发育等过程起重要作用。它们的化学结构与性质虽然各异,但有以下共同特点。

1. 均以维生素本身,或可被机体利用的前体化合物(维生素原)的形式存在于天然食物中。

2. 非机体结构成分,不提供能量,但担负着特殊的代谢功能。

3. 一般不能在体内合成(维生素 K 例外)或合成量太少,必须由食物提供。

4. 人体只需少量即可满足,但绝不能缺少,否则缺乏至一定程度,可引起维生素缺乏病。

在维生素的化学结构未阐明之前,维生素的名称一般是按发现的前后,在维生素之后加上 A、B、C、D 等拉丁字母标志,如维生素 A、维生素 B、维生素 C、维生素 D 等。此外,在各类维生素刚被发现时,以为是一种,其后发现是几种混合存在,于是在字母右下方注以 1、2、3 等加以区别,如维生素 A_1、A_2 等,但这种命名系统正逐渐被基于它们的化学本质或生理功能的命名所取代,如硫胺素、抗癞皮病维生素、生育酚、抗坏血酸等。维生素的命名见表 2-13。

表 2-13　维生素的命名

以字母命名	以化学结构或功能命名
维生素 A	视黄醇,抗干眼病维生素
维生素 D	钙化醇,抗佝偻病维生素
维生素 E	生育酚
维生素 K	凝血维生素
维生素 B_1	硫胺素,抗脚气病维生素
维生素 B_2	核黄素
维生素 B_3、维生素 B_5	泛酸
维生素 PP	尼克酸、尼克酰胺、抗癞皮病维生素
维生素 B_6	吡哆醇、吡哆醛、吡哆胺
维生素 M	叶酸
维生素 H	生物素
维生素 B_{12}	钴胺素、氰胺素、抗恶性贫血维生素
维生素 C	抗坏血酸、抗坏血病维生素

维生素的种类繁多,结构各异,理化性质和生理功能也各不相同,通常按其溶解性质分为脂溶性维生素(fat-soluble vitamins)和水溶性维生素(water-soluble vitamins)两大类。脂溶性维生素包括维生素 A、D、E、K,只溶于有机溶剂而不溶于水,在食物中常与脂类一起,在吸收过程中与脂类相伴进行。可贮存于脂肪组织和肝脏,故过量可引起中毒。水溶性维生素有 B 族维生素(B_1、B_2、B_5、B_6、B_{12}、泛酸、叶酸、生物素)和维生素 C,易溶于水,在食物清洗、加工、烹调过程中若处理不当容易损失,在体内仅有少量贮存,易排出体外。

二、维 生 素 A

维生素 A(VitA)又名视黄醇或抗干眼病维生素,是不饱和的一元醇,黄色结晶体。天然维生素 A 只存在于动物性食物中。植物体内所含的 β-胡萝卜素,进入机体可转变为维生素 A,因此 β-胡萝卜素又称为维生素 A 原,在人体可发挥维生素 A 的作用。

（一）理化性质与体内分布

维生素A属脂溶性维生素,在高温和碱性的环境中比较稳定,一般烹调和加工过程中不易破坏。但是维生素A极易氧化,特别在高温条件下,紫外线照射可以加快这种氧化破坏。因此,维生素A或含有维生素A的食物应避光在低温下保存,如能在保存的容器中充入氮气以隔绝氧气,则保存效果更好。食物中如同时含有磷脂、维生素E、维生素C和其他抗氧化剂时,其中的视黄醇和胡萝卜素则较为稳定。食物中共存的脂肪酸败时可致其严重破坏。维生素A在体内主要储存于肝脏中,约占总量的90%~95%,少量储存于脂肪组织。

（二）生理功能及缺乏症

1. 维持正常视觉功能 视网膜上感光物质视紫红质,是由维生素A和视蛋白结合而成,具有感受弱光的作用,能使人在暗处看清物体。如果维生素A缺乏,视紫红质合成不足,对弱光敏感度降低,使暗适应时间延长,于是产生视力低下和夜盲症(古称雀目)。

2. 维持上皮组织结构的完整和健康 维生素A与磷酸构成的脂类是合成糖蛋白所需的寡糖基的载体,而糖蛋白能参与上皮细胞的正常形成和黏液分泌,是维持上皮细胞的生理完整性的重要因素。缺乏维生素A时,上皮细胞分泌黏液的能力丧失,出现上皮干燥、增生及角化、脱屑,尤其以眼、呼吸道、消化道、尿道等上皮组织受影响最为明显。由于上皮组织不健全,机体抵抗微生物侵袭的能力降低而易感染疾病。如果泪腺上皮受波及,会造成干眼病,患者眼结膜和角膜上皮组织变性,泪腺分泌减少,可发生结膜皱纹,结膜失去正常光泽、混浊、变厚、变硬,角膜基质水肿,角膜表面粗糙、混浊、软化、溃疡、糜烂、穿孔;患者常感眼睛干燥,怕光,流泪,发炎,疼痛,发展下去可致失明。

3. 促进生长发育 具有类固醇激素的作用,影响细胞分化,促进生长发育。维生素A能维持成骨细胞与破骨细胞之间的平衡,维持骨的正常生长。缺乏时可引起生长停顿,发育不良,骨质向外增生,并干扰邻近器官以及神经组织等。孕妇缺乏维生素A可导致胚胎发育不全或流产。

4. 抗氧化和抗癌作用 维生素A和β-胡萝卜素能捕捉自由基,故是在体内起重要作用的抗氧化剂。近年来研究证明,维生素A与视黄醇类物质能抑制肿瘤细胞的生长与分化而起到防癌、抗癌作用。此外,维生素A与抗疲劳有关。

5. 维生素A对美容保健的作用 维生素A可调节表皮及角质层的新陈代谢,保护表皮、黏膜,使细菌不易侵害;维持腺体分泌,保持皮肤湿润;维护上皮细胞完整性,防止多种皮肤病发生。

维生素A缺乏病是一种因体内维生素A缺乏引起的以眼、皮肤改变为主的全身性疾病,是全球性营养问题,应予重视。但必须指出,维生素A虽然对维持机体健康有重要作用,但不是越多越好。长期摄入过量的维生素A可以引起维生素A过多症,如日摄入量超过500000IU(150mg)可引起中毒症状,表现为厌食、头发稀疏、皮肤瘙痒、肝肿大、肌肉僵硬等。维生素A过多症多数是由于摄入纯维生素A引起,通过食物摄取维生素A不易引起过多症。

（三）供给量

中国营养学会2000年提出的中国居民膳食维生素A参考摄入量,成人RNI男性为800μgRE;女性为700μgRE,UL为3000μgRE。供给量中至少应有1/3来自维生素A,其余2/3可来自胡萝卜素。视力要求高,夜间及弱光下工作,皮肤黏膜经常受刺激者的需要量较高,如射击、摩托及游泳运动员的需要量较高。摄入维生素A制剂过量,可发生中毒,急性表现为恶心、呕吐、嗜睡;慢性表现为食欲不振、毛发脱落、头痛、耳鸣、复视等。

三、维 生 素 D

维生素D(VitD)是类固醇衍生物,种类很多,以维生素 D_2(麦角钙化醇)和 D_3(胆钙化醇)对人类最为重要。维生素D结晶呈白色,性质稳定,能耐高温,但酸败的油脂会破坏维生素D。

(一) 生理功能与缺乏症

维生素D的主要生理功能是调节体内钙、磷代谢,促进钙磷的吸收和利用,以构成健全的骨骼和牙齿。

1. 促进小肠钙吸收 转运至小肠组织的维生素 D_3 先进入黏膜上皮细胞,并在该处诱发一种特异的钙结合蛋白质合成。一分子钙结合蛋白质可与四个钙离子结合,因此它可被视为参与钙运输的载体。这种结合蛋白还可增加肠黏膜对钙的通透性,将钙主动转运通过黏膜细胞进入血液循环。

2. 促进肾小管对钙、磷的重吸收 维生素 D_3 对肾脏也有直接作用,能促进肾小管对钙、磷的重吸收,减少丢失。佝偻病患儿的早期表现就是尿磷增高,血浆无机磷酸盐浓度下降,从而影响骨组织的钙化。

3. 对骨细胞呈现多种作用 在血钙降低时,它能动员储存在骨组织中的钙和磷进入血液;还能诱导肝细胞、单核细胞变为成熟的破骨细胞,破骨细胞一旦成熟,即失去了维生素 D_3 的核受体,因此不再发挥其生理作用。成骨细胞也有维生素 D_3 的核受体。体外试验提示,维生素 D_3 能增加碱性磷酸酶的活性及骨钙化基因的表达。

4. 调节基因转录作用 维生素 D_3 通过调节基因转录和一种独立信息转导途径来启动生物学效应。已经证明,有30个具有调节基因转录作用的维生素D核受体靶器官,包括肠、肾、骨、胰、垂体、乳房、胎盘、造血组织、皮肤及各种来源的癌细胞等。

5. 通过维生素D内分泌系统调节血钙平衡 目前已确认存在维生素D内分泌系统,其主要调节因子是维生素 D_3、甲状旁腺激素及血清钙、磷。当血钙降低时,甲状旁腺激素升高维生素 D_3 增多,通过其对小肠、肾、骨等靶器官的作用以增高血钙水平;当血钙过高时,甲状旁腺激素下降,降钙素产生增加,尿中钙、磷的排出量增加。

维生素D缺乏或不足,钙磷代谢紊乱,血中钙磷水平降低,可致骨组织钙化发生障碍,在幼儿期可出现佝偻病。成年人发生骨软化症及骨质疏松,多见于孕妇、乳母和老年人,严重者血钙明显下降,可引起手足抽搐症。

膳食中缺乏维生素D和日光照射不足,是引起人体维生素D缺乏的两大主要原因。因此,维生素D缺乏常发生在光照不足、小儿喂养不当(尤其是人工喂养);或肝中维生素D及钙储存量较少,出生后生长又较快的早产儿及多胎儿中。某些疾病特别是肠道吸收障碍,影响维生素D与钙的吸收,也是维生素D缺乏的常见原因之一。

(二) 供给量

儿童、老年人及孕妇每天供给量均为 $10\mu g$(400IU),一般成年人为 $5\mu g$。经常受日光照射,体内合成量即可满足需要,只有特殊情况(如夜班工作或缺乏户外活动等)才需补充。体内摄入过多的维生素D可引起中毒。如长期给儿童食用浓缩维生素D,可出现厌食、便秘、呕吐、头痛、烦渴多尿、肌张力下降、心率快而失常等,甚至可引起软组织钙化等。

（三）食物来源

维生素 D 主要存在于动物性食物中,最丰富的来源是鱼肝油、各种动物肝脏和蛋黄,夏季动物奶中的含量也较多。晒干后的青菜,其他维生素可能被破坏,但唯独维生素 D 剧增,故菜干是富含维生素 D 的食物。对婴儿和经常在地下工作的人来说,要多进行室外活动和适当的日光浴,食用维生素 D 含量较多的食品。

四、维 生 素 E

维生素 E(Vit E)又称生育酚。极易自身氧化,并易遭氧、碱、铁盐的破坏。对酸、热较稳定,但长期高温加热,特别是油脂酸败时,常使其活性明显降低。

（一）生理功能

1. 抗氧化作用　机体代谢过程中不断产生自由基,自由基是有一个或多个未配对电子的原子或分子,它具有强氧化性,易损害生物膜和生理活性物质,并促进细胞衰老出现脂褐素沉着现象。维生素 E 能捕捉自由基,是体内自由基的良好清除剂,它能对抗生物膜中不饱和脂肪酸的过氧化反应,因而避免脂质过氧化物产生,保护生物膜的结构与功能;并且减少各组织细胞内脂褐素的产生,从而延缓衰老过程;防止维生素 A（类胡萝卜素）、维生素 C、含硫的酶和谷胱甘肽的氧化,从而保护这些必需营养素在体内执行其特定的功能;可与维生素 C 起协同作用,保护皮肤的健康,减少皮肤发生感染。对皮肤中的胶原纤维和弹力纤维有"滋润"作用,从而改善和维护皮肤的弹性。能促进皮肤内的血液循环,使皮肤得到充分的营养与水分,以维持皮肤的柔嫩与光泽。还可抑制色素斑、老年斑的形成,减少面部皱纹及洁白皮肤,防治痤疮;还可阻断硝酸盐和亚硝酸盐转变成亚硝酸,同时刺激免疫系统,增加免疫反应从而起到预防肿瘤的作用。

2. 维持正常生殖功能　实验发现维生素 E 与性器官的成熟和胚胎发育有关,故临床用于治疗习惯性流产和不育症。

3. 参与体内一些必需物质的合成　促进糖类、脂肪、蛋白质释放能量时所必需的泛酸的合成,调节核酸的合成。

（二）供给量

成人和青少年每日为 10mg,孕妇、乳母和老人为 12mg。维生素 E 需要量还受膳食其他成分的影响,如多不饱和脂肪酸和脂肪酸、口服避孕药、阿司匹林、酒精饮料等,都会增加维生素 E 的需要量。

（三）食物来源

维生素 E 主要存在于植物性食品中,麦胚油、棉籽油、玉米、花生油、芝麻油是良好的来源。

五、维 生 素 B₁

维生素 B$_1$(Vit B$_1$)又称硫胺素或抗脚气病维生素,其为白色结晶体。在酸性溶液中稳定,耐热,但在碱性条件下加热易氧化破坏。故烹调时加碱会使维生素 B$_1$ 大量损失。

（一）生理功能及缺乏症

1. 促进糖类等新陈代谢,维护心脏和神经健康　在正常情况下,神经组织所需能量主要靠糖氧化供给。当维生素 B_1 缺乏时，糖代谢受阻，导致体内能量供应发生障碍，尤其是神经组织能量供应受到影响，并伴有糖代谢中间产物丙酮酸、乳酸在神经组织堆积，出现神经肌肉兴奋性异常和心肌代谢功能紊乱，表现为多发性神经炎，典型的缺乏症为脚气病。如长期食用加工过精的白米、面粉，又缺少粗杂粮和多种副食品的合理补充，就容易导致脚气病。

2. 增进食欲与消化功能　维生素 B_1 可抑制胆碱酯酶的活性，使神经传导递质之一的乙酰胆碱减少水解。维生素 B_1 缺乏时，由于胆碱酯酶活性增强，乙酰胆碱水解加速，使神经正常传递受到影响，致胃肠蠕动缓慢，消化液分泌减少，引起食欲不振、消化不良等消化功能障碍。

（二）供给量

由于硫胺素参与糖代谢，其需要量与热能供应成正比。目前硫胺素供给量为 0.5mg/4.18kJ（1000kcal），一般为每日 1.4~1.8mg。高度脑力劳动、高温、缺氧及摄入碳水化合物多者，需要量增加。运动员需要量较高，耐力项目尤甚。

（三）食物来源

维生素 B_1 广泛存在于天然食品中，含量丰富的有动物内脏、肉类、豆类、花生和粗粮。谷类是我国人民的主食，也是维生素 B_1 的主要来源。但粮食加工过分精细和过分淘洗，蒸煮中加碱，均可造成维生素 B_1 损失。

六、维生素 B_2

维生素 B_2（VitB_2）称核黄素，其为橘黄色针状结晶体。在酸性溶液中稳定，但易为光和碱所破坏，因此，宜避光保存，烹调中不能加碱。

（一）生理功能

维生素 B_2 是黄酶辅基 FMN 和 FAD 的组成成分，直接参与氧化反应及电子传递系统，是蛋白质、脂肪和糖类在体内代谢所不可缺少的物质。此外，维生素 B_2 还与肾上腺皮质激素产生、骨髓中红细胞的形成有一定的关系（与铁的吸收、贮存、利用有关），因此维生素 B_2 能促进生长发育，保护眼睛和皮肤健康。

当维生素 B_2 缺乏时，常见症状是口角炎、唇炎、舌炎、脂溢性皮炎、阴囊炎和贫血等。

（二）供给量

维生素 B_2 的供给量与机体能量代谢及蛋白质的摄入量均有关系，机体热能需要量增大、生长加速、创伤修复期、孕妇与乳母的供给量均需增加。运动员中力量与耐力项目需要量较高。我国推荐的供给量标准为每 4.18kJ（1000kcal）热能需用 0.5mg 维生素 B_2，也即成人每日在 1.4mg 左右。

（三）食物来源

维生素 B_2 广泛存在于动物性和植物性食物中，以肝、肾、心、奶类、蛋黄和鳝鱼中含量较多，其次，豆类和绿叶蔬菜中也含有一定的量。我国居民的膳食中供给量往往不能满足需要，因此轻度缺乏症者普遍，故膳食营养中应引起注意。

七、维生素 PP

维生素 PP（Vit PP）是吡啶的衍生物尼克酸和尼克酰胺的总称。白色结晶体，性质稳定,耐高温,不易被酸、碱、氧及光所破坏,是维生素中性质最稳定的一种。

（一）生理功能及缺乏症

以尼克酰胺形式在体内构成辅酶Ⅰ（NAD）和辅酶Ⅱ（NADPH），在生物氧化过程中起递氢作用。当人体缺乏维生素 PP 时将引起癞皮病。早期症状有疲劳、乏力、工作能力降低、记忆力差以及常失眠。典型症状是皮炎、腹泻和痴呆，即所谓的"三 D"症状。尼克酸缺乏常与维生素 B_1、B_2 及其他营养素缺乏同时存在，故常伴有其他营养素缺乏症状。

（二）供给量

每 1000kJ 能量供给维生素 PP 1.2mg，成人每日约 12～21mg 左右，相当于维生素 B_1 的 10 倍。在缺氧条件下活动者，如登山、飞行、潜水等运动员供给量应增加。

（三）食物来源

维生素 PP 广泛存在于动植物食品中，其中含量最丰富的是酵母、花生、谷类、豆类及肉类，尤其是动物肝脏。色氨酸也可在体内转变成维生素 PP（60mg 色氨酸可转化为 1mg 烟酸）。因玉米中维生素 PP 多为结合型，不能被吸收利用，故长期以玉米为主食的地区，可能造成维生素的缺乏而发生癞皮病。

临床上常用的抗结核药物异烟肼的结构与维生素 PP 十分相似，对维生素 PP 有拮抗作用。故结核病患者长期服用异烟肼，应注意适当补充维生素 PP，否则可能引发癞皮病的某些症状。

八、维生素 B_6

维生素 B_6 是吡啶的衍生物。在酸性溶液中较稳定，在中性和碱性溶液易分解，并对紫外线敏感。

（一）生理功能

维生素 B_6 在体内经磷酸化生成的磷酸吡哆醛和磷酸吡哆胺，是氨基酸代谢过程中多种酶的辅助因子，参与氨基酸的转氨、脱羧和消旋反应。由于维生素 B_6 与氨基酸代谢直接相关，在人体生长发育期间尤为重要。人体内维生素 B_6 缺乏的情况是罕见的。但长期用异烟肼进行抗结核治疗时，因其易与吡哆醛结合成异烟腙而从尿中排出，导致维生素 B_6 缺乏，故在服用异烟肼时还应加服维生素 B_6，以防止治疗中出现的不安、失眠和多发性神经炎等不良反应。

（二）供给量

人体对维生素 B_6 的需要，受膳食中蛋白质水平、肠管细菌合成维生素 B_6 量及人体利用程度、生理状况及服用药物的状况等的影响，一般成人每日约 2mg 左右。

（三）食物来源

维生素 B_6 广泛存在于各种食品中，如各种谷类、豆类、肉类、肝、蛋黄和酵母，体内肠管细菌也可以合成一部分。

九、叶　酸

叶酸为黄色结晶，在中性或碱性溶液中对热稳定，易被酸和光破坏。

（一）生理功能和缺乏症

叶酸在体内经还原酶催化形成四氢叶酸（FH_4）。这种形式的叶酸是一碳单位转移团的辅酶,直接参与丝氨酸、蛋氨酸、组氨酸、胆碱、胸腺嘧啶以及某些嘌呤及核苷酸的合成,从而也影响核酸、蛋白质的合成。叶酸具有促进红细胞成熟的作用。叶酸缺乏时,红细胞成熟延缓、变大,脆性增强,出现巨幼红细胞性贫血。

（二）食物来源与供给量

叶酸广泛分布于各种食物,叶酸最丰富的食物来源是动物肝脏;其次为绿叶蔬菜、酵母等,肠菌也能合成叶酸供人体利用。所以人类极少发生缺乏病。成人每日约需 $400\mu g$。

十、维生素 B_{12}

维生素 B_{12} 又名铬胺素或抗恶性贫血维生素,它是含金属元素钴的咕淋衍生物,为粉红色针状结晶体。在中性或弱酸性条件下稳定,强酸或强碱中易分解,在阳光照射下易被破坏。但耐热性较好,故一般烹调方法加工食物时不被破坏。

（一）生理功能与缺乏症

1. 促进红细胞的发育和成熟,维持机体正常的造血机能　维生素 B_{12} 以辅酶形式参与一碳单位代谢,提高叶酸的利用率,增加核酸和蛋白质的合成,从而促进血细胞的成熟。维生素 B_{12} 缺乏时,产生恶性贫血——巨幼红细胞性贫血。

2. 防治脂肪肝　甲基钴胺素是一碳单位的甲基的转运者,参与胆碱等化合物的合成。胆碱是磷脂的组成成分,而磷脂在肝中参与脂蛋白的形成,有助于肝中脂肪的运输。故常给肝病患者补给 B_{12},以防治脂肪肝。

（二）供给量及食物来源

维生素 B_{12} 的需要量极微,一般成人每日供给量约 $1.3\mu g$。主要食物来源是动物性食品,如肝、肾、肉、海鱼、虾等含量较多,肠道菌群也能合成。

十一、维 生 素 C

维生素 C（VitC）又名抗坏血酸,其是六碳的多羟基的有机酸,白色结晶,具有很强的还原性,在酸性溶液中较稳定,但易被氧化;在热和碱中很不稳定,特别在氧化酶及微量铜、铁等金属离子存在下可加速破坏。

（一）生理功能与缺乏症

1. 参与氧化还原作用　保护含巯基酶的活性,保护维生素 A、E 以及必需脂肪酸免受氧化,清除自由基和有些化学物质对机体的毒害。还可使三价铁还原成二价铁,从而有利铁的吸收和利用。

2. 促进胶原蛋白的合成　维生素 C 参与胶原蛋白合成所需的羟化酶组成,而胶原蛋白是细胞间质的重要成分,维持着人体结缔组织及细胞间质结构和功能的完整性。维生素 C 缺乏时将影响胶原蛋白合成,造成创伤愈合迟缓,微血管脆弱而产生不同程度的出血。

3. 提高应激能力　维生素 C 还参与甲状腺素、肾上腺皮质激素和 5-羧色胺等激素和神经递质的合成与释放,可提高人体应激能力和对寒冷的耐受力。

4. 降低血胆固醇水平　维生素 C 参与肝中胆固醇的羟化作用,可以形成胆酸降低血胆固醇含量。

5. 增强机体免疫力和抗癌作用 维生素 C 能刺激机体产生干扰素,增强抗病毒能力,抗坏血酸还能阻止一些致癌物的形成,其能与胺竞争亚硝酸盐,因而阻止致癌物亚硝胺的产生。

6. 维生素 C 的美容作用 主要是基于抗炎作用。因它可防止晒伤,避免过度日照后所留下的后遗症。维生素 C 能促进伤口愈合。因此,近来便广泛的运用于抗老化、修补日晒伤害的用途上。

维生素 C 缺乏时,可引起坏血病。表现为牙龈肿胀出血,皮下出血、贫血。严重者可导致全身内出血和心脏衰竭而死亡。

(二) 供给量

维生素家族中供给量最大的维生素,正常情况下每日维生素 C 供给量成人为 100mg。国外有的规定为每 1000kcal 热量 30mg。受伤后或处于应激状态时(如高温、缺氧、寒冷、有毒等环境等)需要较高。

(三) 食物来源

维生素 C 主要来源于新鲜蔬菜和水果,如青菜、韭菜、菠菜、青椒、花菜、柑橘、鲜枣、草莓、山楂等含量尤其丰富。维生素 C 易受储存和烹调破坏,所以蔬菜水果应尽可能保持新鲜。

第6节 矿 物 质

一、概　述

人体内含有的各种元素,除了碳、氢、氧、氮主要以有机化合物形式存在外,其余各种元素统称为矿物质。人体内矿物质的总量虽然仅占体重的 4% 左右(碳、氢、氧、氮诸元素约占体重的 96%),需要量也不像蛋白质、脂类、碳水化合物那样多,但其中的二十余种,已被证实为人类营养所必需。其中含量较多的,在机体中含量大于 0.01% 以上的,如钙、镁、钾、钠、磷、硫、氯等为主要元素(macroelements);而含量小于 0.01% 的为微量元素(microelements),人体必需的微量元素有铁、锌、碘、硒、氟、铜、钼、锰、铬、镍、钒、锡、硅、钴等 14 种。

矿物质虽然不能直接供能,但在正常生命活动中具有重要作用。

1. 构成机体组织的重要材料 钙、磷、镁是骨骼和牙齿的重要组成成分;铁参与血红蛋白、肌红蛋白和细胞色素的组成;而磷是核酸的基本成分。

2. 维持机体的酸碱平衡和渗透压 Na^+、Cl^- 是维持细胞外液渗透压的主要离子;K^+、HPO_4^{2-} 是维持细胞内液渗透压的主要离子。细胞内外液之间的渗透压平衡要由以上离子的浓度决定。这些离子同时也是体液中各种缓冲对的主要成分,在维持体液的酸碱平衡上起重要作用。

3. 维持组织的正常兴奋性 各种矿物质离子对神经肌肉的兴奋性有不同的影响,有些可增强其兴奋性,有些则抑制其兴奋性。实验证明,神经肌肉的兴奋性与下列离子浓度和比例有关,Na^+、K^+ 浓度升高,可提高神经肌肉的兴奋性,Ca^{2+}、Mg^{2+} 浓度升高则降低神经肌肉的兴奋性。心肌细胞的兴奋性则不同,Na^+、Ca^{2+} 浓度升高,可提高心肌细胞的兴奋性,K^+、

Mg^{2+}浓度升高则降低心肌细胞的兴奋性。

4. 酶的组成成分和激活剂 不少矿物质离子是酶的组成成分,如过氧化物酶含铁、碳酸酐酶含锌、酚氧化酶含铜。某些无机离子可提高酶的活性,是酶的激活剂,如氯离子是淀粉酶的激活剂,可提高酶对淀粉的消化能力。

二、钙(Ca)

（一）含量与分布

钙(Ca,calcium)是人体中含量最多的一种矿物质,成年时总量可达1200g,约为体重的1.5%～2.0%,其中99%以经磷灰石[$3Ca_3(PO_4)_2 \cdot Ca(OH)_2$]的形式存在于骨骼和牙齿中,其余分布在体液和软组织中。正常成人血清钙浓度为2.45mmol/L左右。

（二）生理功能

1. 构成骨骼和牙齿 钙为骨骼的主要成分,由于骨骼不断地更新,故每日必须补充相当量的钙才能保证骨骼的健康成长和功能维持。

2. 维持神经肌肉的正常兴奋性 神经肌肉的兴奋、神经冲动的传导和心脏的正常搏动都需要钙。当血浆钙离子明显下降时,可引起手足抽搐,甚至惊厥。

3. 维持细胞膜和毛细血管的正常功能 只有Ca^{2+}与卵磷脂密切结合,才能维持毛细血管和细胞膜的正常通透性和功能。

4. 凝血因子之一 参与血液凝固过程。

5. 作为第二信使 调节机体各种生理活动。

（三）供给量

我国人群中钙缺乏的发生率较高,这是与膳食中的钙量不足、质差以及钙吸收率受众多因素影响有关,我国营养学会推荐成人钙的供给量为$800mg \cdot d^{-1}$,儿童少年、孕妇、乳母和老年人的供给量应较高。大量出汗使体内钙的排出增加,故运动员的钙供给量应相应提高。

（四）食物来源

钙的最理想来源是奶及奶制品,奶中不仅含钙丰富,而且吸收率高。动物性食物中蛋黄、鱼、贝类和虾皮等含量也高。植物性食物以干豆类含钙量丰富,此外绿叶蔬菜也含有丰富的钙。但有的蔬菜,如苋菜、菠菜等同时含草酸较多,会影响钙的吸收。谷类里含一定量的钙,但同时又含较多的植酸和磷酸盐,故不是钙的良好来源。

三、磷(P)

（一）含量和分布

除钙以外,磷(P,phosphorus)是人体内含量最多的矿物质,成年人体内约600～900g左右,其中约有87.6%以上存在于骨骼和牙齿中。

（二）生理功能

1. 构成骨骼和牙齿的主要物质。

2. 核酸、磷脂、磷蛋白及某些辅酶的组成成分,参与和调节体内生理功能。

3. 磷酸盐组成缓冲体系,维持体内的酸碱平衡。

4. 以磷酸高能键形式参与物质代谢和能量代谢。

由于磷与能量代谢和神经系统的活动有密切关系,因而在运动员营养中有重要意义。

（三）供给量和食物来源

我国营养学会推荐成人磷的供给量为 $700mg \cdot d^{-1}$,因为磷广泛存在于各种食物中,只要膳食中蛋白质和钙充分,磷也能满足需要。运动员供应量较高,特别是需耐力及力量性项目的运动员。磷的供给量与钙有关,我国建议成人为 $1:1.5 \sim 2$。磷的吸收率比钙高,故不易出现缺乏。动物性食物中,瘦肉、蛋、鱼、虾、奶中含磷丰富,植物性食物中豆类、杏仁、核桃、南瓜子、蔬菜也是磷的良好来源。

四、钾(K)、钠(Na)和氯(Cl)

（一）含量与分布

正常成人的钾含量约为 45mmol/kg 体重,钾总量约 98% 在细胞内,而只有 2% 在细胞外。正常成人体内的钠含量为 $45 \sim 50mmol \cdot kg^{-1}$ 体重,其中约 45% 分布于细胞外液,40% ~ 45% 分布于骨组织上,其余分布于细胞内液。氯主要分布于细胞外液,是细胞外液的主要阴离子。

（二）生理功能

1. 钾的生理功能　钾是细胞内液中的主要阳离子,也是血液的重要成分。钾不仅维持着细胞内液的渗透压和酸碱平衡,维持神经肌肉、心肌的兴奋性,而且还参与蛋白质、糖以及能量代谢的过程。

2. 钠的生理功能　钠是细胞外液的主要阳离子,在维持细胞外液的渗透压和酸碱平衡中起重要作用,并对细胞的水分、渗透压、应激性、分泌和排泄等具有调节功能。

3. 氯的生理功能　氯对维持细胞外液渗透压和酸碱平衡起重要作用,并是合成胃酸的原料,也是唾液淀粉酶的激活剂,能促进唾液分泌,增进食欲。

（三）需要量与食物来源

正常成人每日约需钾 2.5g。所需的钾主要来自蔬菜、水果、谷类、肉类、豆类、薯类等食物。日常膳食就能满足人体对钾的需要。

人体每日摄入的钠和氯主要来自食盐。成年人每日氯化钠的需要量为 $4.5 \sim 6.0g$。在天热、运动等大量出汗的情况下,机体从汗中失钠较多,需要补充。补充水以 0.3% 的浓度为宜,排汗 1L 补氯化钠 3g。

五、镁(Mg)

（一）含量与分布

成年人体内含镁量约 $20 \sim 30g$,其中 70% 分布于骨骼中,约 30% 左右贮存于骨骼肌、心肌、肝、肾、脑等组织的细胞内,只有 1% 分布于细胞外液。

（二）生理功能

1. 以磷酸盐和碳酸盐形式组成骨骼和牙齿的重要成分。

2. 某些酶的辅助因子或激活剂,如羧化酶、己糖激酶、ATP 酶等需要 ATP 参与的酶促反应以及氧化磷酸化有关的酶均需 Mg^{2+} 存在。

3. 维持神经肌正常兴奋性,维持心肌正常结构与功能。

（三）需要量与食物来源

我国营养学会推荐成人镁的供给量为300mg·d^{-1}或120mg/1000kcal热量,镁广泛地存在于动植物组织中,谷类、豆类等食物中含镁量最为丰富。镁是常量元素中体内含量最少的,一般不会缺乏。镁可从汗中丢失,运动员及高温环境下工作出汗较多时,或用利尿剂者从尿中失镁较多,供给量应增加。

六、铁(Fe)

（一）含量与分布

铁(iron)是人体内含量最多的一种必需微量元素,正常成人体内含铁总量约为4~5g,女性较男性略低。体内铁总量的60%~70%存在于血红蛋白中,约3%分布于肌红蛋白中,约0.3%分布于含铁卟啉的酶类(细胞色素、过氧化物酶等),这部分具备代谢功能和酶功能的铁称功能性铁。另有30%以运铁蛋白或贮铁(铁蛋白和含铁血黄素)形式存在于肝、脾和骨髓中的铁称为储备铁。

铁是世界性缺乏率较高的营养素之一,据世界卫生组织报道,缺铁率在发达国家为1%~20%,在发展中国家为30%~40%,运动员中缺铁的发生率也较高,如日本参加蒙特利尔奥运会的运动员中,有32%的人员缺铁。研究表明,剧烈运动不仅使人体内铁丢失增加,而且使铁的消化吸收率降低。铁对人体的机能和健康有很大影响,在营养中十分重要。

（二）生理功能与缺乏症

1. 肌红蛋白的组成成分,在人体内血红蛋白担负了O_2和CO_2运输的功能,肌红蛋白在肌肉中转运和储存氧,在肌肉收缩时释放氧以满足代谢的需要。含铁的细胞色素和一些酶类,参与体内一些物质氧化降解和能量释放。

2. 催化β-胡萝卜素转化为维生素A,参与胶原的合成,并促进抗体的产生,增强机体免疫力。铁缺乏可引起缺铁性贫血。缺铁性贫血是世界性医学和公共卫生学的重要问题之一。

（三）铁与美容的关系

铁是人体造血的重要原料,人体如果缺铁,可引起缺铁性贫血,出现颜面苍白,皮肤无华,失眠健忘,肢体疲乏,学习、工作效率低下,指甲苍白、变薄、凹陷。

（四）供给量与食物来源

我国营养学会推荐成年男性铁的供给量为15mg·d^{-1},成年女性铁的供给量为20mg·d^{-1}。运动员的供给量应较高,每天20~30mg,缺氧和受伤的情况下应略提高。膳食中铁的良好来源是动物肝脏和全血,肉类和鱼类中含铁量也高,植物性食物中以绿叶蔬菜、花生、核桃、菌藻类、菠菜、黑木耳等中含铁量较丰富。植物性食物中铁多为Fe^{3+},吸收率多在10%以下。动物性食物的铁为血红素型铁,吸收率较植物性食物高,而蛋中铁的吸收率仅为3%。

必要时可通过铁强化食物和铁剂补充铁,但必须慎重,因为过量的铁在体内积蓄可造成铁中毒,对健康有害。一般通过正常膳食营养补铁不会引起铁中毒。

七、锌(Zn)

(一) 含量与分布

正常成人含锌(zinc)量约 1.4~2.3g,是除铁以外,体内含量最多的一种必需微量元素。主要分布在肌肉、骨骼和皮肤。头发、视网膜、前列腺、精子等部位含量也较高。

(二) 生理功能

1. 是许多金属酶的组成成分或一些酶的激活剂 已明确锌参与 18 种酶的合成,并可激活 80 余种酶。许多研究表明,锌是 DNA 聚合酶和 RNA 聚合酶呈现活性所必需,说明锌参与 DNA 和蛋白质的合成。锌缺乏可导致 DNA、RNA 和蛋白质的合成停滞,引起细胞分裂减少,从而影响胎儿的生长发育和性器官的正常发育。如形成侏儒症。

2. 增强机体免疫力 锌能促进淋巴细胞有丝分裂,T 细胞为锌依赖细胞,锌促使 T 细胞的功能增强,补体和免疫球蛋白增加,也促使免疫力和抗衡自由基的侵袭能力增强。

3. 加速创伤愈合 锌为合成胶原蛋白所必需,故能促进皮肤和结缔组织中胶原蛋白的合成,加速创伤、溃疡、手术伤口的愈合。

4. 促进维生素 A 代谢,保护夜间视力 锌为视黄醛酶的成分,该酶促进维生素 A 合成和转化为视紫红质,故缺锌时,暗适应能力下降,夜间视力受影响。

5. 改善味觉,促进食欲 唾液蛋白是一种味觉素,也是含锌的蛋白质,当机体缺锌时,此种蛋白合成减少,将影响味觉和食欲。

6. 提高智力 锌是胱氨酸脱羧酶的抑制剂,也是脑细胞中含量最高的微量元素,它使脑神经兴奋性提高,思维敏捷。

(三) 锌与美容的关系

锌是人体内多种酶的重要成分之一。它参与人体内核酸及蛋白质的合成,在皮肤中的含量占全身含量的 20%。锌对第二性征体态的发育,特别是女性的"三围"有重要影响。锌在视网膜含量很高,缺锌的人,眼睛会变得呆滞,甚至造成视力障碍。锌对皮肤健美有独特的功效,能防治痤疮、皮肤干燥和各种丘疹。儿童缺锌,会严重影响其生长发育。

(四) 供给量与食物来源

正常成人供给量为 15.5 mg·d^{-1}或每公斤体重 0.3mg。锌的最佳来源是海产品中蛤贝类,肉类、蛋类、豆类、菇类、硬果类等食物中含量也较丰富。而谷类食品不仅含锌量较低,而且因为有较多的纤维素和植酸而降低了锌的吸收率。

八、铜(Cu)

(一) 含量与分布

成人体内铜(copper)含量约为 100~150mg,以肝、脑、肾及心含量最高,其次为肺、肠及脾,肌肉和骨骼中最低。血浆中的铜大部分(90%)与载体蛋白结合成铜蓝蛋白。铜的吸收机制与铁、锌相类似,即借助肠黏膜细胞中的载体蛋白,铜锌之间的拮抗作用可能与竞争共同的载体蛋白有关。

(二) 生理功能与缺乏症

1. 氧化酶的组成成分 现今已知有 11 种含铜金属酶,都是氧化酶,如细胞色素氧化酶、过氧化氢酶、酪氨酸酶、单胺氧化酶等。铜缺乏的动物可见到与细胞色素氧化酶活性低下有关的心血管系统、神经系统的损害和与酪氨酸酶活性降低有关的毛发色素消失。

2. 促进组织中铁的转移和利用　铜是血浆铜蓝蛋白的成分,后者是铁的运输形式,当血浆铜低下时,铜蓝蛋白活性降低,使铁蛋白中铁的利用受阻从而引起铁在肝内潴积,发展成含铁血黄素,则易患沉着性贫血。

3. 催化血红蛋白的合成　血红蛋白合成必须要有铜的参与,它能使高铁血红蛋白转化为亚铁血红蛋白。

4. 清除自由基,防止衰老和抗癌。

（三）铜与美容的关系

人体皮肤的弹性、润泽及红润与铜的作用有关。铜和铁都是造血的重要原料。铜还是组成人体中一些金属酶的成分。组织的能量释放,神经系统磷脂形成,骨髓组织胶原合成,以及皮肤、毛发色素代谢等生理过程都离不开铜。铜和锌都是与蛋白质、核酸的代谢有关,能使皮肤细腻,头发黑亮,使人焕发青春,保持健美。人体缺铜,可引起皮肤干燥、粗糙,头发干枯,面色苍白,生殖功能衰弱,抵抗力降低等。

（四）供给量与食物来源

成人供给量为 $2\sim3mg \cdot d^{-1}$ 或每 kg 体重 $30\mu g$。一般膳食都含有铜,尤以肝、肾、甲壳类、硬果类、干豆类、芝麻、绿叶蔬菜等食物中含量较丰富。

九、氟(F)

（一）含量与分布

正常成人含量约 2.6g 左右。人体组织以骨骼含氟量最多,其次是牙齿,指甲和毛发。

（二）生理功能与缺乏症

1. 预防龋齿和老年性骨质疏松症　氟的存在使骨质稳定性增加,因氟可取代骨骼中羟磷灰石晶体的氢氧根离子,这种氟磷灰石晶体颗粒体积大,结构完善,在酸中溶解度低,氟在牙釉质表面的浓度很高,形成保护层,能抵抗酸的腐蚀,并抑制嗜酸细菌的活动和拮抗某些酶对牙齿的不利影响,有防龋作用。适量的氟有利于钙和磷的利用及其在骨骼中的沉积,可加速骨骼形成,增加骨骼的硬度。

缺氟后,牙釉质中氟磷灰石形成受阻,使结构疏松,易被微生物、有机酸及酶的作用侵蚀损坏而发生龋齿。在低氟地区,常可见到老年性骨质疏松症。在高氟地区,长期饮用含氟量超过 1.2mg/L 的饮水,会引起氟中毒,首先出现牙齿珐琅质的破坏,牙齿表面原有光泽逐渐消失,继而出现灰色斑点,变脆,此称斑釉病。

2. 近年来通过实验发现,氟可加速伤口愈合和铁的吸收,但机理尚不明确。

（三）供给量与食物来源

氟的供给量以既能预防龋齿,又不至造成氟中毒为依据,成人供给量约在 $1.5mg \cdot d^{-1}$,可耐受最高摄入量为 $3.0mg \cdot d^{-1}$。氟主要通过饮水获得,植物性食物中含氟量较丰富,尤其是茶叶,故茶是含氟最高的饮料。

十、碘 (I_2)

（一）含量与分布

成年人体内含碘（iodine）量 20~50mg，其中约 20% 存在于甲状腺。

（二）生理功能与缺乏症

碘在体内参与甲状腺素的合成，甲状腺素对蛋白质的合成、能量代谢、水盐代谢有重要影响。因此，碘与机体正常生长发育有密切关系。成人缺碘可引起甲状腺肿（地方性甲状腺肿大），儿童缺碘患呆小症。

（三）碘与美容的关系

碘在人体的主要生理功能为构成甲状腺素，调节机体能量代谢，促进生长发育，维持正常的神经活动和生殖功能；维护人体皮肤及头发的光泽和弹性。碘缺乏可导致甲状腺代偿性肥大，智力及体格发育障碍。皮肤多皱及失去光泽。

（四）供给量与食物来源

成人供给量是 $100~300\mu g \cdot d^{-1}$，在地方性甲状腺肿流行区还应额外补充碘。机体所需的碘可以从饮水、食物及食盐中取得，这些物质中的含碘量主要决定于各地区的生物、地质、化学状况，一般情况下，远离海洋的内陆山区，其土壤和空气中含碘较少，水和食物中含碘量也不高，因此，可能成为地方性甲状腺肿大高发区。碘的重要食物来源是海产品，因此，经常吃含碘丰富的海藻、紫菜、海鱼等海产品可预防疾病的发生。

碘缺乏症是一种世界性地方病，我国是世界上碘缺乏危害最重的国家之一，除沿海地区和大城市外，多数省份都有该病的流行。碘缺乏病是我国重点防治的地方病之一。采用食盐加碘是我国预防地方性甲状腺肿大的重要措施。

碘经过国家近几十年的强制食盐添加，现在很多地方都不缺甚至过量，如安徽省近两年连续下调了食盐中碘含量。有些地方甚至地缘性不缺碘，如安徽砀山等地，如果再按照正常标准补充，会造成碘过量。

十一、硒 (Se)

早在 20 世纪 40 年代，曾认为硒有较大的毒性，甚至是致癌物质，而近年来的研究结果表明，硒是维持人体健康，防治疾病所不可缺少的营养素之一，且有抗癌作用。

（一）含量与分布

成人体内含硒 14~20mg，广泛分布于所有组织和器官中，浓度高者有肝、胰、肾、心、脾、指甲及头发中。

（二）生理功能

1. 维持细胞膜结构和功能的完整性　硒是谷胱甘肽过氧化物酶（GPX）的组成成分，而此酶作用与维生素 E 相似，有抗氧化作用，两者的作用部位虽不同，但协同清除细胞内的过氧化物，从而保护细胞膜使其不受过氧化物的损害。

由此可见，维生素 E 的强有力抗氧化作用，主要是阻止不饱和脂肪酸被氧化成水合过氧化物，而谷胱甘肽过氧化物酶则是将产生的水合过氧化物迅速分解成醇和水，两系统相互补充，共同保护细胞膜的完整性。

2. 预防克山病和大骨节病　克山病是一种以心肌坏死为特征的地方性心脏病,此病因 1938 年在黑龙江克山县发现故称之。大骨节病为慢性畸形性骨关节病,主要侵犯四肢骨和关节,病人指短,关节增粗,有时肘关节不能完全伸直。以上两种病用亚硒酸钠预防和治疗可收到良好的效果。

3. 促进免疫球蛋白合成,增强机体免疫功能

4. 抗肿瘤作用　硒具有调节癌细胞的增殖、分化及使恶性表型逆转的作用,并能抑制癌细胞浸润、转移以延缓肿瘤的复发。因此对多种的癌症有预防和辅助治疗的作用。调查结果表明,硒与癌症的发病率呈负相关。

5. 抵御毒物对人体的危害作用　硒与金属有很强的亲和力,在体内与金属如汞、甲基汞、铜及铅等结合形成金属硒蛋白复合物而解毒,并使金属排出体外。动物实验还发现硒有降低黄曲霉素的急性损伤,降低肝中心小叶坏死的程度和死亡率。

6. 促进生长和保护视觉器官的健全功能　实验表明硒为生长与繁殖所必需,缺硒可致生长迟缓。硒参与辅酶 A 和泛醌的合成,因此在三羧酸循环和呼吸链电子传递中发挥生物学作用。白内障患者与糖尿病性失明者补充硒后,视觉功能有改善。

（三）硒与美容的关系

硒在人体主要分布于肝、肾,其次是心脏、肌肉、胰、肺、生殖腺等。头发中的硒含量常可反映体内硒的营养状况。硒不仅是维护人体健康、防治某些疾病不可缺少的元素,而且是一种很强的氧化剂,对细胞有保护作用,对一些化学致癌物有抵抗作用;能调节维生素 A、维生素 C、维生素 E 的抗氧化活性;保护视觉器官功能的健全,改善和提高视力;能使头发富有光泽和弹性,使眼睛明亮有神。

（四）需要量与食物来源

正常成人需硒量为 $50\mu g \cdot d^{-1}$。食物中以海产品、鱼、蛋、肾、肉、大米及其他谷粮含硒较多,而蔬菜、水果含量较低。食品中含硒量不仅与产地有关,也与食品加工有关。贫硒区的粮食和蔬菜缺硒是导致人体缺硒的地方性疾病发病的首因。硒能取代活性物质中的硫,而抑制某些酶的活性,故硒摄入过多会引起中毒,表现为脱发、脱甲、乏力以及一些精神症状等,因此硒是人体中需要量最少的必需元素,也是毒性最大的元素。

第 7 节　水和膳食纤维

水是保护皮肤清洁、滋润、细嫩的特效而廉价的美容剂。水是构成生物机体的重要物质。人体的所有组织都含有水。水对人类生存的重要性仅次于氧气。如果没有水,任何生命过程都无法进行。

一、水

水是一切生命必需的物质。尽管它常常不被认为是营养素之列,但由于它在生命活动中的重要功能,且是饮食中的基本成分,必须从饮食中获得,故也常被当做一种营养素看待。人们常说"鱼儿离不开水",其实人也是离不开水的。首先当饥饿或长期不能进食时,体内贮存的糖类几乎耗尽,蛋白质也失去一半时,人体仍可勉强维持生命,但若体内的水分损失 20% 时,人体则无法生存。其次对于成年人来说,每天需要 2000～3000ml 的水来平衡每天的损失。从数量上讲,这个量绝对超过其他必需营养素,如是蛋白质的 40~50 倍,是维生素 C 的 5000 倍。再次,因为水是细胞内外流体的媒介,脱水的发生必定影响所有其他营养物质的代谢。

我国《生活饮用水卫生标准》对饮用水卫生有明确规定:要求感官性状无色、无味、无臭、清洁透阴;有毒有害物质不得超过最高容许浓度;不得含有各种病原体,细菌总数和大肠菌群数应在允许范围内。同时注意饮水卫生,不喝生水;烧开水是最简单、方便而又彻底的饮水消毒法。

（一）水的生理功能

1. 构成人体组织　成年人体重的 1/3 是由水组成的。血液、淋巴、脑脊液含水量高达 90% 以上;肌肉、神经、内脏、细胞、结缔组织等含水约 60%~80%;脂肪组织和骨骼含水在 30% 以下。

2. 参与物质代谢　水是良好的溶剂,许多营养物质都必须溶解于水才能发生化学反应;水的解电常数高,可促进电解质的电离,电离后生成的离子也才容易引发化学反应;水在体内还直接参加氧化还原反应,如水解、加水等,促进体内各种生理活动和生化反应。没有水,一切代谢活动就无法进行。

3. 运输物质　水有较大的流动性,在消化、吸收、循环和排泄过程中协助营养素和代谢废物的运输。细胞必须从组织间液中摄取营养,而营养物质必须溶于水后才能被充分吸收。人体内各种物质代谢的中间产物和最终产物也必须通过组织间液运送和排除,所以细胞外液对于营养物质的消化吸收、运输和代谢,都有重要作用。例如,缺水状态下,人体内一些有害代谢产物(如肠道内的有害腐烂物)就无法从人体正常排出。

4. 调节体温　水的比热大,蒸发热大。由于水的蒸发热大,只需蒸发少量的水就能散发较多的热。这一性质有利于人体在炎热季节或环境温度高时通过蒸发散热来维持体温的正常。由于水的比热大,使血液在流经体表部位时,不会因环境温度的差异导致血液温度发生大的改变,有利于保持体温的恒定。

5. 润滑作用　水作为关节、肌肉和脏器的润滑剂,对人体器官有一定的保护作用,维护其正常功能。例如唾液有助于吞咽食物;泪液防止眼球干燥;关节液可减少运动时关节之间的摩擦;水还可以滋润皮肤使其柔软并有伸展性。

此外,水分还是动植物食品的重要成分,对食品性质起着重要作用。水分对食品的鲜度、硬度、流动性、成味性、保藏和加工等方面都具有重要影响,水分也是食品中微生物繁殖的重要因素。水的沸点、冰点及水分活度等理化性质对食品加工具有重要意义。

（二）水平衡

1. 水的排出　人体在正常情况下,经皮肤、呼吸道以及尿和粪的形式排出体外,因此应当补充相当数量的水,才能处于动态平衡。影响人体需水量的因素很多,如体重、年龄、气温、劳动强度及持续时间等,都会使人体对水的需要量产生很大差异,主要取决于机体每天排出体外的水,一般约 2500ml 左右。具体来说,人体排出水分的途径有以下 4 种方式。

（1）呼吸蒸发:以水蒸气的形式,机体每天通过呼吸排出平均 350ml 的水。

（2）皮肤蒸发:以排汗的形式,机体每天通过皮肤蒸发排出平均约 500ml 的水。排汗包括非湿性出汗(即水的蒸发)和湿性出汗两种方式,其中湿性出汗与环境温度及劳动轻度有关,如夏季天热或高温作业、剧烈运动都会导致大量的湿性出汗,需水量也相应增加。

（3）经消化道排出：以粪便的形式，机体每天通过消化道排出平均约 150ml 的水。

（4）经肾脏排出：肾脏是机体排水的主要器官，在排水的同时，对水有重吸收作用。以尿液的形式，机体每天通过肾脏排出 1000~2000ml 的水，平均 1500ml。机体通过肾脏每天最少也要排出 500ml 的水，因为这是保证将体内代谢产生的有毒有害副产物带出机体所需要的最少量。

可看出，人体每天即使不摄入水，仍会不断通过呼吸、皮肤、粪便以及肾脏等途径排出 1500ml 的水，这也是人体每天恒定丢失的水量。

2. 水的需要量及来源　我国在《中国居民膳食指南》（2007 版）中提出一般健康成人每日摄入水量至少为 1200ml。要维持体内的水平衡，不断地补充水是必要的。体内水的来源主要有三个方面。

（1）饮水：饮水量随气候、体重、年龄以及活动量等不同而异。一般气候及体力劳动条件下，一般人每天通过饮水、汤、乳或其他饮料至少摄取 1200ml 的水，天热、运动量大时饮水量还要增加。这部分水占人体水分来源的 50% 以上。

（2）食物中含有的水：各种食物的含水量也不相同，受食物种类和数量、食物的含盐量等多种因素的影响。成人一般每天从固体食物（如饭、菜、水果等）中摄取约 1000ml 的水，这部分水占人体水分总来源的 30%~40%。

（3）代谢水：代谢水即来自体内蛋白质、脂肪、碳水化合物等在体内代谢时氧化所产生的水。每天来自机体内代谢过程的水为 200~400ml，约占人体水分总来源的 10%。

水的摄入与排出须保持平衡，否则会出现水肿或脱水，每人每天排出的水和摄入的水必须保持基本相等，这称为"水平衡"（water balance）。人体缺水或失水过多时，表现出口渴、黏膜干燥、消化液分泌减少、食欲减退、各种营养物质代谢缓慢、精神不振、身体乏力等症状。当体内失水达 10% 时，很多生理功能受到影响，若失水达 20% 时，生命将无法维持。事实上，人绝食 1~2 周，只要饮水尚可生存，但若绝饮水，生命只能维持数天。然而，人若饮水过多，会稀释消化液，对消化不利，故吃饭前后不宜饮水过多。

3. 缺水、脱水和中毒　水摄入不足或水丢失过多，可引起体内失水，重度缺水可使细胞外液电解质浓度增加，形成高渗；细胞内水分外流，引起脱水。一般情况下，失去水分占体重 2% 时，可感到口渴，尿少；失水达体重 10% 以上时，可出现烦躁，眼球内陷，皮肤失去弹性，全身无力，体温、脉搏增加，血压下降；失水超过体重的 20% 时，会引起死亡。脱水的第一症状就是口渴，此时人体大约已经失去 500ml 体液。因此人们应该每天定时补充一定水分，而不是等到口渴才去喝水。假如一个人不能及时补充水分，或者像很多老年人那样感觉不到口渴，那么当失去大约身体 5% 的水分时，就会明显出现头痛、疲惫、健忘和心跳加速等症状。这时身体将动用体内大多数水分，包括原本"浪费"在汗液中的那些宝贵的水分，来保持血压以维持生命。然而由于停止出汗，体内将不断积累热量，后果也将十分危险。

如果水摄入量超过肾脏排出的能力，则可引起体内水过多或引起水中毒。这种情况多见于疾病，如肾脏疾病、肝脏病、充血性心力衰竭等。用甘油作为保水剂时，偶有发生。正常人中极少见水中毒。水中毒时，临床表现为渐进性精神迟钝、恍惚、昏迷、惊厥等，严重者可引起死亡。

（三）水与美容保健的关系

1. 美容健身宜多饮水　随着生活水平的提高，人们以各种饮料来取代传统的茶水解渴。其实，这些饮料并不是人体生理需要的理想液体。相反，饮料喝得过多会对身体产生不良的影响。医学家研究得出结论,补充体液和解渴的理想液体是凉开水。

2. 水是美容的甘露　水是一个人美容、健康和生命的甘露。一个人的皮肤有充足的水分,给人以滋润的感觉。尤其是秋天皮肤分泌物逐渐减少,应补充足够的水分。体内有足够的水,可减少油脂的积累,消除人体的臃肿和排除一些废物。因此,水是一种无副作用的持久的减肥剂。人要减肥多喝水是一个好办法。此外,人体内盐分过多,也需要水来冲淡。如体内水不足时,大肠内的水分被调节走,造成便秘,便秘是美容和皮肤的大敌。

3. 水的硬度对美容保健的影响　水的硬度对日常生活的健康保健有一定的影响。如用硬水烹调食品,因不易煮熟而降低营养价值。硬水泡茶使茶变味。硬水沐浴可产生不溶性沉淀物堵塞毛孔,影响皮肤的代谢和健康。对皮肤敏感的人还有刺激作用。

二、膳 食 纤 维

膳食纤维(dietary fiber)是碳水化合物中的一类非淀粉多糖,将其从碳水化合物中分出来成为独立一节,是因为与人体健康密切相关。

(一) 膳食纤维的概念

膳食纤维是指不被肠道内消化酶消化吸收,但能被大肠内某些微生物部分酵解和利用的一类非淀粉多糖物质,包括存在于豆类、谷类、水果、蔬菜中的果胶、纤维素(cellulose)、半纤维素和木质素等。它们虽不能被机体消化和吸收,但近年来的研究结果证明,膳食纤维在维持身体健康中有重要作用,它们对预防便秘、高脂血症、糖尿病和肥胖都有好处,是必需的营养物质之一。因此,营养学家把膳食纤维列为人类的第七类营养素。

膳食纤维可分为水溶性和水不溶性两种,水不溶性膳食纤维的主要成分是纤维素、半纤维素、木质素、果胶及少量树胶,它们是膳食纤维的主要部分。水溶性膳食纤维包括某些植物细胞的贮存和分泌物及微生物多糖、主要成分是胶类物质,如黄原胶、阿拉伯胶、瓜尔豆胶、卡拉胶、愈疮胶等。

(二) 生理功能

膳食纤维虽然在人体不能构成组织,也不能氧化供能,但却有下面的重要作用。

1. 促进肠蠕动,利消化、防便秘　膳食纤维不经消化就进入大肠,因为纤维素、果胶有强吸附水的能力,故能使粪便变软、体积增大,从而刺激肠蠕动,有助于排便。这降低了肠内压,有助于防止结肠的部分蠕动收缩过强而导致大肠壁憩室炎或小囊炎的发生。故高纤维膳食是预防和治疗便秘,痔疮的好方法。

2. 预防癌症　流行病学调查结果表明,结肠癌和直肠癌的发病率与膳食纤维摄入量呈负相关。膳食纤维能防治结肠癌和直肠癌的主要原因是膳食纤维能刺激肠管蠕动,缩短粪便在肠管停留时间,减少致癌物和有害物对肠壁的刺激,从而减少其诱发癌症的机会。其次,膳食纤维使粪便膨松,使粪便中容有一定的氧气,减少了由厌氧细菌合成的亚硝胺等致癌物质的产生,有效地防止了癌变。再者,膳食纤维还能结合致癌物和稀释肠内的有害物质,从而也减少癌症的发病率。

3. 降低血胆固醇水平,预防胆石症和冠心病　膳食纤维能与胆汁酸、胆固醇等结合成不被人体吸收的复合物,因此能阻断胆固醇和胆汁酸肠肝循环,从而促进胆汁酸和胆固醇随粪便排出,降低了血胆固醇水平,预防了冠心病和胆石症的发生。此外,膳食纤维还具有结合 Zn^{2+} 的能力,从而降低锌铜比值,发挥其对心血管系统的保护作用。

4. 降低糖尿病病人的血糖　糖尿病是近年来的一种高发病,研究表明糖尿病发病率高与膳食纤维摄入量有很大的关系,增加食物中膳食纤维的摄入量,可以改善末梢组织对胰岛素的感受性,降低对胰岛素的需求,调节糖尿病患者的血糖水平。多数研究认为,可溶性膳食纤维在降低血糖水平方面是有效的。

5. 减少能量摄入,防止能量过剩　膳食纤维增加了食物体积,使食物通过上消化管时速度减慢,易使人产生饱腹感,从而减少其他食物和热能的摄入量,有利于控制体重,防止肥胖。再有膳食纤维可抑制淀粉酶的作用,并稀释酶和营养物质的浓度延缓糖类的消化吸收,降低餐后血糖水平。因此采用高纤维膳食使糖尿病人的尿糖量和胰岛素的需要量均可减少。

6. 降低龋齿和牙周病的发病率　高膳食纤维增加了口腔咀嚼时间,也能刺激唾液的分泌,这增加了缓冲酸的能力也有利于口腔和牙齿的清洁。再者,口腔在咀嚼富含纤维素的食物时,由于纤维素对牙齿和牙龈组织反复地摩擦,能按摩牙龈组织,加强血液循环,维护组织健全。纤维素还能清除牙面的糖、蛋白质,可减少龋齿的发生。

膳食纤维对健康虽有重要的作用,但也有其不利的一面。膳食纤维在减少一些有害物质吸收的同时,也会减少一些营养素的消化和吸收。膳食纤维对消化管有刺激作用,对胃、肠溃疡患者会加重病症,要禁忌摄入。再有膳食纤维有结合离子的作用,若过多摄食膳食纤维,将影响铁、锌、钙、镁等元素的吸收。

（三）供给量和食物来源

中国居民的膳食纤维的适宜摄入量是根据《平衡膳食宝塔》推算出来的。即低能量7531kJ（1800kcal）膳食为 25g·d^{-1}；中等能量膳食 10042kJ（2400kcal）为 30g·d^{-1}；高能量膳食 11715kJ（2800kcal）为 35g·d^{-1}。此数值与大多数国家所推荐的值相近。每天摄入一定量的植物性食物如 400~500g 的蔬菜和水果,及一定量的粗粮如杂豆、玉米、小米等,可满足机体对膳食纤维的需要。

膳食纤维的资源非常丰富,但多存在于植物的种皮和外表皮,如农产品加工下脚料小麦麸皮、豆渣、果渣、甘蔗渣、荞麦皮都含有丰富的膳食纤维,有开发利用价值。

（邬晓婧）

目标检测

一、名词解释

1. 营养　2. 营养素　3. 能量系数　4. 基础代谢
5. 食物热效应　6. 必需氨基酸　7. 必需脂肪酸
8. 血糖生成指数　9. 脂溶性维生素
10. 水溶性维生素　11. 膳食纤维　12. 饮用水

二、判断题

1. 人体所需的营养素有蛋白质、脂类、碳水化合物和维生素四大类。（　）
2. 矿物质和维生素都属于宏量营养素。（　）
3. 蛋白质按营养价值分为完全蛋白质、半完全蛋白质和不完全蛋白质。（　）
4. 脂类的生理功能有:供给能量,促进脂溶性维生素吸收,维持体温、保护脏器,增加饱腹感,提高膳食感官性状。（　）
5. GI 高的食物在胃肠内停留时间短,释放快,血糖浓度波动小。（　）
6. 每日膳食需要量都在 100mg 以上的,称为常量元素,有钙、镁、钾、钠、磷、氯共六种。（　）
7. 贝壳类海产品、红色肉类和动物内脏是锌的极好来源。（　）
8. 硒中毒者头发脱落,指甲变形,严重者可导致死亡。（　）

三、选择题

1. 我国由于以植物性食物为主,所以成人蛋白质推荐摄入量为( )。

A. 1. 16 g · kg^{-1} · d^{-1} B. 1. 2 g · kg^{-1} · d^{-1}

C. 0. 6 g · kg^{-1} · d^{-1} D. 0. 8 g · kg^{-1} · d^{-1}

E. 1. 0 g · kg^{-1} · d^{-1}

2. 脂肪酸碳链为 12 个碳原子的脂肪酸为( )。

   A. 长链脂肪酸   B. 中链脂肪酸

   C. 短链脂肪酸   D. 类脂肪酸

   E. 按含胆固醇的数量

3. 下列水果中,血糖指数较低的水果是( )。

   A. 西瓜   B. 葡萄

   C. 猕猴桃   D. 香蕉

   E. 柚子

4. 以下哪种元素是微量元素?( )

   A. 铁   B. 钙

   C. 磷   D. 硫

5. 维生素 E 的主要食物来源是( )。

   A. 植物油   B. 肉类

   C. 鱼类   D. 水果

四、简答题

1. 人体能量来源于哪些物质?它们的能量系数分别是多少?

2. 人体能量消耗主要在哪些方面?

3. 基础代谢的影响因素有哪些?

4. 蛋白质有几种分类方法,怎样分类?

5. 必需氨基酸由哪些氨基酸组成?

6. 蛋白质有何生理功能?它的供给量是多少?

7. 蛋白质对人体有何美容方面的影响?

8. 如何评价食物蛋白质的营养价值?

9. 脂类怎样分类?摄入脂类的意义 ?

10. 脂类的食物来源有哪些?膳食脂肪的参考摄入量是多少?

11. 脂类的美容保健作用有哪几方面?

12. 碳水化合物分为几类?碳水化合物的营养学意义?

13. 碳水化合物的膳食参考摄入量是多少?主要来源于哪些食物 ?

14. 血糖生成指数有何意义?

15. 碳水化合物的美容保健作用有哪几方面?

16. 简述维生素 E 的生理功能在美容保健方面的影响。

17. 维生素 C 的营养缺乏病有哪些?对美容保健的影响有哪些?

18. 铁、锌具有哪些与美容保健相关的生理功能?

第**3**章
食物美容保健

1. 掌握各种食物的组成成分。
2. 掌握各种食物的营养价值及美容保健功能。
3. 了解加工烹调过程中营养素的变化和损失。
4. 指导科学地选取食品和合理搭配平衡膳食。

第1节　谷薯类食物的营养价值与美容保健

　　谷薯类食物包括小麦、稻米、玉米、荞麦、燕麦、高粱、小米、大麦、薏米、红薯、马铃薯等，是人体主要的热量来源。谷物在饮食金字塔中处于最底层，是每天必不可少的基本食物，也是我国人民的传统主食，在我国的膳食结构中占有举足轻重的地位。以谷薯类为主的膳食模式既可以保证充足的额能量供应，又可以减少油脂的摄入量，对慢性疾病有很好地预防作用。谷薯类的主要营养成分是碳水化合物、蛋白质、维生素、无机盐，还有少量脂肪及大量食物纤维。

一、谷薯类食物的营养价值

(一) 小麦

　　1. 主要营养素　小麦别名浮麦、浮小麦等，根据加工精度不同，其面粉分为全麦粉、标准粉和特制粉。每100g标准粉中含碳水化合物类78g，粗纤维0.2g，脂肪1.5g，钙25mg，磷153mg，铁2.8mg，其他矿物质1g以内，维生素B_1 0.24mg，维生素B_2 0.06mg，烟酸1.6mg，维生素E 0.42(福州)~6.22(唐山)mg，热量约1444.4千焦。所含蛋白质虽然高于其他谷物(大米、玉米、高粱和小米)，但氨基酸组成不平衡营养价值较低。但是小麦富含谷甾醇、卵磷脂、尿囊素、精氨酸、麦芽糖酶、明磷酸、淀粉酶、蛋白分解酶、类固醇等营养，可增强人体免疫力，预防癌症等多种疾病。麦麸皮中含有丰富的维生素B_1和蛋白质，可治疗脚气病及末梢神经炎。

　　2. 性味归经　性凉，味甘，归心经、脾经、肺经。

　　3. 饮食宜忌　适宜体质温热的人食用，适宜妇女脏燥、精神不安、烦热消渴口干、小便不利等。

(二) 大米

　　1. 主要营养素　大米分为粳米、籼米和糯米三种。大米中含碳水化合物75%左右，蛋白质 7% ~ 8%,脂肪 1.3% ~ 1.8%,并含有丰富的 B 族维生素等。大米中碳水化合物主要是淀粉,所含的蛋白质主要是米谷蛋白,其次是米胶蛋白和球蛋白,其蛋白质的生物价和氨基酸的构成比例都比小麦、大麦、小米、玉米等作物高,消化率 66.8% ~ 83.1%,是谷类蛋白质中较高的一种。

2. 性味归经 性平、味甘,归脾经、胃经。

3. 饮食宜忌 老弱妇孺皆宜的食物。特别适合脾胃虚弱者,烦热口渴者。用大米做米饭时,一定要"蒸"不能"捞",捞饭会损失大量维生素。

（三）小米

1. 主要营养素 小米又称粟米,其营养素含量比大米高。每 100g 小米中含有脂肪 1.7g,碳水化合物 76.1g,都高于稻、麦。还含有少量胡萝卜素,小米每 100g 含量达 0.12mg,维生素 B_1 的含量位居所有粮食之首。同时含有 5-羟色胺和酪蛋白,促进胰岛素分泌。

2. 性味归经 性凉、味甘,归肾经、脾经、胃经。

3. 饮食宜忌 适宜体虚、消化不良、口角生疮者。小米不宜与杏仁同食,否则会出现呕吐腹泻。

（四）玉米

1. 主要营养素 玉米营养丰富,富含维生素 C、B_2、E,此外还含有丰富的碳水化合物,蛋白质,脂肪,膳食纤维。玉米油中含有亚油酸和橄榄酸,对冠心病和动脉粥样硬化有辅助疗效。

2. 性味归经 性平、味甘,归胃经、大肠经。

3. 饮食宜忌 适宜脾胃气虚、营养不良以及肥胖、脂肪肝患者适宜。

（五）马铃薯

1. 主要营养素 马铃薯又称洋芋、土豆,新鲜土豆中所含成分包括:淀粉 9 ~ 20%,蛋白质 1.5 ~ 2.3%,脂肪 0.1 ~ 1.1%,粗纤维 0.6 ~ 0.8%。100g 马铃薯中所含的营养成分:热量 329J,钙 11 ~ 60mg,磷 15 ~ 68mg,铁 0.4mg ~ 4.8mg,硫胺素 0.03 ~ 0.07mg,核黄素 0.03 ~ 0.11mg,尼克酸 0.4 ~ 1.1mg。土豆的淀粉约有 90% 被人体吸收,对肥胖人群十分有益。

2. 性味归经 性平、味甘,归脾经、胃经、大肠经。

3. 饮食宜忌 一般人群均可食用。发芽的马铃薯含龙葵素,禁止食用,防止中毒。

（六）燕麦

1. 主要营养素 燕麦是一种低糖、高蛋白、高热能的食物。其蛋白质和脂肪高于一般谷类食物,含有人体需要的全部氨基酸,脂肪主要为亚油酸,消化率高。燕麦中的 B 族维生素、尼克酸、叶酸、泛酸都比较丰富,特别是维生素 E,每 100g 燕麦粉中高达 15mg。

2. 性味归经 性平、味甘,归肝经、脾经。

3. 饮食宜忌 一般人群均可食用。适宜高血脂、糖尿病、贫血、便秘、肥胖患者。习惯性流产者不宜多食。腹泻者慎食。

二、谷薯类食物的美容保健功效

（一）小麦

1. 缓解便秘 小麦的胚芽和外皮被称为"麸皮"。麸皮含有铁、锌、铜等矿物质和丰富的膳食纤维,具有缓解便秘的功效。

2. 预防癌症　经常食用小麦可以降低人体血液循环中雌激素含量,预防乳腺癌,另外其富含的营养素也具有预防大肠癌的功效。

3. 健肠护肝　经常食用面粉可以强健肝脏和肠胃,适合容易下痢的人群。

4. 延缓衰老,缓解更年期综合征　小麦胚芽油中含有丰富的维生素 E 可以清除自由基,保持美好容颜、延缓衰老,缓解更年期综合征。

（二）大米

1. 调养身体　大米具有很高的保健功效,是补充营养的基础食物。病后体虚、年老体迈者食用,可以调养身体。

2. 益气养阴　米汤含有大量维生素 B_1、维生素 B_2、烟酸和矿物质等,有益气、养阴、润燥的功能。

3. 健胃养脾　大米是 B 族维生素的主要来源,具有预防脚气病、消除口腔溃疡。米粥还具有补脾、和胃、清肺的功效,尤其适合口渴、烦热之人适合食用。

4. 促进消化　米汤含有一定的碳水化合物和脂肪,有益于婴儿的发育和讲课,同时还能刺激胃液的分泌,有助于消化,并对脂肪的吸收有促进作用。

（三）小米

1. 滋阴养血　妊娠期妇女使用小米可以补充锰、硒、维生素 B_2,改善生殖功能,避免胎儿骨骼畸形。还可以调养产后体质虚寒。

2. 防治反胃、呕吐　小米因富含维生素 B_1、B_{12} 等,具有防治消化不良及口角生疮的功效;还可以防治反胃、呕吐。

3. 去斑防皱　小米具有减轻皱纹、色斑、色素沉着的功效,多吃小米可以美容养颜。

（四）玉米

1. 减轻体重　玉米属于低热量食物,而且玉米中的膳食纤维和镁有助于促进肠道蠕动,对减肥十分有利。

2. 增强体力　玉米富含蛋白质,具有增强体力、强化肝脏的功能。

（五）马铃薯

1. 宽肠通便　马铃薯含有大量易吸收的淀粉、丰富的蛋白质、维生素等,能促进脾胃消化吸收。此外还含有大量膳食纤维,帮助机体排泄,宽肠通便,预防肠道疾病。

2. 解毒消肿　马铃薯富含钾元素,可以将盐分排出体外,消除水肿。同时马铃薯还可以保持体内酸碱平衡,养颜和抗衰老。

3. 和胃健中　马铃薯对消化不良和排尿不畅有良好功效,是治疗胃溃疡、心脏病、皮肤湿疹、动脉粥样硬化的保健食物。

（六）燕麦

1. 美容瘦身　燕麦还有高黏度的可溶性纤维,增加饱腹感控制食欲,起到瘦身效果。丰富的纤维能滑肠通便,排出毒素,美容养颜。

2. 抗皱抗衰老　燕麦中含有大量的抗氧化物质,如类黄酮化合物、维生素 E、香豆酸、安息香酸、香草酸等,这些物质可以有效清除自由基,减少自由基对皮肤细胞的伤害,减少皱纹的出现,淡化色斑,保持皮肤富有弹性和光泽。

3. 预防糖尿病 含有燕麦的饮食结构有助于长期控制能量摄入,缓慢消化的碳水化合物,有利于血糖的稳定,适应糖尿病患者。

第2节 豆类食物的营养价值及美容保健

一、豆类食物的主要营养素

豆类食物包括大豆(黄豆、青豆、黑豆等)、绿豆、豌豆、蚕豆、豇豆与红豆等,所含蛋白质含量高、质量好,其营养价值接近于动物性蛋白质,是最好的植物蛋白,营养价值高。我国传统饮食讲究"五谷宜为养,失豆则不良"。每天坚持食用豆类食物,可以减少脂肪含量,增加免疫力,降低患病率。

(一) 黄豆

1. 主要营养素 黄豆又称大豆,素有"豆中之王"之称。大豆蛋白质含量高达 40%,比猪肉高 2 倍,含量丰富。蛋白质中含有人体需要的全部氨基酸,适宜与谷类混合食用。每 100g 黄豆含蛋白质 40.0g,脂肪 18.0g,碳水化合物 27.0g,钙 190mg,磷 500mg,铁 7mg,硫胺素 0.5mg,核黄素 0.2mg,烟酸 3.0mg。脂肪主要是不饱和脂肪酸,其中油酸占 35%,亚油酸占 55%,亚麻酸 8%,还有少量磷脂。

2. 性味归经 性凉、味甘,归脾经、大肠经。

3. 饮食宜忌 适宜脾虚气弱、消瘦少食者;适宜糖尿病、肥胖、心脑血管病患者。痛风患者不宜多食。

(二) 绿豆

1. 主要营养素 绿豆又称青小豆,以色绿浓富有光泽、粒大整齐、形圆、煮之易熟者品质佳。绿豆富含蛋白质、无机盐、维生素和钙、磷、铁等矿物质。绿豆中蛋白质主要是球蛋白,氨基酸比较齐全,其赖氨酸含量为小米的 3 倍。在高温环境中以绿豆汤为饮料,可以及时补充营养素,起到清热解暑的效果。

2. 性味归经 性凉、味甘,归心经、胃经。

3. 饮食宜忌 老少皆宜,适宜夏季高温环境工作者;水肿、泻痢、痈疮者食用。绿豆性寒,胃虚者不宜多食。绿豆不宜煮得过烂,以免使有机酸和维生素遭到破坏。

(三) 蚕豆

1. 主要营养素 含蛋白质、碳水化合物、胆碱、烟酸、和钙、铁、磷、钾等物质,尤其磷和钾含量较高。

2. 性味归经 性平、味甘,归心经、胃经。

3. 饮食宜忌 适宜水肿患者、脾胃气虚、食欲缺乏者。极少患者因为缺乏 6-磷酸葡萄糖脱氢酶,食入蚕豆后,发生急性溶血性贫血,俗称"蚕豆病"。

(四) 豌豆

1. 主要营养素 豌豆和豌豆苗含有丰富的糖类、蛋白质、脂肪、胡萝卜素、钙、铁、磷、烟酸、维生素 B_1、维生素 B_2、维生素 C 等。

2. 性味归经 性平、味甘,归脾经、肾经。

3. 饮食宜忌 适宜脾胃虚弱、眼干口渴、疮疡肿毒等症,一般人群皆可食用。

（五）红豆

1. 主要营养素绿豆　富含碳水化合物、蛋白质、钾、磷、镁、维生素 B_1、粗纤维等营养成分。

2. 味归经　性平,味甘、酸,归心经、小肠经。

3. 饮食宜忌　适宜营养不良水肿、高血脂、肥胖、产后缺奶者。尿频者不宜多食。

二、美容保健功效

（一）黄豆

1. 强肝护心　黄豆所含的卵磷脂可以消除血管壁上的胆固醇,防止血管硬化、预防心血管病,保护心脏。还可以防止因肝脏积累过多脂肪而引发脂肪肝。

2. 润肺强身　黄豆含有丰富的蛋白质,可以提高人体免疫力,是身体虚弱者的补益佳品;同时具有健脾宽中,润燥消水、益气养血的功效。

3. 通便降糖　黄豆中含有可溶性纤维既可以通便,又可以降低胆固醇含量。黄豆中的抑制酶对糖尿病有辅助治疗作用。

4. 延缓衰老　大豆异黄酮是一种具有似雌激素活性的植物雌激素,能够减轻女性更年期综合征症状,延缓女性细胞衰老,减少骨胶原丢失等功效。

（二）绿豆

1. 减肥降糖　绿豆中含有大量低聚糖,能量较低,对肥胖者和糖尿病患者有辅助治疗作用。

2. 护肝益肾　绿豆中含有大量胰蛋白酶抑制剂,可以保护肝脏,又可以减少蛋白质分解,保护肾脏。

3. 清热解毒　绿豆对葡萄球菌及某些病毒有抑制作用。

4. 降脂　绿豆含有植物甾醇,结构与胆固醇相似竞争酯化酶,使之不能酯化而减少肠道对胆固醇的吸收,并可通过促进胆固醇异化阻止胆固醇的生物合成,降低血清胆固醇含量。

5. 抗过敏　绿豆含有抗过敏的有效成分,可以治疗荨麻疹等疾病。

（三）蚕豆

1. 预防癌症、心血管疾病　蚕豆中氨基酸种类齐全、不含胆固醇,可以预防心血管病;富含维生素 C 可以缓解动脉硬化;同时预防肠癌。

2. 补钙强骨　富含钙质,促进骨骼发育。

3. 健脑益智　富含铁、磷、钾等矿物质和胆碱,有助于调节大脑、增强记忆力。

（四）豌豆

1. 抗菌消炎　豌豆所含的止权酸、赤霉素和植物凝素等物质,有抗菌消炎,增强新陈代谢的功能。

2. 利尿通便　豌豆中富含粗纤维,能促进大肠蠕动,保持大便能畅,防止便秘,起到清洁大肠、利尿的作用。

3. 润肤祛斑　豌豆富含维生素 A 原,维生素 A 原可在体内转化为维生素 A,具有润泽皮肤的作用。

（五）红豆

1. 消除疲劳　维生素 B$_1$能促进碳水化合物代谢,使脑部得到能量供应,还具有消除疲劳、防夏消暑的作用。

2. 解毒醒酒　红豆有解毒作用,可以用来解除宿醉。

3. 消肿降脂　红豆外皮含皂草苷,能消除水肿,降低胆固醇和脂肪含量。

第3节　蔬菜类食物的营养价值与美容保健

一、蔬菜类食物的营养价值

蔬菜是指可以食用或者做菜、烹饪成为食品的一类植物,蔬菜是人们日常饮食中必不可少的食物之一。蔬菜根据食用的植物部位分类,可分为以下几类:①叶菜类;②根菜类;③茎菜类;④花菜类;⑤果菜类。

（一）胡萝卜

1. 主要营养素　胡萝卜又名红萝卜,含有丰富的多种胡萝卜素及维生素 A、钠、钾、叶酸、挥发油、有机酸及降糖成分等。

2. 性味归经　性平、味甘,归肺经、脾经。

3. 饮食宜忌　不宜与酒、醋、辣椒等搭配。适宜贫血、营养不良、心脑血管疾病、癌症患者食用。

（二）莲藕

1. 主要营养素　莲藕含有丰富的优质蛋白质(约 2%),其氨基酸构成与人体需要接近,生物学价值高。富含膳食纤维(2%左右),铁、钙、钾含量高。莲藕维生素 C 含量也较高(每 100g 中含 19mg),还含有多酚类化合物、过氧化物酶等物质。

2. 性味归经　生藕性寒、味甘;熟藕性温、味甘。

3. 饮食宜忌　鲜藕生食,适宜高热患者烦热口渴者。莲藕富含铁质,适宜贫血患者食用。

（三）大白菜

1. 主要营养素　我国北方冬、春两季主菜。白菜富含维生素 C、胡萝卜素、维生素 B 及磷、钙等,其中锌含量在蔬菜中名列前茅。

2. 性味归经　性平、味甘,归肠经、胃经。

3. 饮食宜忌　一般人群均可食用,尤其适合感冒发烧、肺热咳嗽、便秘、咽喉发炎者。胃寒腹痛、寒痢疾者慎食。

（四）菠菜

1. 主要营养素　菠菜富含叶黄素、β-胡萝卜素、新-β-胡萝卜素 B、新-β-胡萝卜素等类胡萝卜素,还富含锌、叶酸,α-菠菜甾醇、豆甾烯-7-醇、胆甾醇以及甾醇酯和甾醇甙、万寿菊素、菠叶素等。

2. 性味归经　性平、味甘,归肠经、胃经。

3. 饮食宜忌　不宜与虾皮、鳝鱼搭配。高血压、糖尿病、痔疮、贫血患者适宜。

（五）番茄

1. 主要营养素　番茄含的"番碱"有抑细菌消炎的作用;同时含有番茄素、苹果酸、枸橼酸、葫芦巴碱、番茄碱和胆碱及胡萝卜素、维生素 C、维生素 B、维生素 P,有"维生素宝库"之称。

2. 性味归经　性微寒、味甘,归肝经、脾经、胃经。

3. 饮食宜忌　不宜与红薯、土豆、猪肝搭配。一般人群均可食用,尤其适合食欲不佳、高血压患者。

（六）大蒜

1. 主要营养素　烹饪中常用调味配料。大蒜的生物活性成分是 0.2% 的蒜精油(挥发油),蒜精油主要成分为大蒜素及多种烯丙基和甲基组成的硫醚化合物组成,具有显著杀菌抑菌及降血压扩血管的作用。

2. 性味归经　性温、味辛,归脾经、胃经、肺经。

3. 饮食宜忌　不宜与蜂蜜、狗肉搭配。一般人群均可食用,尤其适合糖尿病、肺结核、心脑血管疾病患者。大蒜刺激胃黏膜,使胃酸增多;眼疾、白内障、痔疮患者不宜多食。

（七）南瓜

1. 主要营养素　南瓜含有丰富的维生素 A、B、C 及矿物质,必需的 8 种氨基酸和儿童必需的组氨酸,可溶性纤维、叶黄素和磷、钾、钙、镁、锌、硅等微量元素。多食南瓜可有效防治高血压,糖尿病及肝脏病变,提高人体免疫能力。

2. 性味归经　性温、味甘,归脾经、胃经。

3. 饮食宜忌　不宜与辣椒、黄瓜、番茄搭配。一般人群均可食用,尤其适合糖尿病、肥胖、心脑血管疾病患者。黄疸患者忌食。

（八）黄瓜

1. 主要营养素　以幼果供食。黄瓜含维生素 C 氧化酶、有机酸、葫芦素、维生素 B_2、维生素 C、维生素 E、胡萝卜素、尼克酸、钙、磷、铁等营养素成分。

2. 性味归经　性凉、味甘,归脾经、胃经、大肠经。

3. 饮食宜忌　不宜与番茄、花生搭配。一般人群均可食用,适宜口干思饮、小便不畅、大便干燥、水肿、肥胖患者。胃寒、寒性痛经者在经期忌食。

（九）黑木耳

1. 主要营养素　黑木耳富含核酸、膳食纤维、多糖和铁、钙、磷等元素以及胡萝卜素、维生素 B_1、维生素 B_2、烟酸等,还含磷脂、固醇等营养素。木耳营养丰富,被誉为"菌中之冠"。

2. 性味归经　性平、味甘,归肺经、胃经、肝经。

3. 饮食宜忌　不宜与田螺、菠萝搭配。一般人群均可食用,适宜各种出血症、心脑血管、结石患者。大便稀溏者慎食。

二、蔬菜类食物的美容保健功效

（一）胡萝卜

1. 益肝明目　胡萝卜含有大量胡萝卜素,有补肝明目的作用,可治疗夜盲症。

2. 补血美肤　胡萝卜含有铁质,有补血功效,使肌肤红润富有弹性。

3. 降糖降脂 胡萝卜含有降糖物质,防止糖尿病并发症;促进肾上腺素的合成,降低血压。

（二）莲藕

1. 益肤生肌 莲藕富含铁、钙、钾,常吃可预防缺铁性贫血,改善肤色。

2. 调理月经 妇女月经不调、量多提前者,常吃莲藕可以使月经逐渐恢复正常。

3. 止血散瘀 莲藕所含的丹宁酸有收缩血管和止血的作用,有凉血、止血、散瘀的功效。

（三）白菜

1. 润肠排毒 大白菜富含膳食纤维,稀释肠毒素,防止大便干燥。

2. 护肤养颜 在干燥环境中,大白菜可以解热除烦、护肤养颜。

3. 预防癌症 大白菜中微量元素可分解雌激素,多吃可预防乳腺癌。

（四）菠菜

1. 乌黑秀发 菠菜提取物促进细胞分裂,有助于黑色素运动,促进头发生长。

2. 预防贫血 女性生理期易发生贫血和冬季手脚冰冷,多食大白菜可以摄取足够 B 族维生素和维生素 C。

（五）番茄

1. 美白肌肤 番茄富含维生素 C,有生津止渴、凉血平肝、清热解毒的功效,维生素 C 还可以抑制皮肤黑色素生成,使皮肤白皙细腻。

2. 抗菌消炎 番茄碱具有抗菌消炎的作用。

3. 延缓衰老 番茄红素具有抗氧化性,能清除体内自由基,具有防癌抗衰老的功效。

（六）大蒜

1. 延缓衰老、永葆青春 大蒜素是强抗氧化剂,能抑制脂质过氧化酶对肝细胞的损伤;大蒜富含硒,硒能够产生大量谷胱甘肽,有效延缓细胞衰老过程。

2. 抗癌防癌 大蒜能够阻断亚硝酸盐致癌物质的合成,预防癌症的发生。

（七）南瓜

1. 使皮肤光滑、延缓衰老 南瓜富含维生素 A,可以改善皮肤粗糙,使皮肤柔嫩、增加抵抗力;同时南瓜富含 β-胡萝卜素是强抗氧化剂,可以延缓衰老。

2. 防治糖尿病,降低血糖 南瓜含有丰富的钴,在各类蔬菜中含钴量居首位。钴能活跃人体的新陈代谢,促进造血功能,并参与人体内维生素 B_{12} 的合成,是人体胰岛细胞所必需的微量元素,对防治糖尿病,降低血糖有特殊的疗效。

3. 消除致癌物质 南瓜能消除致癌物质亚硝胺的突变作用;并能帮助肝、肾功能的恢复,增强肝、肾细胞的再生能力。

（八）黄瓜

1. 减肥强体 黄瓜中所含的丙醇二酸,可抑制糖类物质转变为脂肪。

2. 抗衰老,使皮肤白皙润泽 黄瓜中含有丰富的维生素 E,可起到延年益寿,抗衰老的作用;黄瓜中的黄瓜酶,有很强的生物活性,能有效对抗皮肤老化,减少皱纹。

3. 降低血糖、润肠通便

（九）黑木耳

1. 泽润皮肤、美容养颜　黑木耳富含铁、胶质和核酸,能够滋润皮肤、减少皱纹、淡化老年斑、雀斑。

2. 清胃涤肠　富含多糖胶体,有良好的清滑作用,是矿山工人、纺织工人的重要保健食品。

3. 化解结石　结石初期患者,每天吃 2~3 次木耳,可以有效缓解症状。

第 4 节　水果类食物的营养价值与美容保健

一、水果类食物的营养价值

（一）苹果

1. 主要营养素　苹果主要含碳水化合物、有机酸、芳香物质。有机酸包括:苹果酸、奎宁酸、枸橼酸、酒石酸。芳香物质包括:醇类(92%)、羟类(6%),维生素 C 含量也很丰富。

2. 性味归经　性凉、味甘、微酸,归脾经、肺经。

3. 饮食宜忌　不宜与鹅肉、虾搭配。便秘、贫血、高血压、肥胖、癌症适宜。苹果寒凉而润,胃肠炎患者慎食。

（二）梨

1. 主要营养素　梨的味道甘酸适宜,梨含有大量蛋白质、脂肪、钙、磷、铁和葡萄糖、果糖、苹果酸、胡萝卜素及多种维生素。

2. 性味归经　性凉、味甘、微酸,归脾经、胃经。

3. 饮食宜忌　不宜与白萝卜、红薯、鹅肉搭配。适合咳嗽口干、便秘、高血压患者。服用磺胺类药物和碳酸氢钠时不宜适宜生梨。

（三）香蕉

1. 主要营养素　香蕉营养高、热量低。富含蛋白质、碳水化合物、钾、维生素 A 原、维生素 C。此外还含有 5-羟色胺、去甲肾上腺素及二羟基乙胺。

2. 性味归经　性寒、味甘、微酸,归大肠经、胃经。

3. 饮食宜忌　不宜与芋头、红薯、牛奶搭配。适合咳嗽口干、便秘、高血压患者。服用磺胺类药物和碳酸氢钠时不宜食用生梨。痔疮、胃溃疡、便秘、动脉硬化患者适宜。脾胃虚寒患者慎食。

（四）西瓜

1. 主要营养素　西瓜清爽解渴,味道甘甜多汁,是盛夏佳果。西瓜富含水分,除不含脂肪和胆固醇外,含有大量葡萄糖、果糖、苹果酸、蛋白氨基酸、苹果酸、配体糖及丰富的维生素 C、B 族维生素等物质,是一种富有很高的营养、纯净、食用安全的食品。

2. 性味归经　性寒、味甘,归心经、胃经、膀胱经。

3. 饮食宜忌　不宜与粽子、蜂蜜、酒搭配。一般人群均可食用,适合高血压、暑热烦渴、小便不利人群。脾胃虚寒、慢性胃炎应少吃。

（五）桃

1. 主要营养素　桃俗称桃子。桃肉含蛋白质、脂肪、碳水化合物、粗纤维、钙、磷、铁、胡萝卜素、维生素 C、有机酸(苹果酸和柠檬酸)、糖分(主要是葡萄糖、果糖、蔗糖、木糖)和挥发油。

2. 性味归经 性温、味甘、酸,归胃经、大肠经。

3. 饮食宜忌 不宜与火腿、白酒搭配。一般人群均可食用,适合低血糖、水肿、气血亏虚人群。内热、糖尿病患者慎食。

（六）葡萄

1. 主要营养素 葡萄含糖量高达 10%～30%,以葡萄糖为主,可被人体直接吸收。葡萄还富含果糖、酒石酸、苹果酸、矿物质钙、钾、磷、铁以及多种维生素 B_1、B_2、B_6、C、P 等。把葡萄制成葡萄干后,糖和铁的含量会相对高,是妇女、儿童和体弱贫血者的滋补佳品。

2. 性味归经 性平、味甘、酸,归肺经、脾经、肾经。

3. 饮食宜忌 不宜与人参、牛奶搭配。一般人群均可食用,适合肝炎、肾炎、贫血、肺虚久咳、心悸盗汗人群。由于糖分多,糖尿病患者忌食。

二、水果类食物的美容保健功效

（一）苹果

1. 减肥瘦身、排毒养颜 苹果富含膳食纤维,有助于毒素排出;苹果中富含镁,可以使皮肤红润光泽、有弹性。

2. 妊娠期补充电解质 妊娠期食用苹果可以补充电解质,防止因频繁呕吐引起酸中毒症状。

3. 防止疲劳 苹果中的果酸可以中和人体的酸性物质,消除疲劳。

（二）梨

1. 维持皮肤光泽 梨富含维生素 C,对维持皮肤光泽、弹性有益。

2. 祛痰止咳 含有的糖苷、鞣酸,能祛痰止咳,对咽喉有养护作用。

3. 促进消化 梨富含果胶,有助于消化,促进排泄。

（三）香蕉

1. 锁水保湿、美丽容颜 香蕉中富含果胶,可以锁水保湿,滋润皮肤,美丽容颜。

2. 轻心理压力,解除忧郁 香蕉中含有丰富的色氨酸,能够刺激神经系统,带来愉悦感。

3. 消除疲劳 香蕉富含钾和镁,钾能防止血压上升、及肌肉痉挛,镁则具有消除疲劳的效果。

（四）西瓜

1. 祛皱嫩肤美容 西瓜汁含富含各种活性氨基酸,容易被皮肤吸收,滋润皮肤、防晒、增白。西瓜皮切成薄片,贴于面部有斑处,可以去斑、镇静补水;冰镇后的西瓜皮治疗被晒伤的皮肤,经常使用有较明显的增白作用。

2. 利尿消肿 西瓜中含有的瓜氨酸、丙氨酸等物质,有利尿、治疗肾炎和降血压的功效。

3. 生津止渴解暑 西瓜中含有大量的水分,适宜于中暑发热,汗多口渴之人食用。

（五）桃

1. 美容养颜 桃含有大量有机酸和纤维素,可以润泽肌肤、淡化色斑,美容养颜。

2. 控制血压　桃中钠少钾多,可以有效缓解水肿和高血压。

3. 活血化瘀　桃能活血,对闭经、跌打损伤有一定食疗功效。

（六）葡萄

1. 延缓衰老、美容养颜　葡萄中含有单宁酸,葡萄籽中含有前花青素,这些物质具有超强的抗酸化和抗氧化功用,能防护自由基伤害细胞,紧致肌肤、延缓衰老。常吃葡萄可使肤色红润,秀发乌黑亮丽。

2. 帮助消化　葡萄含有酒石酸,能健脾、帮助消化。

3. 抗毒杀菌　葡萄中含有天然的聚合苯酚,能与病毒或细菌中的蛋白质化合,使之失去传染疾病的能力,常食葡萄对于病毒有良好杀灭作用。

第5节　畜禽肉及水产类食物的营养价值与美容保健

畜禽肉是指畜类和禽类的肉,畜类指猪、牛、羊、兔、马、骡、驴、犬、骆驼等牲畜的肌肉、内脏及其制品;禽类是指鸡、鸭、鹅、火鸡、鹌鹑、鸵鸟、鸽等的肌肉及其制品。畜禽肉的营养价值较高,饱腹作用强,可加工烹制成各种美味佳肴,食用价值高。

水产类包括各种鱼类和其他水产动物。水产动物可以提供优质蛋白、不饱和脂肪酸、维生素A、维生素D、维生素E、维生素B_2及钙、磷、硒、铁、锌等。水产动物的含氮浸出物较多,有别于畜禽肉,味道鲜美。

一、畜禽肉及鱼类食物的营养价值

（一）猪肉

1. 主要营养素　猪肉肉质细腻,在畜肉中,猪肉的蛋白质含量最低,脂肪含量最高。维生素中主要是脂溶性维生素;富含矿物质。脂肪组织积蓄多,猪肉脂肪熔点低,风味好;猪肉本身无腥膻味,持水量高。

2. 性味归经　性平、味甘、咸,归脾经、胃经、肾经。

3. 饮食宜忌　不宜与豆类、田螺搭配。一般人群均可食用,适合阴虚体质、热病伤津、燥咳无痰人群。肥胖、心血管患者应少吃。受凉或伤寒初愈者忌食。

（二）牛肉

1. 主要营养素　牛肉蛋白质含量高,脂肪含量低(100g瘦牛肉蛋白质高达20g,脂肪含量为2~5g)。脂肪属于饱和脂肪酸,胆固醇含量也较高。牛肉富含B族维生素,维生素B_2、铁、烟酸和叶酸含量较高。

2. 性味归经　性平、味甘,归脾经、胃经。

3. 饮食宜忌　不宜与栗子搭配。适宜身体虚弱、气血不足、腿脚无力者食用。牛肉肌肉纤维粗糙不易消化,老人、儿童少吃。牛肉胆固醇和脂肪含量较高,心血管病患者慎食。

（三）羊肉

1. 主要营养素　肉质细腻鲜美,蛋白质和脂肪含量高(20%左右),短链饱和脂肪酸比例高。富含维生素、矿物质、左旋肉碱,其中B族维生素和铁、锌等矿物质含量高。最适宜于冬季食用,被称为冬令补品,深受人们欢迎。由于羊肉有一股令人讨厌的羊膻怪味,故被一部分人所冷落。

2. 性味归经　性平、味甘,归脾经、肾经。

3. 饮食宜忌　羊肉与红酒是禁忌。羊肉适宜身体虚寒、阳气不足者食用。上火症状患者慎食。

（四）鸡肉

1. 主要营养素　鸡肉肉质细嫩,滋味鲜美。鸡肉蛋白质含量很高,属于高蛋白低脂肪的食品。鸡肉还富含钙、磷、铁、镁、钾、钠、维生素 A、B_1、B_2、C、E 和烟酸等成分。

2. 性味归经　性温、味甘,归脾经、胃经。

3. 饮食宜忌　适宜虚劳瘦弱、中虚食少、头晕心悸、月经不调、产后少乳、遗精等症状;常吃可增强肝脏的解毒功能,提高免疫力。感冒发热、痰湿偏重、胆囊炎、胆石症患者忌食。口腔溃疡、便秘者不宜食用;动脉硬化、冠心病患者忌食鸡汤。

（五）兔肉

1. 主要营养素　兔肉肌纤维细嫩,易于消化吸收,味道鲜美。兔肉的蛋白质含量高于羊肉和猪肉,兔肉中脂肪含量仅为牛肉的 1/2,羊肉的 1/7,猪肉的 1/17;兔肉含磷脂和胆固醇少,烟酸、矿物质和碳水化合物含量多。

2. 性味归经　性凉、味甘,归肝经、大肠经。

3. 饮食宜忌　适宜老人、妇女食用,也是肥胖者和肝病、心血管病、糖尿病患者的理想肉食;孕妇及经期女性、有明显阳虚症状的女子、脾胃虚寒者不宜食用。

二、禽肉及鱼类的美容保健功效

（一）猪肉

1. 湿润肌肤,延缓衰老　猪肉皮富含胶原蛋白质,它在烹调过程中可转化成明胶,防止皮肤过早褶皱,延缓皮肤的衰老过程。

2. 滋阴补虚,清热利咽　猪肉富含多种蛋白质和矿物质,有效缓解咽喉疼痛、低热等症状。

（二）牛肉

1. 补中益气　牛肉含铁、锌及丙氨酸等多种氨基酸,能够提供能量,滋养脾胃,强健筋骨。

2. 悦容养颜　寒冬时节食用牛肉,有暖胃补气,补充失血,美丽容颜的功效。

（三）羊肉

1. 补血养颜　羊肉性温不燥,开胃健脾、暖中祛寒,对于虚寒体质,面色苍白者,具有补血养颜功效。

2. 维持体型　羊肉富含左旋肉碱,能够促进脂肪转化成能量,可以保持健康体重。

（四）鸡肉

1. 强身健体、面色红润　鸡肉含有 B 族维生素,对造血有很大帮助,可以使人面色红润有光泽。

2. 益智健脑　鸡肉含有磷脂类,可以增加脑部营养,增强记忆力。

3. 强体补虚　鸡肉蛋白质含量高,易于吸收利用,可以增强体力。

第 6 节　坚果类食物的营养价值与美容保健

一、坚果类食物的营养价值

（一）葵花籽

1. 主要营养素　葵花籽,即向日葵的果实,可供食用和油用。葵花籽富含不饱和脂肪酸(亚油酸),多种维生素(维生素 E)、植物油、胡萝卜素、锌、铁、镁、钾等矿物质,味道可口。

2. 性味归经　性平、味甘,归心经。

3. 饮食宜忌　葵花籽适宜高血压、高血脂患者。葵花籽不宜多吃,吃时最好用手剥皮。因为用牙嗑,容易使舌头、口角糜烂,还会在吐壳时将大量津液吐掉,使味觉迟钝、食欲减少,甚至引起胃痉挛。上火、口舌生疮者慎食。

（二）核桃

1. 主要营养素　核桃价值丰富,核桃中 86% 的脂肪是不饱和脂肪酸,核桃富含铜、镁、钾、维生素 B_6、叶酸和维生素 B_1,也含有纤维、磷、烟酸、铁、维生素 B_2 和泛酸。

2. 性味归经　性温、味甘,归肾经、肺经、大肠经。

3. 饮食宜忌　核桃不宜与白酒、野鸡肉搭配。适宜肺肾两虚、久咳久喘、产后体虚、气虚不足的人群。

（三）栗子

1. 主要营养素　栗子含有大量淀粉,而且含有丰富的蛋白质、维生素 C、B 族维生素及磷、钙、钾、铁等多种营养成分,热量也很高。

2. 性味归经　性温、味甘,归肝经、肺经、大肠经。

3. 饮食宜忌　栗子生食难消化,熟食易滞气。适宜反胃不食、肾虚、腰痛、吐血、便血人群。

（四）花生

1. 主要营养素　花生果实含有蛋白质、脂肪、糖类、维生素 A、维生素 B_6、维生素 E、维生素 K、硫胺素、核黄素、尼克酸、钙和铁等,以及矿物质钙、磷、铁等营养成分,含有 8 种人体所需的氨基酸及不饱和脂肪酸、卵磷脂、胆碱、胡萝卜素、粗纤维等物质。

2. 性味归经　性平、味甘,归脾经、肺经。

3. 饮食宜忌　脾胃虚弱的人应忌花生与蟹同食。适合冠心病、动脉硬化、咳嗽、产后少乳人群。

二、坚果类食物的美容保健功效

（一）葵花籽

1. 美白肌肤,延缓皱纹　缺锌会导致皮肤迅速生皱纹,葵花籽富含锌等矿物质,可使皮肤光洁,延缓皱纹的形成。同时维生素 E 能够防止细胞遭受自由基的损伤,具有柔嫩美白肌肤的作用。

2. 补血安神　葵花籽具有防止贫血、治疗失眠,增强记忆力的作用。

3. 降低胆固醇　葵花籽主要为不饱和脂肪,而且不含胆固醇;亚油酸含量可达 70%,有助于降低人体的血液胆固醇水平,有益于保护心血管健康。

(二)核桃

1. 护肤护发、消除皱纹 核桃可消除面部皱纹,有护肤、护发和防治手足皲裂等功效。

2. 延缓衰老,保护心脏 核桃中含有高质量抗氧化剂,能够保护心脏机能健康,预防心脏功能疾病。

(三)栗子

1. 益气补脾,健胃厚肠 栗子碳水化合物含量较高,能供给人体较多的热能,并能帮助脂肪代谢。保证机体基本营养物质供应,具有益气健脾,厚补胃肠的作用。

2. 强筋健骨 维生素 C 能够维持牙齿、骨骼、血管健康,对骨质疏松有很好的预防作用。也可以舒缓腰腿酸痛、乏力等症状,对老年人具有保健作用。

3. 预防心血管疾病 栗子含有不饱和脂肪酸及多种维生素,对高血压、冠心病和动脉粥样硬化有预防作用。

(四)花生

1. 降低胆固醇 花生中含有的亚油酸,可使人体内胆固醇分解为胆汁酸排出体外,避免胆固醇在体内沉积,减少因胆固醇在人体中超过正常值而引发多种心脑血管疾病的发生率。

2. 延缓人体衰老 花生中的锌元素含量普遍高于其他油料作物。锌能促进儿童大脑发育,有增强大脑的记忆功能,可激活中老年人脑细胞,延缓人体过早衰老,抗老化。

3. 预防肿瘤 花生果实、花生油中的白藜芦醇是肿瘤的天然化学预防剂。同时,还能降低血小板聚集,预防和治疗动脉粥样硬化、心脑血管疾病。

第 7 节 奶蛋类食物的营养价值与美容保健

一、奶蛋类食物的营养价值

(一)牛奶

1. 主要营养素 牛奶是从雌性奶牛身上所挤出来的。牛奶有不同的等级,目前最普遍的是全脂、低脂及脱脂牛奶。牛奶含有丰富的矿物质钙、磷、铁、锌、铜、锰、钼的含量都很多。最难得的是,牛奶是人体钙的最佳来源,而且钙磷比例非常适当,利于钙的吸收。含有所有已知维生素,尤其维生素 A 和维生素 B_2 含量最高。

2. 性味归经 性平、味甘,归心经、肺经、胃经。

3. 饮食宜忌 牛奶加热温度不宜过高。适宜体质虚弱、气血不足、病后体虚、癌症人群食用。脾胃虚寒作泻、中有痰积慎食。

(二)酸奶

1. 主要营养素 酸奶是牛奶发酵制成,口味酸甜细滑,营养丰富。酸奶具有新鲜牛奶的全部营养素,同时富含大量乳酸菌,使蛋白质结成细微的乳块,乳酸和钙结合生成乳酸钙,更易消化吸收。

2. 性味归经 性平、味酸,归心经、肺经、胃经。

3. 饮食宜忌 不宜与黄豆搭配。一般人群均可食用。适宜高胆固醇血症、动脉硬化、冠心病、脂肪肝人群食用。胃酸过多、腹泻及其他肠道疾病患者慎食。

（三）鸡蛋

1. 主要营养素　主要为卵白蛋白和卵球蛋白,含有人体必需的 8 种氨基酸,并与人体蛋白的组成极为近似,极易被人体消化吸收,蛋黄中含有丰富的卵磷脂、固醇类、蛋黄素以及钙、磷、铁、维生素 A、维生素 D 及 B 族维生素。这些成分对增进神经系统的功能大有裨益。

2. 性味归经　性平、味甘,归心经、肺经、脾经、胃经、肾经。

3. 饮食宜忌　不宜直接生吃。一般人群均可食用,适宜体质虚弱、营养不良、气虚不足人群食用。蛋黄富含卵磷脂,适宜婴幼儿、青少年食用。高热、腹泻、肾炎者慎食。

二、奶蛋类食物的美容保健功效

（一）牛奶

1. 增强骨骼和牙齿　牛奶富含钙质,能增强骨骼和牙齿的健康,减少骨骼萎缩病的发生。

2. 美白肌肤、防皱除皱　牛奶中富含维生素 A,可以防止皮肤干燥、暗沉,牛奶中的乳清可以消除黑色素沉着引起的瘢痕,使皮肤白皙有光泽。

3. 抗癌防癌　牛奶中含有维生素、乳铁蛋白和亚油酸,具有抗癌防癌的功效。

（二）酸奶

1. 滋润皮肤　皮肤干燥人群食用,可使皮肤滋润、细腻有光泽。

2. 瘦身作用　酸奶含有大量 B 族维生素,在发酵后会增加。酸奶有很强的饱腹感,热量也不高,所以在餐前喝一小杯,可以减少进餐量,减轻体重。

3. 清理肠道　酸奶中的乳酸菌能抑制肠道腐败细菌的繁殖,减轻肠道毒素。

（三）鸡蛋

1. 调补养颜　鸡蛋对贫血、月经不调的女性,其调补、养颜、美肤功效明显。

2. 健脑益智　鸡蛋黄中的卵磷脂、甘油三酯、胆固醇和卵黄素,对神经系统和身体发育有很大的作用。卵磷脂被人体消化后,可释放出胆碱,胆碱可改善各个年龄组的记忆力。

案例 3-1

张小姐是一位公司的白领,为了减肥常常只吃一些蔬菜水果以及大量的各种维生素补剂,请问她的这种做法是否科学?

分析：　张小姐的做法是不科学的。首先,只吃一些蔬菜水果及维生素补剂难以满足身体正常营养需求,人体正常代谢所需的碳水化合物、蛋白质、脂肪、矿物质等,水果蔬菜中几乎没有,长期如此将导致营养不良。其次,维生素是维护人体健康、促进生长发育和调节生理功能所必需的一类微量的低分子有机化合物,但过量服用会导致毒副作用。最后,能量是人体新陈代谢和维持生命活动的基础。人体所需能量主要由来自食物中的碳水化合物、脂肪和蛋白质。所以只吃水果蔬菜会使身体缺乏能量,影响身体和工作。

案例 3-2

2002年2月15日,埃菲社的一篇报道说:"从战国时代以来数千年中,中国的古老传统一直得以保存,但现在从美国那里,他们模仿到的是最糟糕的东西——洋快餐。中国已是麦当劳、肯德基在全球的第二大市场。"截至2014年10月,麦当劳(中国)有2081家门店,肯德基(中国)4600家门店。日式快餐也不甘落后,以味千拉面等为首的日式快餐企业在中国迅速发展壮大。

伴随饮食结构改变以及西方生活方式的盛行,20世纪70年代以来,中国与印度的肉类消费增加了一倍,脂肪和糖的摄入量也增加了一倍以上,很多慢性疾病也随之而来。

问题:请从营养学理论和食品营养角度对"洋快餐"食品进行分析和评价,它们对人体健康有何利弊?

分析:中国营养学会推荐一般人群遵循"食物多样,谷类为主,粗细搭配、多吃蔬菜、水果"均衡膳食的原则。洋快餐包括两大类:①西式快餐:大多都是油炸食品,具有"三高"(高脂肪、高热量、高蛋白质)和"三低"(低维生素、低矿物质、低纤维)的特点。由于其所含脂肪过量而在食用时无法察觉没有进行剔除,因此不宜经常食用。使用时尽量配以蔬菜水果等低能量、维生素和矿物质较丰富的食品。②日式快餐:套餐类的营养结构与西式快餐类似,汤骨面类快餐提供的总能量不足,碳水化合物、油、盐过量,荤素配菜比例低,由此可见,日式快餐并非传统概念中的低脂食品。日式快餐长期食用易造成营养失衡。

(游 牧)

目标检测

一、选择题

1. 对我国居民来说,每日膳食纤维摄入的理想水平是( )
   A. 10~15g   B. 15~20g
   C. 20~25g   D. 25~30g

2. 以下食物搭配能较好起到蛋白质互补作用的是( )
   A. 大豆+面粉   B. 鸡蛋+猪瘦肉
   C. 大米+大白菜   D. 带鱼+猪肝

3. 以下各类人群中,蛋白质营养状况处于负氮平衡的是( )
   A. 青少年   B. 正常成年人
   C. 孕妇   D. 消耗性疾病患者

4. 1g脂肪在体内氧化可产生的能量是( )
   A. 9.0千焦   B. 16.74千焦
   C. 16.81千焦   D. 37.56千焦

5. 以下说法正确的是( )
   A. 蒸馏水比自来水营养

   B. 经济发展了,营养问题就解决了
   C. 保健食品的营养价值高
   D. 早中餐高质量、高营养,晚餐应清淡

6. 中国营养学会推荐我国居民的碳水化合物的膳食供给量应占总能量的( )
   A. 45%~50%   B. 70%以上
   C. 55%~65%   D. 30%以下

7. 以下含有维生素B_{12}的豆制品是( )
   A. 豆浆   B. 豆腐
   C. 豆干   D. 豆腐乳

8. 有明显降血糖作用的蔬菜是( )
   A. 萝卜   B. 黄瓜
   C. 苦瓜   D. 冬瓜

9. 大米过分淘洗容易引起损失的营养素是( )
   A. 维生素A   B. B族维生素
   C. 维生素C   D. 维生素E

10. 在加热情况下最容易发生氧化聚合的油脂种类是( )

A. 大豆油　　　　　B. 橄榄油

C. 亚麻油　　　　　D. 花生油

11. 可明显减少维生素、矿物质等水溶性营养素损失的烹调方式是(　　)

　　A. 炸　　　　　　B. 蒸煮

　　C. 烤　　　　　　D. 微波加热

12. 长期食用精白米等精制食品时,易患的营养缺乏病是(　　)

　　A. 干眼病　　　　B. 脚气病

　　C. 癞皮病　　　　D. 佝偻病

13. 富含二十碳五烯酸(EPA)和二十二碳六烯酸(DHA)的食物是(　　)

　　A. 淡水鱼类　　　B. 禽肉

　　C. 畜肉　　　　　D. 海水鱼类

14. 以下含维生素 C 最丰富的食物是(　　)

　　A. 鲜枣　　　　　B. 苹果

　　C. 西瓜　　　　　D. 梨

15. 蛋白质的质和量均较高的豆类品种是(　　)

　　A. 大豆　　　　　B. 绿豆

　　C. 赤小豆　　　　D. 豌豆

16. 以下属于优质铁食物来源的是(　　)

　　A. 牛奶　　　　　B. 大米

　　C. 菠菜　　　　　D. 瘦肉

17. 下列食物中含钙最高的是(　　)

　　A. 虾皮　　　　　B. 菠菜

　　C. 竹笋　　　　　D. 茭白

18. 以下含维生素 D 最丰富的食物是(　　)

　　A. 动物肝脏　　　B. 禽肉

　　C. 蔬菜　　　　　D. 大豆

19. 合理的晚餐食量一般应占一日三餐总量的(　　)

　　A. 10%　　　　　B. 20%

　　C. 30%　　　　　D. 40%

20. 能量摄入达到推荐供给量 90% 时为(　　)

　　A. 超量　　　　　B. 正常

　　C. 不足　　　　　D. 严重不足

二、简答题

1. 食物在烹调加热时,营养素发生了哪些有利于人体消化的变化?

2. 简要回答平衡膳食宝塔的主要内容。

第 **4** 章
皮肤的衰老与营养

1. 了解皮肤的衰老与营养及营养膳食。
2. 熟悉皮肤衰老的预防及治疗。
3. 熟悉延缓皮肤衰老的方法。

人的一生可分为生长、成熟和衰退三个过程,最后的衰退过程为老化。一般来说,人到 25 岁后就开始衰老。在自然衰老过程中,各种生物体的遗传因素起着决定性的作用,不同生物体的遗传基因、遗传因素各异,各种生物的寿命也有不同。由遗传因素决定的随年龄增长而衰老的过程称为自然衰老或生理性衰老(内因性衰老)。如因疾病、营养不良、日光过度照射、身心过度疲劳、心理等因素而促使衰老过程加速,使其生理、心理与同龄正常人发生不相称的变化,称为早衰或病理性衰老。美丽的肌肤来自营养的培育,否则会过早衰老。70% 内调,30% 外扶。只有从改善营养,改善肌肤赖以生长发育的内环境着手,才能彻底美化肌肤,延缓衰老,焕发青春的活力。因为再好的护肤品,也无法消除面黄肌瘦,再好的化妆品也难掩盖满脸的倦容。营养与美容,息息相关。

第 1 节　皮肤的衰老

一、自然衰老的各家学说

1. 程序学说或 DNA 学说　认为动物发育到衰老,机体预先有个程序安排。机体信息之源 DNA 在生命形成的开始,已在 DNA 上编程,生物从发生发展、分化、成熟、衰老到死亡都是按一定的程序进行的。如乌龟和树的寿命比较长,人们希望能克隆到这些物种的长寿基因来延缓人的衰老。

2. 误差学说　细胞合成蛋白质中嵌入异常的酶,在 DNA 的复制、转录、翻译中,细胞内堆积大量由于这种酶形成的误差蛋白质,大量误差蛋白质影响到细胞功能,发生误差灾难而造成死亡。

3. 自由基学说　自由基易与其他物质反应而产生此物质的过氧化物,使该物质失去原有的作用,使 DNA、不饱和脂肪酸和蛋白质发生变性。内源性或外源性的自由基所致的有害反应的积累是细胞发生不可逆损伤的原因之一,老年变化与体内自由基增加有明显关系。

4. 交联学说　细胞内蛋白质分子可和别的分子发生交联反应,使正常的 DNA 复制中断,引起突变式细胞死亡。正常代谢过程中产生的甲醛及其他副产品均可成交联剂。双链 DNA 中,如一般交联,机体可将其切断、排除,以另一股 DNA 为模板进行修复。如两股均交联,则 DNA 的修复不能正常完成,在复制时出现畸形 DNA,影响细胞生存。在皮肤中主要为皮肤的胶原交联(键)增加而导致衰老。

5. 免疫学说　此学说越来越被学者所重视,即人体在增龄时免疫系统的衰老变化:T 细胞和 B 细胞减少;细胞免疫功能降低;目前,免疫学家认为,机体的衰老是因为全身免疫机制的降低,不能进行有效的免疫监视而引起,人的免疫机制从 25 岁左右开始衰退,人的各系统的衰老一般也从 25 岁开始。

二、皮肤衰老的原因

皮肤衰老的机制很复杂,影响皮肤老化的因素,主要分以下两类。

（一）内在因素（自然老化）

随着年龄的增长,皮肤发生生理性衰老,老化程度受遗传、内分泌、营养、卫生状况、免疫等因素的影响。

1. 细胞分化、增殖能力　表皮细胞增殖能力减弱,表皮更新减慢,表皮变薄。真皮成纤维细胞逐渐失活,胶原蛋白合成减少。

2. 保湿因子与皮脂腺　皮肤角质层中自然保湿因子含量减少,导致皮肤水合能力下降,仅为正常皮肤的 75%;皮肤的汗腺和皮脂腺数目减少、功能降低,致使皮肤表面的水脂乳化物含量减少。经表皮水分损失增多,致使皮肤干燥,出现鳞屑、失去光泽。

3. 基质　细胞外基质减少,胶原之间交联减弱,皮肤失去了弹性,结缔组织中的透明质酸减少,吸水能力降低。

4. 弹性蛋白和胶原蛋白　皮肤中弹性蛋白酶和胶原酶的抑制剂水平下降,增加了弹性蛋白和胶原蛋白的分解,使皮肤弹性和韧性降低,皮肤逐渐松弛,进而产生皱纹。

5. 自由基　随着年龄的增加,皮肤内清除氧自由基酶的能力下降,脂类自由基和结构蛋白在金属离子的存在下可以与氧反应,释放出使生物分子聚合和交联的物质,使皮肤失去弹性,并产生色斑。

（二）外在因素（光老化）

紫外线是引起皮肤老化最重要的外在因素。因此,外在因素引起的皮肤老化也称为光老化。

1. 紫外线伤害　皮肤长期受到光照而引起老化,主要由 UVA、UVB 照射引起皮肤基质金属蛋白表达异常,氧自由基产生过多,胶原纤维、弹力纤维变性、断裂和减少,黑素合成增加,从而使皮肤松弛、皱纹增多、皮肤增厚、粗糙、色素沉着、毛细血管扩张,并易发生肿瘤。

2. 气候影响　寒冷、酷热和过度干燥的空气,可影响皮肤正常呼吸,使皮肤散失过多的水分,使皮肤老化;空调或集中供暖会使皮肤脱水,产生起皮屑、脱皮的现象。

3. 灰尘　污染和有毒清洁剂可使灰尘过度黏附在皮肤表面,刺激皮肤、堵塞毛孔,易引起皮肤过敏及皮脂分泌降低,致使皮肤干燥,易出现皱纹。

4. 滥用化妆品　市场上的化妆品品种繁多,普通消费者通常得不到科学的指导,常常因选用化妆品不当而引起不良效果,或因使用劣质化妆品而对皮肤造成极大的伤害。

第2节　皮肤衰老与营养

一、延缓皮肤衰老的食物

延缓皮肤衰老的食物主要有以下几类。

1. 富含蛋白质的食物　蛋白质是人体三大营养物质之一。经常食用高蛋白的食物可促进皮下肌肉的生长,使肌肤柔润而富有弹性,防止皮肤松弛,延缓皮肤衰老。富含蛋白质的食物有瘦肉、鱼类、贝壳类、蛋类、奶类及大豆制品等。

2. 富含维生素E的食物　维生素E是一种重要的自由基清除剂,具有抗皮下脂肪氧化,增强组织细胞活力,使皮肤光滑、富有弹性的作用。富含维生素E的食物有杏仁、榛子、麦胚、植物油。

3. 富含胶原蛋白的食物　富含胶原蛋白和弹性蛋白的食物包括猪、鸡、鸭、鹅、鱼的皮,猪、牛、羊的蹄,动物筋腱等。如猪皮中的蛋白质85%为胶原蛋白,胶原蛋白和弹性蛋白是真皮结构的主要物质,皮肤的生长、修复和营养都离不开它们,胶原蛋白可使组织细胞内外的水分保持平衡,使干燥、松弛的皮肤变得柔软、湿润。适量补充富含胶原蛋白和弹性蛋白的食物,对保持皮肤弹性、减少皮肤皱纹和维持皮肤润泽都有益处,尤其在中年以后,这种美容效果是明显的。

4. 富含维生素的食物　富含维生素的食物可增强皮肤弹性,使皮肤更加柔韧,光泽度好。菠菜、萝卜、番茄、大白菜等蔬菜及苹果、柑橘、西瓜、大枣等瓜果中都含有丰富的维生素。

5. 富含矿物质的食物　富含矿物质的食物与人体健美关系密切,缺乏或过量均会导致疾病、引起早衰。

6. 富含异黄酮的食物　大豆可以代替雌激素,因为其中含有大量的大豆异黄酮,这是一种植物激素,在女性体内雌激素含量低时,大豆制品能代替雌激素,经常食用可减少停经后的不适症状。

二、衰老皮肤的保养

1. 加强保湿　老化的皮肤多半比较干燥,提高角质层的含水量可以使一些微小的细纹不明显。

2. 局部使用抗氧化剂　如维生素E、左旋维生素C、果酸、硒、泛癸利酮、硫辛酸等。

3. 适度补充雌激素　女性进入更年期以后,体内雌激素的含量骤然降低,皮肤会在短时间内变薄、变脆弱,皮脂腺的分泌减少,皮肤变得更加干燥,这时皮肤对外界的过敏原、细菌、病毒等微生物的防御能力降低,皮肤容易发生过敏和感染。适度补充雌激素,一方面可以改善更年期的不适症状,另一方面也可以延缓皮肤的老化。

4. 去除老化的角质　皮肤老化以后,角质层细胞难以脱落而粘贴在一起使角质层增厚,增厚的角质层使皮肤变得不敏感。老化的角质保水能力较差,而且堆积的老化角质细胞会使肤色暗沉。使用含有去角质成分的保养品,如A酸、果酸等,除加速角质细胞新陈代谢、剥除老化角质、使肌肤散发健康光彩之外,使用数月后,皮肤会变得较为紧实。

5. 去除老年斑　根据实际情况,可以选择用激光、电烧或强脉冲光去除已有的老年斑。

三、皮肤美容与营养膳食

皮肤虽然不能直接吸收食物,但能缓慢地从体内汲取营养,因而为人体提供足够的营养是皮肤美容的基础。饮食可直接改善皮肤,也可通过改善健康状况而间接地起到美容作用。

（一）饮食美容的原则

欲使饮食美容的效果显著,日常饮食应遵循以下三大原则。

1. 食物多样化　饮食对皮肤的健美作用是不可忽视的。蛋白质、脂肪、碳水化合物、维生素和微量元素都是皮肤所必需的营养成分,能影响皮肤正常的代谢及生理功能。营养物质主要来源于食物,但由于每种食物所含营养物质的种类和数量不同,且任何一种食物都不可能提供全面的营养物质,因此,人体必须从多种食物中摄取各种营养物质,在饮食上做到食物多样化。

2. 保持酸碱平衡　皮肤健美与血液中的酸碱度有关,偏酸时,汗液中的尿素、乳酸经皮肤排出,久而久之会使皮肤变粗糙而失去弹性。根据食物在体内代谢产物的酸碱性不同,可将食物分为碱性食物和酸性食物两大类。酸碱性质不同的食物对皮肤有着不同的作用。酸性食物氧化时可产生一种分解物,使皮肤形成色素斑。鉴于此,除了控制酸性食物如鱼、肉、蛋等的过多摄入外,应多吃含微量元素丰富的食物,借以中和体内产生的酸性物质,使血液处于弱碱性,保持皮肤细嫩、柔软。饮食美容除了要注意营养的均衡、做到食物多样化外,还需注意日常饮食的酸碱性。人体酸碱度的失衡,不仅影响肌肤的健美,而且可能会导致许多疾病的发生。

（1）酸性食物:正常情况下,血液呈碱性,但为机体补充蛋白质、糖和能量的营养物质多半是酸性食物,长期偏食酸生食物可导致血液酸化,血液长期呈酸性可导致细胞新陈代谢降低,大脑功能和神经功能退化,记忆力减退,人体易感觉疲劳,抵抗力下降,皮肤变粗糙、弹性下降、皱纹增多、色素沉着。对血液影响比较大的酸性食物有:牛肉、猪肉、鸡肉、蛋黄、奶油、奶酪、白酒、大米、荞麦、白糖等。

（2）碱性食物:食物的酸碱性与食用时的味道并不一致,如柠檬和番茄都有明显的酸味,但属碱性食物,碱性食物可以促进血液循环,防止皮肤粗糙和老化。碱性食物可以中和酸性物质,维持机体正常的体液环境。碱性食物有芹菜、菠菜、胡萝卜、竹笋、马铃薯、草莓、番茄、柑橘、西瓜、栗子、葡萄、咖啡等。

作为我国居民主食的大米、面粉均属于酸性食物,加之进食肉类较多,而肉类也多为酸性食物,因此,国人的体液趋于酸性,这对人体健康和美容均有很大影响。水果、蔬菜多为碱性食物,要保持皮肤光滑、滋润,应注意酸碱食物的合理搭配。

3. 适当控制食量　少量多餐有助于健康。脾胃运转正常,才能保持皮肤滋润。临床实践证明:过度饮食会加重胃肠负担,导致脾胃虚损,致使面色苍白、皮肤松弛。在注重食物多样化、合理搭配酸碱性食物的基础上,每餐合理减少进食量有助于身体健康。

（二）营养素与皮肤美容

1. 蛋白质与皮肤美容　蛋白质是人体必需的营养物质,在机体组织器官及机体数万亿细胞中,至少有200种细胞的基本构成物质都与蛋白质有关,蛋白质构成机体大部分生命活性物质,发挥机体的各种功能。皮肤蛋白质包括纤维性蛋白质和非纤维性蛋白质,角蛋白、胶原蛋白和弹性蛋白等属纤维性蛋白质,细胞内的核蛋白以及调节细胞代谢的各种酶类属非纤维性蛋白。角蛋白是中间丝蛋白家族成员,是角质形成细胞和毛发上皮细胞的代谢产物及主要成分。胶原蛋白有Ⅰ、Ⅲ、Ⅳ、Ⅶ型,胶原纤维的主要成分为Ⅰ型和Ⅲ型胶原,胶原纤维韧性大,抗拉力强;网状纤维主要为Ⅲ型胶原,基底膜带主要为Ⅳ、Ⅶ型胶原。弹性蛋白是真皮内弹力纤维的主要成分,弹力纤维具有较强的弹性。经常食用含胶原蛋白的食物能使皮肤变得丰满、充盈、皱纹减少、细腻而有光泽。弹性蛋白可使人的皮肤弹性增强,富含胶原蛋白和弹性蛋白的食物有猪蹄、猪皮和动物筋腱等。

2. 碳水化合物与皮肤美容 碳水化合物是人类最廉价的能量来源,又是当今人类生存的最基本物质和最重要的食物能源,也是重要的食物组成成分。目前,人类每日摄入的能量中,在不同地区和不同的经济条件下,碳水化合物占全日总能量的 40% ~ 80%,在我国多数地区,碳水化合物占总热量构成的 55% ~ 65%。皮肤中的糖类属于碳水化合物,主要为糖原、葡萄糖和黏多糖等,皮肤糖原含量在胎儿期最高,成人期含量降低。有氧条件下,表皮中 50% ~ 75% 的葡萄糖通过有氧氧化提供能量,而缺氧时则有 70% ~ 80% 通过无氧酵解提供能量。血液葡萄糖浓度为 3.89 ~ 6.11mmol/L,皮肤葡萄糖含量约为其 2/3。表皮含糖量较高,糖尿病患者表皮含糖量更高,因此,皮肤更容易发生真菌和细菌感染。真皮中黏多糖含量丰富,主要包括透明质酸、硫酸软骨素、肝素等,对保持皮肤水分有重要的作用。其中,透明质酸是优良的深层保湿剂,因其良好的保湿性能使真皮成为皮肤的储水库,与天然保湿因子一同构成皮肤由角质层到真皮的全效保湿剂,有润滑性和成膜性,可增加皮肤润滑感和湿润感,可清除自由基,参与皮肤的修复,营养皮肤。硫酸软骨素有保湿、促进胶原纤维成熟的作用。肝素可促进皮肤血液循环,增加毛细血管通透性,把体内的各种营养成分供给皮肤细胞活化细胞代谢、促进细胞再生能力,使皮肤的皱纹得以改善,色斑淡化;恢复皮肤光泽、细腻、弹性。黏多糖多与蛋白质形成黏蛋白,后者与胶原纤维结合形成网状结构,对真皮及皮下组织起支持和固定的作用。随着皮肤的老化,真皮中基质成分的含量逐渐减少,皮肤的含水量也逐渐减少,皮肤干燥,容易出现皱纹。

3. 脂类与皮肤美容 皮肤中的脂类包括脂肪和类脂质,人体皮肤的脂类总量约占皮肤总重量的 3.5% ~ 6%。脂肪的主要功能是储存能量和氧化供能,类脂质是细胞膜结构的主要成分和某些生物活性物质合成的原料。表皮细胞在分化的各阶段其类脂质的组成有显著差异,如由角质层到基底层,磷脂含量逐渐减少,而神经酰胺含量逐渐增多。表皮中最丰富的必需脂肪酸为亚油酸和花生四烯酸,后者在日光的作用下可以合成维生素 D,有利于佝偻病的预防。血液中脂类代谢的异常可影响皮肤脂类的代谢,如高脂血症可以使脂质在真皮局限性沉积,形成皮肤黄瘤,影响美容。脂类物质是皮肤不可缺少的营养物质,一旦缺乏,皮肤就会变得粗糙,失去光泽和弹性,容易发生代谢紊乱性皮肤病;适量的脂肪储备,可增加皮肤弹性。

4. 水与皮肤美容 水是一切生物赖以维持最基本生命活动的物质,它不仅是各种物质的溶媒,而且活跃地参与细胞的构成,同时也是细胞的依存环境,细胞从这个环境中取得营养物质。皮肤含水量是保持皮肤光滑、柔润、富有弹性的关键因素。皮肤中的水分主要分布于真皮内,当机体脱水时,皮肤可提供其水分的 5% ~ 7% 以维持循环血容量的稳定。儿童皮肤含水量高于成人,成年女性皮肤含水量略高于男性。水呈弱碱性,饮水对降低血液的自由基含量、增强体质、防治疾病、延缓衰老、护肤美容很有益处。因此,给皮肤补充足量的水分是养护皮肤的重要手段。

5. 电解质与皮肤美容　电解质由多种化合物构成,其中包括化学结构较为简单的钾、钠、镁等无机盐及机体合成的复杂的有机分子。皮肤中含有各种电解质,主要贮存于皮下组织中,其中 Na^+、Cl^- 在细胞间液中含量较高,K^+、Ca^{2+}、Mg^{2+} 主要分布于细胞内,它们对维持细胞间的晶体渗透压和细胞内外的酸碱平衡起着重要的作用;K^+ 还可激活某些酶,Ca^{2+} 可以维持细胞膜的通透性和细胞间的黏着,Zn^{2+} 缺乏可引起肠病性肢端皮炎等。

6. 维生素与皮肤美容　维生素类是维持机体生命活动过程必不可少的有机物质,虽然机体对这一类物质的需要量相对较小,但却是必需的营养素。人类机体必须从食物中获取这些物质。维生素可分为脂溶性和水溶性两大类,在体内参与机体的物质代谢、能量转换并影响生长发育,不仅关系着人的身体健康,与皮肤健美也密切相关。健美肌肤与维生素的摄取是密不可分的,维生素 A、B、C、E 是护肤的"四宝"。当维生素缺乏时,可发生相应的皮肤黏膜病变。利用富含维生素的天然食品来护肤,可以使皮肤变得美丽动人。

(1) 维生素 A 与皮肤美容:维生素 A 是一种脂溶性维生素,能确保细胞的正常分裂与生长,是胚胎正常发育所必需的营养素,对良好视力的保持也起着至关重要的作用。维生素 A 能调节上皮组织细胞的生长、增生和分化。能够保持皮肤和黏膜的正常功能,改善角化过度,同时,有抗氧化、中和有害自由基的功能。慢性腹泻、脂肪摄入不足、胆汁缺乏以及肝脏疾病均可影响维生素 A 的吸收;甲状腺功能减退可影响维生素 A 的利用;蛋白质缺乏可影响维生素 A 的体内转运;重症消耗性疾病、妊娠或哺乳期妇女以及长期在弱光环境下工作的人员维生素的消耗量较大,均可引起维生素 A 缺乏症,若维生素 A 缺乏,皮肤会变厚、干燥、硬痂样及毛囊过度角化,外观粗糙、无光泽,容易松弛老化。天然维生素 A 只存在于动物性食物中,以动物肝脏中含量最高。富含胡萝卜素的植物性食物也是维生素 A 的主要来源,深色蔬菜中含量较高,如南瓜、胡萝卜、荠菜、菠菜、番茄、辣椒等;芒果、橘子等水果中维生素 A 的含量较丰富。

(2) 维生素 B 与皮肤美容:B 族维生素包括 8 种不同的维生素,保健皮肤功效最显著的是维生素 B_2 和维生素 B_6。维生素 B_2 是黄素蛋白辅酶的重要组成成分,具有辅助细胞进行氧化还原的作用,对生长发育、维护皮肤与黏膜的完整性有着重要的影响。维生素 B_2 缺乏可导致口角炎、舌炎、眼结膜炎及皮肤老化等。维生素 B_2 广泛存在于奶类、蛋类、各种肉类、动物内脏、谷类、蔬菜和水果等动、植物性食物中。维生素 B_6 的最重要功能是作为辅酶参加多种代谢反应,能够增强表皮细胞的功能,改善皮肤与黏膜的代谢过程,参与氨基酸的合成与分解,是细胞生长必需的营养物质,而且与皮脂分泌关系密切,所以可用于治疗脂溢性皮炎、寻常痤疮等,对老年性皮肤萎缩也有良好的作用。维生素 B_6 的食物来源很广泛,动、植物性食物中均含有,通常肉类、全谷类产品(特别是小麦)、蔬菜和坚果类含量最高,且动物性来源的食物中维生素 B_6 的生物利用率优于植物性来源的食物。

(3) 维生素 C 与皮肤美容:维生素 C 是皮肤保养的必需元素,它对其他酶系统有保护、调节、促进催化与促进生物过程的作用;作为一种有力的抗氧化剂,它可以保护其他的氧化剂,包括保护脂溶性的维生素 A、维生素 E 以及必需脂肪酸;能使铁在消化道处于亚铁状态,以其强有力的氧化还原能力,提高机体对铁的吸收。维生素 C 还能将多巴醌还原为多巴,从而抑制黑素的形成,因而具有美白皮肤、防止衰老的功能。在体内胶原的形成过程中,维生素 C 是一种还原性辅助因子,可以稳定原胶原;保护结缔组织,保持细胞间质的完整性,增强毛细血管壁的致密度,降低毛细血管通透性及脆性,防止炎症病变扩散,促进伤口愈合。

(4) 维生素 E 与皮肤美容:维生素 E 是一种重要的抗氧化剂,能保护细胞膜免受自由基的攻击和破坏,作为过氧化基团的清除剂,抑制自由基对含巯基蛋白质成分、核酸的攻击。增强皮肤抗氧化能力,防止皮肤老化,保持皮肤弹性,减少皱纹形成。

人的衰老与组织中脂褐素的堆积成直接的比例关系,有人认为这种色素是自由基作用的产物。一些老年学者认为,衰老过程是伴随着 DNA 的破坏,以及由于自由基对蛋白质破坏的积累所致,因此设想维生素 E 抗氧化的生物学效应,可能使衰老过程减慢。在饮食中补充维生素 E,对健美肌肤的保持是必要的。

7. 微量元素与皮肤美容 微量元素和各种维生素一样,都是人体需要量相对较少而又十分重要的,微量元素在特定的浓度范围内可以使组织的结构与功能的完整性得到维持,对生长、健康状态、生殖功能等的维持都是必要的。一旦体内的微量元素缺乏,人体的新陈代谢等一系列的生命活动就会发生障碍,导致疾病发生,人体健美自然也就失去了基础。

(1) 碘:健康的成人体内,共含有碘 15~20mg,其中 70%~80% 存在于甲状腺。碘具有构成甲状腺素、调节机体能量代谢、促进生长发育、维持正常生殖功能、保持正常神经功能、维护人体皮肤与毛发的光泽和弹性等作用。碘的缺乏,可导致甲状腺代谢性肥大、智力发育不良、抗病能力低下、皮肤皱纹增多和缺乏光泽、情绪不稳定、面部表情呆滞、缺乏青春活力等。

(2) 铁:皮肤的光泽红润需要供给充足的血液,铁是构成血液中血红蛋白的主要成分。包括我国在内的发展中国家,各年龄人群都不同程度地存在缺铁性贫血,不仅影响美容,更会导致健康问题的发生。在我国对婴幼儿采用强化铁的谷类是有效的,强化成人的食物也应该是可行的。

(3) 锌:成年男性机体含锌量为 2.5g,女性为 1.5g,在微量元素中锌的含量仅次于铁,其中 20% 存在于皮肤。表皮含锌量为 70.5μg/g 干重,真皮为 12.6μg/g 干重,它具有维护皮肤弹性、韧性、致密度及保持皮肤细嫩柔滑等多种功能。

(4) 铜:铜对铁的吸收与动员有着重要的影响。当铜缺乏时,血清铁下降,易引起低血红蛋白贫血。铜是铁代谢不能缺少的元素。铜元素与蛋白质、核酸的代谢有关,能使皮肤细腻,头发黑亮,使人青春焕发,保持健美。铜缺乏可使结缔组织蛋白的交联受到损害,包括胶原蛋白或弹性蛋白,不仅导致骨质的异常,皮肤的弹性同样受影响。

(5) 硒:硒是红细胞谷胱甘肽过氧化物酶的组成成分之一,红细胞谷胱甘肽过氧化物酶是体内氧化自由基的清除剂,在清除体内的过氧化氢、有机过氧化物及抑制脂质过氧化方面发挥着重要作用。

微量元素与人体健美关系密切,矿物质的缺乏或过量均会导致疾病。只要日常不偏食,注意营养搭配,适当补充动物性食物及海产品,则可避免微量元素的缺乏。

(三) 与皮肤美容有关的食物

人的整体美是内在美和外在美的完美结合,人的心理与生理状况可以影响人的外在形象和美感。营养不良会使人面黄肌瘦、皮肤萎缩,失去光泽和弹性。营养要从食物中摄取,良好的饮食习惯不仅是生命维持的必需,也有益于皮肤的健康。美容食品有如下几类。

1. 蔬菜 皮肤状态与血液酸碱度有着密切的关系,摄入过多的动物性食物,脂肪分解时产生的乳酸等酸性物质增多,血液就会呈现为酸性。血液中的酸性物质随着不断分泌的汗液排泄到皮肤表面,皮肤会逐渐变得粗糙、失去弹性。蔬菜中含有丰富的钠、镁、钙、钾等矿物质,多食用蔬菜可增加体内的碱性物质,中和酸性物质,使血液保持弱碱性状态,从而使皮肤柔软、润泽、富有弹性。

(1) 甜椒:每100g辣椒含能量64kJ(16kcal)、蛋白质1.0g、脂肪0.2g、碳水化合物3.8g、膳食纤维1.3g,维生素类含维生素A 13μgRE、胡萝卜素76μg、硫胺素0.02mg、核黄素0.02mg、维生素B₆0.12mg、叶酸3.6μg、烟酸0.39mg、维生素C 130mg、维生素E 0.38mg,矿物质含钙11mg、磷20mg、钾154mg、钠7.0mg、镁15mg、铁0.3mg、锌0.21mg、硒0.05μg、铜0.05mg、锰0.05mg、碘0.6μg。甜椒中维生素C的含量非常丰富,是苹果维生素C含量的几十倍,具有美白皮肤、防止衰老的功效。

(2) 白萝卜:每100g鲜白萝卜含能量64kJ(13kcal)、蛋白质0.7g、脂肪0.1g、碳水化合物4.0g、膳食纤维1.8g,维生素类含硫胺素0.02mg、核黄素0.01mg、维生素B₆0.06mg、叶酸6.8μg、烟酸0.14mg、维生素C 19.0mg,矿物质含钙46mg、磷16mg、钾167mg、钠54.3mg、镁12mg、铁0.2mg、锌0.14mg、硒0.12μg、铜0.01mg、锰0.05mg。对护肤有保健作用的主要是维生素C及矿物质镁,常食用可抑制黑素的形成,减轻皮肤色素的沉积,使肌肤白净细腻。

(3) 落葵:又名木耳菜、软浆叶。每100g鲜品主要含维生素C 34mg、胡萝卜素2.02mg、维生素E 1.66mg,矿物质主要含镁62mg,微量元素主要含铁3.2mg、锌0.32mg。其丰富的营养成分可使肌肤洁白、细嫩、润泽。

(4) 金针菜:又名黄花菜,古称萱草。每100g金针菜含有维生素E 4.92mg、维生素C 10mg,矿物质主要含镁85mg,微量元素主要含铁8.1mg、锌3.99mg。金针菜富含维生素E,经常食用,抗氧化效果好,可防止皮肤老化。鲜品金针菜含秋水仙碱,会引起中毒,应把干品在清水浸泡后食用。

2. 水果和坚果　水果和坚果中含有多种营养物质,利用它们美容既方便又健康。

(1) 冬枣:每100g冬枣含能量420kJ(105kcal)、蛋白质1.2g、脂肪0.8g、碳水化合物27.8g、膳食纤维3.8g,维生素类含硫胺素0.08mg、核黄素0.09mg、叶酸29.9μg、烟酸0.51mg、维生素C 243mg、维生素E 0.19mg,矿物质含钙16mg、磷29mg、钾195mg、钠33.0mg、镁17mg、铁0.2mg、锌0.19mg、硒0.14μg、铜0.18mg、锰0.13mg、碘6.7μg。冬枣中维生素C的含量居核果类之首,常食用冬枣,除可美白皮肤外,对雀斑、口角炎及脂溢性皮炎等影响面部美容的疾病均有一定的治疗作用。维生素E具有抗氧化功能,可促进皮内血液循环和肉芽细胞增生,具有延缓衰老的功效。

(2) 樱桃:樱桃中寓含维生素及铁等微量元素,每100g鲜樱桃中含有胡萝卜素0.21mg、维生素C 10mg,微量元素铁11.4mg。这些营养素不仅对人体的免疫功能、能量代谢和细胞的物质组成有重要的作用,还可促进血红蛋白再生,使肤色红润。

(3) 荔枝:含有丰富的蛋白质、维生素及微量元素,每100g鲜荔枝中含有维生素C 41mg、烟酸1.1mg,铁、铜的含量也高于苹果和梨,经常食用荔枝可以起到红润肤色的作用。

(4) 苹果:含多种维生素,可美容护肤,敷面可消除黑眼圈。

(5) 柠檬:含维生素C较多,有天然"漂白剂"的作用,可使皮肤增白,防止色素沉着。维生素C还能使血管壁弹性增加,血液循环加快。皮肤的新陈代谢旺盛,自然光滑细腻。

(6) 西瓜:水分充足,帮助皮肤保持水分,使皮肤丰满,有抚平皱纹的作用。西瓜中还含有β-胡萝卜素、维生素C,这些营养素有抗氧化和清除自由基的作用。

(7) 草莓:草莓富含维生素C和植物性生物黄酮,能够保护皮肤的胶原组织及弹性组织,使皮肤润泽而有弹性。

(8) 木瓜:含有丰富的维生素 C 及 β-胡萝卜素,这些营养素可以增强皮肤对日晒灼伤的抵抗力,更新皮肤中胶原蛋白和弹性蛋白。经常食用木瓜,可以促进血液循环,延缓皮肤老化,帮助年轻、柔韧皮肤。

(9) 梨:有天然收敛的作用,是油性皮肤理想的护肤品。

(10) 巴西坚果:巴西坚果富含硒和维生素 E,硒是抗氧化剂谷胱甘肽过氧化物酶的必需成分,当皮肤受日光灼晒时,硒能保护皮肤不受自由基的侵袭。维生素 E 有加速受损皮肤痊愈的作用。谷胱甘肽过氧化物酶与维生素 E 可使皮肤保持湿润,延缓皮肤老化。

(11) 花生:有养颜美容的作用,尤其适用于干性皮肤。

(12) 黑芝麻:含有大量的不饱和脂肪酸和维生素 E,对延缓皮肤衰老非常有益。

3. 海产品

(1) 螺旋藻:螺旋藻含有丰富的蛋白质、铁和维生素。每 100g 螺旋藻(干)含能量 1224kJ(356kcal)、蛋白质 64.7g、脂肪 3.1g、碳水化合物 18.2g、膳食纤维 3.8g,维生素类含维生素 A 6468μg RE、胡萝卜素 38 810μg、硫胺素 0.28mg、核黄素 1.41mg、烟酸 10.0mg、维生素 E 27.11mg,矿物质含钙 137mg、磷 1317mg、钾 15.6mg、钠 1624mg、镁 402mg、铁 88.0mg、锌 2.62mg、硒 5.24μg、铜 0.54mg、锰 1.24mg。其中的蛋白质含量接近总重量的 65%,而且容易被人体消化吸收;可吸收性铁质的含量比全谷类高;含有胡萝卜素、维生素 E 等多种抗衰老活性物质,可消除机体产生的自由基,促进人体功能正常化,增强细胞活力,促进人体新陈代谢,防止皮肤干燥,使皮肤保持弹性、光泽和红润,有效延缓衰老。螺旋藻是目前所知道的含营养物质比较全面、均衡的食品。

(2) 海藻:目前已知的可供食用的海藻有几十种。海藻的营养极为丰富,含有大量的蛋白质、糖、胆碱、脯氨酸、膳食纤维、矿物质和多种维生素,其中所含的维生素 B_{12} 是一般食物中不常见的。海藻富含微量元素碘,缺碘时,甲状腺功能受影响,皮肤细胞生长缓慢,易干燥脱屑。很多种类的海藻中含有铜,铜元素可增强皮肤的张力和弹性,海藻中的锌元素能修复受损的皮肤细胞。经常食用海藻可以保持皮肤光泽与滑润,使皮肤富有弹性,减少皱纹形成。有海藻类似功效的食物有鳕鱼、淡菜等。

(3) 三文鱼:三文鱼含有 ω-3 脂肪酸,可有效防止皮肤发炎、干燥,有助于皮肤平滑、柔软和湿润;三文鱼还是最好的蛋白质来源,是制造皮肤中胶原蛋白和角蛋白的主要原料,也是皮肤细胞代谢所必需的物质。与三文鱼有类似功效的食物有鲐鱼、鲱鱼、沙丁鱼和亚麻籽。

(4) 虾:虾中含有丰富的铜,是形成皮肤色素的微量元素。铜元素不仅是形成体内抗老化酶——超氧化物歧化酶的关键元素,胶原蛋白和弹性蛋白的生成也离不开它。经常食用虾可使皮肤颜色、张力和弹力均匀。

4. 豆类及牛奶

(1) 黄豆:又名大豆,每 100g 含能量 1560kJ(389kcal)、蛋白质 33.1g、脂肪 15.9g、碳水化合物 37.3g、膳食纤维 9.0g,维生素类含维生素 A 7μgRE、胡萝卜素 40μg、硫胺素 0.11mg、核黄素 0.22mg、维生素 B_6 0.46mg、叶酸 181.1μg、烟酸 1.53mg,矿物质含钙 123mg、磷 418mg、钠 13.8mg、钾 1276mg、镁 211mg、铁 35.8mg、锌 4.61mg、硒 2.03μg、铜 1.17mg、锰 2.03mg。黄豆含有优质的植物蛋白质,既是构成肌肉蛋白的主要原料,又能产生能量l黄豆中含有的铁及 B 族维生素,有利于血红蛋白的生成,可使肌肤润泽、红润。黄豆中还含有大豆异黄酮,这是一种与雌激素结构相似,具有雌激素活性的植物雌激素,可以延缓女性细胞衰老,使皮肤保持弹性,减少骨丢失、促成骨生成,调节血脂、保护心血管,稳定情绪并美化皮肤。

（2）牛奶：牛奶中所含的营养成分非常丰富。均为人体所需，全面且易于消化。市场上牛奶的品牌众多，其营养成分的含量大致相同，可因地域而稍有差别。每 100g 牛奶含能量 268kJ（67kcal）、蛋白质 3.1g、脂肪 3.7g、碳水化合物 5.3g，维生素类含维生素 A 14μg RE、硫胺素 0.02mg、核黄素 0.11mg、维生素 B_6 0.03mg、叶酸 10.7μg、烟酸 0.11mg、维生素 E 0.10mg，矿物质含钙 98mg、磷 94mg、钾 159mg、钠 48.9mg、镁 11mg、铁 0.2mg、锌 0.51mg、硒 1.10μg、碘 1.4μg。增加牛奶及奶制品的摄入，是改善营养和增强体质的重要措施，营养的保证是皮肤美容的基础，经常食用牛奶及奶制品或用其护肤，有良好的美容功效。

5. 谷物

（1）全麦面包：全麦中铁的含量丰富，铁是血液中血红蛋白的必需元素，血红蛋白能帮助运输血液中的氧；全麦为人体供应丰富的 B 族维生素，尤其是烟酸，可预防皮肤干燥；全麦面包中含有丰富的抗氧化剂，锌、硒和维生素 E 等营养素能清除由日晒、污染带来的自由基侵袭，使皮肤年轻化。

（2）粥油：粥油中蛋白质和各种维生素的含量丰富，容易被人体吸收，有补虚健脾、令肌肤色白细嫩、身轻健体的功效。

第 3 节　皮肤衰老的预防

怎样预防皮肤的衰老？皮肤衰老是经过数十年逐步形成的。皮肤的衰老是不可抗拒的自然规律，但及早科学地预防可延缓衰老的进程，因此，预防皮肤的衰老最好从年轻时做起，但在中老年时如注意预防也可以延缓皮肤衰老的发生。针对以上引起皮肤衰老的原因，在预防上需注意以下几点。

1. 精神愉快，胸襟豁达，是保持人体青春活力所不可缺少的条件　睡眠不好可使人精神萎靡、眼圈发黑和脱发增多，忧思过度使人白发早现，烦躁使人颊红鼻赤、头屑增多，这些都是对皮肤不利的。

2. 养成良好的生活饮食习惯　不吸烟，不饮烈酒，饮食起居均要有规律，保证充分睡眠。科学合理的饮食习惯和营养搭配对延缓衰老起着不可忽视的作用。衰老与日常饮食不当也有关系。尤其是近年来"垃圾食品"的增多，如何科学合理地饮食成为国内外专家研究的课题。合理的饮食是延缓衰老的重要条件。经过多年的研究，美国老年病学专家 Frank 拟订了一份延缓衰老的食谱。食谱要求：

（1）每天要吃一种海产品。

（2）每周要吃一次动物肝脏。

（3）每周要吃一至两次鲜牛肉。

（4）每周要有一到两次以扁豆、绿豆、大豆或蚕豆作为正餐或配菜。

（5）每天至少要吃下列蔬菜中的一种：鲜笋、萝卜、洋葱、韭菜、菠菜、卷心菜、芹菜。

（6）每天至少要喝一杯菜汁或果汁。

（7）每天至少要喝四杯开水。

3. 讲究卫生、增强体质　注意养生的老年人常常是"童颜鹤发"，而衰弱的有慢性病的老人会皮黄骨瘦、面皱萎靡。全身衰弱又会促使皮肤衰老。

4. 要有充足合理的营养　米制品、肉类、豆类和蔬菜等食物应充足并搭配合理，不宜偏食，以保证足够的糖、蛋白质、维生素和微量元素。同时要做到：①选用优质蛋白食品如奶、蛋、鱼、瘦肉和豆浆等。蔬菜水果以新鲜为宜。②维生素的供给对皮肤保健比较重要,维生素 A 缺乏可引起毛囊角化而使皮肤粗糙;维生素 B_2、维生素 B_6 缺乏可引起皮炎、口角炎及脱发。③必要时可食用保健食品,如晨饮蜂蜜一杯可养颜,枸杞子、大枣煲鸡蛋(枸杞子一两,大枣八个,鸡蛋一个)或黑木耳煲红枣(黑木耳一两,红枣十五枚)均能美发等。

需要注意的是,减肥虽然是打造女性身材美丽的途径,但是一味地节食并不可取,应适当调配减肥食谱,在避免摄入过多热卡的同时,要补充身体所需的营养成分。减肥并不意味着天天吃减肥餐、水果、减肥茶等,减肥的时候也应该摄入蛋白质、脂肪,否则,瘦是瘦下来了,体质却差了,衰老加快了。所以,减肥期间的饮食要注意蔬菜、水果、肉类、碳水化合物合理分配。

烹调时直接煎炒或油炸的肉食用后容易摄取过多的热量,而直接用水煮可以比煎炒油炸出来的肉减少将近一半的热量。

5. 避免不良的外界因素

(1)要防避长时间的强烈阳光曝晒,户外活动必要时在暴露的皮肤上涂防晒膏。

(2)冬天洗澡次数不宜过多,不宜使用过热的水洗面和洗澡,也不宜用碱性太大的香皂(应以质量较好的中性香皂或以表面活性剂为主要洁肤成分的浴液为宜),以免洗去皮脂。浴后或平时可使用护肤膏润泽皮肤。

(3)勿用过烫的热水洗头,吹发或烫发的温度也不宜过高,次数不宜过勤。因可破坏头发的蛋白质结构而使头发松脆变黄而易折断。洗发或烫发后可涂上发乳、发蜡或护发素。

(4)护肤膏(霜)要尽量使用新鲜的当年产品,不要买市场削价处理的化妆品。值得一提的是,目前市场上有些抗皮肤衰老化妆品和药物在应用后短期内效果良好,但较长时间应用,皮肤反而衰老更快。其作用机理是加快细胞分裂和增殖,加快表皮细胞脱落速度,刺激基底细胞分裂,在短期内改善皮肤的外观。但由于皮肤细胞有一定的寿命和分裂次数,加速细胞分裂会使每次细胞周期变短,结果使细胞寿命变短,反而加速衰老。所以,长期使用这些护肤晶是很危险的。另外,需注意皮肤美白化妆品中是否含有砷、汞等重金属,因为长期使用会对皮肤造成损害,加速皮肤衰老。

(5)加强皮肤的清洁卫生。如经常洗澡、梳头和面部按摩等,可加强皮肤抵抗力,促进皮肤血液循环和营养,延缓皮肤衰老。

第 4 节　延缓皮肤衰老的方法和新思路

近年来皮肤老化研究已达到分子水平,但仍尚不够深入,防治皮肤衰老的重点研究课题有:①加强皮肤老化机理的研究,寻找皮肤衰老的内在、外在和综合性成因条件,特别是运用分子生物学方法,分析和研究皮肤老化的基因控制程序和反控制程序。对于延缓衰老比较理想的方法是在基因水平对细胞的生长周期、分裂次数进行调控,延长细胞的生长周期,在细胞分裂次数一定的情况下,细胞的寿命得以延长。遗传是皮肤和全身衰老的最主要因素,衰老的产生主要是细胞染色体中 DNA 合成抑制物基因表达增加。有人试图设计一种反义 RNA 核酸序列,使其封闭合成抑制基因,形成一个封条,这样,组织细胞就可以延缓衰老而处于活力日盛状态。有学者在培养的衰老细胞中加入婴儿细胞混合培养后,衰老细胞与婴儿细胞杂交,改变衰老细胞的生物学特性,而使衰老细胞具有年轻细胞的特性和功能,从而延缓衰老的过程。另外,发现随着皮肤衰老,表皮生长因子受体基因表达减少,希望能通过调控 EGFR 基因的表达量,使表皮细胞和真皮成纤维细胞的寿命延长。端粒也是最近研究比较热门的课题,端粒长度的减少与细胞的衰老密切相关,如能控制端粒的长度可在本质上延缓皮肤的衰老。②尽快建立皮肤老化的动物研究模型和标准,通过卓有成效的科学实验尽可能了解调节控制衰老的基因,改变和抑制不利皮肤代谢的有害外因。③尽快总结出科学的皮肤评价标准、检测项目和方法,以及评价条件。④加快发展手术新方法。目前的除皱术只是拉紧上提松弛的皮肤,是治标而非治本,并没有从根本上改善衰老皮肤结构,根本手术方法尚有待于深入研究。随着衰老奥秘的进一步揭示和手术方法的改进提高,皮肤老化是可以相对延缓和减轻的。

第 5 节　皮肤衰老的治疗

防治皮肤衰老应从年轻时期开始,要防止过分紫外线照射,注意饮食营养,适当使用护肤品。目前,治疗皮肤老化的方法很多,但所有的方法都无法逆转皮肤衰老的进程。有些方法是延缓衰老,有些方法仅仅是治标而非治本。皮肤老化的治疗方法通常有非手术方法和手术方法。

一、非手术方法

非手术方法包括药物疗法、化学剥脱法、微波疗法等,可用于轻、中度的面部皱纹及皮肤衰老。

（一）药物疗法

药物疗法主要是对皮肤细胞进行生物活性调控以改善皮肤营养状况。如维生素 C、维生素 E 和表皮生长因子（EGF）、碱性成纤维细胞生长因子（bFGF）、胰岛素样生长因子（IGF）、角质形成细胞生长因子（KGF）等细胞生长因子。

维生素 C 为水溶性,过多地摄入不会引起体内蓄积而中毒。

维生素 E 不溶于水,呈脂溶性。室温下为油状液体,橙黄或淡黄色。对热、酸等环境比较稳定。遇碱不稳定,可发生氧化。在酸败的油脂中易破坏。过多地摄入会引起体内蓄积而招致中毒。许多年来,在人类中一直没有找到维生素 E 缺乏的证据,只是在 20 世纪 80 年代以来,才证实不能正常吸收脂肪的早产儿、极低出生体重婴儿和患某些疾病的病人,可能发生维生素 E 缺乏。近些年来,对维生素 E 抗氧化作用做了大量研究,结果表明维生素 E 对抗衰老和防止心血管疾病、肿瘤等慢性病有着积极的作用。根据 1988 年中国营养学会的建议,我国现行成人的维生素 E 推荐供给量是 10mg 总生育酚/天,没有性别和不同的维生素 E 结构和活性的区分。中国人维生素 E 的摄入情况与西方相比有所不同,中国人的膳食结构主要以植物性食物为主,近 70% 维生素 E 来自于食用油脂,实际上主要是植物油所供给的。因此,要保证维生素 E 膳食适宜摄入量势必要有足够量的植物油的摄入。考虑到中国城市居民的脂肪摄入量已经达到总能量的 29.2%,高于 25% 的推荐水平,同时相应的维生素 E 摄入量以总生育酚计为 37.4mg/d,因此普通成人的膳食适宜摄入量应低于这个水平。此外,在考虑预防慢性病的基础之上,同时要照顾到中国居民膳食结构中植物油含有较多的不饱和脂肪酸,中国居民的膳食摄入量推荐水平应该较 1988 年的膳食推荐供给量提高。经折算,这个数值约相当于每天 14mg 的 α-生育酚。

（二）化学剥脱

化学剥脱的主要作用是除去老化的表皮角质层,促进基底细胞增生,修复老化胶原纤维,提高皮肤张力和弹性。常用的剥脱剂有维 A 酸、水杨酸、α-羟酸类、苯酚和三氯乙酸。维 A 酸是细胞分化诱导剂,调整角朊细胞的增殖分化,抑制角化过程,溶解角质而起剥脱作用,并促进基底细胞增生,真皮乳头层增厚,基底膜锚状纤维增加,毛细血管增生,刺激朗格汉斯细胞增生,调节皮肤免疫功能,减少细小皱纹,改善表面光泽。应用维 A 酸治疗经检测发现真皮乳头层 I 型胶原形成增多。水杨酸、苯酚和三氯乙酸通过使表皮形成浅表的化学性灼伤,软化表皮的角质层,使老化的角质层剥脱,使新生的角质层细胞重新排列,去除表皮色素,使皱纹和色素减少。运用三氯乙酸治疗光老化皮肤皱纹,结果剥脱后皮肤内成纤维细胞增多,I 型胶原总量增加。α-羟酸类则还有营养皮肤作用。皮肤化学剥脱的潜在并发症是色素改变和浅表瘢痕,使用时需有经验和良好配方。

（三）微波面部除皱

微波面部除皱的原理是,不同波长的微波作用于皮肤和皮下各层次,可促进恢复皮肤弹性活力,刺激胶原纤维增生修复。此外,还可通过电离渗透作用,促进皮肤吸收水分营养,促进腺体微循环和新陈代谢等活动。

二、手术方法

手术方法包括皮肤磨削、皮下填充和面部除皱等。①皮肤磨削:常用于光老化皮肤,磨削水平达真皮乳头层。磨削术后皮肤组织学改变,胶原增生,真皮乳头层成纤维细胞增多,免疫组织学观察,可见 I 型前胶原产生增多,表明皮肤磨削可改善光老化皮肤。②皮下填充法包括自体脂肪注射、皮下胶原注射和种植体植入,目的在于利用皮内填充物以减少面部皱纹,但效果不够持久,脂肪、胶原于半年后往往被吸收。③面部除皱:包括激光除皱、生物除皱和手术除皱。激光除皱的原理与皮肤磨削相似,只是用激光代替了磨削工具,其只能改善面部细小的静止性皱纹。生物除皱是应用肉毒素 A（BOTOX）注入产生皱纹的肌肉内,阻断神经递质乙酰胆碱的释放,从而使肌肉的张力下降或肌肉麻痹瘫痪,皱纹消失,对额纹、眉间纹和鱼尾纹的效果较好,但其活性只能维持 6 个月,重症肌无力、神经肌肉疾患患者、过敏体质、妊娠或哺乳期、一周内饮酒、两周内服用解热镇痛药者禁用。手术整复面部皮肤皱纹是目前效果最佳的方法,但受术者痛苦大,只有皮肤老化明显时才选用。面部除皱美容术在 20 世纪初首先开创,经历了皮下除皱、SMAS 筋膜（表浅肌肉腱膜系统）的分离和悬吊及骨膜下除皱这三代除皱术。由于面部老化不仅仅表现为表层皮肤的松弛,同时也存在面部软组织解剖位置下移,其原因之一是支持固定韧带变薄松弛。SMAS 筋膜分离悬吊除皱术不是单纯的"拉皮术",它还可使面部老化的皮下软组织发生的变化得到修复。该手术只要操作仔细,注意止血,不致损伤面神经,仍是目前除皱手术中最常用的方法,但 SMAS 筋膜成形悬吊对软组织复位并不彻底。20 世纪 80 年代,Tressier 和 Bsillabis 提出了骨膜下入路除皱术。宋业光等认为,骨膜下入路手术更有利于面部老化的形态改善,不但改善了面部表情,而且避免了呆板面孔。但该手术对面神经损伤的机会较大,开展此项技术要求很高的基本功、基本知识和手术技术,且目前尚存在一些争议。最近又出现了内镜除皱术,主要用于前额除皱术。效果与传统颅顶冠状切口的手术接近,并因切口小而降低和减轻了并发症,术后很少出现皮肤麻木。

案例4-1

陈桦,女,48岁,是一名职业舞蹈演员,对于陈桦来说,美丽和青春就是幸福,但是随着年龄增加,皱纹已爬满脸颊,因此她用了很多美容保健的东西,但效果都不是特别明显。陈女士来到河南省×医院,经过专家的诊断,找到了造成陈女士皮肤问题的根本原因,是皮肤深层所分泌的胶原蛋白、透明质酸等营养物质的含量缺失造成的。

问题与思考:①如何利用营养物质延缓皮肤衰老?②如何通过生活调摄预防及治疗皮肤衰老?

分析:①因为人到一定年龄后,体内细胞不断老化,增殖和分化的能力降低,就不能分化足够的新生细胞,衰老凋亡的细胞就不能及时被替代,导致各种系统功能的下降,进而表现为人体的衰老现象。因此,可适当补充蛋白质、脂肪、糖、无机盐、维生素、胶原蛋白及透明质酸来延缓皮肤衰老。②生活中应注意:精神愉快,胸襟豁达,是保持人体青春活力所不可缺少的条件;养成良好的生活饮食习惯;讲究卫生、增强体质;要有充足合理的营养;避免不良的外界因素。

(周理云)

目标检测

一、名词解释

1. 药物疗法　2. 化学剥脱

二、填空

1. 影响皮肤老化内在因素＿＿＿＿、＿＿＿＿、＿＿＿＿、＿＿＿＿、＿＿＿＿。

2. 影响皮肤老化外在因素＿＿＿＿、＿＿＿＿、＿＿＿＿、＿＿＿＿。

3. 延缓皮肤衰老的食物主要有几类:＿＿＿＿、＿＿＿＿、＿＿＿＿、＿＿＿＿、＿＿＿＿。

4. 富含维生素E的食物有＿＿＿＿、＿＿＿＿、＿＿＿＿等。

5. 富含异黄酮的食物＿＿＿＿。

三、选择题

1. 具有淡化黑色素美白皮肤的维生素是(　　)
   A. 维生素E　　　B. 维生素C
   C. 维生素B_2　　D. 维生素A

2. 下列何种原因可以直接影响黑色素分泌(　　)
   A. 遗传因素　　B. 日光
   C. 内分泌　　　D. 化妆品

3. 下列属于皮脂功能是(　　)
   A. 防水性
   B. 保持皮肤的柔软性
   C. 增加汗液排出

D. 以上都不是

4. 色斑皮肤中,有可能发生恶变(　　)
   A. 老年斑　　　B. 色素痣
   C. 黄褐斑　　　D. 雀斑

5. 化妆品中不得含有的成分(　　)
   A. 类固醇　　　B. 香料
   C. 维生素　　　D. 表面活性剂

6. 皮肤营养主要来源于(　　)
   A. 血管　　　　B. 汗腺
   C. 皮脂腺　　　D. 肾上腺

7. 皮肤衰老的面部表现特征是(　　)
   A. 皮肤松弛下垂　B. 肤色晦暗无光泽
   C. 眼袋的出现　　D. 以上都是

8. 黄褐斑的形成主要受的影响(　　)
   A. 营养不良　　B. 内服药物
   C. 雌性激类　　D. 妇科疾病

9. 雀斑的发生与什么有关(　　)
   A. 误用化妆品　B. 遗传
   C. 皮肤老化　　D. 日晒

10. 缺锌易患(　　)
    A. 痤疮　　　　B. 黄褐斑
    C. 雀斑　　　　D. 晒斑

第 **5** 章
损容性皮肤疾病与营养

1. 掌握损容性皮肤疾病的概念。

2. 了解健康皮肤的特点。

3. 熟悉各类营养素对皮肤的作用。

4. 掌握常见损容性皮肤病的临床表现,熟悉常见损容性皮肤病的膳食治疗。

据研究,人体出现一些损容性皮肤病,跟机体的健康因素是分不开的,比如妊娠期出现黄褐斑,跟血中雌激素水平不平衡有着很大的关联。研究表明,血中雌激素过高或过低都是属于雌激素水平不平衡,而维生素 D、硒、锌、碘、钙、不饱和脂肪、食物纤维、水、类固醇、类似雌激素的化学性质、异雌激素等物质均能造成血中雌激素不平衡,因此,通过了解这些物质摄入的多少,就可以了解人体的健康状况,更可以根据个体差异,通过对这些营养物质的补充或减少其中某些物质的摄入消除损容性皮肤疾病。

损容性皮肤病即影响容貌的皮肤病,当今随着人们生活水平的提高,对外在形象越来越重视,对皮肤的美容的要求也越来越高,然而传统的皮肤治疗方法往往缺乏对皮肤营养的重视,致使损容性皮肤病达不到治疗和美容的目的,因此,研究和探讨损容性皮肤病及营养具有重要的意义。

在了解常见损容性皮肤病之前,我们先来了解一下健康皮肤的特点,健康皮肤应具备以下特点:①水油分泌平衡,有弹性、光泽;②质地光滑细腻,皱纹与年龄相当;③肤色均匀,无明显色斑,给人以生机勃勃之感;④对日光反应正常;⑤对外界刺激不敏感;⑥皮肤没有疾患。有了这些作为依据,我们能更好地判断常见损容性皮肤病。

常见损容性皮肤病根据其特征,可以分为六大类:皮炎、病毒性皮肤病、皮肤附属器疾病、色素性皮肤病、皮肤血管性疾病、皮肤肿瘤及其他等。也有一些医学研究机构把文眉、纹身等纹绣类相关美容项目对皮肤的损害也作为损容性皮肤病,本章不做过多介绍。

第 1 节 营养对皮肤的影响

人体营养及代谢正常是机体健康的重要物质保证,一旦营养及代谢障碍,不仅机体各系统会不同程度地受损害,也会产生一系列的皮肤损害。营养素缺乏引起的皮肤病有多种,包括皮炎、病毒性皮肤、皮肤附属器疾病、色素性皮肤病、皮肤血管性疾病、皮肤肿瘤及其他等等一系列损容性皮肤病。而人体皮肤承担着屏障和免疫功能、吸收作用、分泌和排泄、感觉作用、体温调节、物质代谢等作用,若出现损容性皮肤病,不但这些作用无法保证,导致机体恶性循环,更重要的是影响人体美观、社交、生活、工作,严重者更会给人的心灵带来一定损伤。

损容性皮肤病的发病、预防和治疗多与营养直接相关,而饮食中各类营养素对皮肤的作用不同,因此,合理的营养与膳食可预防损容性皮肤疾病的发生,特定的膳食可改善和消除损容性皮肤疾病的症状。

一、蛋白质对皮肤的作用

蛋白质是生命的物质基础,其中胶原蛋白是构成人体的皮肤的主要成分,弹性蛋白决定人体肌肉的弹性,体内的各种激素没有蛋白质就无法生成,因此,摄入足量的蛋白质将有助于增加脸部肌肉的弹性,减缓脸型变形(衰老的特征之一),增加皮肤的光泽,维护皮肤的健康。

二、维生素对皮肤的作用

维生素是维持人体正常功能不可缺少的营养素,是一类与机体代谢有密切关系的低分子有机化合物,是物质代谢中起重要调节作用的许多酶的组成成分。人体对维生素的需要量虽然微乎其微,但作用却很大。当体内维生素供给不足时,能引起身体新陈代谢的障碍,从而造成皮肤功能的障碍。因为维生素往往作为体内一些重要酶的辅助成分,参与广泛的生化反应,决定了某些十分重要的代谢过程。它在人体内不能合成,或者不能足量合成,必须通过外界供给。根据维生素的溶解性能,可将维生素分为两大类:脂溶性维生素和水溶性维生素。脂溶性维生素包括维生素 A、D、E 和维生素 K。水溶性维生素包括维生素 C 和B 族维生素。维生素这种天然的化妆品,是肉眼看不到的要素,对美容具有特别的功用。维生素能使皮肤白嫩结实有力,同时使衰老的皮肤细胞新陈代谢、痊愈伤口、防止皮肤干燥。维生素又可促进眼睛明亮、血液清洁、牙齿坚实漂亮。

1. 维生素 A 对皮肤的作用　维生素 A 是促进美容的天然资源。在体内从不同环节对抗自由基对细胞的氧化损害,加强身体的抗氧化能力,减轻自由基的危害,有助保持皮肤柔软和丰满,改进皮肤的锁水功能,有较明显的抗角质化的效果,并能延缓皮肤老化,在皮肤细胞的分裂和发育方面有调节作用,有助对粉刺进行局部治疗,以及防止皮肤粗糙皲裂、冻疮和头屑等,有助于增强新陈代谢,使皮肤保持更年轻的状态;改善细胞壁的稳定性,减低空气污染物质对皮肤造成的伤害。

2. 维生素 D 对皮肤的作用　维生素 D 能促进皮肤的新陈代谢,增强对湿疹、疥疮的抵抗力,并有促进骨骼生长和牙齿发育的作用。服用维生素 D 可抑制皮肤红斑形成,治疗牛皮癣、斑秃、皮肤结核等。体内维生素 D 缺乏时,皮肤很容易溃烂。

3. 维生素 E 对皮肤的作用　维生素 E 是出色的抗氧化剂,它能阻止不饱和脂肪酸、亚油酸、花生四烯酸、其他电子对受体、维生素、激素、颜料、酶等免受氧化破坏,不仅能减少细胞膜上脂质和脂蛋白的过氧化,保护细胞的正常功能,而且还能锁住水分,所以又有皮肤深层"保湿剂"的美誉。当皮肤受紫外线影响诱发产生自由基时,维生素 E 经皮肤吸收,具有延缓光致老化,防晒、抑制日晒红斑、平滑皮肤、减少皮肤皱纹、润肤和消炎等作用。同时维生素 E 能有效预防老年斑的形成。维生素 E 有助于血液循环,并为组织修复所必需。它还能促进正常的凝血,从而有利于伤口的愈合,并可以减少伤口的瘢痕。此外,它有助于维持神经、肌肉组织的正常,毛细血管壁的稳固,及促进毛发的健康。由于其良好的抗氧化性和生物活性,维生素 E 被广泛应用在各类润肤、防晒、修复等美容产品当中,而且使用的频率更是越来越高。其目的是防止皮肤粗糙、皲裂、斑疹、小皱纹、黑斑、黄斑、雀斑、粉刺、日晒、头屑和消除皮肤炎症。

4. 维生素 B 族对皮肤的作用 维生素 B_1 被称为精神性的维生素,这是因为维生素 B_1 对神经组织和精神状态有良好的影响。有助于对带状疱疹的治疗,可预防黏膜过敏和皮肤炎症。维生素 B_2 能促进发育和细胞的再生,保持皮肤新陈代谢正常,使皮肤光洁柔滑,展平褶皱,减退色素,消除斑点,帮助消除口腔内、唇、舌的炎症,增进视力,减轻眼睛的疲劳。

5. 维生素 C 对皮肤的作用 维生素 C 是卓越的抗氧化剂,帮助减少自由基对皮肤的损害,有助减少皱纹并改善皮肤结构,抑制皮肤上异常色素的沉积以及酪氨酸酶的活性,并有助多巴色素(酪氨酸转化成为黑色素的中间体)的还原,从而减少黑色素的形成,主要用于合成胶原蛋白。实验证明,向皮肤细胞培养物中加入维生素 C,可以大大增加胶原的合成。

三、微量元素对皮肤的影响

1. 铁对皮肤的作用 皮肤的光泽红润,需要充足的血液。铁是构成血液中血红蛋白的主要成分,人体如果缺铁,可引起缺铁性贫血,出现颜面苍白,皮肤无华,失眠健忘,肢体疲乏,思维能力差。

2. 锌对皮肤的作用 锌是人体内多种酶的重要成分之一,是体内不可缺少的微量元素。它参与人体内核酸及蛋白质的合成,在皮肤中的含量最高,约占20%以上。锌对第二性征发育体态,特别是女性的"三围"有重要影响。锌在眼球视觉部位含量很高,缺锌的人,眼睛会变得呆滞,甚至造成视力障碍。锌对皮肤健美有其独特的功效,决定着皮肤的光滑和弹性程度,有"皮肤是锌镀"之说。能防治痤疮、皮肤干燥和各种丘疹。儿童如缺锌,还会严重影响其生长发育。

3. 钾对皮肤的作用 钾对维持皮肤和机体的酸碱度,维持细胞内的渗透压和新陈代谢正常必不可少。

4. 硒对皮肤的作用 硒在人体主要分布于肝、肾,其次是心脏、肌肉、胰、肺、生殖腺等。头发中的硒含量常可反映体内硒的营养状况。硒不仅是维护人体健康,防治某些疾病不可缺少的元素,而且是一种很强的氧化剂,对细胞有保护作用,对一些化学致癌物有抵抗作用,能调节维生素 A、维生素 C、维生素 E,增强人体的抵抗力,保护视器官功能的健全,改善和提高视力,能使头发富有光泽和弹性,使眼睛明亮有神。

四、水对皮肤的作用

正常人体皮肤的滋润感、嫩滑感、弹性感首先与人体皮肤的含水量密切相关。人体组织液中含水量达 72%,成年人体内含水量为 58%~67%,当人体水分减少时,会使皮肤干燥,皮脂腺分泌减少,从而使皮肤失去弹性,甚至出现皱纹。因此,为保证水分的摄入,正常成年人每日饮水量应在 2000~3000ml。

第 2 节　常见损容性皮肤疾病

一、痤　疮

（一）概述

痤疮是青春期常见的一种毛囊皮脂腺的炎性皮肤病,好发于面部,可产生多种损害,如粉刺、丘疹、脓疱、囊肿、结节等,常持续多年,时轻时重,易留下萎缩性瘢痕、色素沉着等损害,严重影响美观。

（二）临床表现

本病好发于 15~30 岁青年男女,皮损多发于面部及上胸背部。痤疮的非炎症性皮损表现为开放性和闭合性粉刺。闭合性粉刺（又称白头）的典型皮损是约 1 毫米大小的肤色丘疹,无明显毛囊开口。开放性粉刺（又称黑头）表现为圆顶状丘疹伴显著扩张的毛囊开口。粉刺进一步发展会演变成各种炎症性皮损,表现为炎性丘疹、脓疱、结节和囊肿。炎性丘疹呈红色,直径 1~5mm 不等;脓疱中充满了白色脓液;结节直径大于 5 毫米,触之有硬结和疼痛感;囊肿的位置更深,充满了脓液和血液的混合物。这些皮损还可融合形成大的炎性斑块和窦道等。炎症性皮损消退后常常遗留色素沉着、持久性红斑、凹陷性或肥厚性瘢痕。

（三）膳食治疗

1. 忌食高脂类食物　高脂类食物能产生大量热能,使病情加重。因此,必须忌食猪油、奶油、肥肉、猪脑、猪肝、猪肾等。

2. 忌食腥发之物　腥发之物常可引起过敏而导致疾病加重,常使皮脂腺的慢性炎症扩大而难以治愈。因此,腥发之物必须忌食,特别是海产品,如海鳗、海虾、海蟹、带鱼等。肉类中的性热之品也是发物,如羊肉、狗肉等,可使机体内热壅积而加重病情。

3. 忌高糖食物　摄入高糖食品后会使皮脂腺分泌增多,加重病情。因此,患者忌食高糖食物,如白糖、冰糖、红糖、葡萄糖、巧克力、冰淇淋等。

4. 忌食辛辣刺激之品,避免饮酒。

5. 适当补充维生素　宜食富含维生素的食物,如新鲜的蔬菜、水果。

6. 宜食富含钙质的食物　如豆类及豆制品、乳类及乳制品。

7. 增加锌的摄入　痤疮的发病可能与微量元素锌的缺乏有关,补充锌可使病情得到缓解。含锌丰富的食物有牡蛎、禽肉、蛋类等。

（四）推荐食谱

1. 薏米绿豆汤　绿豆 20g,薏米 50g。两物同煮成粥。每日分两次服。本方有清湿热的作用。

2. 枇杷叶石膏粥　枇杷叶 10g,菊花 6g,生石膏 15g,粳米 50g。先将前三物水煎取汁,再加入粳米煮成粥后服食,每天 1 剂。本方能清肺胃积热。

3. 海带绿豆杏仁汤　海带 15g,绿豆 10g,甜杏仁 9g,玫瑰花 6g（布包）,红糖适量。将上料同煮,去玫瑰花,喝汤,食绿豆、海带、甜杏仁,每日 1 剂。本方有解淤散结的功效。

4. 夏枯草蜜粥　夏枯草 20g,粳米 50g,蜂蜜适量。先煎夏枯草取汁,然后下粳米煮成粥,加蜂蜜调服,每日 1 剂。本方有凉血通腑之功。

二、脂溢性皮炎

（一）概述

脂溢性皮炎又称脂溢性湿疹，是发生在皮脂腺丰富部位的一种慢性丘疹鳞屑性炎症性皮肤病。

（二）临床表现

本病多见于成人和新生儿，皮损主要出现在头皮、眉弓、鼻唇沟、面颊、耳后、上胸、肩胛间区、脐周、外阴和腹股沟等皮脂腺丰富部位。初期表现为毛囊周围炎症性丘疹，之后随病情发展可表现为界限比较清楚、略带黄色的暗红色斑片，其上覆盖油腻的鳞屑或痂皮。自觉轻度瘙痒。发生在躯干部的皮损常呈环状。皮损多从头皮开始，逐渐往下蔓延，严重者可泛发全身，发展为红皮病。

婴儿脂溢性皮炎常发生在出生后 2～10 周，头皮覆盖油腻的黄褐色鳞屑痂，基底潮红。眉弓、鼻唇沟和耳后等部位也可能受累，表现为油腻性细小的鳞屑性红色斑片。常在 3 周至 2 个月内逐渐减轻、痊愈。对于持久不愈者，应考虑特应性皮炎的可能性。

（三）膳食治疗

1. 增加维生素的摄入　宜食富含维生素 A、B_2、B_6、E 的食物：因维生素 A、B_2、B_6 对脂肪的分泌有调节和抑制作用。维生素 E 有促进皮肤血液循环、改善皮脂腺功能的作用。富含上述维生素的食物有动物肝、胡萝卜、南瓜、土豆、卷心菜、芝麻油、菜子油等。

2. 减少脂肪的摄入　这类食物摄入过多会促进皮脂腺的分泌，使病情加重。每天供给总膳食脂肪量应在 50g 左右。可适当给予高蛋白饮食，因为蛋白质有利于保持正常皮肤角化代谢和毛囊正常畅通。同时，还应少吃甜食和咸食。

3. 忌食辛辣刺激性食物　因刺激性食物可影响机体内分泌，影响治疗。辛辣刺激性食物有辣椒、胡椒面、芥末、生葱、生蒜、白酒等。

（四）推荐食谱

1. 薏苡仁红缨粥　薏苡仁、萝卜缨、马齿苋各 30g。将上三味洗净，萝卜缨和马齿苋切碎，加水适量，煮粥，每日 1 剂，1 个月为 1 个疗程。具有清热利湿功效。适用于脂溢性皮炎等症。

2. 大枣猪油汤　大枣 100g，生猪油 60g。将大枣生猪油放入锅内加适量水，煮熟食用。每周 3 次，12 次为 1 个疗程。具有祛风清热，养血润燥功效。适用于干性脂溢性皮炎等症。

三、化妆品皮炎

（一）概述

由于外用某种化妆品之后，在接触的皮肤或黏膜部位发生急性过敏性皮炎的一类皮肤疾患。常引起过敏的化妆品有染发剂、面部化妆品、香粉、防晒霜、口红、睫毛油；指甲化妆品；腋臭除臭剂；脱毛剂等。化妆品中含有过敏性的物质包括对苯二胺、染料、香料、防腐剂、化学避光剂、有机物蛋白质及基质等。因此在治疗此类疾病患者时，需提醒其在使用一种新的化妆品时，应做皮肤斑贴试验，若为阴性，方可使用，这对预防及复发均有重要意义。另外所用化妆品应符合卫生部卫生标准，应注意防热、防晒、防冻、防潮、防污染。

（二）临床表现

本病女性多于男性，30～40 岁多见。疾病早期较轻，表现为局限性红斑及细小鳞屑，不易引起患者注意，病情加重后，皮损面积扩大，大范围皮肤红斑和肿胀，自觉瘙痒，皮肤干燥，皮肤萎缩、变薄。

（三）膳食治疗

1. 增加维生素的摄入　多食富含维生素的食物，尤其是富含维生素 A 的食物适量多吃，如猪肝、胡萝卜、蛋黄等，以纠正毛囊皮脂角化异常，防止毛囊堵塞。此外，多吃含维生素 C、B_1 丰富的食物，如新鲜蔬菜、水果等。

2. 补充富含锌的食物　如动物肝、瘦肉、禽类、坚果类等，以纠正人体内锌含量的相对不足。

3. 控制脂肪的摄入　脂肪摄入不宜过多，否则会加重症状，每天供给总膳食脂肪量应在 50g 左右。此外，少吃甜食，含糖较多的饮食可促使脂肪异生后产生更多的脂肪。

4. 避免高碘饮食　高碘饮食可使毛囊角化或堵塞，应控制海带、紫菜等海产品的摄入。

（四）推荐食谱

1. 山楂肉丁　红花 10g，瘦猪肉 250g，山楂 30g。将红花油炸后去渣，加入猪肉丁煸炒，随后再放入佐料、山楂一起翻炒至熟。具有活血散瘀，滋阴润燥的功效。

2. 马齿苋饮　鲜马齿苋 250g，适量红糖。将鲜马齿苋加入适量的水煎熬两次，将汁倒入杯中，加入适量的红糖调味。早、晚各 1 次温服。

四、黄　褐　斑

（一）概述

黄褐斑俗称"蝴蝶斑"、"肝斑"或"妊娠斑"，多见于女性，病因尚不十分明确，血中雌激素水平高是主要原因。其发病与妊娠、长期口服避孕药、月经紊乱等有关。也见于一些女性生殖系统疾患、结核、癌症、慢性乙醇中毒、肝病等患者。

（二）临床表现

主要发生在面部，以颧部、颞部、鼻、前额、颊部为主。边界不清楚，呈褐色或黑色的斑片，多为对称性，女性发生率较高，特别是妊娠期、产后和口服避孕药的妇女。当睡眠心情不好，日晒后或者有的人在月经前后会有加重现象。

（三）膳食治疗

1. 多食用富含谷胱甘肽的食物　谷胱甘肽可抑制酪氨酸酶的活性，减少皮肤黑素的合成。谷胱甘肽含量较高的食物有新鲜水果、蔬菜，如菠萝、西瓜、草莓、番茄、胡萝卜等。

2. 多食用富含维生素 C 和维生素 E 的食物　大部分蔬菜、水果中富含维生素 C、维生素 E。此外，必要时可补充些维生素 E 片和维生素 C 片。

3. 多食用富含硒的食物　富含硒的食物有大蒜、葵花籽、肉类、海产品等。

（四）常见祛斑食物

1. 蜂蜜　蜂蜜含有大量易被人体吸收的氨基酸、维生素及糖类，营养全面而丰富，常食可使皮肤红润细嫩，有光泽。

2. 薏仁　富含维生素 B_1、B_2，可滋润皮肤，减少皱纹，消除色素斑点。

3. 杏仁 杏仁含丰富的蛋白质、维生素及其他营养素,可为肌肤供给需要的营养,并都具有美白的作用,使肤色白嫩,光滑有弹性。

4. 白菜 含丰富的维生素 E,能防止过氧化脂质引起的皮肤色素沉淀,抗皮肤衰老。

5. 黄瓜 黄瓜含有丰富的钾盐和一定数量的胡萝卜素、维生素 C、维生素 B_1、维生素 B_2、糖类、蛋白质以及芥、磷、铁等营养成分。经常食用黄瓜粥,能消除雀斑、增白皮肤。

6. 黑木耳 《本草纲目》载黑木耳可去肌肤黑斑。而且,黑木耳可润肤,防止皮肤老化。

7. 红枣 红枣能补中益气,健脾润肤,且含有丰富维生素 C,对祛除黑斑有一定功效。

8. 绿豆 绿豆含淀粉、脂肪、蛋白质、钙、磷、铁、维生素 A、B_1、B_2、磷脂等,有清热解毒、利尿消肿、去面斑等功效。

9. 红豆(赤小豆) 含淀粉、脂肪、蛋白质、钙、磷、铁、维生素 B_1、B_2、植物皂素等,能利水消肿、解毒排脓、清热祛湿、通利血脉。

10. 百合 含有人体所需的多种营养物质,如淀粉、脂肪、蛋白质和多种 B_1、B_2,能清心安神、润肺。

11. 芝麻 富含维生素 E 和矿物质硒,能阻碍色素的产生,改善肠胃功能,到美肤作用。

12. 核桃 含有亚麻酸油,是人体理想的肌肤美容剂,可以让皮肤变得细腻、光滑、有弹性。

13. 西兰花 含丰富的维生素 A、C,皮肤美白的功效显著。

14. 西红柿 西红柿中含丰富的维生素 C,维生素 C 可抑制皮肤内酪氨酸酶的活性,有效减少黑色素的形成,从而使皮肤白嫩,黑斑消退。每天喝一杯新鲜西红柿汁或经常生吃西红柿,对防治色斑有较好的作用。

15. 胡萝卜 胡萝卜含有丰富的维生素 A 原。维生素 A 原在体内可转化为维生素 A。而维生素 A 具有滑润、强健皮肤的作用,每天可喝一杯胡萝卜汁,可防治皮肤粗糙及雀斑。

16. 牛奶 富含蛋白质,令体内新陈代谢活动有效进行,可以防止痤疮、黑斑的生成。

(五) 推荐食谱

1. 杞子柠檬汁 柠檬 1~2 个,枸杞子 20 粒左右,冰糖适量。将柠檬、枸杞子榨汁,加冰糖适量饮用。

2. 美肤果姜汁 胡萝卜 2~3 个、苹果 1 个,姜 1 段,约半寸。将胡萝卜切去头尾,切成 2~3 寸长条状,苹果切成数块,姜切薄片,再将所有材料放入榨汁机里榨汁饮用。可以治疗感冒和呕吐,使皮肤光滑细腻。

3. 落红蜜 苹果 1 个、山楂 50g,西红柿 1 个,蜂蜜一汤匙。将苹果、西红柿切块,山楂洗净去核,一起放入榨汁机中。加蜂蜜一汤匙调味饮用。此饮品取红色蔬果制作,有补血去燥,祛斑减脂的作用。

4. 胡萝卜汁 取新鲜胡萝卜切去头尾,切成 2~3 寸长条状,放入榨汁机中榨汁。经常饮用可防治皮肤粗糙及雀斑。

5. 果菜百宝汁 生菜、油菜、小白菜、苹果、橙、菠萝、鸭梨、柚子等各适量,蜂蜜适量。将以上水果洗净去皮切块,将蔬菜洗净切段,一同用搅汁机搅汁,用蜂蜜调味饮用,每日 1 次。服用的最佳时间为早晨起床后,或饭前半小时空腹服。常服可使皮肤洁白柔润,延缓皮肤衰老。

五、湿　疹

（一）概述

湿疹是一种常见的由多种内外因素引起的表皮及真皮浅层的炎症性皮肤病。其特点为自觉剧烈瘙痒，皮损多形性，对称分布，有渗出倾向，易反复发作，并趋向慢性化。

（二）临床表现

湿疹可分为急性、亚急性和慢性三型。

1. 急性湿疹　可发生于身体的任何部位，常见于头、面、耳后、乳房、四肢远端及阴部等处，常对称分布。损害呈多形性。皮肤上首选出现多数密集的点状红斑及粟粒大小的丘疹和丘疱疹，并很快变成小水疱，水疱破裂后形成点状糜烂而及结痂等。自觉症状为剧烈瘙痒，有灼痛，常因搔抓或热水洗烫，造成糜面进一步向周围扩散，使皮损边界不清。若处理得当，炎症减轻，出现脱屑，皮疹可在 2~3 周内消退，如处理不当，病程延长，易发展成为亚急性和慢性湿疹。

2. 亚急性湿疹　介于急性和慢性湿疹之间的过渡状态，当急性湿疹的红肿、渗出等急性炎症减轻后，皮疹转为暗红色，渐趋局限化，境界较清楚，痒感仍较剧烈。故处理得当，数周内可痊愈，反之，易发展成慢性湿疹或再次急性发作。

3. 慢性湿疹　损害呈慢性炎症，患部皮肤浸润肥厚，皮疹为暗红色，表面粗糙，有脱屑、结痂，出现苔藓化和皲裂，有色素沉着、抓痕、点状渗出、血痂及鳞屑等。皮损比较局限，境界清楚，瘙痒较剧或是阵发性。病程迁延不愈，可迁延数月甚至更久，病情反复。

（三）膳食治疗

1. 忌致敏食物　尽量避免食用容易引起过敏反应的食物，如鱼虾、蟹、牛肉、羊肉、鸡、鸭、鹅、花粉等，以免引起过敏反应，导致湿疹复发或加重病情。

2. 忌组胺成分含量高的食物　如香蕉、菠萝、茄子、葡萄酒、酵母中含有较高的组胺成分，鸡肝、牛肉、香肠等亦含有相当高的组胺，湿疹患者不宜食用。

3. 饮食宜清淡　避免食用刺激性食物如烟、酒、浓茶、咖啡，勿食辣椒、花椒、生姜、大蒜等辛辣及刺激性食物。

4. 多食用维生素 C 含量丰富的蔬菜和水果　如菠菜、花椰菜、橘子、柚子、猕猴桃、胡萝卜等。

5. 宜选择清热利湿、健脾消食的食物　中医认为湿疹主要为湿热所致，饮食失调，湿从内生。因此，宜选择平性、凉性、或偏寒性食物如马兰头、空心菜、马齿苋、绿豆等。

（四）推荐食谱

1. 薏米红豆煎　薏米 30g，红小豆 15g。加水同煮至豆烂，酌加白糖。早晚分服。

2. 白菜萝卜汤　新鲜白菜 100g，胡萝卜 100g，蜂蜜 20ml。将白菜、胡萝卜洗净切碎，按 2 碗菜 1 碗水的比例，先煮开水后加菜，煮 5min 即可食用，饮汤时加入蜂蜜，每日 2 次。

3. 桑葚百合汤　桑葚、百合各 30g，大枣 10 枚，青果 9g。共同煮成汤。每天 1 剂，连服 15 天，适用于慢性湿疹。

4. 冬瓜皮薏米粥　冬瓜皮、薏米各 30g，粳米适量。将冬瓜皮，车前草洗净切碎，与薏米共同煮成粥。每天 1 剂,连服 10 天,适用于亚急性湿疹。

5. 马齿苋汤 鲜马齿苋 300g。将鲜马齿苋洗净切碎,煎成汤。每天 1 剂,连服 10 天,适用于急性湿疹。

案例 5-1

黄女士,46 岁,诉 20 年前怀孕开始,双侧颧骨出现浅褐色斑点斑块,逐年加深扩大,后发展到额头、两颊、下巴;自觉睡眠质量欠佳,心情不好,压力较大,暴晒以及经期,斑块颜色加深。外用祛斑霜 10 年,无治疗史。

问题与思考: ①该患者诊断为哪种疾病? 有何损容性表现? ②从营养的角度分析如何改善该患者的损容性表现?

分析: ①该患者诊断为黄褐斑,其损容性表现主要为面部浅褐色斑点、斑块。②该患者在饮食上,应多食用富含谷胱甘肽、维生素 C、维生素 E 及富含硒的食物,如蔬菜水果等,同时,注意改善睡眠,调节心情方可取得满意效果。

(朱葛勇)

目标检测

一、名词解释

1. 损容性皮肤病 2. 痤疮 3. 脂溢性皮炎

二、填空题

1. 常见损容性皮肤病有皮炎、_____、_____、_____、_____、_____ 等类型。

2. 湿疹可分为 _____、_____、_____ 三期。

三、单项选择题

1. 被广泛应用在各类润肤、防晒、修复等美容产品当中的营养成分是( )
   A. 维生素 A   B. 维生素 D
   C. 铁   D. 维生素 E
   E. 锌

2. 下例不属于色素性皮肤疾病的是( )
   A. 太田痣   B. 咖啡斑
   C. 黄褐斑   D. 白癜风
   E. 痤疮

3. 能抑制皮肤上异常色素的沉积以及酪氨酸酶的活性,并有助多巴色素(酪氨酸转化成为黑色素的中间体)的还原,从而减少黑色素的形成的营养素是( )
   A. 维生素 A   B. 维生素 C

C. 维生素 D   D. 水
E. 锌

四、多项选择题

1. 黄褐斑是一种常见的获得性色素沉着性皮肤病,表现为对称分布在前额,颊部和上唇,通过激光治疗联合药物及营养素治疗可获得较好的效果,以下哪种营养素对黄褐斑有辅助治疗作用( )
   A. 维生素 C   B. 铁
   C. 维生素 E   D. 硒
   E. 维生素 D

2. 维生素 C 对皮肤美容的作用( )
   A. 抗氧化作用
   B. 有助于维持神经、肌肉组织的正常
   C. 抑制皮肤上异常色素的沉积
   D. 能促进发育和细胞的再生
   E. 维持皮肤和机体的酸碱度

五、简答题

1. 维生素 C 对皮肤有何作用? 可以用来治疗哪些损容性皮肤疾患?

2. 营养与皮肤有何关联性?

第 **6** 章
损容性内分泌疾病与营养

1. 掌握甲状腺功能亢进症、甲状腺功能减退症、原发性慢性肾上腺皮质功能减退症、皮质醇增多症、多毛症的病因、损容性表现、诊断及饮食治疗，了解其内分泌治疗方法。

2. 了解单纯性甲状腺肿、垂体性侏儒症、巨人症与肢端肥大症、特发性浮肿的病因、损容性表现、诊断及治疗。

内分泌系统由人体内分泌腺和分布于全身各种组织中的激素分泌细胞(或细胞团)以及它们所分泌的激素组成，主要功能是通过分泌的激素来调节人体内的代谢过程、脏器功能、生长发育、生殖衰老等几乎整个生命过程及机能活动，从而调节和维持机体内环境相对稳定，在维护人体的形体与容貌正常而富于美感方面起着重要作用。内分泌系统功能紊乱或发生病变，可直接或间接地损害人体的形体与容貌。

第 1 节　甲状腺功能亢进症

甲状腺功能亢进症(简称甲亢)系指由多种病因导致体内甲状腺激素(TH)分泌过多，引起以神经、循环、消化等系统兴奋性增高和代谢亢进为主要表现的一种临床综合征。临床上以弥漫性毒性甲状腺肿(Graves 病)最常见，约占 85%，其次为结节性甲状腺肿伴甲亢、亚急性甲状腺炎伴甲亢和药物性甲亢。本病常引起颈部粗大、突眼等一系列损容性表现。下面重点介绍 Graves 病。

一、病　　因

引起 Graves 病的病因主要有：①免疫功能异常：本病为器官特异性自身免疫性甲状腺病(AITD)的一种。其特征之一是在血清中存在具有能与甲状腺组织反应(抑制或兴奋作用)的自身抗体，这些抗体能刺激甲状腺，提高其功能并引起甲状腺组织增生。②遗传因素：部分 Graves 病有家族史，同卵双生相继发生 Graves 病者达 30%~60%；异卵双生仅为 3%~9%；Graves 病亲属中患 AITD 的概率和兴奋性 TSH 受体抗体的检出率均高于一般人群。③感染因素：细菌或病毒感染可诱发 AITD。如耶尔森肠炎菌含有 TSH 受体样物质能增加 Graves 病发病的危险性。④精神因素：精神创伤致 Graves 病的机制，可能是通过中枢神经系统作用于免疫系统形成的。

二、临床表现

本病多见于女性,起病一般较缓慢,少数可在精神创伤和感染等应激后急性起病,或因妊娠而诱发本病。

(一)影响形体与容貌的表现

1. 交感神经兴奋 神经过敏,易激动,言语行动匆促,焦虑烦躁,手足震颤。

2. 颈部增粗 甲状腺左右两叶呈弥漫性、对称性肿大,峡部呈蝶形肿大。吞咽时上下移动,质软,久病者较韧,也可不对称或有结节。

3. 突眼 可出现非浸润性突眼及浸润性突眼,非浸润性突眼可出现眼征,浸润性突眼表现为眼球明显外突,眼部胀痛,畏光,流泪,异物感,结膜充血和水肿,眼球运动障碍,复视。重度的浸润性突眼严重损害容貌。少数患者甚至视神经萎缩,视力丧失。

4. 皮肤损害 少数患者有典型的对称性黏液性皮肤损害,多见于小腿胫前下 1/3 部位,称为胫前黏液性水肿,是本病的特征性表现之一。黏液性水肿皮肤损害也可见于足背和膝部、面部、上肢甚至头部。初起时呈暗紫红色皮损和皮肤增厚,以后呈片状或结节状叠起,最后呈树皮状,可伴继发感染、色素沉着和多毛。少数患者可有指端粗厚症,即指端软组织肿胀,呈杵状,伴掌指骨骨膜下新骨形成(肥皂泡样)及指(趾)甲边缘部分和甲床分离。少数皮肤色素缺失(白癜风),毛发稀疏脱落甚至斑秃亦为常见的损容性体征。

(二)其他器官系统表现

甲亢可累及多个器官系统,产生一系列的临床表现。如高代谢症群,患者常有疲乏无力、不耐热、多汗、皮肤温暖潮湿、体重锐减、低热等。心血管系统表现,绝大多数为窦性心动过速常伴心律失常,收缩压升高,舒张压下降和脉压增大,久病及老年患者可出现心脏扩大和心力衰竭。消化系统主要表现为食欲亢进,而体重在短期内迅速下降,大便次数增加,部分患者可以腹泻为主要表现。肌肉骨骼系统主要表现为甲亢肌病、骨质疏松,严重者可发生骨折。

(三)实验室检查及特殊检查

TT_3、TT_4、FT_3、FT_4水平升高,TSH 明显低于正常,甲状腺兴奋性抗体(TS Ab)在病情活动期多为阳性。甲状腺吸^{131}I 功能增强,且高峰提前。T_3抑制试验甲亢患者不能被抑制。眼部 CT 和 MRI 可以排除其他原因所致的突眼,测量突眼的程度,评估眼外肌受累的情况。这些指标有助于对比病情的变化和评价治疗的有效性。

三、诊　　断

典型病例经详询病史和影响形体与容貌的表现及多器官系统表现,并进行相应的实验室检查,诊断不难。不典型病例有赖于甲状腺功能检查和其他主要的特殊检查。

1. 甲状腺功能亢进症的诊断 ①高代谢症状和体征;②甲状腺肿伴或不伴血管杂音;③血清 FT_4增高,TSH 减低。具备以上三项诊断即可成立。应注意的是,淡漠型甲亢的高代谢症状不明显,仅表现为明显消瘦或心房颤动,尤其在老年患者;少数患者无甲状腺体征;T_3型甲亢仅有血清 T_3增高。

2. Graves 病的诊断 ①甲亢诊断成立;②甲状腺肿大呈弥漫性;③伴浸润性突眼;

④TsAb阳性;⑤其他甲状腺自身抗体阳性;⑥胫前黏液性水肿。具备①②项者诊断即可成立,其他4项进一步支持诊断确立。诊断时应注意与单纯性甲状腺肿、神经官能症以及其他病因所致的甲亢相鉴别。

四、治　疗

甲亢对机体的容姿有重要损害作用,但经系统治疗,损容性表现能得到纠正。

（一）内分泌专科治疗

甲亢的内分泌专科治疗包括药物治疗、放射性碘治疗及手术治疗三种。治疗前应根据病人年龄、性别、病情轻重、病程长短、甲状腺病理、有无其他并发症或并发症以及病人的意愿、医疗条件和医师的经验等多种因素慎重选用适当的治疗方案。①一般治疗:充分休息,补充足够热量和营养,禁食高碘食物及药物。精神紧张、失眠较重者,可给予镇静药。②药物治疗:可作为甲亢的主要治疗措施。临床常用的抗甲状腺药物包括硫脲类药物如丙硫氧嘧啶(PTU)和咪唑类药物如他巴唑。其作用机制主要为抑制甲状腺激素合成,还能改善免疫功能,抑制 TSH 受体抗体的生成。此外,PTU 可抑制 5'-脱碘酶而减少 T_4 向生物活性更高的 T_3 转化。使用时应注意药物的剂量、疗程与副作用。药物治疗应用最广,但仅仅能获得 40% ~60% 的治愈率。③放射性^{131}I 治疗:其机制是^{131}I 被甲状腺摄取后释放出 β 射线,破坏甲状腺组织细胞。β 射线在组织内射程仅有 2mm,不会累及毗邻组织。必须掌握适应证和禁忌证,治疗过程中应密切观察,及时发现和处理并发症。④手术治疗:甲状腺大部分切除术对中度以上甲亢有 90% ~95% 痊愈率。次全切除术的治愈率可达 80% ~90%,但可引起多种并发症,有的病例手术后多年仍可复发或并发甲减,故宜掌握适应证和禁忌证,做好术前准备,使甲亢得到基本控制后(病人情绪稳定,睡眠良好,体重增加,脉率<90 次/分以下,基础代谢率增加< +20%),方可手术。⑤浸润性突眼的防治:可行局部治疗与眼睛护理,早期使用糖皮质激素或奥曲肽,也可酌情试用其他免疫抑制剂等,必要时可选择眶部治疗、眼眶减压治疗。从而改善和保护视力,减轻疼痛等不适,改善容颜。

（二）美容治疗

甲亢患者的突眼如果符合手术指征可以采用眼眶减压手术治疗;合并白癜风者,若甲状腺激素水平恢复正常,白斑仍未愈者,可采用紫外线照射、类固醇激素外用或内服、植皮等法治疗;伴胫骨前黏液性水肿者,抗甲状腺药物治疗对黏液性水肿无效,轻者部分可自行缓解,较重者可于患部涂敷或皮下注射糖皮质激素或透明质酸酶。

（三）饮食治疗

甲亢时甲状腺激素分泌过多,促进脂肪、蛋白质等营养物质代谢,机体产热与散热明显增多,基础代谢率异常增高,所以必须增加能量的摄入,才能纠正体内的能量消耗。基于以上原因,甲亢病人的饮食必须注意高热量、高蛋白、高维生素及补充钙、磷、钾、锌、镁等,以纠正因代谢亢进而引起的消耗,改善全身状况。

甲亢的饮食原则是宜进食清淡、含维生素高的蔬菜、水果及营养丰富的瘦肉、鸡肉、鸡蛋、淡水鱼等,同时应予以养阴生津之物,如银耳、香菇、淡菜、燕窝等。此外,饮食有节、避免暴饮暴食、注意饮食卫生,对甲亢病人来说也是十分重要的。

1. 三高一禁一适量 指进食高热量、高蛋白、高维生素饮食,忌碘饮食,适量补充钙、磷等。

(1) 增加热量供应:每日进食的热量,男性至少 2400kcal,女性至少 2000kcal。

(2) 保证蛋白质供给:每日每千克体重供应蛋白质 15g,但应限制动物性蛋白。

(3) 注意维生素供给:宜供给丰富的多种维生素,因高代谢消耗能量而消耗大量的酶,多种水溶性维生素缺乏,尤其是 B 族维生素、维生素 D 是保证钙、磷吸收的主要维生素,应保证供给,同时补充维生素 A 和维生素 C。

(4) 适当钙、磷供给:为预防骨质疏松、病理性骨折应适量增加钙、磷的供给,尤其是对症状长期不能得到控制的患者和老年人。

(5) 忌碘食物和药物:碘是合成甲状腺激素的原料,甲状腺内有大量碘存在,甲状腺激素加速合成,因而碘可诱发甲亢可使甲亢症状加剧,所以应忌用含碘的食物和碘的药物。对各种含碘的造影剂也应慎用。

2. 增加餐次 避免一次性摄入过多,适当增加餐次,正常 3 餐外,另加副餐 2~3 次,如两餐间增加点心。

3. 甲亢患者宜选食物

(1) 淀粉类食物:米饭、面条、馒头、粉皮、马铃薯、南瓜红薯、芋头等。

(2) 动物性食物:牛肉、猪肉、羊肉、各种淡水鱼类、动物肝、肾、蛋黄等。

(3) 蔬菜类食物:胡萝卜、菜豆、芹菜、金针菜等凉性食物;深绿色叶菜类;木耳、百合、桑葚、枸杞子、山药、芡实、大枣等健脾食物。

(4) 水果类食物:西瓜;低钾时,可多选橘子、苹果等。

(5) 富含钙、磷的食物:牛奶、果仁(瓜子、松子、腰果、杏仁等)、蛋类、骨粉、软骨、骨头汤、豆制品等。

4. 忌选食物

(1) 忌用含碘食物,少食鱼、虾、贝壳类海产品,禁食海带、海蜇、苔条、淡菜、紫菜、发菜等海产品,加碘食盐等。外食者,可以把菜先用汤洗一洗再吃,减少盐分。

(2) 中药:海藻、昆布、黄药子、夏枯草、丹参、元参、香附、浙贝等也属忌用。

(3) 少吃辛辣食物:如辣椒、花椒、桂皮、生葱、姜、胡椒、生蒜等。

(4) 尽量不吸烟,不饮酒,少喝浓茶、咖啡。

(5) 甲亢患者还应慎用碘酒,含碘喉片,含碘造影剂等药物。

(6) 不食用可能会使甲状腺肿大的食物:包心菜、香菜、花生、豆子、马铃薯。

5. 甲亢食疗方

(1) 柿子蜂蜜膏

组成:青柿子 1000g,蜂蜜适量。

制法:将青柿子去柄、洗净,捣烂绞汁,放入锅中煎煮浓缩至黏稠。加入蜂蜜 1 倍量,继续煎煮至黏稠,离火待冷,装瓶备用。

用法:每日 1 汤匙,以沸水冲服,每日 2 次,连服 10~15 天。

(2) 白虎粥

组成:粳米 50g,生石膏 100g,知母 20g,鲜石斛 10g。

制法:先将生石膏、知母、石斛以水煎煮 30min、去渣留汁。粳米淘净煮粥,粥将成时兑入药汁。

用法:作早、晚餐食用。

(3) 干烧冬笋:取冬笋300g,切成棱子块,置入油锅低温炸成金黄色,捞出沥油,再放一空锅中,加清汤、料酒、酱油、白糖、味精等调料及枸杞子10g,菊花6g,用武火烧开后改用文火,烧至卤汁干,即可食用。

(4) 清炖甲鱼:取甲鱼一只(约750g左右),枸杞子10g、女贞子10g、知母6g,加调味品,炖熟烂后,去药食肉喝汤。

(5) 五味粥:取酸枣仁10g、五味子6g、麦冬10g、莲子20g、桂圆肉20g,先将酸枣仁、五味子捣碎,与麦冬同煮,浓煎取汁,把莲子发胀后去莲心,入水中煮烂待用。取粳米150g,常法煮粥,至八成熟时,兑入酸枣仁等浓煎药汁,加入莲子、桂圆肉煮熟即可。食用时加红糖调味。

案例 6-1

患者,女,30岁,多食、多汗、易怒1年,劳累后心慌、气短1个月。该患者1年前因长时间加班工作劳累,渐感心慌、易饥,食量增加,伴有怕热、多汗,情绪急躁,易生气,双手抖动,曾就诊于当地门诊,诊断为"甲亢",予口服他巴唑治疗,30mg/d,分三次口服,服药后病情好转,后自行停药,1个月前再次出现多食、多汗、易怒,劳累后心慌、气短,伴失眠,体重减轻5kg。查体:T 37℃,P 112次/分,R 27次/分,BP 120/70mmHg,体型消瘦,眼球突出,闭合障碍,双侧甲状腺Ⅱ度肿大,无结节,质软,可闻及血管杂音,双小腿胫前下部皮肤增厚,颜色稍暗。实验室检查:T3:260 nmol/L,T4:155.6 nmol/L,TSH:0.01mU/L。初步诊断:甲状腺功能亢进症。

问题与思考:①该患者伴有哪些损容性表现? 如何进行美容处理? ②该患者除了正规的内分泌治疗外,在饮食上应遵循哪些原则?

分析:①该患者有情绪急躁,易生气,双手抖动等交感神经兴奋及颈部增粗、眼球突出、胫前黏液性皮肤损害的损容性表现。患者这些症状多能随甲亢的治疗而好转,无需进行特殊的美容治疗。②除了正规的内分泌治疗外,该患者还应从饮食上进行调摄。进食高热量、高蛋白、高维生素饮食及补充钙、磷、钾、锌、镁等;忌碘食物和药物;可适当增加餐次,补充机体能量的消耗。

(蒋　钰)

第2节　单纯性甲状腺肿

单纯性甲状腺肿又称非毒性甲状腺肿,系由于甲状腺非炎性病变阻滞甲状腺激素(TH)合成而导致的非肿瘤性甲状腺代偿性肿大。在通常情况下,病人既无甲亢又无甲减,甲状腺呈弥漫性或多结节性肿大,使颈部粗大而出现明显的损容性表现。本病可呈地方性分布,常为缺碘所致,称为地方性甲状腺肿;亦可散发分布,主要因先天性TH合成障碍或致甲状腺肿物质等所致,称为散发性甲状腺肿,多发生于女性青春期、妊娠期、哺乳期和绝经期。但也可无明显病因。目前,全世界约有10亿人(分布于115个国家和地区)生活在碘缺乏地区,我国的病区人口超过3亿,除上海市外,各省、直辖市、自治区均有地方性甲状腺肿的流行。

一、病　因

病因主要有：①碘缺乏：是引起地方性甲状腺肿的主要病因。多见于远离海洋、地势较高的山区，其土壤、水源、食物中含碘甚少。我国主要见于西南、西北、华北等地区。缺碘时不能合成足够的 TH，促甲状腺素（TSH）分泌增加，刺激甲状腺增生肥大，称为缺碘性甲状腺肿。在青春期、妊娠期、哺乳期、寒冷、感染、创伤和精神刺激时，由于机体对 TH 的需要量增多，引起碘的相对不足，可诱发或加重甲状腺肿。WHO 推荐的成年人每日碘摄入量为 $150\mu g$。尿碘是监测碘营养水平的公认指标，尿碘中位数（MUI）$100\sim200\mu g/L$ 是最适当的碘营养状态。一般用学龄儿童的尿碘值反映地区的碘营养状态：$MUI<100\sim80\mu g/L$ 为轻度碘缺乏，$MUI<80\sim50\mu g/L$ 为中度碘缺乏，$MUI<50\mu g/L$ 为重度碘缺乏。②致甲状腺肿物质：如卷心菜、黄豆、白菜、萝卜、坚果、小米等食物摄入过多，硫脲类、磺胺类、对氨基水杨酸、保泰松等药物阻滞甲状腺激素的合成，可引起甲状腺肿大。③高碘：常年饮用含高碘的水致甲状腺肿。④激素合成障碍：为先天性酶缺陷，使甲状腺激素合成过程发生障碍（呈家族性，可在出生后就有）。⑤基因突变：少见。

二、临床表现

（一）影响形体与容貌的表现

1. 甲状腺肿大　甲状腺弥漫性肿大为其主要的损容性表现，晚期或Ⅲ度以上肿大者可有结节，颈部外观畸形，久病者腺体可大如婴儿头，下垂于颈下胸骨前，质坚硬，腺体外观可见曲张静脉。随着腺体的增大，颈交感神经受压使同侧瞳孔扩大，严重者出现 Horner 综合征（眼球下陷、瞳孔变小、眼睑下垂）。

2. 面部、头部或上肢浮肿　上腔静脉受压引起上腔静脉综合征，使单侧面部、头部或上肢浮肿，影响患者容姿。

（二）其他表现

腺体显著增大还可引起气管受压，出现憋气、呼吸不畅甚至呼吸困难；食管受压造成吞咽困难；喉返神经受压导致声音嘶哑。尚需注意胸骨后甲状腺肿致成的症状。少数病期较长的患者可有甲减或甲亢表现。

（三）实验室检查

血清 T_3、T_4 及 TSH 基本正常，T_3/T_4 的比值增高，以维持甲状腺功能。地方性甲状腺肿甲状腺吸 ^{131}I 率往往高于正常，而散发性甲状腺肿大多正常，有时可增高，但无高峰前移，均可被 T_3 抑制试验所抑制。24h 尿碘 $<50\mu g$ 提示有碘摄入不足。甲状腺扫描（^{131}I、^{99m}Tc）：甲状腺弥漫性肿大，放射性核素均匀，晚期可出现有或无功能结节图像。

三、诊　断

我国对居住在碘缺乏区的甲状腺肿制定的诊断标准是：①甲状腺肿大超过受检查者拇指末节，或小于拇指末节而有结节者；②排除甲亢、甲状腺炎、甲状腺癌等其他甲状腺疾病；

③尿碘低于50μg/L,吸碘率呈"碘饥饿"曲线可作参考。

单纯性甲状腺肿可分为以下三种类型:①弥漫型:甲状腺均匀肿大,质较软,无结节,属早期甲状腺肿,多见于儿童和青少年,补碘后易于恢复。②结节型:晚期甲状腺肿,甲状腺有一个或多个结节。结节的多少与缺碘程度有关。此型多见于成人,特别是妇女和老年人,说明缺碘时间较长。③混合型:在弥漫性肿大的甲状腺中存在一个或多个结节。甲状腺肿大可分为I~V度:I度肿大:可扪及,直径小于3cm;Ⅱ度肿大:吞咽、触诊和视诊均可发现,直径3~5cm;Ⅲ度肿大:不吞咽时即可发现,直径5~7cm;Ⅳ度肿大:明显可见,颈部变形,直径7~9cm;V度肿大:极明显,直径超过9cm,多数伴有结节。

弥漫型应注意与Grarers病、桥本甲状腺炎鉴别;结节型应注意与甲状腺癌、甲状腺囊肿、甲状腺腺瘤鉴别。

四、预防与治疗

(一) 预防

对有地方性甲状腺肿地区的居民,需作集体性防治。可选用下列方法之一:①碘化食盐:食盐中加碘化钠或碘化钾,普通浓度为1:10 000(0.01%)。每克食盐约含碘75μg。成人每日需碘量约为1~3μg/kg,每日2~3g食盐即够生理需要。②碘化饮水:每500万升饮水中加碘化钾1g,即1:1亿,每升水含碘化钾10μg。③碘油注射:1次1000mg,即40%的碘油2.5ml,可保证5年内碘供应正常,亦可每2年注射1ml。④碘化食品:2001年世界卫生组织(WHO)和国际控制碘缺乏病理事会(ICCIDD)提出理想的碘摄入量应当使MUI控制在100~200μg/L,甲状腺肿患病率控制在5%以下,并且提出MUI>300μg/L为碘过量。碘过量可导致自身免疫性甲状腺炎和甲状腺功能减退症的患病率增加。

(二) 治疗

1. 内分泌专科治疗　青春发育期或妊娠期生理性甲状腺肿大多数可自行消退,不需用药物治疗,应多食含碘丰富的海带、紫菜等。①早期的地方性甲状腺肿:可口服碘化钾,每日10~30mg或复方碘液3~5滴/天,3~6个月甲状腺肿可消失。②弥漫性单纯性甲状腺肿:血清sTSH(uTSH)正常或稍增高是使用甲状腺激素(TH)治疗的指征。给TH抑制TSH分泌以减少甲状腺肿大。剂量应以不使TSH浓度减低,不发生甲状腺毒症,肿大的甲状腺缩小为宜。甲状腺片常用量为40~120mg/d,或左甲状腺素(LT_4)50~150μg/d,分2~3次口服,疗程一般3~6个月,停药后如复发可重复治疗。老年病人每日$LT_4$50μg足以使TSH抑制(0.2~0.5mIU/L)。对有明确病因者,还应针对病因治疗。如对缺碘或使用致甲状腺肿物质者,应补充碘或停用致甲状腺肿物质。多结节性甲状腺肿接受TH治疗前应测定血sTSH或行TRH兴奋试验,若能排除功能自主性,可采用TH治疗,剂量宜偏小,如IH_4开始剂量不宜超过50μg,以后逐渐增加剂量,但如血清uTSH降低,则不宜用TH治疗。无明确碘缺乏证据者,补碘应慎重,由于多结节性甲状腺肿可能存在自主性的高功能病灶,补充碘剂可引起甲亢。单纯性甲状腺肿无论是散发性还是地方性,不宜手术治疗。巨大结节性甲状腺肿或有压迫症状或疑有癌变者,宜手术治疗。为防止甲状腺肿的复发,建议术后给予小剂量TH(1.5~2个月)治疗。

2. 美容治疗 在上述治疗后,影响容貌者必要时可谨慎选择美容外科手术治疗。

3. 饮食治疗 缺碘是引起单纯性甲状腺肿的主要原因,因此,在饮食上宜常吃含碘丰富的食物,宜吃加碘食盐,宜吃海鱼水产品,宜食贝类海鲜,宜食含维生素丰富的水果蔬菜;忌吃有抑制人体对碘吸收作用的食物。

(1) 宜食以下食物

1) 海带:每 100g 海带中含碘 240mg,常吃海带可纠正碘缺乏引起的甲状腺肿,促进新陈代谢,使甲状腺能维持正常功能。

2) 紫菜:现代研究表明,海草类中碘含量极高,紫菜亦含较多的碘,每 1000g 紫菜中含量为 18mg,所以,单纯性甲状腺肿患者宜用紫菜经常熬汤服。

3) 海蜇:海蜇含碘丰富,1000g 干海蜇中含碘 1320μg,单纯性甲状腺肿者或用之凉拌,或煨汤饮,皆宜。

4) 柿子:每 100g 柿肉中含碘可达 49.7mg,患有单纯性甲状腺肿者宜常食之,胃寒者慎用。

5) 淡菜:《本草纲目》记载其能"消瘿气",《随息居饮食谱》亦说它"治瘿瘤",均指单纯性甲状腺肿而言,一般多以煎汤为佳。

6) 蛏肉:含有较为丰富的碘,在每 1000g 干蛏肉中,含碘量达 1900μg,单纯性甲状腺肿宜常用鲜蛏肉煨汤。

7) 海参:海参富含蛋白质、碘,据测定,每 1000g 干海参中可含碘 6000μg,故单纯性甲状腺肿者宜常食之。

8) 海虾:含碘丰富,每 1000g 可含碘 6mg。

9) 苹果:苹果中含有多种微量元素,其中也含较多的碘。有专家指出,熟苹果所含的碘是香蕉的 8 倍,是橘子的 13 倍。因此,苹果是防治甲状腺肿的理想食品,宜常食。

(2) 忌食下列食物

1) 芥菜:现代研究表明,芥菜叶和芥菜属的其他蔬菜,含有少量致甲状腺肿物质,这种物质会干扰甲状腺对碘的吸收利用。因此,患甲状腺肿者应当忌吃芥菜。

2) 花椰菜:花菜含少量致甲状腺肿的物质,患有单纯性甲状腺肿者不宜多吃。

(3) 改善单纯性甲状腺肿食谱

1) 紫菜粥:取干紫菜 15g,猪肉末 50g,精盐 5g,味精 1g,葱花 5g,胡椒粉 2g,麻油 15g,粳米 100g。先将紫菜洗净,再将粳米淘洗干净,放入锅中,加清水上火,煮熟后再加入猪肉末、紫菜和精盐、味精、葱花、麻油等,稍煮片刻,撒上胡椒粉,日服 1 剂,分次食用。具有清热解毒,润肺化痰,软坚散结,降低血压的功效,适用于单纯性甲状腺肿、甲状腺机能亢进等症。凡脾胃虚寒而有湿滞者不宜食用。

2) 海带排骨汤:海带 50g,排骨 200g,黄酒、精盐、味精、白糖、葱段、姜片适量。先将海带用水泡发好,洗净切丝;排骨洗净斩块。锅烧热,下排骨煸炒一段时间。加入黄酒、精盐、白糖、葱段、姜片和清水适量,烧至排骨熟透,加入海带烧至入味,加味精调味,佐餐食用。具有软坚化痰,清热利尿的功效,适用于皮肤瘙痒,甲状腺肿大,颈淋巴结核等症。

案例6-2

患者,女,25岁,发现颈部增粗5个月,加重伴憋气1个月。患者5个月前发现颈部增粗,未在意,1个月前颈部增粗明显,伴憋气。颈部无疼痛,无心悸、怕热、多汗、急躁,饮食、睡眠正常。体格检查:双侧甲状腺Ⅱ度肿大,质软,光滑无触痛。查血清 FT_3、FT_4、TSH 均正常。

问题与思考:①该患者考虑什么诊断?患者颈部增粗是否需要进行美容治疗?②该患者在饮食上应注意哪些问题?

分析:①该患者考虑为单纯性甲状腺肿,其颈部增粗不需进行特殊美容治疗,经饮食调理可逐渐恢复正常。②在饮食上宜多进食含碘丰富的食物,食用加碘食盐,宜吃海鱼等水产品,宜食贝类海鲜,宜食含维生素丰富的水果蔬菜;忌吃芥菜等抑制碘吸收的食物。

(周　昊)

第3节　甲状腺功能减退症

甲状腺功能减退症(简称甲减),是由多种原因引起的甲状腺激素(TH)合成、分泌或生物效应不足所致的一组内分泌疾病。按起病年龄可分为三型:功能低下始于胎儿或新生儿者称呆小病(克汀病);起病于青春期发育前儿童者称幼年型甲减;起病于成年者为成年型甲减。重症者称为黏液性水肿。本病能产生严重影响形体和容貌的临床表现。尤其是呆小病和黏液性水肿对人的容姿影响较大。

一、病　因

导致甲减的病因主要有:①甲状腺病变:如甲状腺自身免疫损害、甲状腺发育不全或缺如、先天性甲状腺激素合成障碍所致的原发性甲减;甲状腺手术、放射性碘或放疗后、甲状腺炎、甲状腺内广泛病变、化学药物等所致的继发性甲减。②垂体——下丘脑疾病:常因垂体肿瘤、手术、放疗和产后垂体坏死所致,也可由于下丘脑肿瘤、肉芽肿、放射或 TRH 受体基因突变引起。③甲状腺激素抵抗综合征:大多数是由于甲状腺激素受体基因突变、甲状腺激素受体减少或受体后缺陷所致。④碘过量:碘过量可引起具有潜在性甲状腺疾病者发生一过性甲减,也可诱发和加重自身免疫性甲状腺炎。⑤抗甲状腺药物:如锂盐、硫脲类等。

二、临床表现

(一)影响形体与容貌的表现

损容性表现一般取决于起病的年龄和病情的严重程度。

1. 典型的成年型甲减　多见于中年女性,起病隐匿,早期症状缺乏特异性,易被忽视。出现黏液性水肿表现为:①黏液性水肿面容:表情淡漠,面颊及眼睑虚肿,眼裂小,面色苍白,精神萎靡,反应迟钝,嗜睡。②皮肤粗糙呈姜黄色,粗厚而冷凉,多鳞屑和角化,四肢伸侧及背部毳毛增多。③指甲生长缓慢,厚而脆,表面常有裂纹。④头发干燥、稀疏、脆弱、少光泽,腋毛、阴毛和眉毛(外1/3)脱落。

2. 呆小病 表情呆滞,头发稀疏、粗糙、干脆无光泽。鼻梁塌平,眼距增宽,眼裂细小、唇厚,舌体厚大而外伸,口常张开而多流涎,手指、足趾短粗呈铲形的特殊体态。身材矮小、智力发育迟缓等。

(二) 其他器官系统的表现

甲减还可影响到多个器官系统:心血管系统主要表现为心动过缓、心音低弱、心排血量减低、心脏扩大,常伴有心包积液;消化系统表现为厌食、腹胀、便秘,严重者可出现麻痹性肠梗阻或黏液水肿性巨结肠;内分泌系统表现为性欲减退,男性阳痿,女性常有月经过多、经期延长及不孕症。长期未获治疗的老年患者,可出现黏液性水肿昏迷。

(三) 实验室检查

TT_3、TT_4、FT_3、FT_4 下降,T_4 及 FT_4 下降比 T_3 早而明显。原发性甲减血清高敏 TSH(sTSH)和超敏 TSH(uTSH)升高,继发性甲减 TSH 正常或偏低,下丘脑性甲减需做 TRH 兴奋试验,呈正常反应或迟发反应。亚临床甲减仅 TSH 增高,而 T_4、T_3 正常。

原发性甲减常有明显的血脂紊乱。甲状腺自身抗体 TGAb 及 TPOAb 测定阳性提示甲减由于自身免疫性甲状腺炎所致。X 线检查可见心脏向两侧增大,可伴心包积液和胸腔积液;部分患者有蝶鞍增大。

三、诊 断

根据特征性的影响形体与容貌的表现、多器官系统受损的表现及实验室检查诊断不难。血清 TSH 增高,FT_4 减低,原发性甲减即可以成立。如血清 TSH 正常,FT_4 减低,考虑为垂体性甲减或下丘脑性甲减,需做 TRH 试验来区分。诊断时应注意与慢性肾炎、肾病综合征、肥胖症、低 T_3 综合征、特发性水肿、垂体瘤等鉴别。

四、治 疗

(一) 内分泌治疗

无论何种甲减均需用甲状腺激素替代治疗。本病一般不能治愈,需要终身替代治疗。呆小病一旦确诊,必须立即开始治疗,治疗愈早,疗效愈好。最初口服 LT_3 5μg,每 8h 一次和 LT_4 25μg/d;3 天后,LT_4 增加至 37.5μg/d,6 天后 LT_3 改为 2.5μg,每 8h 一次。在治疗进程中,LT_4 逐渐增至每天 50μg,而 LT_3 逐渐减量直至停用。成人甲减甲状腺激素替代效果可靠,损容性表现可得到纠正,但需终身服用。首选左甲状腺素(LT_4),长期替代治疗维持量约 50~200μg/d(1.4~1.6μg/kg 标准体重)。一般初始剂量为 25~50μg/d,每 2~3 周增加 12.5μg/d,直到达最佳疗效。在老年患者,初始剂量为 12.5~25μg/d,每 4~6 周增加 12.5μg/d,避免诱发和加重冠心病。甲状腺片替代治疗亦应先从小剂量开始,每月 15~30mg,逐渐增量(可每周增加 15~30mg),当剂量达到 240mg 而无疗效时应考虑周围甲状腺激素抵抗型甲减可能。当症状改善,脉率恢复正常时应将剂量减少至适当的维持量每日 90~180mg。年老患者剂量应酌情减小,伴有冠心病或其他心脏疾病及精神症状者,甲状腺激素剂量应缓慢增加。如出现心绞痛发作,心律失常或精神症状,应及时减量或停药。应注意的是为防止发生急性肾上腺皮质功能不全,甲状腺激素替代治疗应在补充糖皮质激素后开始。黏液性水肿患者对胰岛素、洋地黄、镇静药、麻醉药较敏感,可诱发昏迷,故应慎用。一旦发生黏液性水肿昏迷,应立即采取相应的抢救措施。

（二）美容治疗

经上述治疗仍存在脱发者,可采用中医中药生发治疗,必要时可考虑毛发移植术。

（三）饮食治疗

1. 饮食原则　成人甲减的发生与饮食有很大关系,除正确用药外,在饮食上应遵循以下原则。

（1）补充适量碘:除了从碘盐中摄取外,还可从碘酱油、加碘面包以及含碘丰富的海带、紫菜中摄取。

（2）避免进食生甲状腺肿物质的食物:忌食用黄豆、卷心菜、白菜、油菜、木薯、核桃等,以免发生甲状腺肿大。

（3）营养丰富:要补充足够的蛋白质,并限制脂肪、胆固醇摄入。应进食高热量、容易消化的食物,如蛋类、乳类、肉类、鱼肉、香芹,杏果,枣椰果、干梅等。

（4）纠正贫血:有贫血者应补充含铁丰富的饮食,补充维生素 B_{12},如动物肝脏,必要时还要供给叶酸,肝制剂等。

2. 甲减食谱

（1）当归生姜羊肉汤

组成:当归 150g、生姜 250g、羊肉 500g。

制法:加水适量,慢火炖汤。

用法:常饮。

功效:补肾益气,滋阴填精,阴阳双补。主治阴阳两虚型甲减,可治疗甲状腺功能减退症。

（2）生脉桂圆粥

组成:龙眼（桂圆）肉 50g、人参、五味子各 6g,麦冬 10g,粳米 100g。

制法:以上食材共加水适量熬粥。

用法:服 200 ml/日,1 个月/疗程。

功效:温补心肾,强心复脉。主治心肾阳虚型甲减;症见形寒肢冷,心悸怔忡,面白虚浮,动作懒散,头晕目眩,耳鸣失聪,肢软无力,嗜睡息短,或有胸闷胸痛,脉沉迟缓微弱,或见结代,舌淡色暗,苔薄白。

（3）羊骨粥

组成:羊骨 1 副,陈皮、高良姜各 6g,草果 2 个,生姜 30g。

制法:以上食材加盐少许,加水 3 L 慢火熬成汁,滤出澄清,如常法做粥。

用法:早、晚餐饮服,1 个月为 1 疗程。

功效:脾肾双补。主治肾阳虚衰型甲减;症见性寒怯冷,精神委靡,头昏嗜睡,动作缓慢,表情淡漠,神情呆板,思维迟钝,面色苍白,毛发稀疏,性欲减退,经事不调,体温偏低,舌淡体胖,脉沉缓细迟。

案例 6-3

患者,女,50岁,乏力,头发、腋毛、眉毛渐脱落,经期延长2年。患者平时怕冷、少言,发病以来食欲减退、记忆力差。查体:皮肤干燥,头发稀疏、声音嘶哑,甲状腺Ⅱ度肿大,质地中等,结节样改变。甲状腺功能:$T_3 \downarrow$,$T_4 \downarrow$,$TSH \uparrow$。

问题与思考:①试分析该患者的损容性表现可能为哪种疾病所致?②该患者在饮食上应注意哪些问题?

分析:①患者的损容性表现最可能为甲状腺功能减退症引起。②在饮食方面,应注意营养丰富,多吃含碘丰富的食物,避免进食生甲状腺肿物质的食物,并补充含铁丰富的饮食等。

(蒋 钰)

第4节 垂体性侏儒症

垂体性侏儒症又称生长激素缺乏性侏儒症,是指在出生后或儿童期起病,因生长激素(GH)缺乏(GHD)或GH不敏感(GHI)而导致生长缓慢,身材矮小,但比例匀称。其病因可分为特发性和继发性两类,可由垂体本身疾病所致(垂体性),也可由下丘脑功能障碍导致生长激素缺乏(下丘脑性)。可为单一的生长激素缺乏,也可同时伴腺垂体其他激素特别是促性腺激素缺乏。男比女约多2~4倍,是一种明显影响形体与容貌的内分泌疾病。

一、病 因

约2/3垂体性侏儒症为特发性,临床上无明显病因。少数病例有家族史,多为常染色体隐性遗传,少数为常染色体显性遗传或伴性遗传。本病也可由下丘脑——垂体肿瘤引起,最常见者为颅咽管瘤、神经纤维瘤;其他如颅内感染(脑炎、脑膜炎)、刨伤、放射损伤等均可影响腺下丘脑——垂体功能,引起继发性垂体性侏儒症。极少数患者为原发性GH不敏感综合征。例如,GH受体病(又称Laron侏儒症),或GH受体数目减少(Pygmy侏儒症)或GH受体后缺陷。患者有严重GH缺乏的临床表现,但血浆GH水平不降低而是升高的,对外源性GH有抵抗,血清胰岛素样生长因子-1(IGF-1)水平降低,几乎无生长激素结合蛋白(GHBP)。

二、临 床 表 现

(一) 影响形体与容貌的表现

1. 躯体生长迟缓 患儿出生时体形正常,在出生后1~2年的身高及体重发育正常,以后生长变得缓慢,3岁以下低于每年7cm,3岁至青春期每年不超过4~5cm,但生长并不完全停止,患儿与同龄儿童身高的差别愈来愈显著。典型者表现为上半身长于下半身,生长缓慢可至成年以后。体态一般尚匀称,成年后多保持童年体形,皮肤较细腻,有皱纹,身高一般不超过130cm。

2. 性器官不发育及第二性征缺乏 青春期无性器官发育,第二性征缺乏,无腋毛、阴毛。男性胡须、睾丸、阴茎、前列腺不发育;女性无月经、乳房、臀部、卵巢、子宫、外阴不发育。

（二）其他表现

智力发育一般正常,与年龄相称,学习成绩与同龄者无差别,但年长后常因身材矮小而抑郁寡欢,不合群,有自卑感。鞍区肿瘤所致的继发性生长激素缺乏性侏儒症可有局部受压及颅内压增高的表现,如头痛、视力减退与视野缺陷等。

（三）实验室检查及特殊检查

患者生长激素基础值降低或测不出,激发试验如胰岛素低血糖、精氨酸、左旋多巴、可乐定兴奋试验等,兴奋后 GH 峰值常<5μg/L（正常>μg/L）,胰岛素样生长因子-1（IGF_{-1}）测定水平降低多<0.2IU/L（正常 0.7～1.3IU/L）。生长激素释放激素（GHRH）兴奋试验有异常改变。骨骼 X 线摄片可见长骨均短小,骨龄幼稚,骨化中心发育迟缓,骨龄较实足年龄延迟 2 年以上。为进一步寻找致病原因应做视野检查,蝶鞍 X 线摄片等,必要时可做头颅 CT、MRI 等以除外垂体瘤。

三、诊　　断

根据典型的损容性表现,实验室检查及特殊检查,诊断不难。GH 缺乏性侏儒症的诊断主要依据是:①身材矮小,身高年平均生长率<4cm,小于同年龄同性别正常人平均值-2SD（标准差）以下,以及性发育障碍等临床特征。②骨龄检查较实际年龄落后 2 年以上。③血清 GH 基值明显降低或测不出。④兴奋试验:包括胰岛素低血糖、精氨酸、左旋多巴、可乐定兴奋试验等。兴奋后 GH 水平值<5μg/L。⑤胰岛素样生长因子-1（IGF_{-1}）:1～8 岁儿童血清浓度<0.15IU/L,9～17 岁青少年<0.45IU/L者高度怀疑本症。⑥胰岛素样生长因子结合蛋白（IGFBP）:是 lGF 运输和贮存的载体已发现 6 种,其中 $IGFBP_{-3}$ 占92%,可反映 GH 的分泌状态。⑦生长激素释放激素（GHRH）兴奋试验:兴奋后血清 GH 峰位超过 5μg/L 者为下丘脑性,低于 5μg/L 者为垂体性。但应注意与青春发育延迟、家族性矮小、低出生体重侏儒、全身性疾病所致的侏儒症、Turner 综合征、呆小症及骨骼发育异常等相鉴别。

四、治　　疗

（一）判断患者的生长、发育状况

了解生长发育障碍的严重程度,比较各种发育状况,并作为治疗过程中的观察指标。为此需确定患者的智力发育、身高年龄（相当于几岁正常人的平均身高）、体重年龄（相当于几岁正常人的平均体重）、骨龄、上部量与下部量比例、性发育状况、心理状态等。

（二）病因治疗

鉴别病因:如因颅脑创伤或感染所致者,在病因治疗后,生长发育状况可改善;肿瘤引起者,应予以手术切除或放射治疗。

（三）内分泌治疗

此疗法主要是 GH 替代治疗。对伴有周围腺体（性腺、甲状腺、肾上腺）功能减退症者亦应给予相应的激素治疗。

1. 生长激素　生长激素的替代治疗是本症的理想治疗方法,早期应用可使生长发育恢复正常。重组人 GH(rhGH)效果显著。治疗剂量一般为每周 0.5~0.7IU/kg 体重,分 6~7 次于睡前 30~60min 皮下注射效果较好,初用时,身高增长速度可达每年 10cm,以后疗效渐减。副作用很小。

2. 生长激素释放激素(GHRH) GHRH 有 44 个氨基酸序列,现在已能人工合成有生物活性的 29 个氨基酸的 GHRH。推荐剂量为 24μg/kg 体重,每晚睡前皮下注射,连续 6 个月,可使生长速度明显增加,疗效与 hGH 相似。适用于下丘脑性 GH 缺乏症。

3. 腺垂体多种激素不足的病人应同时给予相应激素替代治疗 用 GH 治疗前如患者血清甲状腺素水平(T_4)低于正常,即使病人无甲低表现,也应及时补充甲状腺激素,否则生长发育会受到影响,因为在 GH 治疗过程中会出现血清 T_4 水平进一步下降。

4. 性功能发育不良的治疗 由于大多数患儿性发育不良,应用 GH 治疗身高增长达正常速度后,如青春期不发育,可加用性激素治疗。绒毛膜促性腺激素每次 500IU,每周肌内注射 2 次,4~6 次为 1 疗程,对性腺及第二性征的发育有刺激作用。如效果不佳,可改用靶腺激素治疗:男性用庚酸睾酮或丙酸睾酮 50mg 肌内注射,每月一次,逐渐增加剂量,最大剂量可用至每月 200~300mg;女性可先单用雌激素治疗 9~12 个月,然后开始雌孕激素序贯治疗。

5. 同化激素 人工合成的同化激素有较强的促进蛋白质合成作用,故可促进生长,并可减轻骨骺融合。临床常用苯丙酸诺龙,一般在 12 岁后小剂量间歇应用,每周 1 次,每次 10~12.5mg,肌内注射,疗程以 1 年为宜。

此外,适当的体育活动,高蛋白、高维生素饮食,口服硫酸锌(40mg,每日 3 次),均有利于身体的生长发育。有心理障碍者尽量协助纠正,鼓励其树立正确的人生观。

(四)美容治疗

本病无特殊美容治疗方法。

(五)饮食治疗

注意膳食平衡,饮食宜清淡,忌食辛辣刺激食物。

案例 6-4

患者,男,13 岁,因发现生长发育迟缓 8 年入院。患者于 4~5 岁时发现身材较正常人矮小,随年龄增长,与同龄人身高差距逐渐增大,性器官不发育,无腋毛、阴毛、胡须。体格检查:精神、智力正常,身材矮小,身高 125cm,外生殖器幼稚,腋毛、阴毛、胡须缺如。实验室检查示生长激素缺乏。诊断为垂体性侏儒症。

问题与思考:该患者有何损容性表现,如何处理?

分析:该患者的损容性表现包括:①身材矮小;②第二性征缺乏(外生殖器幼稚,腋毛、阴毛、胡须缺如)。嘱患者到内分泌专科进行激素替代等相应治疗。

(周 昊)

第 5 节 巨人症与肢端肥大症

巨人症和肢端肥大症为腺垂体生长激素细胞肿瘤分泌过量生长激素(GH),导致机体软组织、骨骼、内脏异常增生和肥大,同时伴有内分泌及代谢功能紊乱的一种综合征。如在青春期前发病,因骨骼尚未愈合表现为巨人症;如在青春期后发病,骨骼已愈合,表现为肢端肥大症。临床上,患者出现明显的影响形体与容貌的表现。

一、病　　因

导致生长激素分泌过多的原因主要有:①垂体性:占绝大多数,为生长激素分泌瘤;②垂体外性:异位 GH 分泌瘤(胰腺癌、肺癌)、GHRH 分泌瘤(下丘脑错构瘤、胰岛细胞瘤、支气管和肠道类癌等)。

二、临 床 表 现

(一) 巨人症的损容性表现

青少年起病,其特征为有异常的身长增高和体重增加,与同龄者比较体格异常高大魁梧,躯干及内脏生长迅速,最终身高可达 2m 以上。四肢特长,手足大,下颌伸出,面部及上眼眶嵴突出,出现毛发增多。晚期表现为精神不振,四肢无力,肌肉松弛,背部畸形呈佝偻状,毛发稀疏等。一般与肢端肥大症并存,明显影响形体与容貌。

(二) 肢端肥大症的损容性表现

在过量的 GH 的作用下,全身骨骼及软组织肥大、增生,出现严重损害容姿的表现。①头面部:患者呈特征性的面貌。头围增大,面长,眶下嵴及颧弓增大、突出,额部相对比较低平。下颌骨增大、前突、下门齿可与上门齿并列,甚至处在上门齿之前。面部皮肤增厚,线条加深,鼻宽大,唇厚齿稀,舌粗大。可出现头颅皮肤松垂。喉头增大,喉音低沉,切音不清。与以往照片比较易于发现面貌变得丑陋。②手足:手指、手掌增厚、变阔,长度增加不显著,脚的增大情况相仿。肢端增大一般限于腕部及踝部,偶可累及前臂和小腿。③胸部:至晚期,胸腔增大,呈桶状胸。④皮肤:全身皮肤增厚、变粗,富于油脂,多汗。

此外,还可出现骨质疏松,脊柱活动受限,内分泌代谢紊乱,脏器变化,垂体肿瘤所致的局部压迫症状等临床表现。

(三) 实验室检查及特殊检查

随机或基础状态下血 GH 增高或正常,但口服 75g 葡萄糖后 60~120 min 血 GH 水平通常>10μg/L(正常人<5μg/L)。血胰岛素样生长因子-1(IGF-1)增高。X 线检查示骨龄延迟,骨骼及软组织增生,骨质疏松。蝶鞍 MRI 或 CT 增强扫描可确定肿瘤大小,早期发现直径在 10mm 的微腺瘤。

三、诊　　断

根据患者典型的损容性表现,X 检查显示骨骼及软组织增生、骨质疏松,血中 GH 基础值升高,葡萄糖耐量试验时不能抑制 GH 升高就能够确诊,蝶鞍的 MRI 或 CT 扫描可早期发现微腺瘤。诊断巨人症应注意与体质性巨人、性腺功能减退性巨人症、马方综合征(Marfam's syndrom)、XYY 综合征、脑性巨人症等鉴别。肢端肥大症应注意与厚皮性骨膜病、大骨节病鉴别。

四、治　　疗

治疗的目的是根除生长激素瘤,解除垂体肿瘤所致的压迫;制止 GH 的过度分泌;纠正内分泌代谢紊乱。

（一）手术治疗

为 GH 瘤的主要治疗手段。①经蝶鞍显微手术摘除垂体微腺瘤：经 CT 扫描定位诊断为微腺瘤，经蝶骨手术完整摘除之，部分患者可达根治效果。②经额手术摘除垂体肿瘤：其指征为：严重、发展迅速的视力障碍；出现垂体腺瘤内突然出血（垂体性卒中）的表现；已做过照射治疗，但仍出现进行性视力障碍，或视力障碍仍停留在明显功能不全状态；巨大肿瘤，向鞍外伸展，引起中枢神经系统症状；GH 过多所致的症状严重，经照射治疗无效时，可考虑手术。

（二）放射治疗

生长激素瘤对放射线治疗敏感，适用于较大肿瘤手术不能完全切除时术后辅助治疗，亦可用于不宜手术者。可采用常规高电压照射、a 粒子照射、质子束放疗、伽玛刀立体放疗，也可采用深部 X 线治疗、^{60}Co 治疗及将核素^{193}Au 植入蝶鞍内的内照射术疗法，可获满意效果。但如患者有视野小，颅内压增高表现则禁用放射治疗，以免放射治疗后组织水肿而加重视力损害。

（三）药物治疗

1. 多巴胺能药——溴隐亭　对正常人可兴奋 GH 的释放，而对本症患者可使血浆 GH 下降，可能是由于此药对垂体肿瘤的直接抑制作用。本药治疗期间仅使约 25% 患者的血 GH 水平降至正常，5% 患者的垂体瘤缩小。一般每次 5mg，每日 3~4 次，有时剂量需高达 60mg/d。可出现恶心、呕吐，直立性低血压等副作用。

2. GH 抑制素类似物——奥曲肽　作用时间较长，对胰岛素抑制作用较轻，可用来治疗本症，用药期间可获得较满意疗效。应用指征：活动期病人，手术及放疗无效或有禁忌证；已做放疗但效果尚未显示出来的患者；老年患者，尤其是已有高血压、糖尿病、心力衰竭、脑卒中者。

（四）其他内分泌代谢紊乱的治疗

根据患者内分泌代谢紊乱出现的具体情况，予以相应的治疗。

（五）美容治疗

在上述治疗后，必要者可采用美容外科手术治疗。皮肤增粗、油脂分泌增多等损容性表现可采取美容护肤、中医中药对症治疗。

（六）饮食治疗

本病对饮食没有太大的禁忌，以清淡饮食为主，注意饮食规律。

（蒋　钰）

第 6 节　原发性慢性肾上腺皮质功能减退症

原发性慢性肾上腺皮质功能减退症又称艾迪生病。主要由肾上腺本身的病变致肾上腺皮质激素分泌不足和反馈性血浆 ACTH 水平增高。本症多见于中老年人，特发性者女性多于男性，结核性者男性多于女性。临床上能导致明显的损容性表现。

一、病　　因

病因主要有：①双侧肾上腺结核：多由血行播散所致，常先有或同时有其他部位结核病灶如肺、肾、肠等。近年发病率下降。②特发性肾上腺萎缩：为自身免疫性破坏或多腺体功能减退综合征所致。约 75% 患者血中可检出抗肾上腺的自身抗体。近年发病率上升。③其他病因：双侧肾上腺转移性癌肿及白血病、淋巴瘤等侵犯，全身性淀粉样变性，先天性肾上腺发育不全，双侧肾上腺切除，放射治疗破坏，肾上腺酶系抑制药如美替拉酮、氨鲁米特、酮康唑或细胞毒药物如米托坦（双氯苯二氯乙烷，OP'-DDD）的长期应用，血管栓塞等。

二、临 床 表 现

（一）影响形体与容貌的表现

1. 色素沉着　色素沉着为本病的特征性损容表现。几乎所有患者有此症状。皮肤、黏膜呈淡褐色至焦煤样不同程度的色素沉着，有光泽，不高出皮面，全身性分布，以颜面部、四肢等暴露部位及易摩擦部位、乳晕、瘢痕、掌纹、指（趾）甲床部等最明显。脸部色素沉着常不均匀，可呈块状或斑片状，以前额及眼周较深，唇、舌、牙龈、口腔黏膜及上腭黏膜等处均可见点状或斑片状蓝黑色色素沉着。在色素沉着部位间的皮肤常出现白斑点。

2. 体重减轻　此为常见现象，患者体重下降程度与病程长短、病情轻重有关。

3. 生殖系统功能紊乱　女性可见阴毛、腋毛减少或脱落、稀疏，月经失调或闭经；男性常有性功能减退。

（二）其他器官系统表现

本病可侵犯多数器官系统，表现为虚弱和疲乏。累及心血管系统可出现头晕、直立性低血压、昏厥、心肌收缩力下降、心电图示低电压、窦性心动过缓，P-R 及 Q-T 间期延长、T 波变化等。累及消化系统可出现食欲减退、恶心、呕吐、腹痛、腹泻、常喜咸食。累及神经、精神系统，可出现乏力、淡漠、疲劳，重者嗜睡，意识模糊，可出现精神失常。累及生殖系统，女性月经失调或闭经，但病情轻者仍可生育；男性常有性功能减退。其他有代谢障碍，糖异生作用减弱，肝糖原耗损，可发生低血糖症状，排泄水负荷的能力减弱，在大量饮水后可出现稀释性低钠血症等。患者对各种应激皆缺乏抵抗力，可诱致危象发生。对麻醉、安眠、镇静、降血糖药物极为敏感，少量即可引起昏迷。

（三）实验室检查

血浆皮质醇水平低下，一般认为，如血浆皮质醇≤30μg/L 可确诊为本症。血浆基础 ACTH 测定原发性肾上腺皮质功能减退者明显增高，常≥55pmol/L（100pg/ml），常介于88～440pmol/L（正常人低于18pmol/L），而继发性肾上腺皮质功能减退者，在血浆皮质醇降低的条件下，ACTH 浓度也甚低。24h 尿皮质醇大部分患者低于正常，血钠可降低，血钾升高，血钠/血钾<30，血糖低、糖耐量曲线低平。影像学检查，结核所致者 CT 检查可发现肾上腺增大或萎缩及钙化影，自身免疫所致者肾上腺无增大。

三、诊　　断

根据患者特征性损容表现、多器官系统症状、体征及实验室检查结果可确定诊断。若无明显色素沉着,其临床表现与其他慢性消耗性疾病相似时,应进行血浆 ACTH、血浆皮质醇等测定和 ACTH 兴奋试验,明确垂体——肾上腺皮质轴的功能状态。当确定患有肾上腺皮质功能减退后,应进一步用影像学检查(如 CT、MRI)进一步确定病因和病变部位。诊断时应与继发性肾上腺皮质功能减退症鉴别:其一般无色素沉着,且多伴有其他靶腺功能减退症;还要注意与黑变病、血色病、慢性消耗性疾病如肝硬化等鉴别。

四、治　疗

(一) 内分泌替代性治疗

以补充生理剂量的肾上腺皮质激素的替代疗法为主。①糖皮质激素替代:诊断明确,应尽早给予糖皮质激素替代治疗,一般需终身补充。以小剂量开始,逐步递增。通常宜模拟激素昼夜节律给药,一般上午 8 点前给 2/3 量,口服氢化可的松 20mg(或可的松 25mg),下午 4 点给 1/3 量氢化可的松 10mg(或可的松 25mg),再服 10mg(或可的松 12.5mg)。依据症状改善程度、尿 24h 血浆皮质醇值、血压、工作和活动量等,做适当调整,以期达到控制症状和最佳生活质量的目的。工作量增加和活动量、感染、创伤、手术等应激时,应适当增加替代量。②食盐和盐皮质激素替代:食盐的摄入量应充分,每日至少 8~10g,如有大量出汗、腹泻时,应酌加摄入量。多数患者在服用氢化可的松(或可的松)和充分摄盐后即可获满意效果。如仍感头晕、乏力、血压偏低、血浆肾素活性增高,则需加服盐皮质激素,可每日口服 9a-氟氢化可的松,上午 8 时一次口服 0.05~0.1mg;不能口服者可用醋酸去氧皮质酮(DOCA)油剂,每日 1~2mg,肌内注射。根据疗效,调节剂量,如有水肿、血压过高、低血钾则应减量;相反,原症状改善不明显伴低血压、高血钾则适当加量。

(二) 其他治疗

如因肾上腺结核所致者,应联合抗结核治疗。如病因为自身免疫病者,则应检查是否有其他腺体功能减退,如存在,则需做相应治疗,避免诱发或应激因素等。如发生肾上腺危象,应给予积极的抢救措施。

(三) 美容治疗

本病对容姿的损害明显而严重,尤其是颜面部及四肢等暴露部位的色素沉着对患者的容颜影响大,应在上述内分泌专科治疗的同时结合中医辨证施治和美容养颜护肤技术进行相应的美容治疗。对治疗后仍残留下的色素斑或色素沉着灶,可内服或注射大剂量的维生素 C。维生素 C 可将多巴醌还原为多巴,从而抑制黑素形成。每天用量 1~3g,疗程至少 2~3 个月,如能与维生素 E 联合应用则效果更佳;口服谷胱甘肽、氨甲环酸片(每片 0.25g),每次 1 片,每日 3 次,使用 2~3 个月有一定效果。在护肤美容过程中采用超声美容仪或离子导入机在面部导入脱色精华素(含维生素 C、E、A 及芦荟等)约 5~10min,可加速色素斑消退。

(四) 饮食治疗

予高蛋白质、高糖、高维生素、高钠(大于 8~10g/d)、低钾饮食。若有大量出汗、腹泻时,应酌情增加水、盐摄入量;鼓励患者多进食、进水,可以少量多餐,以维持足够的营养。

案例 6-5

患者,男性,52 岁。面部皮肤变黑、乏力 1 年。1 年前无明显诱因,出现面部皮肤变黑,伴乏力,发病以来口重,喜吃咸食,体重下降 6kg,既往体健。体格检查 T 36.8℃,P 78 次/分,R 18 次/分,Bp 95/60mmHg。面部、手掌、乳晕、束腰部位有棕褐色色素沉着,有光泽,不高出皮面。查血游离皮质醇:70.2nmol/L;促肾上腺皮质激素 600.2pg/ml;肾上腺 CT 示:双侧肾上腺增大,以右侧为著,形态饱满,失去常态,呈多处结节状向外突出,增强后病变强化程度减低,大部呈低密度影。

问题与思考:①该患者最可能的诊断及诊断依据是什么? ②分析患者皮肤变黑的原因,以及皮肤变黑的处理措施。

分析:①该患者最可能的诊断原发性肾上腺皮质功能减退症。诊断依据:患者有典型的皮肤色素沉着,血皮质醇降低,ACTH 高,可明确诊断。②原发性皮质功能减退患者肾上腺皮质激素分泌降低,促肾上腺皮质激素(ACTH)反馈性分泌升高,ACTH 及其前体均为促黑素刺激激素类似物,故可导致皮肤色素沉着,表现为易暴露及摩擦部位的皮肤可变黑。患者皮肤色素沉着的处理关键在于原发病的治疗,在内分泌专科治疗的同时,可结合美容治疗,采用中医辨证施治和美容养颜护肤技术美白祛斑,若仍残留色素沉着灶,可采用维生素 C、维生素 E、谷胱甘肽、氨甲环酸片口服等方法。

(蒋　钰)

第 7 节　皮质醇增多症

皮质醇增多症又名 Cushing 综合征,主要是多种原因使肾上腺皮质分泌过多的糖皮质激素(主要为皮质醇)所致。根据病因不同分为两大类:①ACTH 依赖性,包括垂体 ACTH 分泌增多[多系垂体 ACTH 腺瘤,又称库欣病(Cushing disease,最常见)]及异位 ACTH 综合征(垂体以外肿瘤分泌大量 ACTH);②非 ACTH 依赖性,包括肾上腺皮质腺瘤,腺癌以及肾上腺结节性增生。患者临床上产生满月脸、向心性肥胖、皮肤紫纹、痤疮等一系列影响形体与容貌的表现。本症成人多于儿童,女性多于男性。

一、病　　因

主要病因为垂体分泌 ACTH 过多和肾上腺肿瘤两类。前者约占 70%,主要为垂体 ACTH 腺瘤,其中少数为异位 ACTH 综合征;后者又分为良性腺瘤、恶性腺癌和结节胜肾上腺病,但恶性者少见。

二、临 床 表 现

(一) 影响形体与容貌的表现

1. 向心性肥胖　多呈向心性肥胖,满月脸、颈项部脂肪隆起呈"水牛背"状,腹部膨出、悬垂,四肢相对瘦削,儿童两颊外鼓并下坠,口角向下,形成"鲤鱼嘴"状。

2. 多血质和紫纹　多数患者面部红润,有明显皮脂溢出,呈多血质外表。毛细血管抵抗力减低,皮肤容易发生紫癜及瘀点,好发部位为上臂、手背及大腿内侧等。因脂肪大量堆积,使皮肤弹力纤维断裂,下腹部、臀外侧、大腿内侧、膝关节及肩部等处可见典型的对称性、中段宽而两端较细的弧形粗大紫色皮纹即紫纹。

3. 毛发增多 患者常有痤疮,汗毛、阴毛、腋毛增多变粗,发际低下,眉浓,女性上唇出现小须,阴毛可呈男性分布。

（二）其他器官系统的表现

1. 心血管系统 多数有高血压,持久的血压升高可导致心脏、肾脏、眼底等部位的病理变化。

2. 性征及生殖系统 女性患者常有多毛、月经减少、不规则或闭经、性欲减退,男性患者可有阳痿、性欲减退、阴茎缩小、睾丸变软而小。男性化现象十分明显者,提示肾上腺癌肿可能较大。

3. 肌肉及骨骼系统出现肌萎缩、骨质疏松、脱钙,甚至发生病理性骨折。

4. 约半数患者有不同程度的精神和情绪改变。此外,还可出现糖耐量减退,甚至引起类固醇性糖尿病,负氮平衡,电解质改变,对感染抵抗力减弱等。

（三）实验室检查及特殊检查

血浆皮质激素及其代谢物的浓度增高是确诊本症的基本依据。大多患者的清晨血皮醇可在正常范围或轻度升高,夜间睡后 1h 几乎总是升高,失去正常的昼夜节律。24h 尿 17-羟皮质类固醇(17-OHS)在 55μmol 以上,尤其在 70μmol 以上时,诊断意义更大;24h 尿游离皮质醇多在 304nmol 以上（正常成人尿排泄量为 130～304nmol/24h,均值为 207nmol ± 44nmol/24h）,因其能反映血中游离皮质醇水平,且少受其他色素干扰,诊断价值优于 17-羟皮质类固醇。肾上腺瘤所致皮质醇增多症患者血 ACTH 水平降低;垂体性皮质醇增多症血 ACTH 水平正常或轻度升高;异位 ACTH 综合征者 ACTH 明显升高,多高于 44.4pmol/L,小剂量地塞米松试验不能抑制。垂体性皮质醇增多症患者垂体 MRI 检查可发现直径在 10mm 以下的垂体腺瘤,但对直径<5mm 的微腺瘤检出率较低。肾上腺 B 超可以发现大多数肾上腺肿瘤,应作为首选。若肿瘤较小时应进一步做 CT 或 MRI。因垂体分泌 ACTH 的腺瘤的80%～90% 为微腺瘤,故一般需采用蝶鞍加强的 CT 和 MRI,3mm 连续断层扫描,一般能检出直径在 4～5mm 以上的肿瘤,检出率可在 60% 以上。

三、诊　断

Cushing 综合征的诊断应首先确定肾上腺皮质功能是否亢进,当确诊为皮质醇增多症后,则需进一步明确病因和定位诊断。①功能诊断:患者若有典型的影响形体和容貌的表现,如向心性肥胖、体表有深紫红、宽而粗的条纹、多血质面容及高血压等症状和体征,则提示可能为本症,但确诊仍需实验室检查证实。症状体征不典型者,主要依靠实验室检查确诊。②病因和定位诊断:可酌情选择血 ACTH 测定、大剂量地塞米松抑制试验、美替拉酮试验、CRH 兴奋试验以及肾上腺 B 超、CT 或 MRI。从而明确为垂体性、肾上腺性或异位 ACTH分泌综合征。

轻症或不典型病例主要需与单纯性肥胖症、原发性高血压、2 型糖尿病、多囊卵巢综合征、黑棘皮病和类 Cushing 综合征相鉴别。

四、治　　疗

皮质醇增多症治疗目的是去除引起本症的病因,从而纠正皮质醇增多的状态,尽量不损害垂体及肾上腺的功能。

(一) 病因治疗

按病变性质的不同可选择手术、放疗和药物三种方法。①手术:如垂体瘤切除,肾上腺单侧切除、双侧次全切除或两侧全切,异位 ACTH 综合征原发癌肿的切除。其中,经蝶窦切除垂体微腺瘤是治疗库欣病的首选方法。对垂体大腺瘤者可做开颅手术治疗,尽可能切除肿瘤。对不能完全切除者应辅以放射治疗。如手术失败或因某种原因不能做垂体手术,可行一侧肾上腺全切,另一侧肾上腺大部分切除或全切,手术辅以垂体放射治疗。双侧肾上腺全切者需终身服用糖皮质激素替代治疗。手术切除肾上腺皮质腺瘤预后良好。由于长期皮质醇增多致下丘脑、垂体以及腺瘤对侧的肾上腺组织均处于受抑制状态,故术后极易发生肾上腺皮质功能不足。应口服泼尼松 5~7.5mg/d,半年后逐渐停药。显微外科单纯切除垂体瘤,尽可能保留正常垂体组织是近年治疗垂体性 Cushing 病的首选方法。其治愈率可达 80% 以上,术后复发率约 10%。②放疗:对垂体瘤或异位 ACTH 综合征的原发性癌肿,可酌情采用^{60}CO、深度 X 线、直线加速器等照射治疗。③药物治疗:适用于轻症不愿手术者或作为手术、放疗后的辅助治疗,可选择调控 ACTH 释放的药物如赛庚啶、溴隐亭、生长抑素等。或抑制肾上腺类固醇激素合成的药物如米托坦、美替拉酮、氨鲁米特、酮康唑等,用药过程中应注意观察不良反应。

(二) 对症治疗

继发糖尿病者应予以控制饮食及降糖药物治疗,继发感染者及时应用抗生素控制感染,出现电解质紊乱者及时纠正电解质紊乱等。

(三) 美容治疗

对经过上述治疗仍存在局灶性脂肪堆积、色素沉着、痤疮等损容性病灶者,可酌情采取相应的美容方法进行治疗。中医辨证施治对缓解本病的病情及损容性病症有一定的疗效。

(四) 饮食治疗

1. 低盐饮食　每日只可用 3~5g 食盐。日常饮食应选择含钠较低的食物,如豆类及豆制品、蔬菜类、果类等。

2. 进食含钾高的食物　如鲜香菇、黄瓜、柑橘、甜玉米、糯米、马铃薯、桂圆、葡萄、椰子、柿子、西瓜、芒果等。

3. 多食碱性食品　如豆类、蔬菜、水果、栗子、百合、奶类、藕、蛋清、海带、茶叶等。

4. 高蛋白饮食　如黄豆、蚕豆、豌豆、花生、牛肉、猪肉、鸡肉、鸭肉、内脏、鸡蛋、奶粉等。

5. 高维生素饮食　如葡萄、菠萝、芒果、香瓜、樱桃、绿豆芽、四季豆、青椒、花菜、芹菜、苦瓜、木耳、毛豆、南瓜等。

6. 低胆固醇食物　米、麦、玉米、米粉、面包、蔬菜、水果、豆类、奶粉、花生等食物的胆固醇含量低。而肉类、蛋类、水产类、蛋类食物胆固醇含量很高,宜少食。

7. 低糖饮食　远离甜食,避开各种糖类食物。应多食五谷类、根茎类、新鲜蔬菜等,这些食物对血糖转换速度较慢。

案例6-6

患者,女,53 岁,进行性体重增加 4 月余,发现血压高 3 月余。查体:BP 160/95mmHg,向心性肥胖,多血质面容,双肺呼吸音清,心率 88 次/分,律齐,下腹两侧可见数条紫纹。实验室检查:血浆皮质醇早晨 8 时为 685 nmol/L,下午 4 时为 596 nmol/L。

分析:该患者首先考虑为皮质醇增多症。其依据:该患者有典型的影响形体和容貌的表现及高血压的症状,结合血浆皮质醇升高可诊断。治疗上应进一步查清病因,针对病因进行治疗。

(蒋　钰)

第8节　特发性浮肿

特发性浮肿是一种水盐代谢紊乱的综合征,易见于 20~50 岁生育期年龄的女性。常出现周期性的浮肿、腹胀,往往月经前期加重,相当多的患者同时有肥胖。明显影响形体与容貌。

一、病　因

本病的病因尚未完全明了。目前认为可能是由于直立时交感神经兴奋不足,导致脑部血液供应相对不足,通过容量感受器反射引起醛固酮分泌增加所致。精神刺激可诱发或加重特发性浮肿。

二、临床表现

（一）影响形体与容貌的表现

1. 水肿或浮肿　为主要的损容性表现,呈周期性演进的浮肿,浮肿波及皮下组织、肌肉,主要影响肢体、骨盆、腹部和乳房,在发作期,晨起面及眼睑浮肿,起床活动后下肢、躯干渐肿,浮肿为凹陷性,亦可仅呈胀感,天热时可加重,大多数患者浮肿与体位关系密切,站立活动时加重,平卧时减轻。

2. 肥胖　约半数患者可有肥胖,往往形成比较迅速,可在数月或 1~2 年内增加 10kg 以上。

3. 常有自主神经功能失调的症状如面部阵发性潮红。

4. 皮肤血液循环障碍　多见于下肢,皮肤增厚变硬、发凉,有时可见散在性紫癜。肢端血管舒缩障碍常见,肢端发红、潮湿,往往未到冬季而出现冻疮。

（二）其他表现

常见月经紊乱,可为经期延迟,月经减少或闭经。口渴、少尿、腹胀、便秘也较常见。患者可出现情绪不稳定,性格改变,甚至精神变态或昏沉嗜睡等神经、精神症状。心血管系统往往有直立性低血压、劳动后气急等。

（三）实验室检查

可做"立卧式水试验",显示患者于立位时,有水钠潴留现象。采取立位时,日间的 4h 尿量小于卧位时尿量的 50% 以上,有助于明确诊断。

三、诊　　断

根据患者影响形体与容貌的表现和其他表现,结合立卧式水试验显示立位时有水钠潴留,本病诊断不难。但须注意排除器质性疾病所致的浮肿、亚临床型甲减、糖尿病等。

四、防　　治

由于病因较复杂,还缺乏特效的根治方法,可采取以下综合性治疗措施。

(一) 一般治疗

患者做耐心的解释工作,以解除不必要的顾虑,防止浮肿加剧。肥胖者应控制饮食。氯化钠的摄入量宜适当减少,每日可 3~5g。患者不宜持久站立,最好于工作 3~4h 后,有平卧一段时间的机会,以利水分排出。病情严重者,宜适当卧床休息,去枕或用低枕。在立位时,如能穿长弹力袜或下肢绑弹力绷带,可减轻水钠潴留,并防止直立性低血压。在治疗过程中,宜每日早、晚饭前称体重并记录,以判断疗效。

(二) 药物治疗

对于浮肿比较明显的患者,在浮肿发作期适当用利尿剂。过后即停止,间歇性使用。为了避免反跳性水钠潴留,宜在服药前的次日,进低盐饮食。可选用复方芦丁,每日 3 次,每次 2~4 片,可减轻毛细血管通透性。有经前紧张表现者,浮肿在月经前数日加重,可在月经周期第 21 日起,每日肌内注射黄体酮 10~20mg,连续 5~6 日;或口服甲羟孕酮,每日 3 次,每次 2mg;或在月经周期第 12 日,肌内注射 1 次长效 17-羟孕酮 125mg。

(三) 美容治疗

在上述处理后,对局部的损容性病症可采取美容护肤、中医中药养颜等对症治疗措施。

(四) 饮食治疗

饮食宜清淡,每天食盐摄入量控制在 3~5g。禁忌海鱼、虾、蟹等。蔬菜中要忌用大量的葱、韭、姜、大蒜等辛辣食品,南瓜、雪里红、生冷水果等也应忌食。水肿消退后,短时期内也应注意坚持低盐饮食,但可适当地增加一些营养丰富的食物。少吃或不吃富含胆固醇和饱和脂肪酸的食物。

案例 6-7

患者,女,42 岁,无任何诱因出现面目及双下肢浮肿 4 月余。行尿液分析、心脏彩超、肝肾功能等检查,均无异常,内分泌测定亦都在正常指标内。症见面目及双下肢浮肿,按之轻度凹陷,夜间则甚。诊断为"特发性浮肿"。

分析:　该患者面目及双下肢浮肿,影响到容貌与形体,除药物治疗外,在饮食上,尤其注意饮食清淡,控制食盐摄入量,禁忌海鱼、虾、蟹等,忌用辛辣食品等。

(周　昊)

第 9 节　多　毛　症

多毛症是指女性性征毛发与其同种族、同年龄者相比,生长过盛、变粗、变黑。主要表现在上唇、下颌、耳前、乳晕、胸部、上腹部、上背部、毛发分布呈男性化倾向,严重影响女性的容颜。

一、病因和分类

根据病因不同,多毛症可分为雄激素依赖性和雄激素非依赖性两类。

（一）雄激素依赖性多毛症

主要有:①特发性多毛症:又称体质性多毛症,大多数属此类。病因多不明确,与皮肤对雄激素敏感性增加和(或)雄激素生成中度增多有关。②卵巢疾病:常见有多囊卵巢综合征;此外,卵巢滤泡膜细胞增多症、致男性化卵巢肿瘤等也可引起多毛症。③肾上腺疾病:皮质醇增多症,先天性肾上腺皮质增生症。④外源性雄激素:同化类固醇、达那唑、绝经期妇女激素替代治疗中所含的雄激素亦可致多毛。⑤绝经期多毛症:常见于颏部多毛,由于女性绝经期雌激素水平下降,而雄激素水平相对增多所致。

（二）雄激素非依赖性多毛症

主要有:①医源性多毛症:此类最为常见,长期或大量应用糖皮质激素、孕激素、苯妥英钠、环孢菌素、米诺地尔(长压定)、二氮嗪等,可使患者出现多毛现象。②内分泌疾病:肢端肥大症形成期可出现毛发增多;甲状腺功能减退患者四肢伸侧及背部毳毛增多;甲状腺功能亢进症患者胫前黏液性水肿区可出现多毛。③其他疾病:神经性畏食、吸收不良、迟发性皮肤卟啉症等可伴多毛。

二、临 床 表 现

（一）影响容貌的表现

1. 毛发增多　多毛的程度轻重不一,毛发增多常从下腹部、乳房、上唇开始,严重者可出现上背部、上腹部和胸上部多毛。

2. 皮肤多脂、痤疮　多毛常伴有皮肤多脂和痤疮,是由于毛囊相关的皮脂腺也对雄激素敏感所致。

（二）其他表现

特发性多毛患者,一般具有规则的排卵月经,无卵巢增大及卵巢、肾上腺肿瘤的病史,20%～30%有家族史。卵巢和肾上腺等引起的多毛症,还有明显的原发疾病的症状。

（三）实验室检查

1. 血清(血浆)激素测定　血浆游离睾酮测定水平升高反映肾上腺和(或)卵巢功能异常;血浆脱氢表雄酮测定增高提示为肾上腺疾病;血浆 17-羟孕酮增高提示先天性肾上腺皮质的增生症。

2. 尿中肾上腺皮质激素及其代谢产物测定　尿 17-酮类固醇为来自肾上腺与卵巢的雄激素总活性测定指标;尿孕三醇升高,有助于先天性肾上腺皮质增生症的诊断;尿游离皮质醇增高见于皮质醇增多症。

3. 先天有多囊卵巢综合征,卵巢功能低下时,应测 LH、FSH,常以 LH↑、FSH↓、LH/FSH>2∶1 为特征。

4. 地塞米松抑制试验　小剂量地塞米松1.5～2mg/d,连服 5～7 日,测定服药前后的血浆游离睾酮、血浆脱氢表雄铜和皮质醇水平。如雄激素不被抑制,提示多囊卵巢综合征、分泌雄激素的肿瘤或皮质醇增多症;如尿游离皮质醇不能被抑制,常提示皮质醇增多症。

三、诊　断

本病的诊断在于明确病因。应详询病史,如家族因素,种族因素,多毛症的起病时间,发展情况,月经史,生育史等。体格检查要注意毛发生长的性质,体毛状况、分布范围,男性化表现,女性化消失,有无腹部及盆腔包块等体征。结合血、尿内分泌激素及代谢产物测定,必要时进行超声、CT、MRI 检查,有助于多毛症的诊断与鉴别诊断。

四、治　疗

（一）病因治疗

医源性多毛症应停药改用其他的治疗方案。皮质醇增多症、卵巢和肾上腺肿瘤以手术治疗为主。

（二）特发性多毛症和多囊卵巢综合征治疗

主要通过阻断雄激素代谢途径中的一个或多个环节的药物来进行治疗,一般 9～12 个月起效,为避免复发,有些需终生服药。常用药物有:①卵巢抑制剂:有避孕药和促性腺激素释放激素(GnRH)类似物如那法瑞林等,以后者疗效更佳,能有效控制卵巢源性雄激素过多及多囊卵巢综合征,但价格昂贵。主要副作用是降低雌激素水平,甚至导致绝经,还可减少骨量,较为理想的治疗方案是将此类药物与雌激素联合治疗。②肾上腺抑制剂:糖皮质激素为治疗先天性肾上腺皮质增生症的最有效疗法。③抗雄激素治疗:激素拮抗剂常用有螺内酯,对特发性多毛症有效,对多囊卵巢综合征如与雌激素联合应用可提高疗效;初始剂量 50mg,每日两次,加大剂量,对改善症状更有效,但副作用增加,常见的有高钾血症、低血压、月经频率增加等;醋酸环丙氯地孕酮(PCA)对多囊卵巢综合征患者尤为有效,常用 50mgPCA 加雌激素或口服避孕药方案治疗,一般在月经周期第 5～15 天予 PCA50～100mg/d,在 5～26 天予维生素 35～50μg/d。④5a-还原酶抑制剂:Finasferide 5mg/d,6 个月后能明显改善特发性多毛症及多囊卵巢综合征患者的多毛症。注意该药妊娠前期服用有致男性胎儿生殖器两性畸形的可能。⑤酮康唑:小剂量 400mg/d 能明显降低血浆睾酮水平．减轻多毛的程度。

（三）美容治疗

多毛症给患者带来心理社会效应,因此在上述治疗过程中美容措施也应同时进行。脱毛方法有两种:①暂时性脱毛法:包括剃除法、镊除法、脱毛膏去除法、蜡脱毛等;②永久性脱毛法:目前最先进、最可靠的是激光脱毛法。根据选择性光热作用的原理,达到治疗的目的。因此,可以用激光精确地选择性地瞄准毛囊,去除毛发。另外,永久性脱毛还有高频电针电解法、电镊式脱毛机脱毛法。对特发性多毛症中药治疗有一定疗效。伴皮肤损容病变者,可进行相应的美容护肤处理。

（四）饮食治疗

本病无特别食疗方法。避免进食一些高热量的食物以及快餐饮食等,多吃豆类,大豆异黄酮是类雌激素,可改善毛发生长过快的现象。

案例 6-8

患者,女,32 岁,未婚。胸、腹部明显多毛,毛长约 2cm,在腹部脐下毛多密集呈漩涡状,颈部喉结明显,声音较低沉,平素身体健康,无其他不适。其祖母亦有类似症状。

分析:该患者为多毛症,发病原因可能与家族遗传有关。诊断依据:患者毛发明显增多,伴有喉结、声音低沉的男性化表现可诊断。因其祖母亦有类似症状,考虑为遗传性。美容治疗可考虑采用激光脱毛法。

(周 昊)

目标检测

一、名词解释

1. 甲亢　　2. Cushing 综合征

二、填空题

1. 生长激素分泌过多,在幼年引起_____,成年引起_____,儿童时期分泌不足引起_____。
2. 甲亢影响形体与容貌的表现包括_____,_____,_____,_____。
3. 原发性慢性肾上腺皮质功能减退症的特征性损容表现为_____。

三、选择题

1. 下列哪项不是甲状腺功能减退症的临床表现 ( )
   - A. 皮肤干燥
   - B. 食欲亢进
   - C. 记忆力减退
   - D. 畏寒

2. 皮质醇增多症,下列哪项临床表现少见 ( )
   - A. 向心性肥胖
   - B. 高血压
   - C. 高血糖
   - D. 胆固醇明显增高

3. 下列不适合甲亢患者食用的食物为 ( )
   - A. 牛肉
   - B. 蛋黄
   - C. 海带
   - D. 胡萝卜

4. 下列不适合单纯性甲状腺肿患者食用的食物为 ( )
   - A. 柿子
   - B. 花椰菜
   - C. 海带
   - D. 淡菜

四、简答题

1. 成人甲减在饮食上应遵循哪些原则?
2. 皮质醇增多症患者存在哪些损容性表现?

第7章

损容性相关疾病与营养

1. 掌握原发性骨质疏松、佝偻病的病因、临床表现、饮食治疗,了解其常用治疗方法及治疗相关的营养影响因素。

2. 掌握神经性厌食的概念、营养治疗原则,了解其病因及临床表现。

3. 了解脂肪肝、习惯性便秘、失眠、慢性腹泻与营养的关系,掌握其营养支持;了解其营养食膳的制法用法及功效。

第1节 原发性骨质疏松

一、概 述

骨质疏松症是一种常见病、多发病,它严重地威胁着中、老年人,尤其是绝经后女性的身体健康,由此引起的骨折等并发症,除了给患者本人造成极大的痛苦外,对社会和家庭带来了沉重的经济和生活负担。

有报导在女性患者中乳腺癌、中风和发作性心脏病三种疾病年发生率加起来还不如骨质疏松性骨折的患者人数多;50岁以后,发生骨质疏松的女性在未来10年内出现髋部、脊柱、前臂或肱骨近端骨折的可能性高达45%,大于65岁老人在无意识跌倒时,有87%会造成骨质疏松性骨折,医疗保险花费在治疗骨质疏松性骨折等疾病的费用每年都在上升。在中国,老年人的绝对数量占世界第一位,并随着生活水平的提高和人口寿命的增长,我国的老龄人口正在急剧增多。在目前临床工作中对骨质疏松症检出率、漏诊率和认知率很低,所以,在中国,骨质疏松症的诊断及其防治就显得十分重要。

骨质疏松症在其他国家同样也渐渐成为很大负担。在美国,每年由于骨质疏松造成的经济损失达数百亿美元。加拿大报道超过50岁的老年人中,有1/4女性和1/8男性均患有骨质疏松症,60岁以上骨折患者80%都与骨质疏松有关。2000年,在欧洲,大约270万人口发生骨质疏松性骨折,髋部骨折的老年人20%将在1年内死亡。

(一) 定义

骨质疏松症是 Pommer 在 1885 年提出来的,直到 1990 年在丹麦举办的第三届国际骨质疏松研讨会以及 1993 年在香港举办的第四届国际骨质疏松研讨会上,骨质疏松症才有一个明确的定义,并得到世界公认:原发性骨质疏松症是以骨量减少、骨的微观结构退化为特征的,致使骨的脆性增加以及易于发生骨折的一种全身性骨骼疾病。2001 年美国 NIH 的专家组对骨质疏松的定义增加了骨强度的降低,从此将骨强度概念也纳入骨质疏松的定义中。

（二）分类

骨质疏松症可分为三大类,一类为原发性骨质疏松症,是一种随着年龄的增长必然发生的生理性退行性病变,约占所有骨质疏松症的90%以上;第二类为继发性骨质疏松症,它是由其他疾病或药物等一些因素所诱发的骨质疏松症。第三类为特发性骨质疏松症,多见于8～14岁的青少年或成人,多半有家庭遗传病史,女性多于男性。妊娠妇女及哺乳期女性所发生的骨质疏松也可列入特发性骨质疏松,以便引起人们的重视。本节课讨论的为原发性骨质疏松(以下简称骨质疏松)。

（三）原发性骨质疏松症分型

原发性骨质疏松症又可分为两个型,Ⅰ型为高转换型骨质疏松症,为绝经后骨质疏松症。Ⅱ型为低转换型,包括老年性骨质疏松症。一般认为发生在65岁以上女性和70岁以上男性的老年人(国外把70岁以上老年妇女骨质疏松)列为Ⅱ型骨质疏松症。

二、临床表现

骨质疏松症的主要临床表现和体征为:疼痛,身高缩短、驼背、脆性骨折及呼吸受限等。

（一）疼痛

疼痛是骨质疏松症的最常见的、最主要的症状。其原因主要是由于骨转换高,骨吸收增加。在骨吸收过程中,骨小梁的破坏、消失,骨膜下皮质骨的破坏等均会引起全身性骨痛,以腰背痛最为多见。另一个引起疼痛的重要原因是骨折,即在受外力压迫或非外力性压迫脊椎压缩性骨折,扁平椎、楔椎和鱼椎样变形而引起的腰背痛。因为疼痛,患者常常卧床,运动减少,常常导致随后出现的周身乏力感,并加速骨量丢失。

（二）身长缩短、驼背

在无声无息中身高缩短,或者驼背是继腰背痛后出现的重要临床体征之一,有时身高缩短5～20cm不等。因此骨质疏松症常被称为"静悄悄的疾病"。

（三）脆性骨折

骨质疏松患者的骨骼脆而弱、骨强度又降低,骨折阈值明显下降,因此,受轻微的外力作用就容易发生骨折。骨折是骨质疏松症最重的后果,严重影响患者的生活质量,甚至缩短寿命。好发部位为胸腰段椎体、桡骨远端、肱骨近端、股骨近端、踝关节等。各种骨折的发生,分别与年龄、女性绝经时间长短及骨质疏松的程度有一定的关系。有些脆性骨折,X线检查可见,有些脆性骨折产生的是微骨折,X线检查难以发现,核磁共振检查往往可见骨挫伤表现。

（四）呼吸障碍

严重骨质疏松症所致胸、腰椎压缩性骨折,常常导致脊柱后凸、胸廓畸形,胸腔容量明显下降,有时可引起多个脏器的功能变化,其中呼吸系统的表现尤为突出。脆性骨折引起的疼痛,常常导致胸廓运动能力下降,也造成呼吸功能下降。虽然临床病人出现胸闷、气短、呼吸困难及发绀等症状较少见,但通过肺功能测定可发现呼吸功能受限程度。

（五）峰值骨量

在女性 28 岁、男性 32 岁以前，骨量处于增长年龄段，在随后 7~8 年为峰值年龄段。峰值骨密度主要取决于遗传因素，但也受后天营养、运动、光照、生活方式等其他因素的影响。如体育锻炼多、饮食营养丰富，骨量可能增加；某些疾病（例如，糖尿病、肝肾功能不全、甲状腺机能亢进）、不良生活嗜好（例如，过量酗酒、吸烟）对骨量有负面影响。在骨骼成熟期达到的峰值时，骨密度水平低，对其后一生的骨量有决定性影响，容易患上骨质疏松症。从下图中可以看出，青春期是骨量快速增长的时期，到达 30 岁左右达到峰值骨量，绝经后女性骨量快速下降。因此，在青少年快速增长期和绝经后的快速丢失期都应该适当干预使其骨量向正面变化。

女性绝经后第一个 10 年骨质丢失最严重，尤其在绝经后头 3~5 年中骨质丢失更快。除了雌激素水平下降的影响以外，某些营养和生活嗜好因素（例如，饮食中的钙缺乏或吸烟）或患有其他病症也能加速骨丢失。

（六）骨质疏松症与孕妇和儿童

人体骨骼从胚胎中胚层分化而来，由于胎儿生活在母亲子宫的环境中，因此母体骨矿代谢的异常情况如营养不足和疾病，以及胎盘矿物质转运异常等情况，可以影响胎儿的骨骼发育。儿童青少年期获得的骨量决定成年后的骨质疏松性骨折的风险。

三、引起骨质疏松发生的相关因素

（一）内分泌与遗传因素引起骨骼变化

成年期前获得的峰值骨量的高低和成年后的骨量丢失的速度是骨质疏松症发病的两个重要因素。下列因素影响峰值骨量和骨量流失速度。

1. 活性 D 减少　随着年龄的增加活性 D 代谢障碍而使体内各种活性 D 减少。

2. 甲状旁腺激素（parathyroid hormone，PTH）**增加**　I 型骨质疏松降低，II 型骨质疏松增加。绝经后骨质疏松和老年性骨质疏松时 PTH 的活性增加，但后者高于前者骨吸收↑，来维持血钙的平衡。

3. 降钙素（calcitonin，CT）**减少**　CT 主要功能是抑制破骨细胞，由于 CT 下降使破骨数量增加、活性增加。降钙素为黑人>白人>黄种人，男性 CT>女性 CT。

4. 性激素减少　雌酮（Estrone，E1）↓、雌二醇（Estradiol，E2）↓、雌三醇（Estriol，E3）↓；雄激素↓或全部减少，所以成骨细胞活性下降，骨基质形成减少，骨吸收增加。

5. 皮质类固醇升高　皮质类固醇升高（corticosteroid，CS）抑制肠钙吸收，促进尿钙排出，继发 PTH 分泌上升，刺激破骨细胞增加骨吸收，和通过抑制成骨细胞表面的 CS 受体，减少新骨形成，抑制成骨细胞的复制，减少成骨细胞的生成。

6. 遗传因素　遗传因素决定峰值骨量的 70%。已证实骨质疏松的发生率白人>黄人>黑人与遗传因素有关。

7. 有多种成骨细胞因子及破骨细胞因子对骨形成与骨吸收有着调节作用。

（二）营养与运动因素

1. 钙　钙在骨骼中是以羟磷灰石的形式存在的，骨骼中的钙含量占全身总钙量的 99% 左右。青少年时期钙的摄入情况与老年时期骨质疏松的发生和发展状况有密切关系，如果青少年期开始就有足够的钙供给，增加骨矿化程度，使成年后骨密度峰值增加，长期保持足量钙摄入,骨质疏松速度减慢,骨折的危险性也会降低。随年龄增长而出现的骨矿物质丢失可能是长期钙摄入不足、吸收不良和排泄增多综合作用的结果。调节体内钙代谢的因素主要包括维生素 D、甲状旁腺素、降钙素和雌激素等。雌激素分泌能力下降,以致肾脏保留钙以减少排出的能力降低,加上缺乏运动,可能是绝经后妇女骨质疏松的重要原因。

2. 磷 一般饮食中含磷丰富。过高的血磷会抑制 $1,25-(OH)_2-D_3$ 生成,导致钙吸收下降。但增加磷摄入减少尿钙丢失,因此,综合结果对钙平衡影响不大。一般认为钙磷比值 2∶1 至 1∶2 范围是合适的。目前有部分学者认为钙磷比值对骨骼的影响不是很大,不需过分在意,值得探讨。

3. 维生素 $1,25-(OH)_2-D_3$ 促进小肠钙吸收,减少肾钙磷排泄,有利于骨质钙化。维生素 A 和维生素 C 参与骨胶原和黏多糖的合成,后两者是骨基质的成分,对骨钙化有利。

4. 蛋白质 蛋白质是组成骨基质的原料,但摄入高蛋白质膳食可增加尿钙排泄。一般情况下,高蛋白质膳食常伴有大量的磷,后者可减少尿钙排出,故对钙平衡影响相互抵消,不会产生明显的尿钙。

5. 运动和失重(制动) 运动特别是负重运动增加骨峰值,延缓骨量丢失,由 Wolff 定律决定的。不运动、少运动或失重(制动)条件下骨量丢失加快。

6. 吸烟、嗜酒、过多的咖啡因摄入 吸烟者引起骨吸收加快而骨量丢失加快,肠钙吸收下降,吸烟者可过早绝经。酒伤肝,影响 $25-(OH)-D_3$ 生成,酒精作用成骨细胞而抑制成骨作用,酒精伤睾丸使血中睾丸酮减少。

四、原发性骨质疏松症的营养治疗

(一) 食物疗法

1. 保持合适的体重 注重饮食的营养平衡,充分摄取钙和维生素等营养物质,对骨质疏松症的防治至关重要。体重减少,即体重指数过低,PTH 和骨代谢指标就会增高,进而促使骨密度减少,但可通过补充营养和补钙而抑制骨密度的降低。因此,为了维持骨量,首先要改善营养不良,如充分摄取蛋白质、钙、钾、镁、维生素类(维生素 C、D、K),而最重要的一点是保持合适的体重。

体重是否适宜常用体质指数(BMI)进行判断,我国居民的体质指数的正常范围在 18.5 至 23.9 时属正常范围,其中体质指数(BMI)= 体重(kg)/身高^2(m^2)的平方。

2. 补充足够的钙 钙对维持生命很重要,在人体内,钙存在于骨骼、牙齿、细胞和血液中。人体对钙的吸收主要通过食物吸收,外来钙质供应不足时,骨骼释放钙质,补充血液和细胞中的钙质,结果使骨骼密度下降,脆性增加。也就是说,骨骼是一种活的组织,可以每天不断自我更新,尽管骨骼、关节非常强韧,日常磨损也会逐渐老化,框架结构也会逐渐疏松,造成骨密度和骨强度下降。有关钙营养和骨量的关系,以国内外相关科研实验结果来看,无论在生长发育的青春期,还是在绝经期及老年期,皆推荐高钙摄取。另外要注意的是,有证据表明,过量的钠盐和咖啡因会增加尿液中钙质的流失。

2002 年中国居民营养与健康状况调查显示:各年龄组的钙摄入量均较低,大多数人的摄入水平只达到适宜摄入量的 20%~60%,处于青春发育期的儿童青少年是钙缺乏的重点人群。中国居民的钙主要来源于蔬菜、豆类及豆制品、面、米及其制品,而作为钙的优质来源的奶及奶制品中钙的来源不足 5%。

孕妇、哺乳期妇女因特殊生理状况,对钙需要量增加,必须增加钙的摄入。早产儿配方奶含有充足的矿物质和维生素,适用于早产儿,可以预防早产儿佝偻病。只要母乳充足或摄入足够的配方奶,通常可以满足足月儿在婴儿期的钙营养需要。

多数文献报道,摄取高钙食物或钙制剂可达到促进儿童少年骨量增长、抑制老年人骨量丢失和减少骨折发生率的效果。美国提倡的钙的摄取量,从绝经到老年期为每日1500mg,如接受雌激素疗法的患者,钙的摄取量为每日1000mg。根据钙平衡研究的结果,老年人钙的摄取的必须数量,被认为至少要每日>800mg。即是说,绝经后和老年人的骨量减低要想能够被控制的话,钙的最低需要量为每日800mg以上,为达到治疗骨质疏松症的目的时,希望能摄取更高的钙量。通过高钙的摄取,能够得到的药物效果更进一步地发挥。此外,钙摄取的最大量,即对健康不产生坏影响的限度,允许摄取钙的最高限量为每日2000mg。

我国居民膳食钙摄取量低下的原因主要是因为牛奶、酸奶、奶酪等乳制品摄取不足。大豆制品、蔬菜、水果、海藻等含有各种各样的植物性雌激素样物质的黄体酮类及各种的多酚类,这些物质对骨质疏松症、更年期综合征,循环系统疾患等具有相当广泛的预防效果,这一点正在被人们所认同。中国营养学会的中国居民平衡膳食宝塔中,推荐每日摄入相当于鲜奶300g,同时豆腐和黄绿色蔬菜每日不可缺少,鱼类和贝壳类海产品也尽量努力摄取,能够保证每日800mg以上的钙的摄入,在此基础上,注意保持蛋白质、维生素,矿物质类等平衡,相应地适当地摄取上述物质,有望达到各种营养素平衡的目的。

此外,由于食物品种不同,肠道对钙的吸收率也有差别,以乳制品为最高;其次为大豆制品、鱼和贝壳类,再次为黄绿色蔬菜。而菠菜等含有草酸,谷壳类、豆类多含赖氨酸,加之其他食物纤维都能和钙相结合,因此,可妨碍肠道对钙的吸收。

3. 足量获取维生素 D 维生素 D_3 可以使进入体内的钙吸收提高 30%~80%。因此,目前一些钙片同时添加了维生素 D_3。母乳含维生素 D 较少,通常不足 25 IU/L,因此纯母乳喂养的婴儿容易导致维生素 D 缺乏。婴儿体内维生素 D 浓度受孕妇孕期维生素 D 浓度和婴儿期日光照射的影响。孕妇日光照射不足和冬天出生的婴儿,婴儿更需要补充维生素 D。

在日照充足的季节和地区,儿童和青少年户外活动常可以获得充足的维生素 D(每 $1cm^2$ 皮肤照射半小时约可产生 20 国际单位的维生素 D),每日照射 1~2h 即可,日光照射皮肤产生的维生素 D 剂量也是安全的。日光照射最好到户外,夏季在树荫下可起到较好效果,不可暴晒。因紫外线不能穿透玻璃,室内要打开窗户照射。季节、年龄、衣着、空气污染等情况均可影响效果。

4. 影响骨代谢的其他营养素 适量的蛋白质、镁、钾、微量元素、维生素 C 和给生素 K 的摄取,对骨钙的维持也是必要的。

(1)蛋白质:蛋白质营养低下,可导致胰岛素样生长因子-1 的低下,抑制骨形成。虽然蛋白质过量的摄取(每日摄入量>100g),促进了钙的排出,但高龄老人,尤其是骨质疏松症的患者,普遍公认的问题仍是蛋白质摄入量不够。

(2)钾、镁:摄入含有钾、镁较高的蔬菜、水果,可抑制老年人骨密度的减少。维生素 K 每日需要量为 50~65μg,而容许最高摄入量为每日≤30000μg。

(3)维生素 C、黄酮类:富含维生素 C 的蔬菜与水果的摄入与骨质的密度有关。维生素 C 与骨基质中胶原的合成有关。在蔬菜、水果类中,富含植物性雌激素(Estrogen)、维生素 K、钾、镁的食品很多。特别是大豆、大豆制品等含有丰富的黄酮类,其具有弱的植物性雌激素作用,有望达到对骨质疏松症,更年期综合征,高血脂的预防效果。维生素 C 的需要量每日为 100mg。

5. 对骨代谢产生不良影响的其他因子

（1）钠的过量摄入：钠的过量摄入将使绝经后的妇女骨吸收增加，并促进骨密度降低。而大量摄取钙可抑制由于钠盐过量所致的骨密度降低。中国营养学会建议我国成年人每日钠盐摄入量应小于6g。

（2）维生素A的过量摄入：维生素A的过量摄入，将促进骨吸收，减少骨量，甚至可增加骨折的危险性。这可能是由于过量的维生素A阻碍对钙的吸收的缘故。长期过量的维生素A的摄取对骨质疏松症的治疗、预防是不利的。维生素A允许摄入量的最高上限为日常需要量的2.5~2.8倍。

（3）咖啡因、酒精的过量：有报道饮食中的咖啡因、酒如果大量摄取的话，可导致骨量降低、骨折增多。

（4）吸烟：吸烟者脊椎压性骨折发生频率增高，且使峰值骨量降低，绝经后骨量减少明显，由此看来，吸烟对骨质疏松症有负面影响。据报道：吸烟有抗雌激素作用，妨碍钙的吸收，促进尿钙的排泄等。

（二）运动疗法

临床实践证明骨质疏松症患者通过相应的运动训练能够提高骨矿含量，达到临床治疗的目的。运动的目的是改善全身肌肉的过度紧张状态，提高机体整体的可动性，同时增强四肢与腹肌、背肌的运动能力。运动疗法的特点是简单、实用、有效，尤其适合于占绝大多数的未住院患者。训练期间要定期复查骨矿含量，观察治疗效果。

运动训练预防骨质疏松的策略如下：①如果身体一般状况良好，首选每天早晨慢跑30min；②高龄老年人，推荐散步等日常活动，和从事些轻微的体育活动，对提高肌肉和关节的柔韧性，防止跌倒方面也是有利无害的；③鼓励老年人进行有氧的运动，如散步、缓慢长跑、游泳、骑自行车，做体操等；④最为简单易行的运动为步行，其运动强度为最大耗氧量（摄氧量）的50%左右，60岁左右的老年，其脉搏数达到110次/分的程度，即运动到稍稍出汗是安全的；50~60岁的中老年，一次散步的时间在30min之内，一日早晚两次，以每次8000步左右为标准，且每周要安排有2日左右的休息；⑤在心肺功能和四肢关节功能无异常的情况下，老年人在室内从事各种娱乐性的体育活动，与伙伴们协同进行，既能共同愉快地坚持各种活动，又能提高对周围环境的顺应性；⑥对慢性腰背疼痛的患者来说，应开展以对脊椎体不增加负重和前屈负荷的伸展运动为中心的体操活动才是安全的。

（三）延长绝经年龄

绝经后妇女骨质疏松的主要原因是雌激素水平迅速下降，一些文献表明，月经初潮时间晚及绝经时间早的妇女骨质疏松发生率高。生育次数多、哺乳时间长的妇女，骨密度也低于生育次数少、哺乳时间短的妇女。

家庭成员和睦相处，同事间关系融洽同，保持乐观、开朗的心理状态，积极治愈慢性疾病，加强营养，戒烟，适度的性生活，适当的营养和体育锻炼都是推迟绝经期的有效措施。

（四）预防跌倒

据有关跌倒在一年期间所发生的频率调查65岁以上在家居住的老年人，跌倒的发生率为20%。跌倒的危险因子，如感觉障碍、反应时间迟延、肌张力低下、平衡功能降低、步行功能下降、起居动作能力低下、对外界纷乱状况保持站立姿势发生困难等,实际上,还包括不少各种各样的危险因子,如性别、年龄、跌倒经验、自我健康评价、视力、是否使用"眼镜",身高、体重、体重指数(BMI)、皮肤脂肪厚度、腰椎骨密度、握力、睁眼及闭目单足站立的时间、自由及最快的步行速度等。

为了防止跌倒,要针对可变因子和外界因子逐个进行改善或纠正,此外别无他法。最重要的考虑是维持并改善如前所述的步行能力,其他则是积极地改善视力障碍和应用药物治疗。从"以股骨颈骨折为切入点"的观察所得到的效果来看,皆可推断,无论从个人角度,还是从社会所认可的情况来看,其预防跌倒的效果是明显的。快走对于预防跌倒和训练身体的灵敏性、恢复步履形态的能力等,维持下肢的肌张力确实重要。

筛选跌倒的高危者,需详细检查的项目有三方面:①与跌倒关联密切的步行能力;②身体的平衡维持能力;③全身尤其双下肢的肌力状况。由于跌倒者和害怕跌倒者,有意识地控制外出,其机体的功能特征表现为平衡能力和肌力的显著降低,步行功能也下降。对上述来自因跌倒而接受诊疗的老年人来说,需要各种各样的训练,旨在想方设法提高肌力,机体平衡能力及步行能力,受训者经过训练身体的能力确实得到了有意义的改善和加强,此外,对跌倒的恐惧感减少,并能成功地扩大日常生活的空间和活动空间。

（五）骨质疏松常用食疗方举例

1. 黄豆猪骨汤

原料:鲜猪骨 250g、黄豆 100g。

制法: 黄豆提前用水泡 6~8h;将鲜猪骨洗净,切断,置水中烧开,去除血污;然后将猪骨放入砂锅内,加生姜 20g、黄酒 200g,食盐适量,加水 1000ml,经煮沸后,用文火煮至骨烂,放入黄豆继续煮至豆烂,即可食用。每日 1 次,每次 200ml,每周 1 剂。

功效说明:鲜猪骨含天然钙质、骨胶原等,对骨骼生长有补充作用。黄豆含黄酮甙、钙、铁、磷等,有促进骨骼生长和补充骨中所需的营养。此汤有较好的预防骨骼老化、骨质疏松作用。

2. 桑葚牛骨汤

原料:桑葚 25g,牛骨 250~500g。

制法: 将桑葚洗净,加酒、糖少许蒸制。另将牛骨置锅中,水煮,开锅后撇去浮沫,加姜、葱再煮。见牛骨发白时,表明牛骨的钙、磷、骨胶等已溶解到汤中,随即捞出牛骨,加入已蒸制的桑葚,开锅后再去浮沫,调味后即可饮用。

功效说明:桑葚补肝益肾;牛骨含有丰富钙质和胶原蛋白,能促进骨骼生长。此汤能滋阴补血、益肾强筋,尤甚适用于骨质疏松症、更年期综合征等。

3. 虾皮豆腐汤

原料:虾皮 50g,嫩豆腐 200g。

制法:虾皮洗净后泡发;嫩豆腐切成小方块;加葱花、姜末及料酒,油锅内煸香后加水烧汤。

功效说明:虾皮每 100g 钙含量高达 991 毫克,豆腐含钙量也较高,常食此汤对缺钙的骨质疏松症有效。

4. 猪皮续断汤

原料:鲜猪皮 200g,续断 50g。

制法:取鲜猪皮洗净去毛、去脂、切小块,放入蒸锅内,加生姜 15 克,黄酒 100 克,食盐适量;取续断煎浓汁加入锅内,加水适量,文火煮至猪皮烂为度,即可食用。1日1次,分次服。

功效说明:猪皮含丰富的骨胶原蛋白,胶原蛋白对人体的软骨、骨骼及结缔组织都具有重要作用。续断:有强筋健骨、益肝肾等作用。此粥有利于减轻骨质疏松引起的疼痛,延缓骨质疏松的发生。

5. 茄虾饼

原料:茄子250g,虾皮50g,面粉500g,鸡蛋2个,黄酒、生姜、酱油、麻油、精盐、白糖、味精各适量。

烹制方法:①茄子切丝用盐渍15min后挤去水分,加入酒浸泡的虾皮,并加姜丝、酱油、白糖、麻油和味精,拌和成馅。②面粉加蛋液,水调成面浆。③植物油六成热舀入一勺面浆,转锅摊成饼,中间放馅,再盖上半勺面浆,两面煎黄。

服法与功效:经常食用,活血补钙,止痛,解毒。

6. 萝卜海带排骨汤

原料:排骨250g,白萝卜250g,水发海带50g,黄酒、姜、精盐、味精各适量。

烹制方法:①排骨加水煮沸去掉浮沫,加上姜片,黄酒,小火炖熟。②熟后加入萝卜丝,再煮5~10min,调味后放入海带丝、味精,煮沸即起。

服法与功效:经常食用,补虚壮力,强筋壮骨,有较好的预防骨骼老化、骨质疏松作用。

7. 排骨豆腐虾皮汤

原料:猪排骨250g,北豆腐400g,鸡蛋1个,洋葱50g,蒜头1瓣,虾皮25g,黄酒、姜、葱、胡椒粉、精盐、味精各适量。

烹制方法:①排骨加水煮沸后去掉浮沫,加上姜和葱段,黄酒小火煮烂。②熟后加豆腐块,虾皮煮熟,再加入洋葱和蒜头,煮几分钟后熟后调味,煮沸即可。

服法与功效:经常食用,强筋壮骨,润滑肌肤,滋养五脏,清热解毒。

8. 红糖芝麻糊

原料:红糖25g,黑芝麻各25g,藕粉100g。

烹制方法:①先将黑白芝麻炒熟后,再加藕粉,用沸水冲匀后再放入红糖搅匀即可食用。

服法与功效:每日一次冲饮,适用于中老年缺钙者。

9. 桃酥豆泥

原料:扁豆150g,黑芝麻25g,核桃仁5g,白糖适量。

烹制方法:①扁豆入沸水煮30min后去外皮,再将豆仁蒸烂熟,取水捣成泥。②炒香芝麻,研末待用。③油热后将扁豆泥翻炒至水分将尽,放入白糖炒匀,再放入芝麻、白糖、核桃仁溶化炒匀即可。

服法与功效:可经常食用,健脾胃,润五脏,可作为中老年的保健食品。

10. 桑葚牛骨汤

原料:桑葚25g,牛骨250~500g。

烹制方法:将桑葚洗净,加酒、糖少许蒸制。另将牛骨置锅中,水煮,开锅后撇去浮沫,加姜、葱再煮。见牛骨发白时,表明牛骨的钙、磷、骨胶等已溶解到汤中,随即捞出牛骨,加入已蒸制的桑葚,开锅后再去浮沫,调味后即可饮用。

服法与功效:桑葚补肝益肾;牛骨含有丰富钙质和胶原蛋白,能促进骨骼生长。此汤能滋阴补血、益肾强筋,尤其适用于骨质疏松症、更年期综合征等。

案例 7-1

患者女,75 岁,因突发腰痛 2 天就诊。2 天前无明显诱因突发腰痛,呈持续性,站立、活动时明显加剧,卧床时减轻,有双肾结石史。门诊病历记录双肾区叩痛明显,B 超示双肾多发结石,尿常规阴性。拟诊"肾结石"予维生素 K1、654-2、哌替啶解痉、镇痛及补液等治疗 4 h 后仅有间隙缓解而再发剧烈腰痛转入院治疗。入院后常规体检发现患者系腰背正中叩痛明显,而非肾区叩痛,予腰椎正侧位片发现 $L_{1\sim3}$ 椎体压缩呈楔形改变,椎间隙增宽;双能 X 线(DEXA)示:$L_{1\sim3}$ 压缩性骨折。予卧床休息、鲑鱼降钙素 50 IU,1 次/日肌内注射,盖尔奇 D600 2 片口服,1 次/日等综合治疗。3 天后腰痛逐渐减轻,1 周后腰痛好转。

分析:该患者由于肾脏重吸收能力下降,使机体钙离子大量丢失,引起尿钙的增多,增加了肾结石的发生几率,同时也是造成自身骨质疏松的一个重要原因。

案例 7-2

患者女,71 岁,因负重后腰痛 3 天就诊。2 天前在本街道某卫生室按急性腰扭伤,予推拿、按摩及外用筋骨宁、口服醋氯酚酸、祛风止痛片等治疗后,腰痛反而加剧而转本院。查体发现,腰椎正中压痛明显,经腰椎正侧位片示 $L_{1\sim2}$ 压缩性骨折,双能 X 线检查示 DEXA:M-2.5SD,支持原发性骨质疏松症、腰椎压缩性骨折的诊断,经综合治疗 10 天后腰痛好转。

分析:原发性骨质疏松症是普遍发生于老年人及绝经期后女性的常见病,当发生腰椎压缩性骨折时,常以腰痛为主要表现。上述病例 1 患者因有肾结石史,且无明显外伤史,医生只重视原有疾病的表现,查体不够细致、认真,将腰椎叩痛误认为肾区叩痛,而忽视骨质疏松症的存在。病例 2 患者,虽有负重史,但因未行认真查体及相关辅助检查误诊为急性腰扭伤。临床上对此误诊骨折患者行推拿、按摩治疗反而加重了腰痛。

案例 7-3

73 岁女性,因急性下背部疼痛就诊,病人 60 岁时曾发生骨折,BMI:18,X 线检查发现新发椎体骨折,病人退休前从事财务工作,活动比较少,平素喜欢肉食,几乎不喝牛奶,吸烟 30 年,每天 10 支,44 岁停经未用激素替代治疗,有母系骨折的家族史,这些都是骨质疏松症的临床危险因素。病人血钙磷、碱性磷酸酶以及蛋白电泳等检查均为阴性,可排除骨质疏松症的继发性病因。根据 WHO 标准,该病人骨密度为 1.3SD,为骨量低下,并且该病人存在多项骨质疏松症的临床危险因素以及脆性骨折病史,最后诊断为"严重骨质疏松症"。

分析:老年女性在发生骨折后,在自身骨骼修复上会消耗大量的钙及蛋白质,加之该年龄女性自身血钙浓度也已经逐步出现下降趋势,所以骨折后的修复往往不甚理想,同时,该老年女性的饮食习惯亦不利于自身骨骼修复,从而导致严重的骨质疏松。

(任　刚)

第 2 节　神经性厌食

一、神经性厌食的概念及其病因

（一）概述

神经性厌食（anorexia nervosa，AN）、神经性贪食和神经性呕吐都是不能正常进食，发作时无法控制的心理生理障碍与心身疾病，属于与心理障碍有关的进食障碍。

神经性厌食（AN）是由 Gull 于 1868 年首次提出，多发于青年女性，以长期原因不明的厌食、显著的体重减轻、闭经为特征，并且伴随一系列内分泌功能紊乱。患者的体重通常比正常平均体重减轻 15% 以上，Quetelet 体重指数为 17.5 或更低，是一种慢性过程或致死性疾病，死亡率大约 4.5% 左右。AN 的病因尚不完全清楚，可能涉及社会文化、心理学和生物学等多方面因素，现无特效治疗方法，对患者主要进行营养干预和心理治疗。

神经性贪食通常表现为无法控制的多食，呈周期性发作。患者有不可抗拒的摄食欲望，且摄食量较大，多发生于无人相伴时。患者在一次食用大量食物之初自觉紧张心理得到缓解，但随即表现悔恨，并设法呕吐。可出现因反复呕吐导致的并发症，如水及电解质紊乱、乏力、心律失常、手足搐搦等。神经性贪食患者体重常在正常范围之内，部分可出现月经异常。

神经性呕吐常发生于进食之后，无明显恶心或其他不适，多为突然性喷吐。呕吐后可继续进食，食欲不受影响。患者体重多正常，且主观无减轻体重的强烈愿望，亦无内分泌紊乱。

本章仅介绍神经性畏食的概念、病因、临床表现及诊断、营养治疗及管理等。

（二）病因

神经性厌食（AN）是一种是慢性进食障碍（Eating Disorders）类疾病，主要影响青春期女性及年轻妇女。此病多发于中上等经济状况的家庭，病人姐妹中患此病的危险性增加，而且在病人其他亲属中情感障碍的发病率也较高。

神经性厌食症是在 300 多年前，即 1689 由 Richard Morton 首次提出的。当时 Richard Morton 认为这是由悲伤引起的"神经性的痨病"。1874 年由 William W. Gull 爵士给出现在的名称。

20 世纪前半叶，对这种疾病的各种观点纷纷出现。Pieere Janet 认为厌食症是纯粹的心理上的紊乱。Morris Simmonds 则提出某些病人下丘脑机能不全导致体重的丢失。Berkman 的观点则是患者精神因素居第一位，生理上的紊乱居第二位。目前神经性厌食的病因被认为受到遗传，神经内分泌，生理学和社会心理等方面的影响，但对于这种疾病的确切的发病机制仍然没有一个全面、透彻的了解。

（三）发病率及患病死亡率

1. 发病率　在美国，青春期后期和成年早期女性发生率为 1/(100~200)，近年来有增加的趋势。在国际上，所有发达国家神经性厌食发病率相似。

种族：白种人的厌食症发病率显著高于非白种人。

性别：90% 的神经性厌食患者为女性。值得注意的是男性的发病率为 10%，但这一点常常被人们所忽略。

发病年龄:虽然这种病的发病年龄在青春期后期和成年早期(13~18岁)最为常见,但早发(7~12岁)和晚发(18岁以后)也时有所见。

2. 易发人群 许多患者都属于做事一丝不苟,聪明,有强迫倾向的一类人,有很高的成就标准。

神经性厌食具有家族聚集性,在女性第一级亲属的先证者中,其患病率比一般人群高8倍。

本病在竞技运动员中也较常见。特别是从事体操,芭蕾,花样溜冰和长跑的女运动员。过度的锻炼而同时节食是神经性厌食的明确的危险因素。

3. 患病死亡率 神经性厌食的死亡率较高,6%~20%的患者最终死于此疾病。

(四)预后

神经性厌食具有周期性缓解和复发的特点。人格问题突出,合并抑郁症、家庭结构不完整及和谐性差等都影响病人的预后。

二、神经性厌食的临床表现及诊断标准

(一)临床表现

明显厌食为首见症状。病人少食甚至不食含碳水化合物的食品,主要靠进食蔬菜、水果等生存,体重下降很迅速。患者体重减轻达到标准体重或原体重的20%以上,严重者发展为恶病质甚至死亡。体重减少小于标准体重的20%属于轻度厌食症,现有体重为标准体重的65%~80%为中度厌食症,而现有体重为标准体重的65%以下则属于严重营养不良。患者对体重增加有恐惧感而对苗条有着病态的追求。自我体象判断失误严重,虽极消瘦,但仍认为自己太胖。

除厌食外,患者长期饥饿及体重丢失可导致心动过缓、低血压、体温下降及水肿。

催吐及利尿剂/泻剂的使用可导致电解质异常及低血钾性碱中毒。

电解质紊乱可导致心电图变化如T波倒置或低平、QT间隔延长和ST段压低。

下丘脑功能异常引起的丘脑—垂体—性腺轴广泛性紊乱。女性可出现月经稀少以及闭经(如至少三个月经周期以上的闭经)。如月经尚未来潮的少女常常有月经来潮推迟、乳房不发育。少数病人闭经可先于体重下降而成为首发症状。

有迹象表明,进食障碍病人存在5-羟色胺功能方面的异常。

发病后普遍存在心理变态及精神异常:脾气变得急躁、焦虑、易激动,喜欢单独活动,与家庭关系紧张,对异性不感兴趣。

患者的另一个突出特征是否认患病。患者不会主诉厌食或体重下降,通常对治疗有抵触情绪。就诊的原因要么是被家人带来,要么是因为其他并发症或者主诉其他症状(如浮肿,腹痛,便秘等)。

人格障碍,很多病人存在说谎、作假的行为。

将近40%的病人存在发作性贪食。病人表现为反复出现不可控制的暴饮暴食,发作时无明显饥饿感,食后又自己造成呕吐,尽量吐完所进的食物。

疾病进一步发展会引发其他问题包括代谢性、内分泌性及神经性紊乱。

神经性厌食症有些可能轻微短暂,但也有病情严重、经久不愈的病例。

(二)诊断标准

体重减轻是神经性厌食症诊断标准的必要组成部分。中国精神疾病分类方案与诊断

标准第 2 版的修订版（CCMD-2-R）中称："体重显著下降,比正常平均体重值减轻 25% 以上","Quetelet 体重指数为 17.5 或更低,可视为符合诊断的体重减轻"。中国精神障碍分类与诊断标准第 3 版（CCMD-3）的标准中称："明显的体重减轻比正常平均体重减轻 15% 以上,或者 Quetelet 体重指数为 17.5 或更低"。同时可伴有:①对肥胖有强烈的恐惧心理,且这种恐惧不会因体重下降而消退。②有体象认知障碍,即患者认为自己的体形比实际的要胖。③没有其他医学情形能解释其体重减轻。④闭经(有月经来潮后的女性)。⑤其他还可能有心情抑郁,社交恐惧,强迫症和人格障碍。

目前国外学者仍沿用 1972 年 Feighner 提出的诊断六条标准,认为其发病年龄约在 10~30 岁。根据我国神经性厌食病例的特点,少年神经性厌食诊断应为:①年龄 10 岁以上。②多因精神刺激或学习、工作压力过大而发病。③体重减轻 20% 以上或同年龄身高标准体重减轻 15% 以上。④伴有严重病及精神疾病而引起的厌食、消瘦。⑤排除器质性疾病及精神疾病而引起的厌食。⑥少数患者以身材保持苗条为美,唯恐长胖而有意识地控制饮食,而宁愿挨饿瘦者。

需要注意的是,由于厌食症患者有说谎的倾向,很多病人隐瞒自己的减肥节食及使用催吐剂或泻剂的行为,所以患者的主诉往往是靠不住的。有时可以通过亲属来收集相关病情,也可以通过一些评估测试量表来询问患者进行打分。

（三）鉴别诊断

严重病例若出现显著抑郁或其他症状提示可能有其他疾病,如精神分裂症,需要注意。厌食症也可伴发情绪障碍、自杀等,易误诊为抑郁症。在极少数情况下,局灶性肠炎和中枢神经系统肿瘤也会被误诊为神经性厌食症。此外,还需要与吸收不良及恶性疾病、艾滋病等导致的严重营养不良鉴别。

三、神经性厌食的治疗与预防

神经性厌食的营养治疗目的是在心理治疗与行为治疗的同时,供给足够的能量与营养素,为心理治疗和行为治疗提供保障。

神经性厌食的治疗方式可概括为:短期干预以恢复体重,挽救生命;长期治疗以调节心理问题,防止复发。

（一）营养治疗

由于神经性厌食症患者通常否认病情,不愿配合治疗,一般在治疗前其病情已持续一段时间,病人体重丢失较多。

若体重减少已达严重程度、体重减轻的速度过快或体重降至标准体重的 75% 以下时,当务之急是迅速恢复体重,需要立即住院治疗。一旦患者的营养、水电解质状况趋于稳定,即应开始恢复期治疗。神经性厌食的复发率较高,因此恢复期的治疗就显得尤为重要。对处于恢复期的病人可在门诊继续治疗。恢复期治疗的目标是维持内科及心理上的稳定性,定期称体重、查电解质和生命体征检查,在药物、营养及心理各方面都给予必要的治疗及支持。

营养治疗原则:能量补给、营养素的全面补给及必要时的管饲和静脉营养等。

（1）要努力争取患者的合作,医务工作者和营养师在鼓励病人摄取合理的热量的同时应尽力建立亲密的、富于同情心的和稳固的医患关系。以便帮助患者解除顾虑,纠正不良的进食行为。

（2）监测病人生长发育、营养状况及正常体重相差的百分比，以制订使病人逐渐恢复正常的计划。

（3）了解病史、膳食史、及病人是否服过利尿剂、腹泻剂及其他药物，以便采取相应措施。

（4）对病人拒食这种病态行为进行相应的心理辅导，为病人计算热卡、制定食谱。

（5）给以高热量饮食。膳食从低热开始，逐渐增加热量摄入，但要注意缓慢增加，热量摄入要根据年龄而定。治疗开始时每天给予 1200～1500kcal，以每周 500～700kcal 的能量递增，最高可达每天 3500kcal 左右。

（6）低脂肪和低乳糖饮食有助于减轻胃肠不适。

（7）逐渐增加病人蛋白质的供给，以减轻水肿。

（8）有充足的维生素及矿物质、微量元素。

（9）治疗早期慎用含膳食纤维的食物，避免一时增加肠道容积，不能耐受。

（10）与患者协商制订食谱。选择病人喜好的食物，注意烹调方式及调味，使食物美观精致，味道可口，刺激病人食欲。

（11）由于患者长期未能正常食而造成的胃肠蠕动减弱，消化酶活性受抑制等情况，开始进食时，饮食内容一定要以清淡、少油腻、易消化为主，并避免选用易胀气食物如牛奶、干豆、硬果、生萝卜等。但要多选用一些富含蛋白质和无机盐、维生素的食物，如鱼、鸡、蛋、瘦肉、豆制品以及新鲜的蔬菜、水果。神经性呕吐患者饮食上无需特殊治疗，可选用一些有宁心安神作用的食物，如小麦、小米、百合、大枣、桂圆、莲子、核桃、桑葚、牛奶、猪心等。

（12）采用少量多餐的进餐方式。逐渐增加饮食进量以保证营养摄入能满足机体消耗，增进营养。万勿操之过急，否则易使患者出现上腹饱胀感而终止进食。

（13）计算并记录每日进食量与体重.若能坚持按计划进食或体重有所上升，则给予口头或物质上的奖励；若不按计划执行给予适当处罚。

（14）鼓励病人记录营养日记。内容包括进食时间、地点、食物名称、自我感觉。根据记录帮助患者选用更适合，更富营养的食物，有利于改善病情。

（15）患者形成规律的进餐方式以后可逐渐减少对食物的强调，以减轻其心理压力。通过各种方式使病人恢复正常饮食习惯，让病人相信合理的饮食是通往健康的必由之路。

（16）定期称体重。可每周称三次体重，最好固定在晨起后称量，根据体重情况为患者制定增加体重的方案。如体重增加缓慢，可适当减少患者的活动量，以减少能量消耗。体重增加对患者也是个鼓励。理想的体重增加为每天 200～400g，直到恢复到正常体重。

（17）对严重消瘦、顽固拒食或呕吐不能控制者可采用鼻饲；对营养状况极差，电解质紊乱有生命危险者，可采用完全胃肠外营养。但这些都只是暂时的措施，不宜长期使用。

神经性厌食症的治疗需要灵活的方法及现实的目标，同时应针对患者患病程度采取不同的营养治疗。

（1）对轻度神经性厌食患者应鼓励其进食。开始进食时，饮食内容要清淡易消化，可以流食、半流食为主，少食多餐。避免选用牛奶、干豆、硬果、生萝卜等易胀气食物。多选用富含蛋白质、维生素和无机盐的食物，如鱼类、肉类、禽蛋、豆制品及新鲜蔬菜、水果。初期供给的能量达到正常需要量的 50% 左右即可，随病情的好转，可缓慢增加至正常供给量，饮食种类也可逐渐过渡到普通饮食。

（2）中度厌食症应根据年龄、身高、工作强度和饮食习惯等计算每天热量需要量,在此基础上增加 1.05~2.10MJ(583.4~1166.8kcal)。

（3）严重营养不良应采取管饲营养制剂,可应用要素膳。全天热量供给应在标准体重基础上增加 1.67~2.51MJ(927.9~1394.6kcal)。实际应用中重症患者可采用静脉营养。

（4）单纯摄食量增加的神经性厌食症患者需控制餐次及摄食量。应少量多餐,每日餐次在 6 次以上,严格控制每餐摄入量。加餐可选用点心、水果、酸奶等。好转后可逐渐减少餐次及增加每餐摄入量。

（二）心理支持及辅导

这是在全面治疗中一个强有力的方面,它是建立在信任和了解的基础上,且需要长时间的实施,这是在恢复期治疗中的关键性元素。包括心理疏导、解释、支持及暗示、认知行为治疗、家庭心理治疗等。

但应注意单独的心理治疗对于有严重的营养不良及并发其他疾病的病人是不充分的,需同时给予营养及药物治疗。然而心理治疗及辅导有助于病人摄食。

（三）药物治疗

大量文献提示,药物治疗的价值对于厌食症病人是有限的,这不是唯一的治疗模式。可以根据病人的不同情况,使用相应的药物来进行治疗。药物治疗结果显示对于维持体重是有帮助的。

1. 抗焦虑剂　使用抗焦虑剂用来对抗有抑郁、强迫症的病人,以减少摄食焦虑。选择性五羟色胺再摄取抑制剂(Selective Serotonin Reuptake Inhibitors,SSRIs)类药物经常被用于神经性厌食及神经性贪食症的治疗,同时这类药物也用来减少厌食症的复发。这类药物有:氟西汀、帕罗西汀、氟伏沙明、舍曲林等。

2. 促胃肠动力剂　由于有些病人有胃轻瘫和早饱导致腹胀和腹痛的,可使用促胃肠动力剂以减轻症状、促进食欲。

3. 胰岛素　为增进食欲可采用每餐前半小时注射胰岛 2~8U(根据病情、体质、年龄及对胰岛素的反应,由小至大调整到合适的剂量),可连续注射数月至食欲稳定。

4. 雌激素替代治疗　有时用于有长期闭经的病人以减少钙的丢失,但目前证据显示替代疗法对这类患者的益处不大。

（四）预防

慢性的精神刺激及过度紧张的学习负担是青少年发生本病的主要因素,以身材苗条为美,而有意节食者,仅占少数(13%)。因此解除慢性刺激和负担过重的学习是预防或减少发病的主要措施。①情绪预防:本病青春期女性发病较多,表明这一时期性格的不稳定,易受外界刺激,或家中不睦,父母之间的矛盾,家中亲友重病或死亡者,或在学校学习成绩意外的受挫折者等等,均易发生本病,因此保持精神的乐观、心胸开阔是至关重要的。②劳逸结合:合理安排学习和生活,使脑力劳动与适当的体质锻炼、体力劳动相结合、适当安排娱乐活动与休息,可以防止因过分劳累引起下丘脑功能的紊乱。③进行正确人体美的教育:少数病例对进食与肥胖体重具有顽固的偏见与病态心理,以致出现强烈的恐惧变胖而节制饮食,保持所谓体形的"美",因此对正确的健康的"美"的教育,也是不可少的。

]附:神经性厌食的推荐食膳

（1）山药鹌鹑汤

【配料】　山药20g,党参20g,鹌鹑1只,盐适量。

【制作和服法】　将鹌鹑去毛及内脏,洗净切块。置于砂锅中加入山药、党参和盐,大火烧开,小火炖30min。不宜与猪肉、猪肝、菌类食物同食,不可与甘遂、藜芦同用,也不可与碱性药物同服。

【功效】　健脾养胃。适用于体质虚弱、脾胃不足所致的食欲不振、消化不良、四肢倦怠等。

（2）山楂麦芽饮

【配料】　生山楂25g,炒麦芽15g。

【制作和服法】　生山楂去核切片,与炒麦芽同用开水沏泡饮用。

【功效】　健胃,导泻,消食。适用于消化不良,宿食停滞,神经性厌食等症。

（3）山药山楂粥

【配料】　党参15g,山药15g,薏苡仁15g,山楂30g,大米100g,红糖15g。

【制作和服法】　将前4味入砂锅煎煮,去渣取汁,再加入大米及红糖煮粥。不可与藜芦同用。

【功效】　健脾养胃。适用于脾胃虚弱者。

（4）生姜牛奶

【配料】　丁香2粒,生姜1块,鲜牛奶250ml,糖少许。

【制作和服法】　生姜洗净搅碎取汁约10ml,将姜汁、牛奶、丁香入锅同煮,煮沸5min后捞出丁香,加糖即可饮用。

【功效】　益胃,降逆,止呕。用于厌食症,进食即吐者。

案例7-4

患者,女,17岁,学生。因厌食、消瘦、毛发脱落、闭经9个月住院。入院前9个月患者参加学校舞蹈队,自认为肥胖影响体型而主动节制饮食,先是主食及肉类,以后只吃蔬菜及零食,还常食后刺激咽部引吐,体重由48kg降至38kg,家人劝阻无效,仍觉太胖,常以大量饮水及几块饼干充饥,逐渐出现进食后腹胀、恶心、厌食、食量减少,且停经,阴毛、腋毛及头发脱落,怕冷、便秘,就诊于数家医院,治疗1个月稍有好转,仍然进食很少。常易生气,情感抑郁,身体极虚弱,消瘦明显,多次出现轻生念头。既往体健,学习成绩好,为独生女儿,受父母溺爱,较任性。父母体健,无类似家族史。查体:T 36℃,P 56次/分,R 20次/分,BP 12/6.65kPa,慢性病容,营养较差,身高155cm,体重34kg。皮肤弹性差,皮下脂肪少,皮肤干燥粗糙,毳毛较多,乳房发育不良,阴毛、腋毛稀少,手足冰凉。HR 56次/分,律齐,心音低钝。神经系统检查正常。

实验室检查:WBC 5.9×10^9/L,血电解质正常,肝功能除总蛋白53.1g/L,白蛋白31.6g/L稍低外其余各值正常。ECG示:窦性心动过缓;EEG、胸片及蝶鞍片检查无异常。B超:子宫、卵巢缩小。LRH兴奋实验提示下丘脑对LRH无反应。

问题:①该患者最可能的诊断? ②可采取哪些治疗措施? ③根据上述临床表现及检查进行病例讨论?

分析:①诊断:为神经性厌食症。②治疗:a. 行为矫正疗法:向病人解释疾病的性质和苗条身体的标准,讲明要保持身材不一定要节食,过分节食对身体有百害而无一利。b. 营养支持疗法:肠内肠外联合营养支持,营养配餐。c. 抗抑郁剂:舒必利和氟西汀,调节情绪和强迫症状。③讨论:神经性厌食症为一种伴有内分泌功能异常的心身症,病因尚不清楚。其临床主要特点是特殊的精神心理变态、躯干印象障碍、自我造成的进食过少,严重的营养不良和体重丢失以及闭经。按照 1972 年 Feighner 提出的诊断标准,本例符合神经性厌食症的诊断。患者出现的怕冷、便秘、皮肤粗糙、心动过缓等类似于甲状腺功能低下的表现,而 TT4、FT4 及 TSH 水平在正常范围,TT3、FT4 偏低,rT3 偏高,考虑为低 T3 综合征,是机体在能量来源减少的情况下减少耗氧的一种自我保护性机制。FSH、LH、E2 基础水平明显降低,F 节律紊乱是由于某种因素破坏了下丘脑摄食中枢和饱食中枢,导致下丘脑功能紊乱,逐渐引起下丘脑—垂体—性腺功能低下和下丘脑—垂体—肾上腺功能的亢进,由于组织反应下调,因而无皮质醇增多的临床表现。GH 水平增高可能与生长抑素 C 产生减少有关。除此之外,帮助解决与厌食有关的心理、家庭和社会问题。

(晏志勇)

第 3 节　营养性佝偻病

一、定　义

营养性佝偻病又称维生素 D 缺乏性佝偻病,简称佝偻病(成人佝偻病又称骨软化病),是由于体内维生素 D 不足,致使钙磷代谢失常的一种慢性营养性疾病,以正在生长的骨骺端软骨板不能正常钙化,造成骨骼病变为其特征。

二、发病特点及预后

营养性佝偻病是严重危害儿童、青少年乃至成人身体健康以及形体美观性的一种慢性病。本病常发于冬春两季,3 岁以内,尤以 6~12 月婴儿发病率较高,个别成人亦可发病,被称为骨质软化病。北方地区发病率高于南方地区,工业城市高于农村,人工喂养的婴儿发病率高于母乳喂养者。本病轻者如治疗得当,预后良好;重者如失治、误治,易导致骨骼畸形,留有后遗症,影响儿童正常生长发育和成人形体美观。

三、维生素 D 与本病的关系

1. 维生素 D 的来源　人体体内维生素 D 来源有三个途径。

(1) 母体——胎儿的转运:胎儿可通过胎盘从母体获得维生素 D,胎儿体内 25-(OH)-D 的贮存可满足生后一段时间的生长需要。早期新生儿体内维生素 D 的量与母体的维生素 D 的营养状况及胎龄有关。

(2) 食物中的维生素 D:是婴幼儿维生素 D 营养的外源性来源。天然食物中(包括母乳)维生素 D 含量较少,谷物、蔬菜、水果几乎不含维生素 D。肉和鱼中维生素 D 含量很少。随着强化食物的普及,婴幼儿可从这些食物中获得充足的维生素 D。

(3) 皮肤的光照合成:是人类维生素 D 的主要来源。人类皮肤中的 7-脱氢胆骨化醇,是维生素 D_3 生物合成的前体,经日光中紫外线照射(290~320nm 波长),变为胆骨化醇,即内源性维生素 D_3。皮肤产生维生素 D_3 的量与日照时间、波长、暴露皮肤的面积有关。

2. 维生素 D 的生理与调节

（1）维生素 D 的体内活化:维生素 D 是一组具有生物活性的脂溶性类固醇衍生物,包括维生素 D_2(麦角骨化醇,calcifero1)和维生素 D_3(胆骨化醇,cholecalciferol),前者存在于植物中,后者系由人体或动物皮肤中的 7-脱氢胆固醇(7-HDC)经日光中紫外线的光化学作用转变而成。食物中的维生素 D 在胆汁的作用下,在小肠刷状缘经淋巴管吸。皮肤合成的维生素 D_3,直接吸收入血。维生素 D_2 和 D_3 在人体内都没有生物活性,它们被摄入血循环后即与血浆中的维生素 D 结合蛋白(DBP)相结合后被转运、贮存于肝脏、脂肪、肌肉等组织内。维生素 D 在体内必须经过两次羟化作用后始能发挥生物效应。首先经肝细胞微粒体和线粒体中的 25-羟化酶作用生成 25-羟维生素 D,循环中的 25-羟维生素 D 与球蛋白结合被运载到肾脏,在近端肾小管上皮细胞线粒体中的 1-羟化酶(属细胞色素 P450 酶)的作用下再次羟化,生成有很强生物活性的 1,25-二羟维生素 D,即 1,25-$(OH)_2$-D_3。1,25-$(OH)_2$-D_3 是维持钙、磷代谢平衡的主要激素之一,主要通过作用于靶器官(肠、肾、骨)而发挥其抗佝偻病的生理功能:①促小肠黏膜细胞合成一种特殊的钙结合蛋白(CaBP),增加肠道钙的吸收,磷也伴之吸收增加。1,25-$(OH)_2$-D_3 可能有直接促进磷转运的作用。②增加肾小管对钙、磷的重吸收,特别是磷的重吸收,提高血磷浓度,有利于骨的矿化作用。③促进成骨细胞的增殖和破骨细胞分化,直接作用于骨的矿物质代谢(沉积与重吸收)。根据目前对 1,25-$(OH)_2$-D_3 的全代谢过程及其作用的分子机制的研究,1,25-$(OH)_2$-D_3 已被认为是一个类固醇激素,维生素 D 不仅是一个重要的营养成分,也是一个激素的前体。

3. 维生素 D 代谢的调节

（1）自身反馈作用:正常情况下维生素 D 的合成是据机体需要,并受血中 25-OHD 的浓度自行调节,即生成的 1,25-$(OH)_2$-D_3 的量达到一定水平时,可抑制肝内、肾脏的羟化过程。

（2）血钙、磷浓度与甲状旁腺、降钙素调节:肾脏生成 1,25-$(OH)_2$-D_3 间接受血钙浓度调节。当血钙过低时,甲状旁腺(PTH)分泌增加,PTH 刺激肾脏 1,25-$(OH)_2$-D_3 合成增多;PTH 与 1,25-$(OH)_2$-D_3 共同作用于骨组织,使破骨细胞活性增加,降低成骨细胞活性,骨重吸收增加,骨钙释放入血,使血钙升高,以维持正常生理功能。血钙过高时,降钙素(CT)分泌,抑制肾小管羟化生成 1,25-$(OH)_2$-D_3。血磷降低可直接促肾脏内 25-(OH)-D_3 羟化生成 1,25-$(OH)_2$-D_3 的增加,高血磷则抑制其合成。

四、病　因

（一）儿童佝偻病

1. 围生期维生素 D 不足　母亲妊娠期,特别是妊娠后期维生素 D 营养不足,如母亲严重营养不良、肝肾疾病、慢性腹泻,以及早产、双胎均可使婴儿的体内贮存不足。

2. 日照不足　因紫外线不能通过玻璃窗,婴幼儿被长期过多的留在室内活动,使内源性维生素 D 生成不足。大城市高大建筑可阻挡日光照射,大气污染如烟雾、尘埃可吸收部分紫外线。气候的影响,如冬季日照短,紫外线较弱,亦可影响部分内源性维生素 D 的生成。

3. 生长速度快　如早产及双胎婴儿生后生长发育快,需要维生素 D 多,且体内贮存的维生素 D 不足,易发生营养性维生素 D 缺乏性佝偻病。重度营养不良婴儿生长迟缓,发生佝偻病者不多。

4. 食物中补充维生素 D 不足 因天然食物中含维生素 D 少,即使纯母乳喂养婴儿若户外活动少亦易患佝偻病。

5. 疾病影响 胃肠道或肝胆疾病影响维生素 D 吸收,如婴儿肝炎综合征、先天性胆道狭窄或闭锁、脂肪泻、胰腺炎、慢性腹泻等,肝、肾严重损害可致维生素 D 羟化障碍,$1,25$-$(OH)_2$-D_3 生成不足而引起佝偻病。长期服用抗惊厥药物可使体内维生素 D 不足,如苯妥英钠、苯巴比妥,可刺激肝细胞微粒体的氧化酶系统活性增加,使维生素 D 和 25-(OH)-D_3 加速分解为无活性的代谢产物。糖皮质激素有对抗维生素 D 对钙的转运作用。

（二）成人骨软化病

1. 吸收不良 维生素 D 为脂溶性维生素,由于过度限制油脂摄入,导致维生素 D 吸收不良引起维生素 D 缺乏,多见于过度节食瘦身以及素食者。

2. 其他代谢疾病或消化疾病 肝脏和肾脏疾病往往导致维生素 D 无法顺利活化形成 $1,25$-$(OH)_2$-D_3,导致钙磷吸收不良,引起骨质软化。

3. 服用影响维生素 D 和钙吸收的药物 个别碱性药物,例如抗酸药等,改变胃肠酸碱平衡环境,引起胃肠对维生素 D 和钙吸收能力下降。

4. 骨折次数 骨折修复对机体血钙浓度降低影响很大,在一定程度对维生素 D 有较大程度的消耗,而且对骨骼密度有很大影响。

5. 日光照射不足 北方寒冷地区冬季日照时间短,体内维生素 D 合成降低。

6. 生育次数 育龄妇女生育过程中内分泌的变化,对机体钙离子的保留程度降低,影响骨密度。

五、临 床 表 现

（一）诊断要点

维生素 D 缺乏性佝偻病临床表现主要为骨骼的改变、肌肉松弛以及非特异性的精神神经症状。重症佝偻病患者可影响消化系统、呼吸系统、循环系统及免疫系统,同时对小儿的智力发育也有影响。在临床上分为初期、激期、恢复期和后遗症期。初期、激期和恢复期,统称为活动期。

1. 初期 多数从 3 个月左右开始发病,此期以精神神经症状为主,患儿有睡眠不安、好哭、易出汗等现象,出汗后头皮痒而在枕头上摇头摩擦,出现枕部秃发。

2. 激期 除初期症状外患儿以骨骼改变和运动机能发育迟缓为主,用手指按在 3~6 个月患儿的枕骨及顶骨部位,感觉颅骨内陷,随手放松而弹回,称乒乓球征。8~9 个月以上的患儿头颅常呈方形,前囟大及闭合延迟,严重者 18 个月时前囟尚未闭合。两侧肋骨与肋软骨交界处膨大如珠子,称肋串珠。胸骨中部向前突出形似"鸡胸",或下陷成"漏斗胸",胸廓下缘向外翻起为"肋缘外翻";脊柱后突、侧突;会站走的小儿两腿会形成向内或向外弯曲畸形,即"O"型或"X"型腿。患儿的肌肉韧带松弛无力,因腹部肌肉软弱而使腹部膨大,平卧时呈"蛙状腹",因四肢肌肉无力学会坐站走的年龄都较晚,因两腿无力容易跌跤。出牙较迟,牙齿不整齐,容易发生龋齿。大脑皮质功能异常,条件反射形成缓慢,患儿表情淡漠,语言发育迟缓,免疫力低下,易并发感染、贫血。

3. 恢复期 经过一定的治疗后,各种临床表现均消失,肌张力恢复,血液生化改变和 X 线表现也恢复正常。

4. 后遗症期　多见于 3 岁以后小儿,经治疗或自然恢复后临床症状消失,仅重度佝偻病遗留下不同部位、不同程度的骨骼畸形。

（二）鉴别诊断

1. 脑积水　中医学称"解颅"。发病常在出生后数月,前囟及头颅进行性增大,且前囟饱满紧张,骨缝分离,两眼下视,如"落日状"。X 线片示颅骨穹隆膨大,颅骨变薄,囟门及骨缝宽大等。

2. 先天性甲状腺功能低下　又称克汀病、呆小病。出生 3 个月后呈现生长发育迟缓,明显矮小,出牙迟,前囟大而闭合晚。但患儿智力明显低下,表情呆滞,皮肤粗糙干燥,血钙磷正常,X 线片示骨龄延迟,但钙化正常。血查甲状腺素 T4 和促甲状腺激素 TSH 可资鉴别。

六、治　疗

目的在于控制活动期,防止骨骼畸形。治疗的原则应以口服为主,一般剂量为每日 50 ~100μg(2000IU～4000IU),或 1,25-(OH)$_2$-D$_3$ 0.5~2.0μg,一月后改预防量400IU／日。大剂量维生素 D 与治疗效果无正比例关系,不缩短疗程,与临床分期无关;且采用大剂量治疗佝偻病的方法缺乏可靠的指标来评价血中维生素 D 代谢产物浓度、维生素 D 的毒性、高血钙症的发生以及远期后果。因此大剂量治疗应有严格的适应证。当重症佝偻病有并发症或无法口服者可大剂量肌肉注射维生素 D 20 万～30 万 IU 一次,三个月后改预防量。治疗一个月后应复查,如临床表现、血生化与骨骼 X 线改变无恢复征象,应与抗维生素 D 佝偻病鉴别。除采用维生素 D 治疗外,应注意加强营养,及时添加其他食物,坚持每日户外活动。如果膳食中钙摄入不足,应补充适当钙剂。

七、预防与调护

（一）预防

1. 加强孕期保健,孕妇要有适当的户外活动。
2. 加强婴儿护养,提倡母乳喂养,及时添加辅食,多晒太阳,增强体质。早期补充维生素 D。

（二）调护

1. 患儿不要久坐、久站,不系过紧的裤带,提倡穿背带裤,减轻骨骼畸形。
2. 每日做户外活动,直接接受日光照射,同时注意防止受凉。

（三）饮食调理

1. 香菇鸡
组成:香菇 250g,母鸡 1 只。
用法:二者一起用文火烧熟,每隔 3~5 日服食 1 次。
功效:补精填髓。
主治:佝偻病,生长发育迟缓,出现立迟、行迟、齿迟、语迟,倦怠乏力。

2. 猪排面条
组成:猪排 250g,胡萝卜 25g,卷心菜 50g,精盐、味精适量,面条 50g,猪肝 25g。
用法:将排骨洗净切块下锅。加清水适量,沸后撇去浮沫,置小火上煮约 1h,然后取出排骨。猪肝洗净剁成泥,胡萝卜、卷心菜洗净切成米粒小丁。将胡萝卜、卷心菜丁和猪肝泥入油锅炒至呈牙黄色,加入排骨汤适量烧开,放入面条煮熟,加精盐、味精调味。每日2次,温服。

功效:补肾养血。

主治:小儿佝偻病,形体瘦弱无力,夜惊多汗,午后身热者。

3. 枸杞杜仲鸽子汤

组成:鸽子1只,枸杞子30g,杜仲15g。

用法:鸽子去毛及内脏,加枸杞子、杜仲煎水取汁饮,并食鸽子肉,连食1周。

功效:益肝肾,强筋骨,补气血。

主治:佝偻病,多汗夜惊,骨骼畸形,形体消瘦者。

4. 栗子饼

组成:生板栗1 000g,白糖500g。

用法:先将板栗加水煮30min,待凉后剥去外壳,放入碗内蒸40min,趁热将板栗压碎研成泥,加入白糖调匀,把栗子泥做成饼状,待凉后即可食用。可作为点心经常食用。

功效:补肾填精,强健筋骨。

主治:筋骨不强,肾精不足。

5. 蛋皮鸡肝粥

组成:鸡肝50g,鸡蛋1只,粳米100g,精盐、味精适量。

用法:鸡肝洗净,剁泥,加香油适量热炒。鸡蛋1只去壳打匀,锅内放油少许煎成蛋皮,切碎。粳米洗净,入锅加水适量,煮粥至将熟。调入鸡肝、蛋皮、盐、味精至粥黏稠即可。每日3次,温服。

功效:补肝益脾。

主治:预防佝偻病。

6. 盐核桃

组成:核桃250g,粗盐250g。

用法:核桃敲开剥去外壳。粗盐放入锅内用武火炒热,然后倒入核桃肉,不断翻炒至熟,起锅后筛去盐粒,装瓶备用。每次取10~20g食用,每日1~2次。

功效:补肺肾,强筋骨,润肠通便。

主治:佝偻病,驼背,鸡胸,发育迟缓,大便秘结者。

案例7-5

吴××,男,8岁,学生,就诊于2005年7月16日,自诉自幼饮食睡眠不佳,自汗,动则气短,体质较差易生病,查体:腹部膨隆、韧带松弛,肝脾稍肿大,方颅,肋骨外翻,胸骨柄前凸。

问题:该患者产生上述症状的原因是什么?对于这样的患者应该如何调理膳食?

分析:该患者产生各类症状的主要原因为营养性佝偻病,由于维生素D缺乏引起儿童体内血钙严重降低,进而引起骨骼变形,肌肉无力,精神异常地症状,本病的治疗关键是通过增加户外运动时间,增加日照,提高体内维生素D的合成,同时改善人体消化吸收功能,使营养成分能够被人体充分吸收,小儿的身体可塑性很强,营养物质充沛则身体发育中的异常可以得到纠正并可步入正轨。

(任　刚)

第4节　其他损容性疾病与营养

一、脂　肪　肝

脂肪肝是指由多种病因引起的肝细胞内脂类蓄积过多和脂肪变性为特征的临床病理综合征。当脂肪在肝内蓄积超过肝湿重的5%,或脂肪变性累及1/3以上的肝细胞,即形成脂肪肝。正常人的肝内总脂肪量,约占肝重的5%,内含磷脂、甘油三酯、脂酸、胆固醇及胆固醇脂。当肝内脂肪的分解与合成失去平衡,脂蛋白合成减少或发生释放障碍,则甘油三酯在肝内集聚而逐渐形成脂肪肝。肥胖、2型糖尿病、高脂血症、肝炎、酒精性肝病等伴发者较多。本病与饮食关系非常密切,大致分为三类:肥胖型脂肪肝、营养不良性脂肪肝及酒精性脂肪肝。

（一）病因

1. 肥胖性脂肪肝　肝内脂肪堆积的程度与体重成正比。30%～50%的肥胖症合并脂肪肝,重度肥胖者脂肪肝病变率高达61%～94%。肥胖者血液中含有大量游离脂肪酸,进入肝脏,超出了肝脏的代谢、运输能力,致使脂肪在肝脏内蓄积,引起肥胖型脂肪肝。

2. 营养不良性脂肪肝　营养不良导致蛋白质缺乏是引起营养不良性脂肪肝的重要原因。多见于由于过度节食、神经性厌食症而引起的营养吸收不良或消化障碍,致使载脂蛋白合成不足,血液中的游离脂肪酸进入肝脏,超出脂蛋白的运转能力,脂肪蓄积于肝脏,形成营养不良性脂肪肝。

3. 酒精性脂肪肝　酒精性脂肪肝是由于长期大量饮酒所致的慢性肝病。酒精对肝脏有很强的直接损害作用,可使肝内脂肪酸代谢发生障碍,增加转运到肝脏的脂肪,导致肝内脂肪蓄积,引起"酒精性"脂肪肝。

（二）临床表现

脂肪肝的临床表现随原发病的不同而异。轻度脂肪肝多无临床症状,仅有疲乏感,常在体检或就诊其他疾病时偶然发现。

1. 多数脂肪肝患者体型较胖。

2. 中、重度脂肪肝有类似慢性肝炎的表现,肝区胀痛、胸肋满闷、食欲不振、疲倦乏力、消化功能下降、恶心、呕吐、黄疸等症状。肝脏轻度肿大可有触痛,质地稍韧、边缘钝、表面光滑,少数病人可有脾肿大和肝掌。

3. 当肝内脂肪沉积过多时,可使肝被膜膨胀、肝韧带牵拉,而引起右上腹剧烈疼痛或压痛、发热、白细胞计数增多。

4. 脂肪肝病人常伴有舌炎、口角炎、皮肤淤斑、四肢麻木、四肢感觉异常等末梢神经炎的改变。少数病人也可有消化道出血、牙龈出血、鼻衄等。

5. 重度脂肪肝患者可伴有腹腔积液和下肢水肿、电解质紊乱如低钠、低钾血症等。甚至晚期出现肝细胞坏死、肝纤维化及肝硬化。

（三）诊断

脂肪肝的诊断主要依靠病史、临床表现及实验室检查,特别是B超、CT和MRI可发现早期脂肪肝。

1. 病史   有长期饮酒(特别是酒精含量高的白酒)、肥胖、2 型糖尿病、营养失调及病毒性肝损害病史。

2. 临床表现   食欲不振、恶心、嗳气、乏力、黄疸、肝区不适或隐痛,体检时可见肝肿大、表面光滑、边缘圆钝、轻度触痛或叩击痛。

3. 实验室检查   肝功能:血清 ALT、AST 正常或升高,有高脂血症表现,甘油三酯升高,血清谷氨酰转肽酶(Y-GT)活性升高,蛋白电泳血浆球蛋白增高。但这些均为非特异性的变化。

4. 超声与 CT   B 超显示肝脏增大,实质呈致密的强反射光点,深部组织回声衰减。超声对重度脂肪肝的诊断率达 95%。CT 扫描显示肝脏密度比其他实质脏器(如正常脾脏、血管)低下。由于脂肪肝的临床表现和实验室检查缺少特异性,B 超具有经济、迅速、准确、无创伤等优点,应列为本病的首要检查方法。

5. 肝活检   获取肝组织进行组织观察,是确定酒精性脂肪肝及分期分级的可靠方法,是判断其严重程度和预后的重要依据。

（四）治疗

1. 一般治疗

找出病因,有的放矢采取措施。如长期大量饮酒者应戒酒。营养过剩、肥胖者应严格控制饮食,使体能恢复正常。有脂肪肝的糖尿病人应积极有效地控制血糖。营养不良性脂肪肝患者应适当增加营养,特别是蛋白质和维生素的摄入。总之,去除病因才有利于治愈脂肪肝。

2. 药物治疗   到目前为止,西药尚无防治脂肪肝的有效药物,以中药长期调理性的治疗较好。西药常选用保护肝细胞、去脂药物及抗氧化剂等,如维生素 B、C、E、多烯磷脂酰胆碱、还原型谷胱甘肽、卵磷脂、熊去氧胆酸、水飞蓟素、肌苷、辅酶 A、牛磺酸、肉毒碱乳清酸盐、肝泰乐,以及某些降脂药物等。

3. 营养支持

（1）提倡高蛋白饮食。蛋白质有利于肝细胞的修复与再生,蛋白质中的多种氨基酸都有抗脂肪肝的作用。高蛋白提供胆碱、氨基酸等抗脂肪因子,使肝内脂肪结合成脂蛋白,有利于将其顺利运出肝脏,防止肝内脂肪浸润。

（2）合理控制能量的摄入。脂肪肝患者的热能供应不宜过高。糖类,蛋白质和脂肪为食物中的主要能量来源。①脂肪肝患者应摄入低糖饮食,禁食富含单糖和双糖的食品。高糖类,尤其是高糖营养,可增加胰岛素分泌,促进糖转化为脂肪,诱发肥胖,脂肪肝,高脂血症等。②限制脂肪摄入。宜选用植物油和不饱和脂肪酸含量高的食物,不吃或少吃动物性脂肪,尽量少吃油炸、高胆固醇食物。晚饭要少吃,忌睡前加餐。能量的摄入应逐渐减少,避免过度饥饿引起低血糖反应。

（3）摄取充足的维生素、矿物质和膳食纤维。患肝病时肝脏贮存维生素的能力降低,为保护肝细胞和防止毒素对肝细胞的损害,易供给富含维生素 A、维生素 B_6、叶酸、维生素 B_{12}、维生素 C、维生素 E 和维生素 K 等食物。增加膳食纤维的摄入量,饮食不易过于精细,主食应粗细搭配。多食用新鲜蔬菜、水果和菌藻类,即可增加维生素、矿物质的供给,又有利于代谢废物的排出,对血糖、血脂水平也有很好的调节作用。

（4）补充微量元素硒。硒能让肝脏中谷胱甘肽过氧化物酶的活性达到正常水平,对养肝护肝起到良好作用。硒与维生素 E 合用,有调节血脂代谢,阻止脂肪肝形成及提高机体抗氧化能力的作用,对高脂血症也有一定的防治作用。

4. 营养与食膳调理

（1）绿豆陈皮粥

【配方】 绿豆 50g,陈皮 6g,大枣 15g。

【制法用法】 陈皮研细末,绿豆、红枣一同洗净,放锅中煮至酥烂,调入陈皮末。每日 1 剂,连食数周。

【功效与适应证】 本方具有清化湿热、降血脂的功效,适用于口渴且苦、便艰尿赤、苔黄腻属湿热型脂肪肝。

（2）茯苓山楂黑米粥

【配方】 茯苓 25g、山楂 30g、荷叶 2 张、陈皮 10g、冬瓜 50g、黑豆 30g、粳米 100g、糖适量。

【制法用法】 茯苓、山楂、荷叶、陈皮共煮汤,滤渣取汁,加入黑豆、粳米、冬瓜共煮成粥,以少量糖调味,早晚食之。

【功效与适应证】 本方具有祛痰利湿的功效,适用于痰湿内阻型脂肪肝。

（3）调气降脂饮

【配方】 橘皮 20g、荷叶 10、麦芽 30g、莱菔子 15g、山楂 30g、薏苡仁 30g、白萝卜 50g、苦瓜 20g。

【制法用法】 橘皮、荷叶、麦芽、莱菔子、山楂、薏苡仁共煎汤去渣,白萝卜、苦瓜榨汁,兑入汤中一起搅匀,每日 1 剂,分 2 次服用。

【功效与适应证】 本方具有疏调肝气、消食利湿的功效,适用于肝郁气滞型脂肪肝。

（4）丹参山楂蜜饮

【配方】 丹参 15g、山楂 15g、檀香 9g、炙甘草 3g、蜂蜜适量。

【制法用法】 丹参、山楂、檀香、炙甘草四味药加水煎,去渣取汁加蜂蜜,再煎几沸,每日 2 次。

【功效与适应证】 此方可活血化瘀、疏肝健脾。适用于瘀血内阻型脂肪肝。

（五）预防

1. 合理饮食 合理调配每日三餐饮食,做到粗细搭配、营养平衡,足量的蛋白质能清除肝内脂肪。

2. 适当运动 每天坚持体育锻炼,可视自己体质选择适宜的运动项目,如慢跑、打乒乓球、羽毛球等运动。要从小运动量开始循序渐进逐步达到适当的运动量,以加强体内脂肪的消耗。

3. 慎用药物 任何药物进入体内都要经过肝脏解毒,在选用药物时更要慎重,谨防药物的毒副作用,特别对肝脏有损害的药物绝对不能用,避免进一步加重肝脏的损害。

4. 心情要开朗 不暴怒,少气恼,注意劳逸结合等也是相当重要的。

案例 7-6

患者,男,38 岁,体型较胖,以"肝区隐痛、胸肋满闷、食欲不振、疲倦乏力、消化功能下降、恶心"为主诉入院。患者由于工作性质,活动少,工作压力大,应酬多,于半年前出现食欲不振、恶心、暖气、乏力、肝区隐痛。检查:肝功能正常,B 超显示肝脏增大,实质呈致密的强反射光点,深部组织回声衰减。

问题及思考:①试分析该患者最可能的诊断。②该患者在饮食上应注意哪些问题?

分析:①最可能的诊断为脂肪肝。②在饮食方面,应做到每日三餐粗细搭配、营养平衡。提倡高蛋白饮食,合理控制能量的摄入,摄取充足的维生素、矿物质和膳食纤维,补充微量元素硒等。

二、习惯性便秘

便秘是指粪便在肠道内停留时间过长,所含水分被吸收,粪便干硬,引起排便困难或费力,排便次数减少,正常的排便频率消失,排便时间间隔超过48h。患者往往感到小腹胀痛、里急后重、欲便不畅。长期便秘则为习惯性便秘,机体代谢产物不能及时排出,蛋白质腐败产物在肠道内吸收可引起两肋隐痛、口苦、恶心、食欲不振、头痛、头晕、精神萎靡等毒性反应,也会导致皮肤粗糙、干燥、易生痤疮、色素沉着、面色红赤、肥胖而影响美容。

(一) 病因

很多因素可影响排便过程而引起便秘,根据病因大致可分为器质性便秘和功能性便秘两类。

1. 结肠肛门疾病 ①先天性疾病,如先天性巨结肠。②肠腔狭窄,如炎症性肠病、外伤后期及肠吻合术后的狭窄、肿瘤及其转移所致肠狭窄。③出口性梗阻,如盆底失弛缓症、直肠内折叠、会阴下降、直肠前突等。④肛管及肛周疾病,如肛裂、痔疮等。⑤其他,如肠易激综合征。

2. 胃肠道运动缓慢 缺乏 B 族维生素,甲状腺功能减退,内分泌失调,营养缺乏等,可影响整个胃肠蠕动,使食物通过缓慢,形成便秘。

3. 肠道运动亢进 促进肠蠕动亢进的副交感神经异常兴奋时,可导致肠运动异常,出现痉挛性收缩,可引起便秘或腹泻交替进行,排出被痉挛的结肠切割成的如羊粪一样的硬便。

4. 肠道受到的刺激不足 饮食过少或食物中纤维素和水分不足,肠道受到的刺激量不足,不能引起结肠、直肠的反射性蠕动,结果食物残渣在肠内停留过久,水分被充分吸收,大便干燥,排出困难。

5. 排便动力缺乏 手术损伤了肛门部肌肉、年老体弱、久病或产后,致使膈肌、腹肌、提肛肌收缩力减弱,使排便动力缺乏,粪便不易排出,发生便秘。

6. 肠壁的应激性减弱 腹泻之后,肠壁内神经感受细胞为对抗腹泻,保持正常生理,常可应激性降低排便活动引起便秘。长期使用刺激性泻药也可减弱肠壁的应激性,导致便秘加重。

7. 心理因素 情绪紧张,忧愁焦虑,心情长期处于压抑状态,或精神上受到惊恐等强烈刺激,导致自主神经紊乱,引起便意消失。如肛裂、肛门直肠周围脓肿、痔疮等患者因恐大便疼痛、出血、脱出,常控制排便,延长排便间隔时间;抑郁性精神病和癔症,结肠过敏等,均可引起习惯性便秘。这些心理因素是形成便秘的主要原因。

8. 排便习惯不良 有便意时不及时排便,抑制便意。习惯排便时看书,不积极排便。依赖泻药排便或滥用泻药,使肠道排出敏感性降低。

(二) 临床表现

每周排便少于 3 次,排便困难,每次排便时间长,排出粪便干结如羊粪且数量少,排便后仍有粪便未排尽的感觉,可有下腹胀痛,食欲减退,疲乏无力,头晕、烦躁、焦虑、失眠等症状。部分患者可因用力排坚硬粪块而伴肛门疼痛、肛裂、痔疮和肛乳头炎。常可在左下腹乙状结肠部位触及条索状块。

(三)诊断

凡有排便困难费力,排便次数减少,粪便干结、量少,每周排便少于 3 次,便秘时间大于 12 周可诊断为习惯性便秘。但要区分器质性便秘和功能性便秘,需根据患者病史、症状,通过实验室检查及仪器辅助检查进行确诊。

(四)治疗

根据不同类型的便秘选择不同的治疗方法。

1. 一般治疗 对于器质性便秘,首先要针对病因治疗,辅助营养支持,必要时也可选用泻药以缓解便秘的症状。对于功能性便秘,除了营养治疗外,要养成定时排便习惯,增加体能运动,避免滥用泻药等。保持心情舒畅,生活要有规律。

2. 药物治疗 ①泻药:泻药是通过刺激肠道分泌和减少吸收、增加肠腔内渗透压和流体静力压而发挥导泻作用。一般分为刺激性泻剂(如大黄、番泻叶、酚酞、蓖麻油)、盐性泻剂(如硫酸镁)、渗透性泻剂(如甘露醇、乳果糖)、膨胀性泻剂(如甲基纤维素、聚乙二醇、琼脂等)和润滑性泻剂(如液状石蜡、甘油)。慢性便秘以膨胀性泻剂为宜,仅在必要时选用刺激性泻剂,不可长期服用。对长期慢性便秘,特别是引起粪便嵌塞者,可使用灌肠的方法。②促动力药:常用的药物有莫沙必利和伊托必利,其作用机制是刺激肠肌间神经元,促进胃肠平滑肌蠕动,促进小肠和大肠的运转,对慢传输性便秘有效,可长期间歇使用。

3. 营养支持

(1)增加膳食纤维和多饮水。膳食纤维的补充是习惯性便秘首选的治疗方法。因膳食纤维本身不被吸收,纤维素具有亲水性,能吸收肠腔水分,增加粪便容量,刺激结肠蠕动,增强排便能力,富含膳食纤维的食物有蔬菜、水果、粗粮等。多饮水,能使肠道保持足够的水分,有利于粪便排出。

(2)摄取适量脂肪。适当多食脂肪、植物油等。植物油能直接润肠,且脂肪酸有刺激肠蠕动作用,但不可过多,易使肠道吸收不良而造成腹泻。

(3)中老年人可经常适量食用核桃、蜂蜜、芝麻、花生、香蕉等,可润燥通便。

4. 营养与食膳调理

(1)蜂蜜决明子

【配方】 生决明子 10~30g,蜂蜜适量。

【制法用法】 将决明子捣碎,加水 200~300ml,煎煮 5min,冲入蜂蜜。搅匀后当茶饮用。

【功效与适应证】 本方具有润肠通便的功效,用于习惯性便秘。

(2)锁阳红糖饮

【配方】 锁阳 15g,红糖适量。

【制法用法】 水煎锁阳,去渣留汁,加红糖适量,饮服。每日 1 剂,分两次服完。

【功效与适应证】 本方具有温阳润肠通便的功效,用于习惯性便秘。

(3)萝卜薯玉糊

【配方】 鲜白萝卜 100g,甘薯 100g,佛手 30g,玉米面适量。

【制法用法】 先将鲜白萝卜榨汁,加水适量,加入佛手煮 15min,去渣加入甘薯(洗净、去皮、切小块)煮至熟烂,加入玉米面制成糊。每次服 1 小碗,每日 2 次,7 天为一个疗程。

【功效与适应证】 本方具有理气宽肠、润肠通便的功效,适用于气滞性便秘。

(4) 苁蓉羊肉润肠粥

【配方】 肉苁蓉 50g,核桃仁 15 个,黑芝麻 30g,羊肉 100g,粳米 250g,干姜 10g。

【制法用法】 先将肉苁蓉、干姜、羊肉加水煮,去渣取汁,加入核桃仁(捣碎)、黑芝麻、粳米一起共煮成粥。每次一小碗,每日 1 次,15 天为 1 个疗程。

【功效与适应证】 本方具有温肾祛寒、润肠通便的功效,适用于寒积型便秘。

(五) 预防

1. 饮食中必须有适量的纤维素,多食富含植物纤维的食品,粮食如麦麸、糙米、玉米面、大豆等,水果如香蕉、苹果等,蔬菜如芹菜、韭菜、豆芽菜、茄子等。

2. 每天要吃一定量的蔬菜与水果,早晚空腹吃苹果一个,或每餐前吃香蕉 1~3 个。

3. 主食不要过于精细,要适当吃些粗粮。

4. 晨起空腹饮一杯淡盐水或蜂蜜水,配合腹部按摩或转腰,让水在肠胃振动,加强通便作用。全天都应多饮凉开水以助润肠通便。

5. 进行适当的体力活动,加强体育锻炼,比如仰卧屈腿、深蹲起立、骑自行车等都能加强腹部的运动,促进胃肠蠕动,有助于促进排便。

6. 每晚睡前,按摩腹部,养成定时排便的习惯。

7. 保持心情舒畅,生活要有规律。

8. 通过自我训练,养成良好的排便习惯。每日早餐后 5~10min 定时入厕,即使有时排不出,也要养成定时习惯,每日坚持 30min。坚持自我训练 3 个月,直至完全形成定时排便习惯为止。

9. 多用产气食品:如生葱、洋葱、生黄瓜、生苤蓝、生萝卜等,利用它们在肠道内的发酵作用,产气鼓肠,以增加肠蠕动,利于排便。

案例 7-7

患者,女,60 岁,退休在家,不爱运动。患习惯性便秘已五、六年,常服润肠通便类药物进行治疗,虽可取一时之效,但终不能治愈。近半年来,病情加重,每隔 5~6 天排便一次,大便干结,虽时常有便意,但排便困难。伴有头晕目眩、疲乏无力、烦躁、食欲减退、下腹有坠胀感等症状。经各种检查未发现有器质性病变。

分析: 本例病案属于老年人习惯性便秘,近年来,老年人习惯性便秘高达 20%~30%,严重影响了老年人的生活质量。老年人易得习惯性便秘,与其饮水、饮食、运动、排便习惯、长期用药等因素有关,同时受社会支持程度、抑郁和焦虑发生情况的影响。老年人习惯性便秘是一种症状,只要采取积极的预防护理措施,养成良好的饮食习惯,保持良好的心态,加强适当的体育锻炼,养成规律的排便习惯,是完全可以预防的。

三、失 眠

失眠是指入睡困难或维持睡眠障碍(易醒、早醒和再入睡困难),导致睡眠时间减少或质量下降不能满足个体生理需要,明显影响日间社会功能或生活质量。睡眠与人的健康息息相关,但根据调查显示,很多人都患有睡眠方面的障碍或者和睡眠相关的疾病,成年人会出现睡眠障碍的比例高达 30%。长期失眠会出现面色灰黄、暗淡无光、干燥,出现褐斑,黑眼圈、眼袋下垂,满脸细纹和脱发现象。身体长期得不到足够休息,会导致女性内分泌、新陈代谢紊乱,出现头痛、头晕、记忆力减退、厌食、恶心、疲倦、焦虑等症状,对身体造成多种危害,严重影响身心健康。

(一) 病因

引起失眠的原因比较复杂,有一部分患者有明显的病因或诱发因素,包括躯体、生理、心理、精神及药物等方面,而还有部分患者目前找不出与身体或精神有关的明显病因,还有待进一步研究。

1. 躯体性原因　如关节痛、肌痛、心悸、气短、咳嗽、瘙痒和尿频等躯体症状导致失眠。

2. 生理性原因　如时差、车船飞机上睡眠环境变化、卧室内强光、噪音、室温过高或过低引起的失眠。

3. 心理性原因　焦虑或抑郁伴失眠,焦虑以入睡困难为主,抑郁以凌晨早醒为主。

4. 精神性原因　包括精神分裂症、反应性精神病等精神疾病。

5. 药物性原因　服用中枢兴奋药导致失眠。长期服用安眠药,一旦戒断也会出现戒断症状,睡眠浅、噩梦多。

(二) 临床表现

1. 入睡困难　指从上床开始睡觉到入睡时间大于 30min。患者从睡觉前开始担心自己又会不会睡不着,愈不能入睡时愈试图使自己睡着,愈接近睡眠时愈显得兴奋或焦虑,形成恶性循环。

2. 易醒　指睡眠觉醒次数太多或时间太长。

3. 睡眠浅　指睡眠深度不足,稍有动静就惊醒,醒后很难再入睡。

4. 早醒,醒后无法再入睡,睡眠醒来时比平时早 60min 以上。

5. 睡眠不足　指成人睡眠不足 6h。

6. 睡眠结构失调　指快动眼睡眠/慢动眼睡眠小于 3 和(或)比例失调。

7. 频频从噩梦中惊醒,自感整夜都在做噩梦。

8. 睡过之后精力没有恢复,头脑不清晰,感觉程度不等的不适、焦虑、急躁、疲惫和感情压抑,常表现消极和精力不足,注意力不集中,食欲下降。病程持续数年。

(三) 诊断

失眠的诊断主要根据患者的病史及临床表现。

(四) 治疗

1. 一般治疗　由于失眠原因较多,治疗上既有共同点,也有不同点,明确失眠原因有助于采取针对性治疗措施。首先要建立良好的睡眠习惯,逐步纠正各种影响睡眠的行为与认知因素;其次要重建正常睡眠结构,摆脱失眠困扰。

(1) 睡眠环境要安静、舒适和安全,保证能安心入睡。

(2) 不在床上做睡眠以外的事,如阅读和看电视。

(3) 每日适度规律的运动,但不要在睡前 2h 内运动。

(4) 晚餐不过饱,晚餐后不饮酒、咖啡和茶、不吸烟。

(5) 如上床 20min 仍无睡意,可起来做点单调的事情,睡不着时不要经常看时间,待有睡意再上床。仍不能入睡或夜里醒来 10min 后不能入睡,可再重复。

（6）规律的作息时间,无论前晚何时入睡,早晨都应按时起床,周末和假日也保持正常的上床和起床时间;

（7）失眠者尽量避免白天小睡或午睡。

（8）晚餐宜清淡、少食,睡前可喝杯牛奶。

（6）和(7)有助于逐步建立规律的睡眠,或许刚开始睡眠变得更糟,但只要坚持下去会有疗效。

2. 营养支持　在饮食上要注意保持一定的规律,尤其是在睡眠前不能进食太饱。中医认为,失眠的病因是心神失调,所以应选择一些具有安神定志作用的食物,如龙眼肉、大枣、银耳、百合、金针菜、莲子、莲子芯、桑葚、柏子仁、蜂蜜、酸枣仁、葡萄等,另外,适当补充蛋白质,B 族维生素,磷、铁、镁、锌、铜等矿物质 。失眠者应避免食用茶叶、咖啡、辣椒、生葱、胡椒、盖菜、生蒜、烟、酒等刺激性食物。

3. 营养与食膳调理

（1）猪心枣仁汤

【配方】　猪心 1 个,酸枣仁 15g,茯苓 15g,远志 5g。

【制法用法】　猪心洗净切开,与其他 3 味原料加水共炖至猪心熟透,加盐调味,食猪心、饮汤。

【功效与适应证】　本方具有补血养心、益肝宁神的功效。适用于心肝血虚引起的心悸不宁、失眠多梦、记忆力减退等症。

（2）百麦安神饮

【配方】　小麦 25g、百合 25g、莲子肉 15g、首乌藤 15g、大枣 2 个,甘草 6g。

【制法用法】　小麦、百合、莲子肉、首乌藤、大枣、甘草分别洗净,用冷水浸泡半小时,倒入净锅内,加水至 750ml,用大火烧开后,小火煮 30min。滤渣取汁,存入暖瓶内,连炖两次,放在一块,随时皆可饮用。

【功效与适应证】　本方具有益气养阴、清热安神之功效。适用于神志不宁、心烦易躁、失眠多梦、心悸气短、多汗等症。

（3）红枣粟米汤

【配方】　旱半夏 10g、粟米 60g、白萝卜 30g,鸡内金 10g、红枣 4 枚。

【制法用法】　白萝卜榨汁加水与半夏、粟米、鸡内金、红枣同煮 30min,滤渣取汁,每次饮小半碗,每日 2 次,服 1 周。

【功效与适应证】　本方具有降逆和胃、安神宁志的功效,适用于胃气不和型失眠。

（4）双仁连合梨

【配方】　雪梨 2 个、炒枣仁 25g、柏子仁 15g、莲子 10g、百合 10g、冰糖 20g。

【制法用法】　雪梨洗净,于近梨蒂处切下,剔除梨核心。一个梨中放入柏子仁(研碎,炒)、百合、冰糖;另一个放入炒枣仁、莲子、冰糖。将切下的梨蒂部分盖上,蒸熟,早食柏子仁百合梨,晚食枣仁莲子梨,连食 10 天。

【功效与适应证】　本方具有滋阴降火、养心安神的功效,适用于阴虚火旺型失眠。

（五）预防

失眠常常是由于长期的思想矛盾或精神负担过重、脑力劳动者劳逸结合长期处理不当、病后体弱等原因引起。患此病后,首先要解除上述原因,重新调整工作和生活。正确认识本病的本质,起病是慢慢发生的,病程较长,常有反复,但预后是良好的。要解除自己"身患重病"的疑虑,参加适当的体力劳动和体育运动有助于失眠的恢复,树立战胜疾病的信心。

案例 7-8

患者,女,28 岁,某外资企业白领,工作压力大,经常加班,很晚才能睡。近半年来,夜间入睡时间逐渐延长,甚至无法入睡。睡眠质量差,好不容易入睡,外界轻微响动就惊醒。次日醒来,浑身乏力,反应迟钝,工作效率明显降低。一想到夜晚降临,就担心无法入睡,开始烦躁。脸色暗黄,黑眼圈严重。

问题及思考:根据此病案,试述失眠的一般治疗和营养支持。

分析:首先要建立良好的睡眠习惯,逐步纠正各种影响睡眠的行为与认知因素;其次要重建正常睡眠结构,摆脱失眠困扰。在饮食上要注意保持一定的规律,尤其是在睡眠前不能进食太饱。中医认为,失眠的病因是心神失调,所以应选择一些具有安神定志作用的食物,如龙眼肉、大枣、银耳、百合、金针菜、莲子、莲子芯、桑葚、柏子仁、蜂蜜、酸枣仁、葡萄等,另外,适当补充蛋白质、B 族维生素,磷、铁、镁、锌、铜等矿物质。失眠者应避免食用茶叶、咖啡、辣椒、生葱、胡椒、盖菜、生蒜、烟、酒等刺激性食物。

四、慢 性 腹 泻

腹泻是指排便次数明显超过平日习惯的频率(>3 次/日),粪便量增加(>200g/d),粪质稀薄(含水量>85%),或含未消化食物或脓血。腹泻可分为急性和慢性两类,病史短于 3 周者为急性腹泻,超过 3 周或长期反复发作者为慢性腹泻,是临床上多种疾病的常见症状。

慢性腹泻会引起以下并发症:①营养不良及维生素缺乏症。维生素 A 缺乏可引起干眼症及角膜软化症;维生素 D 缺乏可引起手足抽搐症。②感染。常见有中耳炎、口角炎、上呼吸道感染、支气管炎、肺炎、疖肿、败血症、泌尿道感染及静脉炎等。③中毒性肝炎。重型腹泻可能出现黄疸,常见于营养不良及重症败血症病儿,预后不良,故中毒性肝炎是腹泻的严重并发症之一。④其他。如急性肾功能衰竭、弥散性血管内凝血、感染性休克、中毒性脑病等,如处理不当还可发生急性心力衰竭、高血钾、中毒性肠麻痹、肠出血、肠套叠等,偶可见肠穿孔和腹膜炎。

(一) 病因

正常人每日 3 餐后约有 9L 液体进胃肠道,其中 2L 来自食物和饮料,而其余为消化道分泌液。每日通过小肠吸收 5~8L,约有 1~2L 液体进入结肠,而结肠每日吸收 3~5L 水分的能力,因此,每日粪中水分仅约 100~200ml。在病理状态下,进入结肠的液体量超过结肠的吸收能力,或(和)结肠的吸收容量减少时便产生腹泻。

慢性腹泻病因比较复杂,大致可归类如下:

1. 胃部疾病　胃癌、萎缩性胃炎等因胃酸缺乏可以引起腹泻,胃大部分切除——胃空肠吻合术、胃——肠瘘管形成后因为内容物进入空肠过快均可引起腹泻。

2. 肠道疾病　①感染性腹泻:虽然肠道感染呈急性腹泻但仍有部分感染出现慢性腹泻,如慢性菌痢、肠结核、慢性阿米巴肠炎、慢性血吸虫病等。②非感染性腹泻:肠易激综合征、肠道菌群失调、溃疡性结肠炎、回盲部切除术后、放射性肠炎、盲袢综合征、原发性小肠吸收不良等。③肠道肿瘤:结肠癌、肠淋巴瘤、肠神经内分泌肿瘤、结肠息肉等。

3. 肝胆胰疾病 慢性肝炎、肝硬化、肝癌、慢性胆囊炎、肝内外胆管结石、胆管癌、慢性胰腺炎、胰腺癌等。

4. 全身疾病 甲状腺功能亢进、糖尿病、慢性肾上腺皮质功能减退、甲状旁腺功能减退、腺垂体功能减退、尿毒症、动脉粥样硬化、系统性红斑狼疮、结节性多动脉炎、混合型风湿免疫病、烟酸缺乏病、食物及药物过敏等。

（二）临床表现

大便次数增多、粪便量增加、粪质稀薄或含未消化食物或脓血，持续三周以上。小肠病变引起腹泻的特点是腹部不适，多位于脐周，并于餐后或便前加剧，无里急后重，大便量多，色浅，次数可多可少；结肠病变引起腹泻的特点是腹部不适，位于腹部两侧或下腹，常于便后缓解或减轻，排便次数多且急，粪便量少，常含有血及黏液；直肠病变引起者常伴有里急后重，腹痛胀气，排气排便后疼痛或消失，稀便与硬便交替出现。慢性腹泻病程时间长，反复发作，可达数月、数年不愈。

（三）诊断

慢性腹泻的原发疾病和病因诊断须从病史、症状、体征、实验室检查中获得依据。可从起病及病程、腹泻次数及粪便性质、腹泻与腹痛的关系、伴随症状和体征、缓解与加重的因素等方面收集临床资料。这些临床资料有助于初步区别腹泻源于小肠抑或结肠。

1. 实验室检查 ①粪便检查：对腹泻的诊断非常重要，一些腹泻经粪便检查就能作出初步诊断。常用检查有大便隐血试验，涂片查白细胞、红细胞、脂肪滴、寄生虫及虫卵，大便细菌培养。②血液检查：血常规检查及血电解质、血气分析以及血浆叶酸、维生素 B_{12} 浓度和肝肾功能等检测有助于慢性腹泻的诊断与鉴别诊断。③小肠吸收功能试验：粪脂测定、右旋木糖吸收试验、维生素 B_{12} 吸收试验和胆盐吸收试验等有助于了解小肠的吸收功能。④血浆胃肠多肽和介质测定：对于各种胃肠胰神经内分泌肿瘤引起的分泌性腹泻有重要诊断价值，多采用放射免疫法检测。

2. 器械检查 ①超声检查：可了解有无肝胆胰疾病。②X 线检查：包括腹部平片、钡餐、钡灌肠、CT 以及选择性血管造影，有助于观察胃肠道黏膜的形态、胃肠道肿瘤、胃肠动力等。③内镜检查：消化道内镜检查对于消化道的肿瘤、炎症等病变具有重要诊断价值。

（四）治疗

治疗主要针对病因，但相当部分的腹泻需根据其病理生理特点给予对症和支持治疗。

1. 病因治疗 感染性腹泻需根据病原体进行治疗。乳糖不耐受症和麦胶性肠病需分别剔除食物中的乳糖或麦胶类成分。高渗性腹泻应停食高渗的食物或药物。胆盐重吸障碍引起的腹泻可用考来烯胺吸附胆汁酸而止泻。治疗胆汁酸缺乏所致的脂肪泻，可用中链脂肪代替日常食用的长链脂肪。慢性胰腺炎可补充胰酶等消化酶，过敏或药物相关性腹泻应避免接触过敏源和停用有关药物，炎症性肠病可选用氨基水杨酸制剂、糖皮质激素及免疫抑制剂。消化道肿瘤可手术切除或化疗，生长抑素及其类似物可用于类癌综合征及胃肠胰神经内分泌肿瘤。

2. 对症治疗 ①纠正腹泻所引起的水、电解质紊乱和酸碱平衡失调。②对严重营养不良者，应给予营养支持。③严重的非感染性腹泻可用止泻药。

3. 营养支持

（1）低脂少渣饮食。许多肠道疾病均影响脂肪的吸收，尤其是小肠吸收不良。脂肪过多会引起消化不良,加重胃肠道负担,刺激胃肠蠕动,加重腹泻。故植物油也应限制,并注意烹调方法,以蒸、煮、氽、烩、烧等为主,禁用油煎炸、爆炒、滑溜等。可用食物有瘦肉、鸡、虾、鱼、豆制品等。应食易消化、质软少渣、无刺激性的食物,粗纤维多的食物能刺激肠蠕动,使腹泻加重。少量多餐,以减少胃肠负担。禁食易产气、刺激性强及富含膳食纤维的食物。当腹泻次数多时最好暂时不吃或尽量少吃蔬菜和水果,可给予鲜果汁、番茄汁以补充维生素。

（2）增加高蛋白高热能饮食。慢性腹泻病程长,常反复发作,影响食物消化吸收,并造成体内贮存的热能消耗及维生素、无机盐、微量元素的缺失。为改善营养状况,应给予高蛋白、高热能并富含维生素、无机盐及微量元素(尤其足维生素 C、B、A 和铁等)的食物,要用循序渐进逐渐加量的方法,如增加过快,营养素不能完全吸收,反而可能加重胃肠道负担。

4. 营养与食膳调理

（1）蒜泥马齿苋

【配方】　独蒜 50g,鲜马齿苋 500g,黑芝麻 15g,白糖 13g。

【制法用法】　将马齿苋择洗干净,折成小段,用沸水烫透,装盘中,独蒜捣成泥,芝麻炒香捣碎,放入盘中,加精盐、味精、白糖、花椒粉、酱油、醋拌匀,佐餐食之。

【功效与适应证】　本方具有清热止泻的功效,适用于慢性肠炎,腹泻反复不愈。

（2）茯苓红枣栗子粥

【配方】　茯苓 30g、红枣 10 枚、栗子肉 50g、粳米 100g、白糖适量。

【制法用法】　将茯苓、红枣、栗子肉、粳米加水煮熟,食时调入白糖。每日 1 剂,分次服用。

【功效与适应证】本方具有益气健脾、和中止泻的功效,适用于脾虚型慢性腹泻。

（3）粟米山药糊

【配方】　粟米 100g,山药 100g,白糖适量。

【制法用法】　将粟米、山药用小火炒至焦黄,研为细粉,每次取 30g,加水 200ml,煮熬成糊,加白糖调匀,随宜食用。

【功效与适应证】　本方具有补脾胃,助消化的功效,适用于脾胃虚弱,消化不良,腹泻便溏。

（4）八宝糯米饭

【配方】　莲子 50g,白扁豆 50g,薏米 30g,核桃肉 30g,桂圆肉 30g,青梅 20g,大枣 20 枚,去皮鲜山药 100g,白砂糖 100g,糯米 500g,猪油 50g。

【制法用法】　将糯米、薏米、白扁豆、莲子洗净后分别入笼中蒸熟,取大碗 1 个,用猪油 10g 抹于碗内,再排放青梅、大枣、桂圆肉、核桃仁、莲子,加入糯米饭,入笼中蒸 30min,取出翻扣于大盘中,再用猪油和白砂糖溶化后浇淋饭上即成,用以佐餐或用正餐。

【功效与适应证】　本方具有健脾益胃的功效,适用于脾胃虚弱,经常腹泻者。

（五）预防

1. 对于急性腹泻,应彻底治疗,以防转为慢性,饮食避免过于寒凉,以防伤脾肾阳气,使病迁延不愈。

2. 注意饮食卫生,不吃变质食物,忌暴饮暴食,不贪食油腻生冷食物,过于油腻饮食往往使腹泻加重。

3. 生活要有规律,适当进行体育锻炼以增强体质,避免疲劳和受凉,注意腹部保暖,避免受寒。

4. 养成良好卫生习惯,不食不洁食物。

5. 注意观察病情,寻找引起腹泻或加重病情的有关因素,注意调摄。

案例 7-9

患者,女,15 岁,以"反复上腹痛伴腹泻四、五年"为主诉入院。患者近四、五年来无明显诱因下反复腹痛、腹泻,腹痛呈阵发性绞痛,便后可以缓解,以脐周围甚。大便呈稀糊样,每日 2~3 次,无黏液及脓血,有恶臭。体格检查:营养状态极差,消瘦、贫血,发育仅相当 8~9 岁儿童(幼年时期发育曾经正常)。大便检查含有脂肪球。

分析:该患者为慢性腹泻,已影响到正常发育和形体容貌,除了做进一步检查后进行药物治疗外,在饮食上,应食低脂、易消化、质软少渣、无刺激性的食物,增加高蛋白高热能饮食。

(肖杰华)

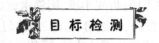

目 标 检 测

简答题

1. 简述骨质疏松的定义。
2. 简述骨质疏松相关的饮食疗法主要原则有哪些。
3. 骨质疏松的主要临床表现有哪些?
4. 简述营养性佝偻病的发病原因。
5. 佝偻病的主要因素有哪些?
6. 儿童佝偻病的主要临床表现有哪些?
7. 简述脂肪肝的营养支持。
8. 简述习惯性便秘的营养支持。
9. 简述失眠的营养支持。
10. 简述慢性腹泻的营养支持。

第 **8** 章
伤口愈合、疤痕与营养

1. 了解创伤愈合的基本过程、皮肤创伤愈合的类型。

2. 掌握营养素对创伤愈合的作用,知道哪些食物对创伤愈合有促进作用。

3. 了解瘢痕形成机理与临床表现,知道瘢痕形成与营养物质的关系,掌握瘢痕者的营养禁忌。

第 1 节 创 伤

皮肤由表皮、真皮、皮下组织构成,是人体最大的组织器官。皮肤具有屏障、感觉、调节体温、吸收、分泌和排泄等功能。在新陈代谢、角质形成、色素代谢、毛发和指甲生理等方面均有其特殊性。尤其在防止组织内各种营养物质、电解质和水分流失,维持机体内环境稳定上具有重要作用。当各种致伤因素或致病因素造成皮肤不同程度的破坏和缺损时,机体就要进行创伤修复以恢复功能。当皮肤损伤达到一定程度时,由于纤维增生性反应,皮肤创伤修复将以瘢痕形成而告终。

一、创伤愈合的基本过程

皮肤创伤愈合又称皮肤创面或伤口愈合,其过程通常分为炎症期、增生期和重塑期三个阶段。

（一）炎症期

炎症是机体对局部损伤的反应。局部急性炎症反应在损伤后立即发生。包括血流动力学改变、血管通透性升高、中性粒细胞和单核细胞渗出及吞噬细胞作用三个主要方面。局部炎症反应对组织有一定的破坏作用,如粒细胞释放的胶原酶可降解结缔组织的胶原。但更为重要的是通过炎症反应清除损伤坏死组织及外来异物,并为组织再生与修复奠定基础。

（二）增生期

机体组织损伤必须通过细胞增生、分化和细胞外基质的形成完成修复过程。修复细胞的迁移、增生和分化活动以及细胞外基质的合成、分泌和沉淀是增生期的主要特征。

1. 再上皮化 皮肤表浅损伤的修复主要通过再上皮化完成。再上皮化主要包括角质形成细胞的迁移、增殖和分化三个阶段。表皮受损后,缺损处周围表皮的断端的基底细胞首先开始向创面迁移。通常在损伤后数小时开始有细胞的分裂增殖。当迁移的表皮细胞彼此相遇时,细胞的迁移和分裂活动停止。基底细胞开始进一步分化,最终形成表皮的各个层次。

2. 肉芽组织形成 真皮或皮下组织损伤后的修复需通过肉芽组织形成的方式进行。肉芽组织形成有关现象包括血管形成、纤维增生、伤口收缩。组织损伤后邻近创面的血管内皮细胞分裂增生、趋化,向无血管或少血管区迁移,逐渐形成毛细血管。肉芽组织的毛细血管可为组织修复提供氧和必要的营养物质。在肉芽组织中,除大量新形成的毛细血管外,还存在丰富的成纤维细胞和细胞外基质成分。成纤维细胞为主要的组织修复细胞。细胞外基质成分主要为胶原、弹性蛋白、纤维粘连蛋白、蛋白聚糖和透明质酸等。在纤维增生过程中,细胞外基质成分对成纤维细胞的迁移、增生等功能有重要调节作用。皮肤损伤数日后,伤口边缘的整层皮肤向伤口中心移动,即伤口收缩。伤口中肉芽组织产生的收缩力来源于含有收缩蛋白的肌成纤维细胞。伤口收缩是伤口愈合的重要组成部分,其意义在于缩小创面。目前认为伤口收缩与伤口边缘肌成纤维细胞的牵拉作用有关,而与胶原形成无关。

(三)重塑期

在再上皮化和肉芽组织形成后,创伤愈合过程并未停止。组织重塑主要表现为肉芽组织逐渐成熟,向瘢痕组织转化。整个过程包括胶原的不断更新、胶原纤维交联增加、胶原酶降解多余的胶原纤维、丰富的毛细血管网消退、蛋白聚糖和水分减少、蛋白聚糖分布趋于合理。组织重塑可延续到伤后数周甚至两年。通过组织重塑可以改善皮肤组织的结构和强度,以达到尽可能恢复组织原有结构和功能的目的。

二、皮肤创伤愈合的类型

(一)一期愈合

见于组织缺损少、创缘整齐、无感染、经黏合或缝合后创面对合严密的伤口,例如手术切口。这种伤口中只有少量血凝块,炎症反应轻微,表皮再生在24~48h内便可将伤口覆盖。肉芽组织在第3天就可从伤口边缘长出并很快将伤口填满,5~6天胶原纤维形成,约2~3周完全愈合,留下一条线状瘢痕。一期愈合的时间短,形成瘢痕少。

(二)二期愈合

见于创伤范围较大、组织缺损较多、创缘不规整、无法整齐对合或伴有感染的伤口。须经肉芽组织填补缺损组织才能愈合。这种伤口的愈合与一期愈合有以下不同:①由于坏死组织多,或由于感染,继续引起局部组织变性、坏死,炎症反应明显。只有等到感染被控制,坏死组织被清除以后,再生才能开始。②伤口大,伤口收缩明显,从伤口底部及边缘长出多量的肉芽组织将伤口填平。③愈合的时间较长,形成的瘢痕较大。

(三)痂下愈合

伤口表面的血液、渗出液及坏死物质干燥后形成黑褐色硬痂,在痂下进行上述愈合过程。待上皮再生完成后,痂皮即脱落。痂下愈合所需时间通常较无痂者长,因此时的表皮再生必须首先将痂皮溶解,然后才能向前生长。痂皮由于干燥不利于细菌生长,故对伤口有一定的保护作用。但如果痂下渗出物较多,尤其是已有细菌感染时,痂皮反而成了渗出物引流排出的障碍,使感染加重,不利于愈合。

第 2 节　营养素对创伤愈合的作用

营养物质是创伤愈合的基础,在促进机体组织修复过程的细胞增生、分化和细胞外基质的形成中起重要作用。营养状况的好坏,将直接或间接地影响伤口的愈合。患者的饮食中缺乏维生素 C、锌、铁等微量元素也会影响伤口的愈合速度。

一、蛋　白　质

蛋白质是影响创面愈合最重要的因素之一。蛋白质缺乏将导致毛细血管形成、成纤维细胞增殖、蛋白多糖合成、胶原合成及伤口重塑等方面的障碍。蛋白质的缺乏也会影响到免疫系统,表现在白细胞吞噬作用的减弱及感染机会增加。胶原是连接组织的主要蛋白成分,主要由甘氨酸、脯氨酸和羟基脯氨酸构成。胶原合成需要赖氨酸和脯氨酸的羟基化,还需要诸如二价铁离子和维生素 C 等辅因子的作用。任何辅因子的缺乏都会导致伤口愈合困难。严重的蛋白质缺乏,尤其是含硫氨基酸(如甲硫氨酸、胱氨酸)缺乏时导致组织细胞再生不良或者缓慢,肉芽组织及胶原形成不良,伤口愈合延缓。有人建议在补充氨基酸时,应考虑赖氨酸、色氨酸、苏氨酸、丝氨酸、酪氨酸、组氨酸、谷氨酸、甘氨酸、丙氨酸、脯氨酸以及支链氨基酸。精氨酸对人体有多方面的作用,包括对免疫功能、创面愈合、激素分泌、血管紧张度和内皮功能等的调节。在生长发育高峰、严重压力和受伤状态下人体对它的需要增加。精氨酸也是脯氨酸的前体,充足的精氨酸水平对于支持胶原生成血管和创面收缩是必需的。给予精氨酸在创面愈合治疗中是一种有效的调节疗法。谷氨酸是细胞质膜成分中最丰富的氨基酸之一,并且是快速增殖细胞,如成纤维细胞、淋巴细胞、上皮细胞、巨噬细胞等代谢能量的主要来源。血清中谷氨酸的浓度在受到严重手术创伤脓毒症后显著降低,而补充谷氨酸则有利于维持 NO 平衡和减少免疫抑制。谷氨酸在创面愈合早期的炎症反应的发生中发挥着关键作用,口服补充谷氨酸可以提高伤口张力和成熟胶原的水平。含蛋白质丰富的食物有各种瘦肉、牛奶、蛋类等。

二、脂　肪　酸

脂肪酸是为机体提供能量和促进伤口愈合与组织修复的重要营养物质。多不饱和脂肪酸中的 n-6(存在于大豆油)、n-3(存在于鱼油)系列脂肪酸,能提高机体免疫能力,从而降低感染并发症的发生机会和提高患者的存活率。但对伤口愈合的作用还缺乏定论。

三、碳水化合物

碳水化合物是创面愈合过程中的主要能量来源。当被人体摄入碳水化合物后,经消化酶的作用,多糖转化为单糖(主要是葡萄糖),经糖酵解和三羧酸循环,最终分解为 C_2O 和 H_2O,并释放大量的 ATP,以供给机体能量。富含碳水化合物的食物主要包括:粮食、水果、蔬菜等。众多碳水化合物中,葡萄糖最为重要,它是生产用于血管和新组织生成的 ATP 的主要能量来源。葡萄糖在伤口愈合过程中的作用主要表现在:为参与伤口修复的各种细胞提供能量、刺激纤维生长、刺激胶原的产生,以形成新生组织。葡萄糖作为 ATP 合成的来源,还可以避免氨基酸和蛋白质的消耗。碳水化合物摄入不足引起能量缺乏时创面难以愈合、机体死亡率升高。而能量摄入过多时因肥胖导致的供血不足,会引起溃疡及感染机会增加,糖尿病的风险增加。

四、微量元素

微量元素对创伤愈合有重要作用。与创伤愈合有关的微量元素主要有锌、铜、铁。其中锌所具有的生理功能最多。

临床观察表明,手术后伤口愈合迟缓的病人,皮肤中锌的含量大多比愈合良好的病人低。另有观察表明,手术刺激、外伤及烧伤患者尿中锌的排出量增加。这是因为,锌极易与血浆中一些低分子量化合物结合,由肾滤过而排出。当蛋白质从尿中丢失时,锌也随之丢失。因此,在创伤或手术后,或多或少有一段时间处于低锌状态,补锌是十分必要的。铁是脯氨酸和赖氨酸羟基化必需的,严重的铁缺乏症会导致胶原合成障碍。因此对伤口愈合是必需的。另外,铁是亚铁血红素酶的组成部分,这些酶包括血色素、细胞色素酶等,这些酶缺乏会增加感染的机会。铁的丢失主要原因是创伤失血、血红蛋白分解及组织溶解渗出。铜以金属酶的形式存在于体内,位于酶的活性部位。铜是细胞色素氧化酶、超氧化物歧化酶的成分。在胶原和弹性蛋白的交联中起重要作用。另外,血浆铜蓝蛋白参与铁代谢,也促进了创伤愈合。镁作为很多酶的辅因子,参与了蛋白和胶原的合成。

五、维生素

不论是水溶性维生素还是脂溶性维生素在创伤愈合过程中都起重要作用。

维生素 C(抗坏血酸)是一种强抗氧化剂,可以保护其他抗氧化剂和脂肪酸免遭氧化,使细胞膜免受氧化损伤。维生素 C 在伤口愈合过程中具有多方面的作用。在胶原形成过程中,前胶原肽链中的两个主要氨基酸:脯氨酸及赖氨酸,必须经羟化酶羟化,才能形成前胶原分子,而维生素 C 具有催化羟化酶的作用,因此维生素 C 缺乏时前胶原分子难以形成,从而影响了胶原纤维的形成。维生素 C 缺乏影响肾上腺皮质功能,降低人体抗休克及抗感染功能,会导致免疫力下降,从而增加伤口感染的机会。同时,影响糖和蛋白质的代谢作用。含维生素 C 较多的食品是各种蔬菜、水果,主要是绿叶菜、橙子、红枣、猕猴桃、柑橘和柚子。维生素 B_1 是糖代谢过程中丙酮酸氧化酶的组成部分,B_2 具有促进新陈代谢的作用。由于创伤后代谢增加,B 族维生素消耗增多,特别是禁食患者,容易发生缺乏而影响创伤愈合。

脂溶性维生素在蛋白质合成和细胞分化过程中起着必不可少的作用。如维生素 A、胡萝卜素,是上皮细胞结构和功能所必需的,影响着许多蛋白质合成、细胞的分化、增殖和生长。

维生素 A(视黄醇)的生物学功能包括抗氧化活性、促进成纤维细胞增殖、细胞分化与增殖的调节、促进胶原和透明质酸盐的合成、降低基质金属蛋白酶介导的胞外基质降解。维生素 A 在创伤愈合的炎症期有积极的作用,促进或有助于胶原的形成、血管再生和上皮的形成,增强伤口和吻合口愈合的张力。含维生素 A、胡萝卜素较多的食品为动物肝脏、胡萝卜、西红柿等。维生素 E(生育酚)作为一种抗氧化物,通过对抗氧化破坏而维持细胞膜的整体性,促进伤口愈合。动物实验证实,维生素 E 在慢性愈合伤口中有抑制疤痕过度生成的作用,并被作为抗疤痕形成成分而广泛使用。维生素 E 也具有抗炎症作用。含维生素 E 丰富的食品有谷类、绿叶蔬菜、蛋黄、坚果类、肉及乳制品。

综上所述,伤口愈合过程的营养素需求是复杂的。蛋白质、碳水化合物、多不饱和脂肪酸、维生素 A、维生素 C、维生素 E、锌、铁、铜、镁在伤口愈合过程中均具有重要的作用,任何成分的缺乏都会影响伤口的愈合。

第 3 节　食物对创伤愈合的作用

一、饮食原则

饮食对创伤愈合有很重要的作用,但不能盲目"进补",要遵守下列几点原则。

(1) 补充:蛋白质、维生素、水分。特别是胶原蛋白。

(2) 选择:含胶原多的食品如猪蹄、猪皮、甲鱼、鸡爪、鸡翅、鸡皮、牛蹄筋、鱼类等。

(3) 适时:摄取水果;进行运动。

(4) 坚持:进食定时、定量、定餐,不要"饥一顿、饱一顿","素一顿、荤一顿";戒烟、限酒。

(5) 检查:身体状况,如创伤恢复情况、心脑肾情况、体重等。

二、促进伤口愈合的食物

(一) 促进伤口愈合的食物

1. 乳鸽　鸽是禽类唯一的无胆动物,肝脏中储存着丰富的胆素,血液中含有丰富的血红蛋白,骨骼中有大量的软骨素。能调节人体大脑神经系统、改善睡眠、增进食欲、帮助消化、激活性腺分泌和脑垂体分泌、调理并强壮身体,有益于人体能量的储存和利用。对创伤愈合大有裨益。

2. 猪蹄　猪蹄含有丰富的锌、胶原蛋白。锌能使成纤维细胞功能增强,胶原蛋白能促进伤口愈合的速度。

3. 鲈鱼　鲈鱼含有丰富的且易消化的蛋白质、脂肪、维生素 B_2、尼克酸、钙、磷、钾、铜、铁、硒等。中医认为鲈鱼性温味甘有健脾胃、补肝肾的作用。

4. 虹鳟鱼　该鱼肉质细嫩、味道鲜美、无小刺、无腥味、高蛋白、低脂肪,是的促进伤口愈合的极佳食品。

5. 黑豆　是各种豆类中蛋白质含量最高的,比瘦猪肉蛋白质含量多将近一倍。它含有的脂肪主要是不饱和脂肪酸,其中必需脂肪酸含量占 50%,同时会有磷脂、大豆黄酮、生物素等。中医认为,黑豆性平味甘,有补血的功能,术后体虚血缺患者食用可加速伤口恢复。

6. 蜂蜜　蜂蜜有消炎、止痛、止血、减轻水肿、促进伤口愈合的作用。另外,在特殊情况下需紧急处理的伤口也可以直接涂抹。

7. 海带　海带所含蛋白质和碳水化合物是蔬菜中较多的,且胡萝卜素、核黄素、硫胺素以及尼克酸等维生素的含量也较多。海带中还含有止血效能的物质,故对创伤愈合有一定功效。

8. 黑木耳　黑木耳含有丰富的铁,同时含有丰富的锌。所以它是一种非常好的天然补血食品,能提高创伤后失血过多患者伤口愈合速度。

9. 苦瓜　苦瓜汁含有类似奎宁的蛋白成分,能加强巨噬细胞的吞噬能力,同时苦瓜中的苦味素能增进食欲,健脾开胃,有利于伤口恢复。

10. 西红柿 西红柿含有丰富的维生素 C、番茄红素、胡萝卜素等抗氧化成分,有利创伤愈合。另外,番茄籽周围的黄色胶状物质可以防止血液中血小板的凝结,可防止血栓形成。

11. 水果 维生素 C 含量较高。在品种选择上要多样化,例如草莓、木瓜、柚子、橙子、鲜枣等。

此外,不利于伤口愈合食物有葱、辣椒、韭菜等辛辣食品,因为人在食用辛辣食物以后,会出现燥热、出汗等反应,由于汗液里不可避免地会存在一定数量的细菌,若创伤口附近的汗腺大量分泌汗液,不仅不利于创面的愈合,还容易导致局部细菌繁殖,增加感染的风险。海鲜中的螃蟹、虾等甲壳类动物因含有组胺等成分,很容易引起机体过敏;水果中的芒果、菠萝等热带水果也容易导致过敏。过敏发生时,皮肤会发红、起皮疹,还会有蜕皮、瘙痒等症状。过敏可能会引起手术部位的水肿,导致切口延期愈合,若因皮肤瘙痒而搔抓手术部位的皮肤,还有可能导致局部感染。亦药亦食的当归、红花、川芎等中药有加速血液循环的作用,食用后可能造成已经止血的创面再次出现渗血,甚至引发局部血肿,延长恢复过程。

(二) 促进伤口愈合的食谱

1. 燕麦瘦肉粥 瘦肉中富含蛋白质,燕麦 β-葡聚糖具有非常好的保湿功效,可以促进成纤维细胞合成胶原蛋白,促进伤口愈合,具有良好的皮肤修复功能。二者同煮营养翻倍。

2. 菜花扇骨鲫鱼汤 菜花中富含维生素 C,鲫鱼、骨头含有胶原和钙。当维生素 C 缺乏时,胶原蛋白不能正常合成,胶原蛋白占身体蛋白质的 1/3,生成结缔组织,构成身体骨架。如骨骼、血管、韧带等,决定了皮肤的弹性,保护大脑,并且有助于人体创伤的愈合。把富含维生素 C 的菜花和能滋补身体的鲫鱼、骨头做成汤很适合创伤病人食用,促进创伤愈合。

3. 酱猪肝 猪肝中含有大量的维生素 A 和铁。维生素 A 有助于保护表皮、黏膜不受细菌侵害,抗感染,促进皮肤伤口愈合。铁能防止缺铁性贫血、维持免疫功能、促进 β-胡萝卜素转化为维生素 A、促进胶原的合成、参与抗氧化作用。两者都是创伤愈合需要补充的营养素。

4. 生鱼汤 生鱼又称黑鱼、团鱼、乌棒头鱼、孝鱼、墨头鱼等,其肉质细腻,肉味鲜美,刺少肉多,是典型的高蛋白、低脂肪的保健食品。具有去瘀生新、滋补调养、健脾利水的功效。有生肌补血、加速愈合伤口的作用。在东南亚尤其是在两广和港澳地区,生鱼一向被视为创伤后康复和体虚者的滋补珍品。

第4节 瘢痕与营养

一、瘢痕组织形成

瘢痕是各种创伤后所引起的正常皮肤组织的外观形态和组织病理学改变的统称,它是人体创伤修复过程中必然的产物。也就是说,只要损伤到皮肤的真皮层以下就会落下瘢痕。因个人体质不同、创伤或炎症的破坏程度不同,所形成的瘢痕状态也不相同。瘢痕分为表浅性瘢痕、增生性瘢痕、萎缩性瘢痕、瘢痕疙瘩。

(一) 瘢痕形成机理

皮肤的表浅损伤主要通过表皮基底细胞的增生、迁移并覆盖创面而完成伤口愈合过程,通常无瘢痕形成或只有轻微瘢痕。当皮肤损伤伤及真皮及皮下组织时,创伤愈合就会伴随瘢痕组织形成。在皮肤创伤愈合过程的重塑期,肉芽组织逐渐发生纤维化,丰富的胶原沉淀伴胶原构型紊乱终至瘢痕形成,可以说瘢痕组织即是纤维化的肉芽组织。

（二）临床表现

1. 表浅性瘢痕　一般累及表皮或真皮浅层,皮肤表面粗糙或有色素变化,局部平坦、柔软,一般无功能障碍,随着时间的推移,瘢痕将逐渐不明显。

2. 增生性瘢痕　损伤累及真皮深层,瘢痕明显高于周围正常皮肤,局部增厚变硬。在早期因有毛细血管充血,瘢痕表面呈红色、潮红或紫色。在此期,痒和痛为主要症状,甚至因为搔抓而致表面破溃。于环境温度增高,情绪激动,或食辛辣刺激食物时症状加重。增生瘢痕往往延续数月或几年以后,才渐渐发生退行性变化。充血减少,表面颜色变浅,瘢痕逐渐变软、平坦,痒痛减轻以致消失,增生期的长短因人和病变部位不同而不同。一般来讲,儿童和青壮年增生期较长,而50岁以上的老年人增生期较短;发生于血供比较丰富如颜面部的瘢痕增生期较长,而发生于血供较差如四肢末端、胫前区等部位的瘢痕增生期较短。增生性瘢痕有时虽可厚达2cm以上,但与深部组织粘连不紧,可以推动,与周围正常皮肤一般有较明显的界限。增生性瘢痕的收缩性较萎缩性瘢痕为小。因此,发生于非功能部位的增生性瘢痕一般不致引起严重的功能障碍,而关节部位大片的增生性瘢痕,由于其厚硬的夹板作用,妨碍了关节活动,可引致功能障碍。位于关节屈面的增生性瘢痕,在晚期可发生较明显的收缩,从而产生如颌颈粘连等明显的功能障碍。

3. 萎缩性瘢痕　一般损伤较重,累及皮肤全层及皮下脂肪组织。瘢痕坚硬、平坦或略高于皮肤表面,与深部组织如肌肉、肌腱、神经等紧密粘连。瘢痕局部血液循环极差,呈淡红色或白色,表皮极薄,不能耐受外力摩擦和负重,容易破溃而形成经久不愈的慢性溃疡。如长期时愈时溃,晚期有发生恶变的可能,病理上多属鳞状上皮癌。萎缩性瘢痕具有很大的收缩性,可牵拉邻近的组织、器官,而造成严重的功能障碍。

4. 瘢痕疙瘩　一般表现为高出周围正常皮肤的、超出原损伤部位的持续性生长的肿块,扪之较硬,弹性差,局部痒或痛,早期表面呈粉红色或紫红色,晚期多呈苍白色,有时有过度色素沉着,与周围正常皮肤有较明显的界限。病变范围大小不一,从2~3mm丘疹样到大如手掌的片状。其形态呈多样性,可以是较为平坦的、有规则边缘的对称性突起,也可以是不平坦的、具有不规则突起的高低不平的团块,有时像蟹足样向周围组织浸润生长(又称"蟹足肿")。其表面为萎缩的表皮,但耳垂内瘢痕疙瘩的表皮可以接近正常皮肤。大多数病例为单发,少数病例呈多发性。瘢痕疙瘩在损伤后几周或几月内迅速发展,可以持续性连续生长,也可以在相当长一段时期内处于稳定状态。病变内可因残存的毛囊腺体而产生炎性坏死,或因中央部缺血而导致液化性坏死。瘢痕疙瘩一般不发生挛缩,除少数关节部位引起轻度活动受限外,一般不引起功能障碍。

二、瘢痕与营养物质

瘢痕的细胞外基质是由不同类型的胶原、各种蛋白多糖或糖胺多糖、弹性蛋白及一些具有粘连作用的糖蛋白等一系列复杂的成分构成。皮肤的修复开始于富含纤维蛋白的血栓形成,经历了炎症期、肉芽组织形成和瘢痕成熟等阶段,最终形成主要由胶原组成的新生瘢痕组织。参与修复的各种营养相关物质(如:胶原,蛋白多糖,纤维蛋白及其他可溶性介质等)之间的相互作用和反馈控制机制主导了创面愈合的发展过程。该过程中任何异常都可能导致创面不愈或引起过度增生形成增生性瘢痕和瘢痕疙瘩。瘢痕基质由大量胶原、黏多糖等营养相关物质构成,对瘢痕形成起了重要的作用。

（一）瘢痕与结缔组织

结缔组织是机体重要的支持组织,主要包含细胞、纤维和基质三部分。其中基质和纤维占绝大部分。基质的成分除了水份、电解质外,主要为黏多糖和黏蛋白。黏蛋白构成网状结构,黏多糖充满网状结构之间。

（二）瘢痕与胶原

几十年前,人们就已经认识到胶原是细胞外基质中的主要大分子物质,但普遍认为是一种蛋白质。近年来研究证明,胶原并不是某一个蛋白质的名称,而是在结构上既具有共同特点又具有差别的一组蛋白质,因此有人把它们称为胶原家族。胶原是结缔组织及各种瘢痕组织的主要大分子物质。胶原的产生是创伤修复过程的高峰,也是瘢痕形成过程的决定性事件。瘢痕组织中的胶原成分主要为 I 型胶原,其次为 II 型胶原。它们两者之间的比例可以反映瘢痕组织成熟的程度。在新形成以及增生比较活跃的瘢痕组织中,II 型胶原所占的比例大。构成胶原的氨基酸主要有甘氨酸、脯氨酸、赖氨酸。维生素 C 是胶原合成的重要调节因子。它不仅是脯氨酸与赖氨酸羟化的必需辅因子,它还能刺激胶原合成、增加前胶原的稳定性。

（三）瘢痕与黏多糖

近年来研究发现,黏多糖的合成与分解均先于胶原的合成与分解。认为黏多糖对于胶原的交联和稳定有重要意义。黏多糖本身有一定强度,和胶原结合后抗张强度更大。胶原的纤丝、小纤维、纤维、纤维束之间是通过黏多糖等物理作用来连接。瘢痕软化的主要表现在黏多糖减少,造成基质黏合断裂,胶原松动伸展。

（四）瘢痕与核心蛋白多糖

核心蛋白多糖是一种细胞外富含亮氨酸的小分子蛋白多糖。病理性瘢痕是以过量的细胞外基质沉淀为特征的皮肤纤维化反应,胶原是主要细胞外基质成分,核心蛋白多糖能结合或"修饰" I 型胶原,调节胶原原纤维的重组和生长。核心蛋白多糖缺乏时,I 型胶原纤维异常且生成减少。故认为核心蛋白多糖在胶原纤维合成和维持皮肤的动态平衡上起着重要作用。大量研究表明,细胞生长因子在瘢痕增生过程中起着重要作用。核心蛋白多糖可以抑制或下调生长因子受体的表达,从而抑制病理性瘢痕的形成。

（五）微量元素与瘢痕

微量元素可以通过影响胶原合成和分解代谢过程以及改变成纤维细胞基因表达在瘢痕组织形成和转归中发挥作用。瘢痕中胶原合成与氧自由基密切相关,锌、铜、铁、锰、硒作为金属酶类抗氧化剂,超氧化物歧化酶、谷胱甘肽过氧化物酶、过氧化氢酶的必需成分,对体内氧自由基的清除发挥了重要作用。瘢痕中锌、铜、铁、锰、硒等微量元素含量下降,势必影响抗氧化剂功能,不利于对氧自由基的清除,过量的氧自由基将会引起脯氨酸羟化酶、赖氨酸羟化酶活性显著高,还能摆脱羟化酶的限制,导致胶原合成的大量增加。同时微量元素锌、铜和胶原降解密切相关。瘢痕中胶原纤维的分解主要依赖于基质金属蛋白酶,其缺乏导致胶原降解的减少。

三、瘢痕的营养禁忌

1. 勿乱食 禁戒油炸火灸之品、肥甘厚腻之味及辛辣燥性之食。此类食品会使脾胃杂滞,健运功能失常。还会增加血流量,给瘢痕的恶化创造条件。

2. 勿偏食 中医认为药食同源。食物也具有寒热温凉四性和酸苦甘辛咸五味。如有偏食则会导致身体摄纳的营养不平衡,不利于瘢痕的消退。

3. 禁食柑橘类食物 柑橘类食物可以明显刺激瘢痕产生瘙痒,对瘢痕的修复非常不利。

4. 禁食鸡、鱼、牛羊肉、辣椒、大蒜、猪蹄、南瓜、葡萄。进食此类食物瘢痕部位会痛会痒。

5. 禁饮食过多或过少 过多食,则损伤脾胃可至气血生化不足;过少食,就容易营养不良,气血亦会不足,导致正气亏虚,邪气泛滥。因此,疤痕修复期间还应注意营养进食避免过多或过少。

6. 禁过多高蛋白的食物 高蛋白的食物能导致疤痕处凸起,造成疤痕增生的情况,一般是建议不要吃太多。

除此之外,由于个人体质不同,可能出现的反应也会不同。如果摄入某些食物之后疤痕反应很强烈,应立即忌口。

案例 8-1

某女 32 岁,日前刚刚做完剖宫产手术。为了促进身体恢复、伤口愈合,医生叮嘱产妇出院后要适当补充海鱼、瘦肉、猪肝,补充温热的橙子或橘子的鲜榨汁。

问题与思考: 医生为什么做这样的医嘱?

分析: 该产妇分娩方式为剖宫产,产后除正常恢复外还包括伤口愈合过程。促进伤口愈合的主要营养素有蛋白质、锌、铁、维生素 C 等。瘦肉含蛋白质较高,海鱼、猪肝含锌与铁较高,橙子与橘子含维生素 C 较高,是促进伤口愈合的良好食品。同时考虑到国人的饮食习惯,产后不宜吃生冷食物,所以要把橙子或橘子的鲜榨汁温一下。

(刘紫萍)

目 标 检 测

简答题

1. 创伤愈合分几个阶段? 各自特点是什么?
2. 蛋白质等营养素如何促进创伤愈合?
3. 举例说明哪些食品有利于创伤愈合?
4. 瘢痕形成与哪些营养物质有关系?
5. 瘢痕者的饮食有哪些禁忌?

第 **9** 章
美容外科围手术期营养膳食

第 1 节　常见美容手术与膳食营养

美容外科手术是利用外科手术方法,改善和增进人体容貌美与体形美的一门科学,是现代美容医学的重要组成部分,而创伤的修复是一个与机体代谢及营养密切相关的特殊病理和生理、生化过程,在这个过程中除必要的药物治疗及周到护理外,还应该科学地补充营养,这直接关系到术后的效果。营养支持能促进手术后创伤的恢复,以利于美容手术取得更好的术后效果。美容外科更应重视求美者手术前后的营养。另外,也需重视心理预备。

一、常见的美容手术的分类

美容手术根据身体部位、目的不同可分为减肥美体手术、头面部整形手术、隆胸手术等。

（一）减肥美体手术

肥胖的女性想成为苗条的曲线身材,而仅通过饮食很难实现的时候,可以选择手术减肥美体,方法有胃捆扎或肠切除术、脂肪抽吸术等。

1. 胃捆扎或肠切除术　不少女性都认为自己的消化吸收功能特别发达,连"喝水也会胖"。此时,这些女性选择了借外科手术切除小肠或作胃捆扎,以减少营养吸收。这样虽可减少食物的吸收而达到减肥目的,但对身体的破坏力却大得惊人。做过手术后,病人必须改变以往的饮食习惯,常常不能适应食量锐减,甚至连喝水都会腹泻。

而切除小肠的后遗症更多,不仅容易造成肝功能恶化,皮肤弹性疲乏;腹泻次数过于频繁,更会使电解质发生紊乱,影响神经传导系统的功能,严重时还可能使心脏衰竭,引起死亡。如果肠道蠕动减弱,还会形成腹胀。而过短的小肠,则会增加和大肠的接触面积,导致细菌感染。

2. 脂肪抽吸术　脂肪抽吸术又称为封闭式减肥手术,即采用小切口,借助特别的吸头及负压吸引装置,在盲视下操作,在盲视下操作,以吸取皮下堆积的脂肪组,故又称脂肪抽吸术。这种方法发展较快,目前已有很多改进的方法,如超声吸脂术、电子吸脂术以及注射器抽吸吸脂术。以局部脂肪堆积为特征的轻、中度肥胖适合于此种吸脂术,

此项技术的发展过程是从单纯负压吸引,再发展为快速吸引。近年来又发展了超声振荡和产生高频电场破坏脂肪团再将其吸出的技术。这两项技术对血管和神经破坏性较小。不管是负压吸引还是超声或电子脂肪抽吸系统,均通过一种金属进入皮下进行抽吸或经振荡将皮下脂肪抽出,一般都需在隐蔽部位选择小切口(1.0~1.5 cm),将吸管和探头置入皮下来完成。近年发展起来的肿胀麻醉技术,对负压抽吸所造成的损伤大大减轻,出血量明显减少,已成为一项比较安全的流行术式,而且适合于大多数以肥胖不很显著,仅局限与某一部位的脂肪堆积者。皮肤弹性好且无松垂者,治疗效果更好。如局限性脂肪堆积伴皮肤松弛,除吸脂外尚需同时切除松弛皮肤。

脂肪抽吸术虽然好,但还是会出现如下术后并发症。

(1) 皮下出血形成皮肤淤斑,部分人有局部皮肤较长时期的色素改变。

(2) 抽脂区皮肤感觉减退,通常须经数月后才得以逐步改善。

(3) 术后2~3月内抽脂区常见有水肿,下肢抽脂踝部消肿时间最慢。

(4) 血肿形成。

(5) 部分皮肤血循环障碍,甚至坏死。

(6) 伤口及抽脂区感染。

(7) 抽脂区皮肤凹凸不平,较长时间亦难以消退。

(8) 最严重甚至是致命的并发症是脂肪栓塞。

(二) 头面部整形手术

随着整形外科事业的发展,一些先天的、外伤性的或烧伤所造成的某些器官的缺损和畸形,通过整形都可得以整复纠正。随着人民生活水平的提高和对美的要求,一些整形手术如双眼皮手术、头面部皱纹缩紧术可使"返老还童",青春常在。很多明星和爱美女性经过整容后焕然一新。

头面部整形包括面部畸形修复和面部轮廓整形。面部畸形常见修复的部位包括头皮和颅骨、眼睑、眼眶、鼻、耳郭、唇、腭裂、颊、颈、颌骨、除皱等。

1. 头皮和颅骨　头皮和颅骨的整形包括头皮撕脱、颅骨缺损、颅缝早闭症、秃发、植皮、肿瘤等。

2. 眼睑和眼眶　眼睑和眼眶的整形包括上眼睑下垂、双眼皮、睑外翻、眶距增宽症、眼窝狭窄、眶外伤等。

如果上眼睑提肌或支配该肌的神经发育不全,睁眼时上睑不能上举,眼不能睁开,瞳孔被遮住会影响正常的视野,这是先天性上睑下垂症。患上睑下垂的孩童,由于视力障碍,会逐渐造成头向后仰、皱额、蹙眉等不良姿态,影响仪容,应及早进行手术整复。年纪过小手术不易成功,一般认为5岁以后进行手术较为适宜。外伤性的上睑下垂应在创伤愈合1年后,待局部组织软化时才考虑手术。

一部分人上睑皱襞不明显是为单眼皮。单眼皮者眼裂常较窄,如伴有内眦赘皮时还会遮盖部分视野,看上去毫无神态。若做双眼皮手术整形,不仅可使眼裂增大,显出眼神,还能同时纠正"水泡眼",内眦赘皮及倒睫等,这是一种很受欢迎的整容手术。

3. 鼻　由于鼻部位于面部的正中,任何较小的畸形或缺损都会显得很突出,引人注

目。较重的缺损或畸形往往造成心理上和精神上的不良影响。鼻的整形包括鼻翼畸形、鹰鼻、鞍鼻、鼻缺损等。

鞍鼻是指鼻梁平坦或凹陷,一般多为先天性,或因外伤或感染引起。因其形状如鞍状,故极其影响仪容。鞍鼻的治疗通常可用充填材料置入鼻部骨膜下垫高整复,效果较好。常用的充填材料有软骨、骨骼、塑料和硅胶等。可视具体情况酌情应用。

4. 耳郭 耳郭的整形包括小耳、贝状耳、招风耳。招风耳是一种常见的先天性外耳畸形。多发生在两个耳朵。主要是对耳轮发育不全或缺如,耳甲软骨过度发育,耳廓上半部扁平,耳郭与头颅间几乎成90°突出。由于外形难看,往往成为被人取笑的因素。招风耳可在学龄前5~6岁时进行整复,多年来经整形外科医师手术的改进,整形的效果是比较满意的。

5. 唇和腭裂 唇裂,俗称"兔唇",是由于胚胎时期上唇的发育受阻所至;而腭裂是由于胚胎时期上腭的发育受阻所致。唇腭裂的发生率为1/1000~1/800,男性多于女性。唇腭裂整形手术分三个步骤:定点、切开、分离。唇裂手术已被广泛接受,各国学者一致认为全身发育正常健壮者,以婴儿出生后2~3月为修复手术最佳年龄。唇裂手术是否成功与裂隙的类型、手术者的经验、安全和熟练的麻醉技术等有关。唇腭裂患儿,在手术后常需要较长期的生理、心理、发育等多个方面系列性长期治疗过程,故此,组织有关专业协同工作十分重要,专业协同组主要包括整形外科,或口腔颌面外科医师、耳鼻喉科、口腔正畸科医师、小儿麻醉科医师、小儿科医师、语音矫治专家、社会学家和心理学家。

6. 颈颊颌骨 颈颊颌骨整形手术包括面瘫、半面短小、面裂、半面萎缩、突颌、反颌、斜颈等。

7. 颜面部整形 黑痣可通过电离子或激光处理。麻脸是天花后遗症遗留在面部的散在性的小凹性疤痕,目前已有许多医院开展应用特殊的快速转动的磨头磨面修整。

随着年龄的老化,出现皱纹是正常的生理现象。要求"返老还童",可以施行皱纹紧缩术整形,当然这要耐受一些手术痛苦,但是手术时痛苦几天,而手术后就年轻十年,手术的美容价值不容轻估。

8. 面部轮廓整形 面部轮廓整形包括面部比例和测量、颞部凹陷、颧骨颧弓肥大、下颌角肥大等。

（三）隆胸手术

乳房美,这是现代女性非常关心的问题。健美的乳峰使女性充满自信,更富青春活力。然而,不少女性因乳房不美而苦恼。原因有多种:先天发育不良,哺乳后乳房萎缩,内分泌功能失调,或乳房疾病手术等引起的缺陷。无论流行时装如何千方百计表现女性的魅力,但毫无曲线变化的胸部仍使华丽的服饰显得逊色。

1. 假体植入 我国广泛使用的人工乳房假体包括盐水注入假体和硅凝胶假体及凝胶假体。目前,医学整形美容中心采用的假体主要是美国进口的产品。另外还有水凝胶以及复合充注式等多种假体可供选择。

2. 真皮脂肪游离移植法 这种方法是利用腹部或者臀部的真皮、脂肪,甚至筋膜组织来填充乳房,增大乳房体积。真皮脂肪组织柔韧、质感好,但是真皮脂肪吸收较多,可高达30%~50%,甚至更高。脂肪组织坏死可发生液化,溃破的皮肤可形成经久不愈的窦道,也可以出现纤维化和钙化现象。近年来,有人采用显微外科吻合血管的游离真皮脂肪瓣隆乳,使效果更好。

3. 聚丙烯硅凝胶 注射丰乳。目前不提倡采用某些注射方法隆乳,因为目前美国、日本以及一些发达的西方国家尚未发现经批准可用于注射到乳房内进行隆胸的组织代用品。所以目前最安全可靠的办法,就是乳房假体植入法。

4. 其他方法　有些美容院隆胸用激素涂在乳房上再用机器按摩、吮吸的方法,在 1~2 个疗程中有一定效果,但药停后又恢复为扁平胸,这种方法较易引起乳腺增生,甚至乳腺癌。

中医隆胸的方法是用穴位按摩刺激身体雌性激素增多,促使乳房发育,从而达到隆胸的目的。

对于隆乳的认识,很多人存在误区。有不少女士认为,隆乳时越大越好,这是一个认识上的误区。不要以为隆乳隆得越大越美,放置的假体太多、太大,将来容易下坠变形或畸形,甚至需要再做手术取出来。卫生部规定:只有经过注册的正规医院的专业整形科方可做胸部整形术,而美容院无权受理。因为隆胸出现问题的多是由一些美容机构造成,而正规医院相对安全得多。

二、美容外科手术前的营养

美容外科的受术者尽管大多数手术前营养状态良好,但随着社会的发展,受术者的年龄分布范围较广,部分受术者身体状况欠佳,仍强烈要求做美容外科手术,为减少术后并发症和获取更好的美容效果,手术前应给予营养支持。

(一) 饮食营养目的

供给充足合理的营养,增强机体免疫功能,更好地耐受麻醉及手术创伤。

(二) 饮食原则

美容外科的受术者年龄分布较大,从小孩到老人均有,但以中青年女性多见。大多数受术者体质较好,体质弱者较少,且整形美容外科手术多为体表中、小手术,深部手术较少,一般不影响术前、术后进食。对较小的美容手术受术者,如重睑术、隆鼻术、酒窝成形术、睑袋整复术、处女膜修复手术等美容整形小手术,一般术前不进行特别的营养素给予。对中等及以上手术如巨乳缩小整形,腹壁整形手术、大范畴除皱手术及大面积脂肪抽吸等手术的受术者,应按以下原则筹备。

1. 手术前若无特别的禁忌证,为保证患者术后病程经过良好,减少并发症,应尽可能补充各种必须营养素,采用高热量、高蛋白质、高维生素的饮食,以促进全身和各器官的营养。每天总热量给予 8400~10500 kJ (2000~2500 kcal);饮食中脂肪含量不可过多,蛋白质含量可占 20%,蛋白质中 50% 应为优质蛋白质;脂肪占 15%;糖类占 65%。

2. 饮食中供给充分的易消化的糖类,使肝中储存多量的肝糖原,以保持血糖浓度,使之能及时供应热能;同时用以维护肝脏免受麻醉的毒害。增添饮食中各种维生素含量,不仅应保证每日需要量,同时使体内有所储存。在手术前 7~10d,天天应摄取维生素 C100mg,维生素 B_1 5mg,维生素 B_6 5mg,胡萝卜素 3mg,维生素 PP 50mg,若有出血或凝血机制减低时应弥补维生素 K_1 5mg。

3. 应保证体内有充分的水分,防止患者呈现脱水。心肾功能良好者,每日可摄取水 2~3L。手术前对过度肥胖、循环功能低下的患者,应采用脱水办法,即在手术前 1~3d 的饮食中限制食盐,即每天食盐摄入量不超过 3g,禁用一切腌制品,少用酱油,不用或少用味精、鸡精等。

4. 依据手术部位的不同,手术前应采用不同的饮食筹备:①腹部或会阴部整形手术者,手术前 3 天应停用普通饮食,改为少渣半流饮食(避免食用易胀气及富含纤维素的食品),手术前 1 天改为流质饮食,手术前 1 天晚上禁食。②其他部位的整形美容手术受术者,一般不须限制饮食,但须在手术前 12h 起禁食,于术前 4h 起开始禁水,以防止麻醉或手术进程中呕吐而出现吸入性肺炎或窒息。

5. 糖尿病患者一般不宜做美容外科手术,请求强烈且病情较轻者接受手术时,在手术前,要做出术前评估,饮食按糖尿病饮食原则处置,药物治疗要做出相应计划,尽可能使血糖、尿糖维持在正常范围之内再手术,预防术后感染及并发症,以保证美容手术的效果。

6. 营养不良的人一般不建议做美容手术,营养不良的患者常伴有低蛋白血症,往往与贫血同时存在,因而耐受失血性休克的能力降低,低蛋白血症可引起组织水肿,影响愈合,再者营养不良的患者的抵御力低下,容易发生感染,因此术前应尽可能予以改正。假如血浆白蛋白测定值在 30～35g/L,应补充富含蛋白质的饮食予以改正,如果低于 30g/L,则需通过静脉输入血浆或人体蛋白质制剂才能在较短的时间内纠正低蛋白血症。对于贫血者,应纠正贫血,给予药物治疗,或食用铁含量高的食品,如动物肝脏、全血、肉类、鱼类、绿色藻类、黑木耳、海带、芝麻酱等,并补充适量其他微量元素,如硒、铁等。对于严重贫血者可考虑推迟手术时间或输血纠正贫血后,再行美容外科手术。

三、美容外科手术后的营养

无论是何种手术,包含美容外科手术,尽管手术操作很完美、顺利,对机体组织都会造成一定水平的损伤,其损伤的水平因手术的大小、手术部位的深浅以及病者的身材素质的不同而不同。一般手术都可能有失血、发热、代谢功能紊乱、消化吸收能力减低、食欲减退以及咀嚼困难、大便秘结等情形产生,有些大手术后的患者还可能有严重的并发症,如可呈现肠麻痹、少尿、肾功能障碍、蛋白质分解代谢亢进、蛋白质损失过多(可因失血、创面渗出等造成蛋白质丧失)导致负氮平衡。大手术后肝功能较差,水、电解质杂乱等,都会影响伤口愈合。

外科病人营养缺乏是美容手术常见的问题:导致美容外科病人营养缺乏的原因很多,主要有以下几个方面:①饮食中摄入量不足:由于创伤、严重感染、腹痛不适、消化道梗阻和神经性畏食。等引起受术者进食减少或食欲下降,或由于治疗的需要补允许进食。②营养物质的吸收障碍,主要是影响胃肠道功能的疾病都可影响食物的消化和吸收导致的。③营养的需要量增加,如由于美容手术病人术后处于机体的应激状态,引起一系列内分泌代谢改变,导致机体营养素需要量增加。④营养素的丢失增加,如大面积烧伤者,或有些手术发生了严重的并发症,如感染、瘘道的形成、创面的形成和腹膜炎等。

因此,必须制定合理的饮食治疗方案,保证手术接受者的营养,辅助其机体恢复。由于美容外科手术一般创伤不大,假如手术后无高代谢状况及并发症的发生,用葡萄糖盐水溶液静脉补给,一般可保持数日不至于产生明显的营养不良;较大的美容手术接受者如其体重已损失 10%,就需要断定营养素需要量,应给予明确的营养支撑,以保证其顺利康复。对脂肪抽吸减肥的手术接收者,因其美容的目标是塑造形体和减轻体重,故其术后的营养供应量应恰当减少,尤其须限制脂肪和糖类的供给,以巩固手术后果。

(一) 饮食营养目的

美容外科手术的饮食营养主要是保护手术器官,供给充足合理的营养,加强机体免疫功能,增进伤口的愈合。

（二）饮食原则

美容外科患者手术后必须保证患者养分的摄入充足合理。原则上是高热能、高蛋白质、高维生素，通过各种途径供给。饮食一般多从流质开端，逐步改为半流质、软饭或普通饭，最好采取少量多餐的供应方法增添营养摄入。总之结合联合手术的部位和病情来合理调节饮食。

1. 能量　手术后能量的供给应满足基础代谢、活动及应激因素等能量耗费，其需要量可通过公式计算，结果与活动系数、应激系数有关。

2. 蛋白质　为了及时改正负氮平衡，增进合成代谢，蛋白质的供给量应恰当进步，一般要求每日 $1.5 \sim 2.0 \mathrm{g}/(\mathrm{kg} \cdot \mathrm{d})$，当蛋白质供给量提高而能量未相应提高时，可使蛋白质利用不完全，因此要求能量和蛋白质比值达到 30:1。

3. 脂肪　一般占总能量的 20% ~ 30%，但对脂肪抽吸减肥的求美者要限制脂肪的摄入量。

4. 维生素　对中等大小的美容手术，假如受术者术前营养状态良好，术后脂溶性维生素供给无须太多，水溶性维生素在术后损失较多，故应提高供给量。每应供给维生素 B_1 20 ~ 40mg，维生素 B_2 20 ~ 40 mg，维生素 B_6 20 ~ 50mg，维生素 B_{12} 0.5mg，维生素 C 是合成胶原蛋白原料，为伤口愈合所必需，且维生素 C 可以减少皮肤色素沉着，对面部磨削手术的接受者，可经静脉给予大批维生素 C，为 $3 \sim 5 \mathrm{g}/\mathrm{d}$，对于脂肪移植手术、面部除皱手术或隆乳术后可适量弥补维生素 E，一般口服给予。

5. 矿物质　较大的美容外科手术，可能会造成矿物质的排出量增加，术后及康复期应注意适当补充，特别应注意钾、锌和硒等元素的补充。

（三）营养途径的选择

营养途径分为胃肠内营养和胃肠外营养，胃肠内营养又分为经口营养、管饲营养，由于美容外科手术一般不涉及胃肠道（个别手术除外），特别是局麻手术，所以术后可进水。依据营养的供给原则，应尽可能地采用简略的方法。凡能接受肠内营养者，尽量避免肠外营养。肠内营养经济而安全，患者自己进食是最简略和最经济、安全的方式，故对美容外科受术者经口营养是首选途径。手术后的饮食应依据手术的大小和手术部位、麻醉办法及患者对麻醉的反应来决定开始进食的时间。如小手术（局麻）一般很少引起全身反应者，术后即可进食。在大手术或全麻醉后，可有短时间的食欲减退以及消化功能的暂时性下降，需给予一段时间的静脉营养以补充暂时性的营养不足，随着食欲和消化功能的恢复，可逐步改用普通饮食。美容外科手术多不涉及腹部或胃肠道，可视手术大小、麻醉方式和患者的反应来决定饮食的时间。

1. 面部中下部位（包含口腔内切口的手术）或上颈部的整形美容手术　术后须进食流质或半流质饮食 3~5d，如进食和饮水量不足，可进行静脉输液补充，以保证身体有足够的液体、蛋白质、维生素、糖类和无机盐等。

2. 会阴部和（或）涉及肛门的整形手术　手术后须禁食 3~5d 或更长时间，恢复饮食后采取清流质、流质、少渣半流质，有一逐渐过渡的进程。饮食中应限制富含粗纤维素的食品，以减少大便次数，保护伤口免受污染，减少感染的产生。

3. 手术较大、范围较广的整形美容手术或涉及腹部胃肠道的手术　全身反应较明显，需禁食 2 天或肛门排气后方可进食，其间可静脉给予营养物质和水，然后逐渐恢复

4. 其他部位的美容手术　无麻醉饮食禁忌者可按正常饮食如重睑、眉部整形、隆鼻和

隆乳、局麻下的小规模的除皱术和单个部位脂肪抽吸等手术,术后即可进食。

（四）手术后宜选用的食物

1. 含蛋白质的食物 食物中的蛋白质包括动物性蛋白和植物性蛋白。含蛋白质多的动物性食物如奶类、肉类、禽类、蛋类、肉类、水产品,如鱼、虾、蟹等。因所含必需氨基酸种类齐全、数量充足,而且各种氨基酸的比例与人体需要基本符合,容易被吸收和利用。这类蛋白质属于完全蛋白质。

植物性蛋白质主要来源于大豆类,包括黄豆、大青豆和黑豆等,其中以黄豆的营养价值最高,它是食品中优质的蛋白质来源;此外芝麻、瓜子、核桃、杏仁、松子等坚果类的蛋白质含量均较高。蛋白质所含氨基酸的品种、数量和比例,决定了蛋白质的营养价值。将几种含有不同蛋白质的食物混合使用,可以取长补短,成为人体可吸收的完全蛋白质。

进食蛋白质时需注意食物加工烹调方式,如果加工不当,则会引起蛋白质丢失。比如在高温下蛋白质会变性,引起吸收不良;另外蛋白质在碱性环境中及重力挤压下也会导致结构的破坏。

2. 含维生素的食物 维生素 A 是一种脂溶性维生素,主要储存在肝脏中。维生素 A 有两种形式:视黄醇,存在于动物产品如肉类、鱼类、蛋类和奶制品中,其最好的食物来源是各种动物内脏、鱼肝油、鱼卵、全奶、奶油、禽蛋等;β-胡萝卜素,人体可将其转化为维生素 A,主要存在于柑橘和黄色水果、蔬菜以及深色叶状绿色食物中,其良好来源是深色蔬菜和水果,如冬寒菜、菠菜、空心菜、南瓜、高笋、胡萝卜、马铃薯、豌豆、红心红薯、辣椒等蔬菜及芒果、杏子、柿子等水果。食物中的脂肪对 β-胡萝卜素的吸收十分重要,吃蔬菜时一定要放一些油脂。

维生素 B_1 的食物来源一是谷类的谷皮和胚芽、豆类硬果和干酵母,糙米和带敖皮的面粉比精白米、面中含量高;二是动物内脏（肝、肾）、瘦肉和蛋黄;另外花生种子含量也较高。因此,美容手术前后建议受术者要多吃全麦粉和粗粮,以补充足够的维生 B_1,另外酒精、咖啡因对维生 B_1 有破坏作用,所以术后要禁止饮酒及咖啡。

维生素 C 在体内不能合成,主要从新鲜蔬菜和水果中获得。由于维生素 C 在体内不能积累,所以每天都需要保证维生素 C 的摄入。一般来说,酸味较重的水果和新鲜叶菜类含维生素 C 较多,如猕猴桃、刺梨、鲜枣、酸枣、山楂、柑橘类、草莓、荔枝、柿子椒、鲜雪里蕻、香椿、苦瓜、白菜、油菜、菠菜、芹菜、茴香、萝卜、豌豆、黄瓜、番茄等。另外,由于维生素 C 不耐高温,温度达 70℃ 以上时可遭到破坏,因此,水果蔬菜生食比熟食时维生素 C 的摄入量要多。凉拌蔬菜,只要洗涤和制作干净,对人体的健康是有益的。炒;蔬菜时,时间不宜多长,火候不宜过大,少放醋,先洗后切,急火快炒。同时由于植物体组织内含有抗坏血酸酶,能使新鲜蔬菜、水果中的维生素 C 被氧化破坏,时间越长,破坏得越多,一般经过长期储存的蔬菜、水果或干品内维生素 C 的含量会下降,因此要尽量吃新鲜的蔬菜和水果。

维生素 E 含量丰富的食品有小麦胚芽油、葵花子油、葵花子、棉籽油、玉米油、大豆油、芝麻油、杏仁、松子、豌豆、花生酱、甘薯、芦笋、菠菜、禽蛋、黄油和鳄梨等。

3. 含碳水化合物的食物 单碳水化合物,主要来自于糖、粟米糖浆或含在糖、葡苗糖和果糖的水果;复合碳水化合物,主要来自于"高碳水化合物"食物如米饭、面包、马铃薯、意大利面条。单糖是能够即时补充能量的糖,但通常没有营养价值,这类食物包括甜食、糖果和汽水。多糖释放能量较慢,通常含有膳食纤维,这类食物包括面包、面食、稻米、马铃薯、谷类和豆类。

4. 含脂肪的食物　饱和脂肪存在于畜产品中,例如黄油、干酪、全脂奶、冰激凌、奶油和肥肉;多不饱和脂肪存在于橄榄油、棕榈油、芥花籽油、红花籽油、葵花子油、玉米油和大豆油中。

5. 含矿物质的食物　富含矿物质的食物:含钙丰富的食物有虾皮、紫菜、牛奶、豆类等食品;含铁丰富的食物有:猪肝、瘦肉、动物血、红糖、黑芝麻、香菇、海带、紫菜等;富含铜的食物有:瘦肉、肝、水产品、虾米、豆类、白菜、小麦、粗棋、杏仁、核桃等;富含镁的食物有、瘦肉、肝脏、香蕉等。

（五）忌用食物

1. 辛辣刺激性的食物和调味品,如酒、葱、韭菜、大蒜、辣椒、芥末、咖喱等。
2. 鱼腥虾蟹、海鲜发物、油煎炸食物。

第 2 节　美容手术预防瘢痕形成及色素沉着的膳食营养

在有创美容手术中,能否在创口愈合的过程中减少瘢痕及色素沉着,是取得最佳美容手术效果的关键因素,而术后的营养饮食对于瘢痕的形成及色素沉着有直接的影响。因此,在美容手术后,医护人员要为受术者提供正确的营养饮食方案,最大限度地减少瘢痕的产生及色素沉着,以期收到最佳美容手术效果。

一、瘢痕的形成

瘢痕形成是机体创伤修复的必然结果。但是,如果创伤修复过程中愈合不足或愈合过度则会产生瘢痕的病理性变化,不仅影响美容手术效果而且可能导致功能障碍。为此,防止各种病理性瘢痕的形成,是美容外科临床治疗中的重点,也是基础科研中的一个重要课题。

人的大多数组织损伤是通过瘢痕形成来修复的,瘢痕演变发展的模式大致如下:①创伤;②修复;③愈合;④瘢痕形成;⑤瘢痕增生;⑥稳定;⑦减退;⑧瘢痕成熟静止(老化)。在多数情况下,创伤愈合瘢痕形成后,不出现瘢痕的增生或仅有轻微的瘢痕增生后立即减退,成熟静止,呈现为生理性瘢痕。有些人在一定的时限内(一般为数月)经历了以上各个阶段而终止于平整、柔软、颜色接近周围皮肤的攘攘,此属瘢痕的生理增生,也应称之为生理性瘢痕。病理性瘢痕包括增生性瘢痕、瘢痕疙瘩和萎缩性瘢痕。增生性瘢痕的特点为瘢痕形成后出现明显的、长时间的瘢痕增生阶段,当终止于成熟静止时期,瘢痕红色消退、颜色变浅、症状减退或消失是时,瘢痕仍明显高于皮肤表面,且硬度较大;瘢痕疙瘩除有上述一般增生性瘢痕相似的发展过程,它同时又侵蚀周围的正常皮肤,使之在被侵蚀的正常皮肤部位形成新的瘢痕,新形成的瘢痕又进入增生等一系列的发展过程,瘢痕不断蔓延、扩大和融合,此乃瘢痕疙瘩的独特之处,也正是诊断瘢痕疙瘩的最关键之点;萎缩性瘢痕为局部创伤后睡痕形成,但瘢痕增生不严重或不明显,而吸收减退更为主要,最后终止于较薄的瘢痕,且有的可略低于周围正常皮肤。

二、影响瘢痕形成的因素

瘢痕的形成与转归受多方面因素的影响,其中有内在的全身因素和局部因素。

1. 种族　瘢痕和瘢痕疙瘩在各种人种都会发生,但有色人种发生率高。

2. 年龄　胎儿创伤愈合后一般无瘢痕与瘢痕疙瘩发生。青年人创伤愈合后瘢痕与瘢痕疙瘩发生率较老年人高,且同一部位年轻人瘢痕与瘢痕疙瘩增生的厚度较老年人厚。这可能与胎儿组织损伤修复过程急性炎症阶段不明显、成纤维细胞形成少、胶原沉积不多,年轻人组织生长旺盛,受创伤后反应较强烈,同时年轻人皮肤张力较老年人大等因素有关。

据统计 10～20 岁人群瘢痕的发生率最高,占 64.4%。

3. 皮肤色素 皮肤色素与瘢痕疙瘩的发生有较密切的关系。如人体瘢痕疙瘩常发生在色素较集中的部位,而很少发生于含色素较少的手掌或足底。

4. 身体状况 如营养不良、贫血、维生素缺乏、微量元素平衡失调、糖尿病等全身因素,都不利于伤口愈合,使伤口愈合的时间延长,而利于瘢痕的发生。

5. 个体体质 瘢痕疙瘩常表现家族性发生,同一个人在不同部位、不同时期发生的瘢痕均是瘢痕疙瘩,这说明瘢痕疙瘩的发生可能与个体体质有关。

6. 代谢状态 瘢痕和瘢痕疙瘩多发生于青少年和怀孕的妇女,这可能与其代谢旺盛,垂体功能状态好,雌激素、黑色素细胞刺激激素、甲状腺素等激素分泌、旺盛有关。

7. 部位 机体任何深及皮肤网状层的损伤均可形成瘢痕。但同一个体的不同部位,瘢痕与瘢痕疙瘩的发生情况是不同的,有些部位形成瘢痕较不明显,如手足、眼睑、前额、背部下方、外生殖器等处瘢痕与瘢痕疙瘩发生率较低;有些部位如下颌、胸前、三角肌、上背部、肘部、髋部、膝部、踝部与足背等处则易于发生瘢痕与瘢痕疙瘩。这可能与身体不同的部位皮肤张力不同、活动量多少不同有关,皮肤张力大、活动多,发生瘢痕与瘢痕疙瘩的可能性就大。

8. 皮肤张力线影响 1973 年 Eorges 根据既往史料及实践观察,详细地绘制出皮纹线与张力线,即郎格线。切口或伤口与该线平行,创缘所受张力小,创面愈合后瘢痕较小,反之瘢痕则较大。临床上可根据此线方向做"Z"成形术,改变瘢痕的张力,减少瘢痕的复发。

三、预防瘢痕形成与营养膳食

(一) 补充营养素

1. 蛋白质 严重的蛋白质缺乏可使组织细胞再生不良或缓慢,常导致伤口组织细胞生长障碍、肉芽组织形成不良、成纤维细胞无法成熟为纤维细胞、胶原纤维的合成减少。对于有过敏体质的美容手术受术者,补充蛋白质时要以优质的植物蛋白为主,尽量少食或不食牛肉、羊肉、鸡肉、虾、蟹等异物蛋白,以减少因机体的免疫反应而引起的病理性瘢痕。

2. 维生素 为了预防美容手术后瘢痕的形成,对于有特殊体质的受术者或者进行瘢痕治疗的受术者,在维生素的补充上可以适当地增加,除进行食补外,每天可按医嘱补充适量的维生素 A、B 族维生素、维生素 C、维生素 E 等。

3. 微量元素 美容手术后微量元素的摄入主要以食补为主,但对于有特殊体质的受术者,可每天增加葡萄糖酸锌 300mg。

(二) 宜用食物

豌豆:豌豆含有丰富的维生素 A 原,维生素 A 原可在体内转化为维生素 A,起到润泽瘢痕皮肤的作用。

白萝卜:白萝卜含有丰富的维生素 C,维生素 C 为抗氧化剂,能抑制黑色素的合成,组织脂肪氧化和脂褐质沉积,因此,常食白萝卜可使皮肤白净细腻,软化瘢痕。

胡萝卜:胡萝卜被视为"皮肤食品",能滋润皮肤,另外,胡萝卜含有丰富的果胶物质,可与汞结合,使人体内的有害成分得以排除,使肌肤更加细腻红润,可淡化瘢痕颜色。

甘薯:甘薯含大量的黏蛋白及维生素 C,维生素 A 原含量接近于胡萝卜的含量。

蘑菇:蘑菇的营养丰富,富含蛋白质和维生素,可使女性雌激素分泌更旺盛,能防老抗衰,使皮肤红润细腻,淡化瘢痕。另外,番茄、猕猴桃、柠檬及新鲜绿叶蔬菜中都含有大量的维生素 C。

碱性食品可预防瘢痕的产生,其中强碱性食品有:白菜、柿子、黄瓜、胡萝卜、菠菜、卷心菜、生菜、芋头、海带、柑橘类、无花果、西瓜、葡萄、葡萄干、板栗等;弱碱性食品有:豆腐、豌豆、大豆、绿豆、竹笋、马铃薯、香菇、蘑菇、油菜、南瓜、豆腐、芹菜、番薯、莲藕、洋葱、茄子、南瓜、萝卜、牛奶、苹果、梨、香蕉、樱桃等。

海带是公认的促进伤口愈合、调节瘢痕形成的有益食品,因此美容手术后可以经常食用海带,以减少瘢痕的增生。

水是最好的营养品,饮水也可以排毒,美容手术后一定要充分保证每日的饮水量。

(三)忌用食物

很多人发现,患有增殖异常瘢痕的人饮酒或吃辛辣食物后,瘢痕局部的痒、刺痛症状会明显加重,局部瘢痕会充血加重;部分已处于消退期的增生性瘢痕在饮酒或吃辛辣食物后,瘢痕又会明显发红高起。因此,对于这类患者,应忌酒和辛辣等刺激性食物。

中医认为,热性及腥发的食物,比如牛羊肉、鸡肉、虾、蟹等肉类,生蒜、生姜、芥末、咖啡等辛辣刺激性食品,以及煎炸等燥热的食品,会助温生热,增加人体内的湿热痰淤,干扰人体自身的免疫系统,甚至加重炎症,影响伤口愈合的过程,加重瘢痕增生。因此,在美容手术后,为了防止瘢痕的增生,应尽量避免食用上述食物,以使美容手术取得最佳的效果。

四、预防色素沉着与营养膳食

创伤和留下的瘢痕往往会伴有色素沉着,出现的色素沉着又给受术者增加了新的烦恼。如何通过营养饮食和其他注意事项,预防手术后的色素沉着呢?

(一)注意营养饮食

1. 少吃发物,并补充维生素 注意饮食,皮肤产生伤口后不要大量饮酒,或摄入辣椒、羊肉、蒜、姜、咖啡等刺激性食物(俗称"发物"),会促使疤痕增生;可以多吃水果、绿叶蔬菜、鸡蛋、瘦猪肉、肉皮等含有丰富维生素 C、维生素 E 以及人体必需氨基酸的食物,有利于皮肤尽快恢复正常,不会造成色沉。

如果食物中不能摄取足够量,也可服用维生素 C 片,每次 100mg;维生素 E 片,每次 100mg。每日 3 次,连服 1~2 个月,可以减少色素沉着,促进康复。

2. 避免接触含重金属的化妆品及食品 含铅、汞、银等重金属的药物、食品及化妆品都会促进皮肤的色素沉着。为了保护嫩肤,对痂皮脱落后的红嫩皮肤,不能用任何化妆品去遮盖,可用维生素 A、维生素 D 丸液或维生素 E 丸液保护皮肤,使之柔软和滋润。半个月后方可使用无刺激性化妆品。3 个月内应避免暴晒所造成的色素沉着。

3. 减少含色素食品的摄入 大量的含有色素类食品的摄入,也会造成皮肤的色素沉着,如浓茶、可乐、咖啡、酱油、陈醋、花椒等含色素多的调味品。

4. 注意避免摄入光敏食品 在美容手术后要减少光敏食品的摄入,因为它们的摄入会增加机体对光的敏感性。光敏食品主要有红花草、灰菜、盖菜、苋菜、油菜、芹菜、香菜、泥螺等。

(二) 其他生活注意事项

1. 皮肤产生外伤后要及时用冷水洗净创面；若是烫伤，须立即用大量清洁冷水冲洗局部，以最大限度地减少对深层组织的高温伤害，以防色素沉着。

2. 防止感染 因为感染会引起深达真皮下层的破坏，使表皮无法再生，肉芽组织增生填补缺损会形成疤痕，所以防止皮肤伤口感染是避免伤口留下疤痕的关键。为防止感染，可在洗净的创面上外涂金霉素眼膏，2次／日，直至创面结痂。不要用碘酒消毒，以免引起色素沉着。

3. 不抓伤口 自然脱痂创面皮肤结痂后会发痒，此时不可性急，不可用手去人为地撕脱，应让其"瓜熟蒂落"，再则会将痂皮下的新生组织撕裂，造成永久性色素沉着斑。

案例 9-1

王梅，女，35 岁，由于觉得对自己身材不满意，做了腹部吸脂手术，术后对自己的身材满意多了，可是没想到，出现了另一烦恼，王梅发现抽吸脂肪的地方皮肤变黑了，也就是色素沉着。王梅很着急，寻求方法去除色素沉着。

对策： 王梅的情况属于正常现象，一般吸脂手术后，在抽吸区域皮肤有色素沉着，这是由于血铁黄素的沉积或表皮细胞内玄色素增加所导致，随着时间推移会消失。

（杨金辉）

目标检测

一、单选题

1. 美容手术后适宜摄入的食物有( )。

　　A. 大蒜　　B. 油条　　C. 牛奶　　D. 虾和蟹

2. 下列食物中，适合在美容手术后预防癫痕的营养食品有( )。

　　A. 白萝卜　B. 蟹　　C. 生姜　　D. 咖啡

　　E. 浓茶

3. 预防手术后色素沉着，下列说法错误的是( )

　　A. 少吃发物，并补充维生素

　　B. 避免接触含重金属的化妆品及食品

　　C. 减少咖啡、酱油等含有色素的食物

　　D. 自然脱痂创面皮肤结痂后会发痒，可以用手去挠

二、填空题

1. 美容手术根据身体部位、目的不同可分为_____、_____、隆胸手术等。

2. 美容手术前若无特别的禁忌证，可采用高_____、高_____、高维生素的饮食，以促进全身和各器官的营养。

3. 美容手术后饮食上要保证充足的能量、蛋白质的供给，脂肪的量保持总能量的_____，提高_____性维生素的供给量，注意_____、_____和硒等元素的补充。

三、案例分析

王某，女，40 岁，因子宫肌瘤做了腹部切开手术，术后恢复较好，但令她苦恼的不是手术本身，而是术后她腹部的皮肤变黑了，比术前黑了很多，洗也洗不掉。

请问：

1. 她的腹部皮肤变黑正常吗？

2. 如何从饮食上预防此现象发生？

第 10 章
肥 胖 病

1. 了解营养膳食热能需求量与分配的计算。
2. 熟悉肥胖病的营养疗法的原则。
3. 掌握肥胖病的诊断及营养膳食减肥方法。

第 1 节 概 述

肥胖是指由于能量摄入超过消耗,导致体内脂肪积聚过多或分布异常,体重增加而造成的一种内分泌代谢性疾病。其中无明显内分泌代谢病病因可寻者称之为单纯性肥胖,占肥胖总数的 95% 以上,因此,一般所说的肥胖均指此类肥胖。

随着世界经济的发展,各国人民生活水平的提高,肥胖的发病率不断上升,越来越受到人们的重视。1997 年世界卫生组织宣布肥胖是一种病症。近年来,随着社会生产力和人们生活水平的不断提高及饮食结构的改变,肥胖在发达国家已经比较普遍。在发展中国家,其发病率也呈逐年上升的趋势,并呈低龄化趋势,成为全球性严重影响健康的疾病。就目前采用的 WHO 成人分类标准进行评价,肥胖呈全球流行的趋势也已显而易见,且这种流行正在加速,已经对世界上大多数地区产生了巨大影响。据估计,目前全球大约有 2.5 亿 BMI 超过 30 的成年肥胖者,这就意味着可能还有 2~3 倍的成人处于超重状态,总共约有 10 亿人因体重增加而出现某些病态表现。

肥胖人群中形势较为严峻的是儿童、青少年肥胖发病趋势。近期由我国国家教委、国家体委、卫生部、国家科委、国家民委的一次联合对 30 个省市 7~22 岁 30 万名《学生体质健康调查》表明:男生超重及肥胖率从 2.7% 上升到 8.65% 是 10 年前的四倍,女生超重及肥胖也由 3.38% 上升到 7.18%。城市中男生超重及肥胖高达 12.03%。所以儿童、青少年肥胖形势要提醒全社会给予充分重视。

单纯性肥胖是现代经济高度发达国家的一个社会问题。经济富裕、生活水平提高、营养热量过剩、运动量不足——城市化的生活模式带来的所谓"城市病"、"现代文明病"这是人们发福致胖的社会因素。

形体美难以有一个统一的标准,"环肥燕瘦"各有其美,但总以胖、瘦不过度,身体曲线优美为宜,过胖或过瘦,在多数人眼中都是无美感而言的。肥胖不仅影响体形、美观,而更重要的是肥胖增加了心脑血管、糖尿病、高脂血症的发病率,还与骨性疾病、睡眠呼吸暂停综合症、胆囊疾病、不孕症以及肿瘤的发生有关,从而严重危害人们的美容心理和身体健康,削弱机体抵抗力,增加病死率。目前,肥胖已经取代了营养不良和感染所引起的疾病,成为危害人类健康的主要杀手。在欧美,特别是美国,在医学上有三大社会问题,即艾滋病、毒麻药瘾(吸毒)和酒癖(酒精中毒),近年又增加了"肥胖"成为第四个医学社会问题。因此,对全民进行健康教育以促进建立健康的生活方式,改变不良的饮食习惯,对肥胖的防治刻不容缓。

第2节 肥胖病的诊断、病因

一、病　因

肥胖的病因尚未完全明了,临床和实验研究发现与下列因素有关。

(一) 遗传

以往研究发现肥胖动物有单基因和多基因缺陷。人类的流行病学也表明单纯性肥胖可呈一定的家族性,但其遗传基础未明。自1994年张氏等利用突变基因定位克隆技术,克隆了大鼠和人的肥胖基因(OB基因),其表达产物瘦素(leptin)成为研究热点。

(二) 中枢神经系统

中枢神经系统可调节食欲、营养物质的消耗和吸收。目前,普遍认为食欲调节中枢位于下丘脑。下丘脑内侧区和外侧区运用脑区损伤或清除脑区神经通路的方法研究证实内侧区的弓状核(ARC)、腹内侧核(VMH)、背内侧区(DMN)、室旁核(PVN)、视交叉上核(SCN)和下丘脑外侧区(LHA)皆可影响摄食行为,推断这些脑区存在饮食调节通路。

(三) 内分泌系统

肥胖患者或肥胖啮齿动物(不论遗传性或损伤下丘脑)均可见血中胰岛素升高,提示高胰岛素血症引起多食,形成肥胖。一些神经肽和激素(包括缩胆囊素、生长抑素、抑胃肽、内啡肽、神经肽Y、儿茶酚胺等)参与了对进食的影响。肥胖症中女性为多,尤其是经产妇、绝经期后或长期口服避孕药者,提示可能与雌激素有关。

(四) 代谢因素

推测肥胖患者和非肥胖者之间存在着代谢差异。例如肥胖患者营养物质可较易进入脂肪生成途径,脂肪组织从营养物质中摄取能量的效应加强,使甘油三酯合成和贮存增加,贮存的甘油三酯动员受阻。肥胖与非肥胖患者基础代谢率(BMR)饮食引起的生热作用并无显著差异,对其代谢缺陷引起的能量利用和贮存效应增加需进一步加以研究。

(五) 其他

肥胖还与营养因素有关。肥胖与棕色脂肪(BAT)功能异常有关,近来发现的β_3肾上腺素能受体(β_3AR)基因变异也与肥胖有关,β_3AR主要在棕色脂肪中表达,通过其生热作用和促进脂肪分解参与能量平衡和脂肪贮存的调节。线粒体解偶联蛋白(UCP)亦与肥胖有关。另有一种观点认为:每个人的脂肪含量、体重受一定的固定系统所规定调节,这种调节水平称为"调定点"。

二、诊　　断

由于直接测量脂肪的含量比较困难。目前诊断肥胖,临床上常采用下列诊断标准和方法。

（一）体重指数（BMI）

BMI＝体重/身高^2（kg/m^2），体重指数是根据体重身高之比来判断肥胖的一种方法,也是目前诊断肥胖最普遍、最常用的方法。适用于体格发育基本稳定以后的成年人。优点：简便,实用,缺点是不能反映局部体脂的分布特征。

1999 年世界卫生组织 WHO 对成人 BMI 的划分（见表 10-1）,此标准是根据西方正常人群的数据制定的,亚太地区肥胖和超重明显低于 WHO 标准。中国（表 10-2）与亚太地区其他国家相比也有所不同（表 10-3）。

表 10-1　WHO 对成人 BMI 的划分

分类	BMI（kg/m^2）	相关疾病的危险性
体重过低	≤18.5	低（但其他临床问题增加）
正常范围	18.5～24.9	在平均范围
超重	≥25	
肥胖前期	25～29.9	增加
Ⅰ度肥胖	30～34.9	中度严重
Ⅱ度肥胖	35～39.9	严重
Ⅲ度肥胖	≥40	极严重

表 10-2　中国成人超重和肥胖的体重指数和腰围界限值与相关疾病的关系

分类	BMI（kg/m^2）	相关疾病的发病危险（按腰围计:cm）		
		男:<85 女:<80	男:85～95 女:80～90	男:≥95 女:≥90
体重过低	<18.5	…	…	…
体重正常	18.5～23.9	…	增加	高
超重	24.0～27.9	增加	高	极高
肥胖	≥28	高	极高	极高

表 10-3　亚洲成年人在不同 BMI 和腰围水平时的相关疾病发病危险性

分类	BMI（kg/m^2）	相关疾病的发病危险性（按腰围计:cm）	
		<90（男） <80（女）	≥90（男） ≥80（女）
体重过低	≤18.5	低（但其他疾病危险性增加）	平均水平
正常范围	18.5～22.9	平均水平	增高
超重	≥23.0		
肥胖前期	23～24.9	增加	中度增加
Ⅰ度肥胖	25～29.9	中度增加	严重增加
Ⅱ度肥胖	≥30	严重增加	非常严重增加

（二）腰围（WC）、腰臀比（WHR）

临床研究已经证实，中心性、内脏型肥胖对人类健康具有更大的危险性。腹部肥胖常用腰臀比测量，WHO 建议男性 WHR>0.9，女性 WHR>0.8 为中心型肥胖。是表示腹部脂肪积聚的良好指标。

最近 WHO 认为，与 WHR 相比，WC 更能反映腹部肥胖，WHO 建议欧洲人群男性和女性腹部肥胖标准分别为 94cm 和 80cm；亚洲人群以男性腰围 90cm，女性 80cm 作为临界值。中国成人若腰围男性≥85cm 和女性≥80cm 可以作为腹型肥胖的诊断标准。以腰围评估肥胖非常重要，即使体重没变，腰围的降低也可以显著降低相关疾病的危险性。

WHO 推荐的测量腰围和臀围的方法。腰围：受试者取站立位，双足分开 25~30cm 以使体重均匀分布，在肋骨最下缘和髂骨上缘之间的中心水平，于平稳呼吸时测量。臀围：在臀部（骨盆）最突出部测量周径。

（三）标准体重与肥胖度

标准体重法是根据成人标准体重公式算出的体重，是判定肥胖的一种方法。

标准体重（kg）=［身高（cm）-105］×0.9（男性）

标准体重（kg）=［身高（cm）-100］×0.85（女性）

肥胖度=［（实测体重-标准体重）/标准体重］×100%

体重超标的分度：±10% 为正常范围，>10% 为超重，>20% 为肥胖，20%~30% 为轻度肥胖，30%~50% 为中度肥胖，>50% 为重度肥胖，>100% 为病态肥胖。

（四）肥胖病局部脂肪贮积的测定

1. 皮肤皱襞测定法

（1）测定方法：用拇指及食指捏起皮肤皱襞，注意不要把肌肉捏起，然后用卡钳尽可能靠近拇、食二指处（约距离 1.27cm），卡钳夹住皮肤皱襞 2~3 秒后，读出指针毫米数，每个部位重测 2 次，2 次读数误差不得>0.05。

常选用测量部位：左上臂肱三头肌肌腹后缘部位，其次为肩胛下角下方，左腹壁脐旁 5cm。

（2）正常值（见表 10-4，表 10-5）。

表 10-4　正常人肱三头肌皮肤皱襞厚度上限值（mm）

年龄（岁）	上限值		年龄（岁）	上限值		年龄（岁）	上限值	
	男	女		男	女		男	女
初生	10	10	9	13	18	21	17	28
3个月	11	11	10	15	19	22	18	28
6个月	14	14	11	17	20	23	18	28
9个月	15	15	12	18	21	24	19	28
1	15	16	13	18	21	25	20	29
2	14	15	14	17	21	26	20	29
3	13	14.5	15	15	23	27	21	29
4	12.5	14	16	14.5	24	28	22	29
5	12	14	17	15	24	29	22	29

续表

年龄(岁)	上限值		年龄(岁)	上限值		年龄(岁)	上限值	
	男	女		男	女		男	女
6	12	14	18	16	25	30	23	30
7	12	15	19	17	27			
8	12.5	16	20	17	28			

表 10-5　肩胛下角下部皮肤皱襞厚度平均值(正常)

年龄(岁)	皮肤皱襞厚度(mm)		年龄(岁)	皮肤皱襞厚度(mm)	
	男	女		男	女
0	6.5	7	41	16.3	17.0
6	5.5	7	46	17.3	20.8
11	7.5	9	51	17.3	21.0
16	9	12	56	18.8	22.5
21	12.1	13.2	61	16.8	22.4
26	12.4	13.2	66	14.5	20.9

2. 心包膜脂肪厚度　B 超测量法,测定位点有 6 个。A 点:主动脉根部水平;B 点:二尖瓣口水平;C 点:心尖四腔切面,测量右室心尖部;D 点:右室心尖右侧 1.5cm 处;E 点:左室心尖部;F 点:左室心尖部左侧 1.5cm 处。

3. 脂肪肝测定　B 超测定脂肪法。

皮下脂肪:皮下脂肪分布很广,B 超能进行各个部位的脂肪厚度测量。

腹内脂肪:由于肥胖病脂肪堆积的部位不同,分型也有不同。超声可通过直接测量腹内脏器的厚度来了解腹内脂肪的分布情况。

检查方法:受检者平卧,全身放松,充分暴露检查部位。测定腹内脂肪者应空腹检查。检查时操作者应保持探头的恒定压力,压力太大会使受检部位压缩而低估脂肪的厚度,每个部位的测量值应取 3 次平均值。

(五) 脂肪百分率(F%) 测定

用来衡量肥胖的标准很多,体内脂肪含量的测定是诊断肥胖的确切方法。判断是否肥胖,单测体重不够确切,主要看脂肪在全身的比例,F% 即脂肪含量占体重的比例。男性 F% 超过 25% 即为肥胖。女性 F% 超过 30% 即为肥胖(表 10-6)。

体脂百分率是以体脂在体重中占的百分数表示的,体现了体内积聚脂肪真实含量,用这个指标诊断具有准确性、客观性和科学性。

体脂百分率是诊断肥胖病的金指标。

表 10-6　不同性别脂肪百分率的分级标准(F%)

分级	男性	女性
正常	15% ≤F% ≤25%	22% ≤F% <30%
超重	25% <F% <30%	30% ≤F% <35%

分级	男性	女性
轻度肥胖	30%≤F%<35%	35%≤F%<40%
中度肥胖	35%≤F%<45%	40%≤F%<50%
重度肥胖	F%≥45%	F%≥50%

脂肪百分率测定方法有以下几种。

（1）应用脂溶气体放射性核素[85]氪（[85]Kr）密闭吸入稀释法直接测得人体脂肪量。

（2）可以利用生物电阻的方法测定。

（3）应用人体密度（Dm）或比重测验计算。

脂肪百分率（F%）=（4.570/D-4.142）×100%；D 为体密度，体密度的测算如下（表 10-7）

表 10-7　体密度测算表

年龄（岁）	男性	女性
9~11	1.0879-0.0051X	1.0794-0.00142X
12~14	1.0868-0.0013X	1.0888-0.00153X
15~18	1.0977-0.00146X	1.0961-0.00160X
≥19	1.0913-0.00160X	1.0970-0.00130X

注：X=右肩胛角下皮皱厚度（mm）+右上臂肱三头肌皮皱厚度（mm）

（4）人体成分分析仪

（六）儿童体重标准

1. 婴儿（1~6个月）　出生体重（g）+月龄×600=标准体重（g）。

2. 婴儿（7~12月）　出生体重（g）+月龄×500=标准体重（g）。

3. 1岁以上幼儿　年龄×2+8=标准体重（kg）。若儿童身高超过标准参照成人计算。

男女标准体重见表 10-8，表 10-9。

表 10-8　男性标准体重

身高 （cm）	标准体重 （公斤）	轻度肥胖超重 20%~30%	中度肥胖超重 30%~50%	重度肥胖超重 50%以上
150	45.0	54~58.5	59~67.5	67.5
151	45.9	55~59.7	60.1~68.9	68.9
152	46.8	56.2~60.8	61.3~70	70
153	47.7	57~62	62.5~71.6	71.6
154	48.6	58.3~63	63.7~72.9	72.9
155	49.5	59.4~64.4	64.8~74.3	74.3
156	50.4	60.5~65.5	66~75.6	75.6
157	51.3	61.6~66.7	67.2~77	77
158	52.2	62.6~67.9	68.4~78.3	78.3
159	53.1	63.7~69	69.6~79.7	79.7

续表

身高 （cm）	标准体重 （公斤）	轻度肥胖超重 20%～30%	中度肥胖超重 30%～50%	重度肥胖超重 50%以上
160	64.0	64.8～70.2	70.7～81	81
161	54.9	65.9～71.4	71.9～82.4	82.4
162	55.8	67～72.5	73.1～83.7	83.7
163	56.7	68～73.1	74.3～85	85
164	57.6	69～74.9	75.5～86.4	86.4
165	58.5	70.2～76.1	76.6～87.8	87.8
166	59.4	71.3～77.2	77.8～89.1	89.1
167	60.3	72.4～78.4	79～90.5	90.5
168	61.2	73.4～79.6	80～91.8	91.8
169	62.1	74.5～80.7	81～93.2	93.2
170	63.0	75.6～81.9	82.5～94.5	94.5
171	63.9	77～83.1	83.7～95.9	95.9
172	64.8	77.8～84.2	84.9～97.2	97.2
173	65.7	78.8～85.4	86.1～98.6	98.6
174	66.6	79.9～86.6	87.2～99.9	99.9
175	67.5	81～87.8	88.4～101.3	101.3
176	68.4	82.1～88.7	89.6～102.6	102.6
177	69.3	83.2～90.1	90.8～104	104
178	70.2	84.2～91.3	92～105.3	105.3
179	71.1	85.3～92.4	93～106.7	106.7
180	72.0	86.4～93.6	94～108	108
181	72.9	87.5～94.8	95.5～109.4	109.4
182	73.8	88.6～95.5	96.7～110.7	110.7
183	74.4	89.6～97.1	97.9～112.1	112.1
184	75.6	90.7～98.3	99～113.4	113.4
185	76.5	91.8～99.5	100.2～114.8	114.8

表 10-9　女性标准体重

身高 （cm）	标准体重 （公斤）	轻度肥胖超重 20%～30%	中度肥胖超重 30%～50%	重度肥胖超重 50%以上
150	42.5	51～55.3	55.7～63.8	63.8
151	43.4	52.1～56.4	56.9～65.1	65.1
152	44.2	53.0～57.5	57.9～66.3	66.3
153	45.1	54.1～58.6	59.1～67.7	67.7
154	45.9	55.1～59.7	60.1～68.9	68.9
155	46.8	56.2～60.8	61.3～70.2	70.2

身高 （cm）	标准体重 （公斤）	轻度肥胖超重 20%~30%	中度肥胖超重 30%~50%	重度肥胖超重 50%以上
156	47.6	57.1~61.9	62.4~71.4	71.4
157	48.5	58.2~63.1	63.5~72.8	72.8
158	49.3	59.2~64.1	64.6~74.0	74.0
159	50.2	60.2~65.3	65.8~75.3	75.3
160	51	61.2~66.3	66.8~76.5	76.5
161	51.9	62.3~67.5	68.0~77.9	77.9
162	52.7	63.2~68.5	69.0~79.1	79.1
163	53.6	64.3~69.7	70.2~80.4	80.4
164	54.4	65.3~70.7	71.3~81.6	81.6
165	55.3	66.4~71.9	72.4~83.0	83.0
166	56.1	67.3~72.9	73.5~84.2	84.2
167	57	68.4~74.1	74.7~85.5	85.5
168	57.8	69.4~75.1	75.7~86.7	86.7
169	58.7	70.4~76.3	76.9~88.1	88.1
170	59.5	71.4~77.4	77.9~89.3	89.3
171	60.4	72.5~78.5	79.1~90.6	90.6
172	61.2	73.4~79.6	80.2~91.8	91.8
173	62.1	74.5~80.7	81.4~93.2	93.2
174	62.9	75.5~81.8	82.4~94.4	94.4
175	63.8	76.6~82.9	83.6~95.7	95.7
176	64.6	77.5~84	84.6~96.9	96.9
177	65.5	78.6~85.2	85.8~98.3	98.3
178	66.3	79.6~86.2	86.9~99.5	99.5
179	67.2	80.6~87.4	88~100.8	100.8
180	68	81.6~88.4	89.1~102	102
181	68.9	82.9~89.6	90.3~103.4	103.4
182	69.7	83.6~90.6	91.3~104.6	104.6
183	70.6	84.7~91.8	92.5~105.9	105.9
184	71.4	85.7~92.8	93.5~107.1	107.1
185	72.3	86.8~94.0	94.7~108.5	108.5

三、分　型

根据病因一般分为单纯性肥胖和继发性肥胖两类。

（一）单纯性肥胖

肥胖是临床上的主要表现，无明显神经、内分泌代谢系病病因可寻，但伴有脂肪、糖代谢调节过程障碍。此类肥胖最为常见。

1. 体质性肥胖(幼年起病型肥胖病)　此类肥胖有下列特点:①有肥胖家族史;②自幼肥胖,一般从出生后半岁左右起由于营养过度而肥胖直至成年;③呈全身性分布,脂肪细胞呈增生肥大。据报告,0~13岁时超重者中,到31岁时有42%的女性及18%的男性成为肥胖病患者。在胎儿期第30周至出生后1岁半,脂肪细胞有一极为活跃的增殖期,称"敏感期"。在此期如营养过度,就可导致脂肪细胞增多。故儿童期特别是10岁以内,保持正常体重甚为重要。

2. 营养性肥胖(成年起病型肥胖病)　亦称获得性(外源性)肥胖,特点为:①起病于20~25岁,由于营养过度而肥胖;或由于体力活动过少或因某种原因需较长期卧床休息,热量消耗少而引起肥胖;②脂肪细胞单纯肥大而无明显增生;③饮食控制和运动疗效较好,胰岛素的敏感性经治疗可恢复正常。体质性肥胖,也可再发生获得性肥胖,而成为混合型。

以上两种肥胖,统称为单纯性肥胖,特别是城市里20~30岁妇女多见,中年以后男、女也有自发性肥胖倾向,绝经期妇女更易发生。

(二) 继发性肥胖病

继发于神经—内分泌—代谢紊乱基础上的,也可由外伤或服用某些药物所引起,约占肥胖病人总数的5%,肥胖仅仅是患者出现的一种临床症状表现,常非该病的主要表现,更不是该病的唯一表现。治疗应以处理原发病为目标。如:下丘脑病、垂体病、甲状腺功能减退症、性腺功能减退症等疾病。通过对原发病的治疗,肥胖多可治愈。

四、临 床 表 现

可见于任何年龄,以40~50岁为多,60~70岁以上亦不少见。男性脂肪分布以颈部及躯干、腹部为主,四肢较少;女性则以腹部、腹以下臀部、胸部及四肢为主。

新生儿体重超过3.5kg,特别是母亲患有糖尿病的超重新生儿就应认为是肥胖症的先兆。儿童生长发育期营养过度,可出现儿童肥胖症。生育期中年妇女经2~3次妊娠及哺乳之后,可有不同程度肥胖。男人40岁以后,妇女绝经期,往往体重增加,出现不同程度肥胖。

体重超过标准10%~20%,一般没有自觉症状。而由于浮肿致体重增加者,增加10%即有睑部肿胀、两手握拳困难、两下肢沉重感等自觉症状。体重超过标准30%以上方表现出一系列临床症状。中、重度肥胖者上楼时感觉气促,体力劳动易疲劳,怕热多汗,呼吸短促,下肢轻重不等的浮肿。有的患者日常生活如弯腰提鞋穿袜均感困难,特别是饱餐后,腹部膨胀,不能弯腰前屈。负重关节易出现退行性变,可有酸痛。脊柱长期负荷过重,可发生增生性脊椎骨关节炎,表现为腰痛及腿痛。皮肤可有紫纹,分布于臀部外侧、大腿内侧及下腹部,较皮质醇增多症的紫纹细小,呈淡红色。由于多汗,皮肤出现折皱糜烂、皮炎及皮癣。随着肥胖加重,行动困难,动则气短、乏力。长时期取坐卧位不动,甚至嗜睡酣眠,更促使肥胖发展。肥胖患者容易并发高血压、冠心病、糖尿病、胆囊炎、胆石症、脂肪肝、感染等。

此外高脂血症、脂肪肝、呼吸机能障碍、肿瘤(女性乳腺癌、卵巢癌、男性大肠癌、前列腺癌)等疾病肥胖人中也易患,尤其当肥胖程度超过30%是,更容易罹患这些疾病,应特别注意预防。研究表明,肥胖者的死亡率比正常体重者有明显的增高,随着体重的增加,死亡率也有所增加。

第3节　肥胖病的营养膳食疗法

一、肥胖病的营养膳食疗法

肥胖是一种疾病,不是一种状态或健康的标志,将影响人的健康与长寿。单纯性肥胖病主要是由于营养膳食失衡,造成的营养过剩(某些营养素)导致营养代谢紊乱。

我们知道肥胖与营养膳食是绝对分不开的。肥胖病除因遗传、内分泌失调、器质性疾病所致外,大多数与饮食不当有着密不可分的关系。当通过饮食摄入热量过多,超过人体活动所需要消耗的能量时,多余的能量将转化成体内脂肪,贮存在脂肪细胞内,使脂肪细胞肥大,逐渐导致发胖。如果每日摄入的热量比需要量多 336kJ(80.30kcal),那么一年之后就能增加 3kg 脂肪。所以,要防止肥胖,就要限制每日摄入的总热量。合理地、适当地控制饮食是必要的;要减少热能的摄入,就要特别注意控制高糖和高脂肪食物的摄入。

(一) 营养膳食治疗总原则

营养膳食治疗总的原则是保持三大平衡,控制减肥速度。三大平衡是指能量平衡原则、营养平衡原则与食量平衡原则。

以低热能饮食治疗,最好在平衡膳食基础上进行控制热能摄入,并同时以多活动,消耗体脂,达到减轻体重的目的。

单纯性肥胖由于长期的热能的超度摄入,摄入大于消耗能量,形成脂肪在体内皮下和各脏器的堆积,特别腹腔脂肪集聚于肠系膜、大网膜和肾周围形成大脂肪库,在治疗上必须坚持长时间、持之以恒地改变原有的生活方式和饮食习惯,以纠正使摄入的能量与消耗的能量达到均衡。一定要采取长期的控制能量摄入和增加能量消耗两步骤同时进行,在治疗过程中必须耐心而不可急于求成。特别是由婴儿、青少年开始肥胖者要彻底改变原有生活方式与饮食习惯,以坚强的毅力去控制饮食,即少吃或少吃高热能食物和增加体力活动的多种综合的措施,不然效果易半途而废或不见疗效。

对有精神情绪问题的肥胖者,更需要注意弄清其实质所在,以有针对性做好思想疏导工作,切实改变原有的心理状态,使进行的有关的治疗措施能取得疗效。

(二) 营养膳食疗法治疗要求

1. 调整能量平衡　减轻体重要控制饮食,保证能量负平衡,维持体重要调整饮食保证能量平衡。

肥胖病人开始减肥时需要把超出的体重减下来,饮食供热量要低于机体实际耗热量,那么,必须控制饮食(如供应低热量饮食)以造成能量负平衡,促使机体内长期超入的热能被代谢掉,直至体重恢复到正常水平。然后再调整饮食使热能摄入与消耗达到平衡,并维持好这种平衡。供给热能的具体数值,则应依据肥胖病人的具体情况全面考虑。

(1) 膳食供热能应酌情合理控制

1) 供应低能膳食以造成热能的负平衡,促进长期入超的热能被代谢利用、消耗,直至体重逐渐恢复正常水平。

2) 供热能的具体合理数值,则调查询问患者治疗前长期日常膳食的能量水平,其肥胖是处于稳定或上升状态,儿童要根据其处于生长发育的需要,老年人是否有并发症等。

3) 热能上的控制,一定要循序渐进,逐步降低,不宜过急,适度为止。

4) 成年轻度肥胖者,按每月稳定减肥 0.5kg~1.0kg,即每日负热能 525kJ~1050kJ(250. 95kcal)的一日三餐膳供能量;中度以上肥胖者常食欲亢进又有贪食高热能食物的习惯,必须加大负热能值,以每周减肥 0.5kg~1.0kg,每日负热能 2310~4620kJ(552.09~1104. 18kcal),但不要过低。

5) 限制膳食供热能,必须在营养膳食平衡下进行,决不能扩大对一切营养素的限制,以免低能膳食变为不利于健康的不平衡营养膳食或低营养膳食。

6) 配合适当体力活动,增加能量的消耗,对处于生长发育而又求体线美的青少年,应强化日常体育锻炼为主,不需苛求大量节食,以免导致神经性厌食的发生;对孕妇为保持胎位正常,应以合理控制能量为主,不宜提倡作体力活动。

(2) 对低分子糖、饱和脂肪酸和乙醇严加限制

1) 低分子糖消化吸收快,过多食入低分子糖类食品,易造成机体丧失重要微量元素。

2) 过分贪食含有大量饱和脂肪酸的脂肪,是导致肥胖、高脂血症、动脉粥样硬化和心肌梗塞等的重要危险因素,若又贪食低分子糖类食品,其危险程度则更大。

3) 乙醇(包括各种酒),亦是供热能物质,可诱发机体糖原异生障碍而导致体内生成的酮体增多。长期饮用酒精饮料,血浆甘油三酯就会持续地升高,酒会影响脂代谢,如膳食中含较多脂肪,其脂肪的不良影响则更显著,酒还有诱发肝脂肪变性的明显作用,由此又可影响对胰岛素的摄取与利用,导致 C 肽/胰岛素比值下降,即高分泌低消耗,导致糖耐量减低。

4) 低分子糖食品,如蔗糖、麦芽糖、糖果、蜜饯等;饱和脂肪类食品如猪、牛、羊等动物肥肉与油脂、椰子油、可可油等以及许多酒精饮料,均是能量密度高而营养成分少的食品,只提供机体空白或单纯的热能,尽量少食或不食。

(3) 中度以上肥胖者膳食的热能分配:适当降低碳水化合物比值,提高蛋白质比值,脂肪比值控制在正常要求的上限。

1) 膳食热能主要来自碳水化合物、脂肪和蛋白质等三大能源物质及产热能的三大营养素。人们日常由碳水化合物提供热能占人体需要总热能的 55%~70% 较为理想,过多在体内易转变为脂肪。为了防止酮体的出现和负氮平衡加重,维护神经系统正常能量代谢的需要,对碳水化合物不可过苛的限制,因此,其既要降低比值又不可过分,以占总热能的 40%~55% 或 45%~60% 较适宜。

2) 为维护机体的正常氮平衡,必须保证膳食中有正常量的优质食物蛋白的供给,在中度以上的肥胖者,其食物蛋白质的供给量以控制在占机体所需总热能的 20%~30%,即每供能 4200kJ(1003.8kcal)就供蛋白质 50g~75g 为适宜,一般蛋白质供给量应充足,约占总热能比值的 15%~20% 的优质蛋白质如肉、蛋、鱼、乳及豆制品,过多的蛋白质必然会增加脂肪的摄入,从而易使热能摄入增加。

3) 在限制碳水化合物供给的情况下,过多脂肪的摄入会引起酮体的出现,脂肪摄入量必须降低,原因是脂肪产热能为碳水化合物、蛋白质的 1 倍余,为此,膳食脂肪所供热能应占总热能的 20%~30%,不宜超 30% 为妥,除限制肉、蛋、鱼、乳及豆制品等所含脂肪,并要限制烹调油的用量,控制用量每日 10g~20g 左右为宜。至于胆固醇的供给量,通常每人每天以 ≤300mg 较理想。

2. 保证营养膳食平衡 饮食选择不能只考虑热能平衡问题,还必须考虑各种营养成分供应的平衡。

保证营养膳食平衡就是要保持三大营养素(蛋白质、脂肪与糖类)、纤维素、矿物质与维

生素等搭配比例的平衡以满足人体生理需要。

(1) 保持脂肪、糖类与蛋白质三大营养素的平衡：由于脂肪具有很高的热能,饮食脂肪易于导致机体热能入超。尤其在限制糖类供给的情况下,过多的脂肪摄入还会引起酮症,这就要求在限制饮食热能供给的时候,必须将饮食脂肪的供给量也加以限制。此外,因饮食脂肪具有较强的饱腻作用,能使食欲下降。为使饮食含热能较低而耐饿性较强,则又不应对饮食脂肪限制过于苛刻。所以,肥胖者饮食脂肪的供热能以控制在占饮食总热能的25%~30%为宜,任何过高或过低的脂肪供给都是不可取的。至于饮食胆固醇的供给量则与正常要求相同,通常每人每天小于300mg为宜。

糖类物质含热量高,饱腹感低,且可增加食欲,一直是减肥饮食中限制摄入的对象。但是也不能过度地限制人体对糖类物质的摄取。国外曾经流行过多种生酮高脂肪低糖类饮食。尽管肥胖者在采用这些低糖饮食的初期,均可使体重明显下降,但这只是一种假象,是由早期酮症所引起的大量水、盐从尿中排出造成的结果。这不仅不能达到减肥的预期目的,而且还会导致高脂血症与动脉硬化的发生与发展;同时由于机体水分和电解质的过多丢失,可导致体位性低血压、疲乏、肌无力和心律失常;还可因酮症发展与肌肉组织损耗所致体内尿酸滞留,而导致高尿酸血症、痛风、骨质疏松症或肾结石;此外,由于整个代谢性内环境的严重紊乱,导致肾脏和大脑受到损伤,使整个机体受到损害,尤其可使肾病患者的肾代偿机能进一步失调,甚至导致死亡,必须引起注意。一般糖类物质摄入量(以热量计)不得低于饮食总热量的30%。

减肥饮食中常常要提高蛋白质的比例,但是蛋白质也不能食用过度。肥胖就是热能入超的结果,那么任何过多的热能,无论来自何种能源食物,都可能引起肥胖,食物蛋白自然也不例外。同时,在严格限制饮食热能供给的情况下,蛋白质的营养过度还会导致肝、肾功能不可逆的损伤,这就决定了在低能饮食中蛋白质供给量亦不可过高。因此,对于采用低能量饮食的中度以上肥胖者,其食物蛋白质的供给量应当控制在占饮食总热能的20%~30%,即每天4180kJ(1000kcal),供给蛋白质50~75g为宜。应选用高生物价蛋白,如牛奶、鱼、鸡、鸡蛋清、瘦肉等。

(2) 保持其他营养膳食的平衡：人体所需要的营养成分很多,除蛋白质、脂肪和糖类外,还有多种氨基酸、维生素、矿物质等。因此,人们摄食时,必须注意食品的合理搭配,保持各种营养素平衡。

含维生素、无机盐、食物纤维及水分最丰富的是蔬菜(尤其是绿叶菜)和水果,要求饮食中必须有足够的新鲜蔬菜和水果,这些食物均属低能食物,又有充饥作用。

食物必须大众化、多样化,切忌偏食,只要饮食能量低、营养膳食平衡,即使是任何普通膳食均是良好的减肥膳食,关于色、香、味、形的选择与调配,应符合具体对象的具体爱好为宜。

3. 保持食量平衡 保持食量平衡即一日三餐,吃什么,吃多少,都要有具体的计划,不饥一餐饱一餐,做到食量平衡。保持食量平衡就可达到健康减肥的目的。

在营养和总热量供应相同时,由于饮食方法不同,产生的减肥效果也是不同的。此外,饮食方法不科学会对人体的消化吸收功能产生不良影响。

一般饮食热能在一日三餐中的分配比例如下。

早餐热能占全日总热能的25%~30%;

午餐热能占全日总热能的40%~45%;

晚餐热能占全日总热能的 30% ~ 35% 。

4. 控制减肥速度　饮食减肥不能过快过猛。成年人肥胖病患者需要减肥，控制饮食一般从减少每日热能需要量的 10% 开始，逐渐减少到 30% ，甚至到 50% 。减少的快慢和程度要根据肥胖轻重来决定。一般轻度肥胖者不要过分严格限制饮食，平时食量大者，开始可以每日减少 150 ~ 250g；如食量小的，可每日减少 100 ~ 150g，以后可根据体重变化和身体反应再进行调整。每日摄入总热量控制在：男性 6300 ~ 7560kJ（1505.7 ~ 1806.8kcal），女性 5040 ~ 6300kJ（1204.5 ~ 1505.7kcal），热负平衡 2700kJ（645.3kcal）左右。减肥速度不宜太快，一般以每月降低体重 2 ~ 3kg 为宜。

5. 烹调方法　要求食物以汆、煮、蒸、炖、拌、卤等少油烹调方法来制作菜肴，目的以减少用油量，另外为防更多水潴留于体内，应限制食盐用量。

根据肥胖程度，每日热能摄入减少 2093 ~ 4186kJ（500 ~ 1000kcal），若折合食物量，则每日减少主食为 100 ~ 200g，烹调油 15 ~ 30g，或主食为 50 ~ 100g，瘦肉 50 ~ 100g，花生、瓜子等 50 ~ 100g。

6. 养成良好的饮食习惯

（1）一日三餐，定时定量，定期测量体重，按体重调整饮食，不宜一日两餐进食，常易产生饥饿感，导致进食量更大而超量。晚餐不宜过多，过饱，以免促进体内脂肪的合成，不利于减肥，同时血脂易沉积于血管上。

（2）少食或不食零食、甜食和甜饮料，因多数零食含热能较高，例如每 100g 花生、核桃仁、瓜子仁、巧克力约可产生热能 2093kJ（500kcal），等于食进 150g 的主食。

（3）进食要细嚼慢咽，能使食物变细小，与富含淀粉酶的唾液充分混合，有助于食物的消化吸收，尤其是可延长用餐时间，易于有饱腹感的作用。

（4）对食欲亢进易饥饿者及预防过食主食的办法：先吃些低热能的菜肴，如黄瓜、西红柿、拌菠菜、炒豆芽、炒芹菜等，以充饥而少食主食。

（5）购物要有计划，依事先拟好的购物单购物。拟定购物单最好在饭后进行，不要受诱惑或一时冲动购物。

（6）避免购买速食品，包括方便面、速冻饺子、元宵、半成品，而应选择烹调费时费力的食品。因为费时容易养成珍惜烹调好的食品，易于养成细嚼慢咽的良好习惯。

（7）食品要存放在不易看到的地方，要有固定位置而不易取拿的地方。防止糖果、点心放在显眼、随手可得的地方，水果也不应放在桌上，要使起感觉到吃时要想一想，有一个从取到吃的缓冲时间，就有可能打消了吃的念头。

（8）胖人食欲好、进食速度快者，勿用盘、大碗盛菜饭，改用小号的，每次盛的量要少。

（9）防止边吃边看电视，边听音乐或边看书等。

（三）营养膳食减肥方法

根据每天摄入能量的多少，国外将饮食疗法分为减食疗法即低能量饮食，半饥饿疗法即超低能量饮食，甚至还有绝食和断食疗法。国内肥胖病的营养膳食疗法一般可分为三种类型：饥饿疗法、超低能量饮食疗法和低能量饮食疗法。

1. 饥饿疗法　饥饿疗法也称禁食疗法或绝食疗法。每天摄入能量小于 836kJ（200kcal）。饥饿疗法优点是：饥饿时体重丧失最快，平均每周可达 2.7kg，减肥效果好。其缺点是：①饥饿时除身体脂肪和体液减少外，人体蛋白等其他细胞成分也有明显丧失，体内其他组织（如肌肉组织）的量也大量减少，容易导致发生严重的肌肉和内脏组织损害；②可能会引起机体发生水盐电解质紊乱、酸中毒、维生素营养缺乏、心功能衰竭,直立性低血压,胆囊炎和胰腺炎等并发症。还可出现其他症状包括脱水、疲劳、皮肤干燥、头发丢失、月经失调等,有时甚至会出现突然死亡;③一旦停止治疗,体重很快回升。注意事项:实施饥饿疗法的患者,切忌在治疗的前一天或后一天大开食禁,以免这些增加的食物能量抵消了治疗效果。由于饥饿疗法对机体正常新陈代谢过程的影响非常大,不良反应也较多,故不宜作为常规的减肥方法使用,饥饿疗法临床上已经基本绝迹,但有些人应用饥饿疗法减肥(特别是青年女子)屡见不鲜。

饥饿疗法要严格掌握适应证。首先必须谨慎选择肥胖严重而没有合并证的病人,原意合作者而且急于取得疗效的患者。疗程一般 10~14d,不宜过长。病人在最初 1~2d 感觉饥饿,过 3~4d 内出现轻度酮血症,饥饿感逐渐消失。可感觉疲乏、无力、血压体重开始下降,前几日很快,一般每日可达 0.5kg 以上。此法属短期疗法,疗效肯定。需继续进食低热量食物以维持和巩固疗效。此方法对身体有一定的影响,一般不主张采用。

尽管饥饿疗法有肯定的近期减肥效果,但在具体实施时应注意其禁忌证。其常见禁忌证如下:①狭窄性血管疾病(心绞痛、颈动脉狭窄),有心肌梗塞、脑溢血的病史。②肾功能障碍。③肝脏疾病(轻度脂肪肝除外),卟啉病,贫血。④痛风,高尿酸血症。⑤消耗性疾病(急慢性疾病,发热,负氮平衡,恶性肿瘤)。⑥少年型糖尿病。⑦妊娠。⑧精神障碍(神经性厌食的"贪食阶段")。

2. 超低能量饮食疗法(VLCD) 每天摄入热能 836~3344kJ(200~800kcal)或每日每千克理想体重能量摄入小于 41.8kJ(10kcal)。VLCD 疗法需要医师监护,需要住院治疗或在密切监护下门诊治疗。疗程一般为 12~15 周,体重减轻量为 20kg 左右。规范化的 VLCD 应该是一种能够满足机体蛋白质、维生素和无机盐等最低需要的低能量人工合成膳食。各种商品化的 VLCD 均含有维生素、矿物质和微量元素,蛋白质为 25~100g、糖类为 30~80g、脂肪在 3g 以下。可以选用优质蛋白、低脂肪和高食物纤维组成的超低热能饮食。VLCD 优点:①此法所选择的食物可以最低限度的减少减肥带来的负氮平衡对身体所造成的损害;②短期减肥效果较好,一般可使体重在一周内减少 1~1.5kg,可以较好的调动起患者减肥的积极性;③可使肥胖所引发的各种并发症得到明显的改善。例如可使肥胖患者血糖、血脂水平显著下降,使机体对胰岛素的敏感性增强,减少降血糖药物的使用量。VLCD 缺点:①VLCD 初期减肥的效果很好,以后逐渐减缓,停止后可发生体重反跳,复发率较高。②可能会引起身体蛋白质丧失、心脏改变、水平衡紊乱、酮症和电解质不平衡等一系列变化,其主要症状是疲劳、头晕、眼花、肌肉痉挛、头痛、胃肠不适和怕冷等。还可能增加症状性胆石症的危险及引起心律失常等副作用。注意事项:VLCD 疗法是一种较剧烈的减肥方法。国外文献报道,此方法仅适用于应用低能量膳食失败的 BMI≥30 的肥胖者。儿童、青少年、孕妇、哺乳期妇女、老年人、情绪不稳定者、糖尿病、严重心脏疾病、肝肾功能衰竭者以及 BMI<30 的肥胖者均不宜选用此疗法。

治疗前及治疗开始后,应每 2 周至少复查心电图一次,每月做一次常规的血液检查。

3. 低热能饮食疗法(LCD) 低能量饮食法系通过食用低能量饮食来防治肥胖病的方法,这是目前应用最多的一种方法。低能量饮食实际上是为了维持或提高肥胖病人的药物治疗、针灸治疗、运动治疗及其他饮食疗法的减肥效果而设计的一种饮食。它是一种低热量饮食,每天摄入热能 3344~5016kJ(800~1200kcal)或每日每千克理想体重能量摄入在 41.8~83.6kJ(10~20kcal)之间的饮食属低热量饮食。其能量是根据病人的实际情况而定的,类似于临床上的糖尿病饮食。低能量饮食既能保证病人的能量需要,又不会引起能量过剩,也有人称之为营养平衡饮食。低能量饮食法同样是通过限制热量的摄入,使热量呈负平衡,而使体重下降。轻度肥胖只需要一般控制,适量减少碳水化合物及脂肪的摄入,不必严格要求。中度肥胖对热量的摄入应严格控制,男性热量摄入以每日 6300~7560kJ(1500~1800kcal),女性每日为 5040~6300kJ(1200 kcal~1500kcal)为度。以此标准,约每天负平衡 2700kJ(645kcal),每周可负 18900kJ(4517kcal)。理论上消耗 12600kJ(3011kcal)热量就能减去 0.373kg 脂肪,这样每周可以减去 0.560kg。一个月可以减轻体重约 2.4kg。重度肥胖更要严格控制热量摄入,以生理上能耐受为度。但对重度肥胖而不能工作者,要在一个时期内控制摄入热量为每日 4200~5040kJ(1000~1200kcal)。待症状减轻后进行调整。

进行饮食控制者,蛋白质摄入量为每日每千克体重 1g,碳水化合物每日总量为 150~200g。其余热量由脂肪补充,但要控制动物脂肪的摄入。为长期坚持,要求调整好食物的种类,一定要有充足的维生素、矿物质以及必需的微量元素。低能量饮食每日提供给机体的平均热量为 120kJ/kg 体重。

患者在进行饮食疗法时,开始会有很剧烈的空腹感,大约经过 7~10d 后便可基本忍受。在没有解除空腹感的时候,应让患者摄取低热量食物,如凉粉、蘑菇、蔬菜、海藻类等。

采用饮食疗法减肥,有时出现体重减少是非直线性的,而是呈阶段性的。对于女性患者因月经周期变化,可能会使体内水分暂时潴留,造成体重增加。

为了确保减肥效果,在坚持饮食疗法的同时,还应有计划的选择其他方式合并施用,如中医药疗法、西药治疗、外用药治疗、运动疗法、心理疗法及行为疗法等。

（四）饮食热能需求量与分配

饮食减肥要解决吃什么、吃多少的问题,也就是要解决饮食热能需求量与食物分配问题。要解决这个问题就要知道饮食能量的计算方法。

1. 饮食热能需求量计算

热能单位与换算:焦耳(J)、千焦耳(kJ)和兆焦耳(MJ)是常用的国际上统一热能单位。习惯上有人喜欢用卡(calorie,cal)和千卡(kcal)作热能单位。

1 焦耳(J)相当于 1 牛顿的力将 1kg 重的物体移动 1m 的距离所需要的能量。

1 卡(calorie)是指 1 毫升(ml)的水由 15℃升高至 16℃时所需要的热量。

1MJ = 1000kJ;1kJ = 1000J;1kcal = 1000cal;1kcal = 4.1868kJ;1kJ = 0.239kcal;1MJ = 239kcal。

2. 人体所需能量计算

（1）基础代谢所需能量的计算

简单估算:

男性:基础代谢所需能量＝体重(kg)×46kJ(11kcal)

女性:基础代谢所需能量＝体重(kg)×41.8kJ(10kcal)

完整计算:

男性:

18~30 岁　基础代谢所需能量＝15.3×体重(kg)+2842.8kJ(679kcal)

30~60 岁　基础代谢所需能量＝11.6×体重(kg)+3680.2kJ(879kcal)

60 岁以上基础代谢所需能量＝13.5×体重(kg)+2005.5kJ(479kcal)

女性：

18~30 岁　基础代谢所需能量=14.7×体重（kg）+2076.6kJ（496kcal）

30~60 岁　基础代谢所需能量=8.70×体重（kg）+3470.8kJ（829kcal）

60 岁以上　基础代谢所需能量=10.5×体重（kg）+2495.3kJ（596kcal）

（2）日常活动所需能量计算

日常活动所需能量=基础代谢所需能量×活动因素值

日常活动因素值见（表 10-10）。

表 10-10　日常生活与活动因素值

一天当中活动内容	活动程度	活动因素值
坐着或站着；驾驶；画画；阅读；实验室工作；缝纫；熨衣；烹饪；玩纸牌或音乐器材；睡觉或躺着；打字	很轻	0.2
车库或饭店工作；电工或木匠活；打扫房间照顾孩子；打高尔夫球；航海；轻度运动（如短距离散步）	轻	0.3
重园艺或家务活；赛车；打网球；滑雪；跳舞	中度	0.4
重体力活（如建筑或挖掘工作）；篮球、足球或橄榄球等；爬山	重度	0.5

（3）消化吸收食物所需能量的计算

消化吸收食物所需热量=基础代谢所需能量+日常活动所需能量×10%

（4）热能总需要量的计算

热能总需要量=基础代谢所需能量+日常活动所需能量+消化吸收食物所需能量。

对大多数人来说可以采用下面方法快速计算总需求能量。

正常体重时每千克需 142kJ（34kcal）的热量。

正常体重状态下则热能总需求量为：

热能总需要量=标准体重（kg）×142kJ（或 34kcal）

3. 饮食热能需求量的计算

（1）负平衡能量计算

对于肥胖者来说减掉 1 磅（0.45kg）体重，相当于要减掉 14653.8kJ（3500kcal）热能。减掉 1kg 体重,则相当于要减掉 32238.3kJ（7700kcal）热能。

那么：

每日负平衡能量=每周体重期望降低量（kg）×4605.5kJ（1100kcal）

　　　　　　　　=每月体重期望降低量（kg）×1088.5kJ（260kcal）

（2）饮食热能需求量的计算

饮食热能需求量=人体总能量需要量-负平衡能量

（五）热能在食物中的分配

三大营养素的产热量与其在减肥饮食中的分配比例如下：

脂肪　25%~30%　1g 脂肪=37.3kJ（9.45kcal）

糖类　40%~55%　1g 糖类=16.7kJ（4kcal）

蛋白质　20%~30%　1g 蛋白质=16.7kJ（4kcal）

上例中女出租车司机控制饮食减肥，每日饮食热能需求量为 5648kJ（1349kcal）。若其饮食中三大营养素分配比例为蛋白质 20%,脂肪 30%,糖类 50%。

三大营养素每日摄入量分别为:

蛋白质 = 1349kcal×20%/4kcal = 68(g)

糖类 = 1349kcal×50%/4kcal = 169(g)

脂肪 = 1349kcal×30%/9.45kcal = 43(g)

那么,她可以按蛋白质 68g,脂肪 43g,糖类 169g 的量进行饮食搭配。

饮食热能需求量的计算与三大营养素的分配的目的是为了准确控制摄入热量。根据饮食热能需求量值与食品成分热量表可以对肥胖病人的饮食去进行科学搭配。食物种类较多,可以依据每个人不同的生活饮食习惯及特殊需要加以选择,其总的原则是保证总热量值符合要求。同时还要注意营养素、无机盐、矿物质以及维生素等的供给。

(六) 特殊人群的减肥营养膳食要求

1. 儿童肥胖病患者的饮食治疗

儿童肥胖的饮食治疗选择原则:①不妨碍发育成长;②不妨碍在学校生活学习。

因此,保证营养摄取为第一选择。对轻度肥胖儿童要多食蛋白质类食品,应少吃糖类食品。对中、高度肥胖者,每日热能摄入量多为 6694.4~7114.8kJ(1600~1700kcal)。蛋白质 75~78g,脂肪类 54~56g,糖类 200~220g。

儿童肥胖如果不注意调整饮食结构和治疗,则很高的比例发展为成年肥胖,也可导致高血压、脂肪肝、糖耐量异常等成年人病。对于儿童肥胖的治疗与成人不同,因小儿正处在生长发育期,身体对各种营养素都很敏感,任何过激的治疗方法,对儿童的健康发育成长都会构成不良影响。加之小儿不像成人那样能较好的配合医生,给治疗方案的实施带来一定的困难。因此,节食比较困难。

儿童减肥就饮食疗法来说,首先必须有家长的参与,要不让孩子偏食、过食,不给予高糖、高脂肪等高热量饮食。教育孩子不吃含糖多的零食。其次对小儿进行饮食治疗,要掌握病儿的食物营养特点,以便于对各个年龄阶段和各个病程阶段的患儿制定节食食谱,但总的原则应限制热量摄入,同时要保证生长发育需要,使他们食物多样化,蛋白质、维生素、无机盐的供应要跟上。不给刺激性调味品,此时应多给一些鱼、鸡、瘦肉、豆制品和大量新鲜蔬菜,这样不但能促进肌肉生长,也可提高身体抵抗疾病能力;食物宜采用蒸、煮,或凉拌的方式烹调。早餐应以蛋羹、牛奶、豆浆、面包、炒饭、鸡蛋为主,一般肥胖的儿童都是吃得太多,尤其爱吃的食物,自己控制不住,家长要注意掌握食量。常规来说 12 岁以下儿童的早餐总食量不宜超过 150g。儿童午餐一定要吃饱,肥胖儿童应以蔬菜为主,主食少吃,佐以瘦肉或鱼、虾为宜。儿童晚餐主食以各类豆饭、豆粥为主。

小儿肥胖是处于发育期的肥胖,要避免极端的限制热量,学龄儿童每年能增高 5~6cm,只要体重维持在现状的情况下,一年后其肥胖程度将得到改善。极端的饮食限制会给儿童造成心理上的压抑,有时也会引起对治疗的抵触。为了不使他们饥饿,可多用一些低热量、大体积食物来代替,如煮玉米、海带丝、果胶冻及爆米花等食品,这也是孩子们爱吃而热量低的食品。最后,家长还要诱导儿童多做些活动,如拍皮球、跳绳、游泳等。

2. 老年肥胖病患者的饮食治疗 对于轻度老年肥胖患者,一般不需要进行饮食治疗。重度肥胖患者在运用饮食疗法减肥时要注意以下几个方面。

第一,每日进食要按时,吃饭时要细嚼慢咽,每餐坚持 20~30min,每餐不要吃得过饱。老人如果在两餐之间有饥饿感,可吃些水果,如苹果、香蕉。

第二,早饭不吃主食,只吃鸡蛋、牛奶、豆浆;如吃主食不要超过100g,中午以蔬菜、瘦肉、豆制品为主,减少主食的量;午餐主食不要超过150g,可任选2~3个种类,如50g米饭、100g包子,或仅100g米饭,或仅150g包子。要多吃蔬菜。晚餐主食应以喝豆粥为好,菜粥亦可。并控制在六分饱即可,晚餐不宜吃肉食。在晚餐后,睡眠前1~2h吃1个苹果。

第三,做菜时须以植物油脂为主;最好用粗盐(不吃精白盐);吃红糖,禁食白糖。每天最好喝温开水或淡开水,少饮淡茶,不喝清凉饮料,禁食零食。

第四,减肥效果以每月减少1kg,不感到饥饿无全身乏力为度。

第五,可在医生指导下,采用药膳治疗。

3. 孕妇肥胖病患者的饮食治疗 妊娠期中孕妇为了使胎儿发育好,多大量进食造成营养过剩,另一方面由于身体行动不方便,活动减少,使身体日渐肥胖。妊娠妇女必须要有充分的营养供给,但也不能造成过度肥胖。如果发生了肥胖,这对婴儿和孕妇都是不利的。

孕妇妊娠期中的饮食减肥原则:

(1) 妊娠期中母亲营养不足会生育早产儿或低出生体重的婴儿,也会使婴儿死亡率上升或生长发育不良。对肥胖孕妇的最低热量水平建议为1500kcal。不能低于此水平,否则很难满足营养需要。

(2) 妊娠妇女是轻体力劳动者,妊娠后半期每日建议增加热量300kcal,以满足胎儿、胎盘组织的生长所需要。若孕妇从事一般体力劳动,每日需要增加热量可在300kcal以上。

(3) 孕妇的饮食也要控制碳水化合物及脂肪的摄入,但蛋白质要充分,因胎儿生长需要更多的营养,特别要保证维生素及矿物质的摄入,应每餐有充足的新鲜蔬菜及水果。当有水肿时要多休息,饮食中要低盐,这对防止妊娠高血压病也有好处。妊娠中也要补充铁和叶酸,并多吃含钙、与磷及维生素D的食物,这是胎儿骨骼生长的需要。

4. 顽固性肥胖病患者的饮食治疗 顽固性肥胖,是指通过饮食及药物治疗,体重仍无明显下降者。有人认为超过127kg体重的肥胖均为顽固性肥胖。造成顽固性肥胖的因素有很多,如:①精神受刺激,生活不愉快;②某些人为因素促进多食;③某些严重的内分泌疾病,如柯兴氏综合征、垂体瘤等;④肥胖合并其他严重的疾病。

对于顽固性肥胖病人,当在门诊治疗失败后,必须收院采取严格的饮食控制和合理的药物治疗。

对顽固性肥胖病人住院后采取的常规治疗措施有:①短期禁食,饥饿7~10d。②给予极低热量饮食。饮食热量为750~1500kJ(180~360kcal)。③饮食加运动疗法:每日饮食总热量为1670kJ(400kcal),为期1个月。

顽固性肥胖如果是因内分泌引起,必须以治疗原发疾病为主。如果是因心理因素导致的神经官能症引起,则可采用催眠疗法。对于一些治疗非常困难的顽固性肥胖患者,则可考虑手术治疗。

5. 过敏体质肥胖病患者的饮食治疗 有些肥胖患者属于过敏体质,容易对某些食物如鱼虾、海味等过敏。对于过敏体质肥胖患者有人建议食用下面抗过敏减肥饮食。抗过敏减肥饮食由下述A、B二类食谱组成。一般先采用食谱A饮食3d,然后再采用食谱B饮食3d。

(1) 食谱A

早餐:1个苹果(中等大小),咖啡或茶(不加奶油或牛奶,但可加代用糖)。

午餐:1个番茄的色拉、1/4个莴苣、5个芦笋尖、淡佐料醋、柠檬或咖喱、2小片冷羊肉或牛肉、1只梨(中等大小)、咖啡或茶(不加奶油或牛奶,但可加代用糖)。

晚餐:1 杯清汤、1 块瘦羔羊肉、牛肉或鸡(体积约为 4cm³)、半小盘菠菜、半碗胡萝卜、1 只中等大小的梨、咖啡或茶(不加奶油或牛奶,但可加代用糖)。

（2）食谱 B

早餐:1 个苹果(中等大小)、1 个黑麦薄脆饼、3 片腊肉(瘦)、咖啡或茶(不加奶油或牛奶,但可加代用糖)。

午餐:与食谱 A 相同,增加 1 个黑麦薄脆饼。

晚餐:与食谱 A 相同,增加 1 个中等大小的土豆,用一杯不加糖的菠菜汁代替梨。

采用这两种食谱,每天均要加服维生素和矿物质药物制剂如钙片等,饮用大量的水。也可饮用加代用糖的碳酸饮料或苏打水。连续食用 4~6 周,达到标准体重后,可停止。再采用其他方法控制饮食维持体重。若体重反弹,需再减肥,可以重新采用该减肥饮食或其他减肥饮食。

（七）肥胖病的营养膳食预防

1. 肥胖病的营养膳食预防　预防肥胖比治疗更易奏效,更有意义。关键则在于及早采取措施以防患于未然,并养成习惯。最根本的预防措施是适当控制进食量,自觉避免高糖类、高脂肪饮食,经常进行体力活动和锻炼,并持之以恒。

从妊娠中期胎儿至幼儿期 5 岁以前,是人的一生中机体生长最旺盛的时期,这一时期的热能入超,将会促使全身各种组织细胞,包括脂肪细胞的增生肥大,为终身打下"脂库"增大的解剖学基础。因此,预防工作就应从此开始。其重点是纠正传统的婴儿越胖越好的错误观念,切实掌握好热能摄入与消耗的平衡,勿使热能过剩。对哺乳期婴儿来说,必须提倡母乳喂养;待孩子稍大一点,就应培养其爱活动、不吃零食、不暴饮暴食等正确良好的生活饮食习惯。中年以后,由于每天的热能需要随着年龄的增长而递减;若与青年时期相比,40~49 岁者要减 5%,50~59 岁者减 10%,60~69 岁者减 20%,70 岁以上者则减少 30%。因此,必须及时调整其日常的饮食与作息,切实按照祖国医学所提倡的体欲常劳,食欲常少;劳勿过极,少勿至饥的原则去妥善安排。此外,人们在青春发育期、病后恢复期、妇女产后和绝经期等,以及在每年的冬、春季节和每天的夜晚,其体脂往往也较易于引起积聚。所以,在这些时期,都必须根据具体情况,有针对性地对体力活动和饮食摄入量进行相应的调整,以免体内有过剩的热能积聚。

另外,应对孕妇加强营养膳食教育,使其适当进行体育活动,不单纯为控制体重而限制饮食。孕妇每天至少应摄入 125.5kJ(30kcal)/kg 体重的热能,方可合理利用摄入的蛋白质。正常孕妇在妊娠全过程中体重增加在 11kg 左右最为理想,产科并发症最低。妊娠初 3 个月仅增加 0.35~0.4kg,妊娠 4~6 月间所增体重,主要为孕妇部分,妊娠 7~9 月间所增体重主要为胎儿部分;在 11kg 中约 10% 为脂肪。如孕期体重增加过多,可致胎儿及母亲肥胖。生后 6 周~6 月小儿体重增长速度,可作为学龄期是否肥胖的预测指标之一。文献报道,出生 3 月内体重增加 3kg 以上的婴儿,5~15 岁间将显著肥胖,生后母乳喂养,适当推迟添加固体辅食时间(通常生后 4 月内不加)均有助于预防婴儿肥胖。随着我国经济逐渐富裕,独生子女比例的增长,应进一步加强营养膳食卫生知识的宣传教育,使学龄前儿童建立平衡饮食的良好的饮食习惯。

2. 营养膳食减肥的误区　在饮食减肥中有以下几种常见误区,注意纠正之,以便更好的科学减肥。

（1）长时间不进食:不进食的时间不应超过 4h。如果长时间不吃东西,身体将释放更多胰岛素导致人们很快产生饥饿感,最终忘掉饮食禁忌,放开肚子暴食,反而越胖。

（2）不吃糖类:许多人认为不吃糖类是一种行之有效的减肥好方法。当然不吃糖类能很快减轻体重,但失去的是水分而不是脂肪。专家建议每天可以摄取适量的糖类。

（3）生吃东西:不仅不能帮助减轻体重,而且容易中毒。少吃生食,多吃熟食。

（4）喝很多咖啡:许多人每天咖啡在手,以此抵制吃东西的诱惑。这样虽然能够欺骗自己的胃,但不要忘了咖啡并不是无害的,它会慢慢导致胃炎。因此,最好不要以咖啡来减肥,而是喝水或减肥饮料。

（5）嚼口香糖:有些人会因嚼口香糖失去胃口,从而达到节食减肥的效果,但也有人会因此分泌更多的胃液,导致胃部产生空空的感觉。长期胃液过多还会造成胃溃疡,而且嚼太多口香糖容易使下颌疲劳。

（6）不吃盐:为减肥不吃盐的做法是错误的,人体每天必须摄取一定量的盐分,以维持身体的代谢平衡,当然盐也不应多吃。

（7）吃很多水果:吃水果固然能够起到减肥的效果,但是水果同样含有糖分,长期多吃会发胖的。

案例 10-1

一中年女性出租车司机,身高 165cm,体重 70kg。她想尽快使体重下降到正常标准体重的水平,计划每周要减少体重为 0.5kg,应该每天摄取多少热能。

分析:计算步骤如下:

第一步:基础代谢所需能量=8.70×70（kg）+829（kcal）=6020 kJ（1438kcal）

第二步:日常活动所需能量=基础代谢所需能量×活动因素值=1438×0.2=1205kJ（288kcal）

第三步:消化吸收食物所需热量=（基础代谢所需能量+日常活动所需能量）×10%=（1438+288）×10%=724kJ（173kcal）

第四步:热能总需要量=基础代谢所需能量+日常活动所需能量+消化吸收食物所需能量=1438+288+173=7950kJ（1899kcal）

第四步:若计划每周要减少体重为 0.5kg,则需控制能量负平衡每天达到 1110×0.5（kg）=2302kJ（550kcal）,则每日热量摄入减少量为 2302kJ（550kcal）。

计算结果:需要从饮食中提供的热量为:

饮食热能需求量=1899-550=5648kJ（1349kcal）

另一种简便方法来估算,计算步骤如下:

第一步:标准体重（kg）=身长（cm）-105=165-105=60（kg）维持 60kg 体重每日所需总热量为:热能总需要量=60×142kJ=8520kJ（2036kcal）

第二步:同样每周要减少体重为 0.5kg,则每日热量摄入减少量为 2302kJ（550kcal）。

计算结果:需要从饮食中提供的热量为:8520-2302=6218kJ（1536kcal）

以上两种方法计算相差 570kJ（136kcal）。

此人体重按标准体重计算,超重 10kg。理论上饮食控制经过 20 周后,体重可降低到 60kg,达到正常标准。然后总热量可每日恢复为 8524kJ（2036kcal）,若按上述公式详细计算则为 7469kJ（1784kcal）,可继续保持标准体重。

案例 10-2

一中年男性教师,中间体型,身高 175cm,体重 85kg。他想尽快使体重下降到正常标准体重的水平,计划每周要减少体重为 0.5kg,应该每天摄取多少热能。

第一步:基础代谢所需能量 = 8.70×85(kg) + 829(kcal) = 6567 kJ(1569kcal)

第二步:日常活动所需能量 = 基础代谢所需能量×活动因素值 = 1569×0.2 = 1315kJ(314kcal)

第三步:消化吸收食物所需热量 =(基础代谢所需能量 + 日常活动所需能量)×10% =(1569+314)×10% = 787kJ(188kcal)

第四步:热能总需要量 = 基础代谢所需能量 + 日常活动所需能量 + 消化吸收食物所需能量 = 1569+314+188 = 8671kJ(2071kcal)

第五步:若计划每周要减少体重为 0.5kg,则需控制能量负平衡每天达到 1110×0.5(kg) = 2302kJ(550kcal)则每日热量摄入减少量为 2302kJ(550kcal)。

计算结果:需要从饮食中提供的热量为:

饮食热能需求量 = 2071−550 = 6368kJ(1521kcal)

(闫润虎)

目标检测

一、填空题

1. 用来衡量肥胖的标准很多,体内脂肪含量的测定是诊断肥胖的确切方法。脂肪在全身的比例(F%),F% 男性超过 _____ 为肥胖;女性 F% _____ 为肥胖。

2. 依照发生原因,肥胖可分为 _____ 性肥胖和 _____ 性肥胖。

3. 常用的肥胖诊断指标有 _____ 、_____ 和 _____ 。

4. 世界卫生组织针对亚洲人制定了肥胖的诊断推荐标准,BMI 大于 _____(kg/m^2)为超重,大于 _____(kg/m^2)为肥胖。

5. 中国制定了肥胖的诊断推荐标准,BMI 大于 _____(kg/m^2)为超重,大于 _____(kg/m^2)为肥胖。

6. 腹部肥胖常用腰臀比测量,WHO 建议男性腰臀围比值超过 _____ ,女性的腰臀围比值超过 _____ 为中心型肥胖,患病率就会大幅度增加。

7. 测量评估体成分的方法很多,其中皮褶厚度法不仅可以反映体脂分布情况,也可以从身体不同部位的体脂分布来推算体脂总量。常选用测量部 _____ 、_____ 和 _____ 。

8. 在制定减肥营养膳食治疗总的原则是保持三大平衡,控制减肥速度。营养膳食三大平衡是指 _____ 、_____ 和 _____ 。

二、名词解释

1. 肥胖病
2. 体质性肥胖
3. 营养性肥胖
4. 低热能饮食疗法(LCD)

三、简述题

1. 简述肥胖的分类。
2. 日常活动所需能量计算。
3. 成年人肥胖的诊断指标及其标准。

四、论述题

1. 论述肥胖病的营养膳食减肥方法。
2. 儿童肥胖病患者的饮食治疗。
3. 论述营养膳食减肥的误区。

第**11**章

消 瘦

1. 掌握消瘦的定义及诊断;理解消瘦的病因。
2. 了解消瘦对人体的危害。
3. 掌握消瘦的营养膳食疗法。
4. 了解消瘦的其他治疗方法。

第 1 节 概 述

消瘦是指人体内脂肪与蛋白质含量减少,体重下降超过正常标准 15% 以上。消瘦者通常表现为面形瘦削,皮下脂肪少,严重者全身肌肉萎缩,胸部肋骨清晰可见,四肢骨关节显露,常被形容为"骨瘦如柴"。

随着生活水平的提高,人们对形体美的追求也愈加强烈,因此,近年来国内外兴起了一股减肥热潮,人们普遍"以瘦为美",过于追求身材的"苗条",从而步入了现代健美的误区。体型匀称、胖瘦适中是人体体型美的基本特征,因此,过度地节食,减少营养的摄入,以求减轻体重,难以真正达到健美的目的。

过去,人们常把体形胖瘦作为人体健康的标志,但随着科学技术的发展以及人们知识水平的提高,人们逐渐认识到肥胖所带来的健康的危害,在一片"减肥热"中,人们往往忽略了消瘦对人体健康的影响,体形过瘦的人抵抗力差,免疫力低下。日本一家生命保险公司的调查材料表明,比平均体重少 25% 的人群中,体重越低的人,死亡率越高。

一、消瘦的定义及诊断

体重低于标准体重 15% 以上者可诊断为消瘦。医学上判断消瘦的程度,是将人的实际体重与标准体重进行比较,实际体重低于标准体重的 15% ~ 25% 为轻度消瘦症;实际体重低于标准体重的 26% ~ 40% 为中度消瘦症;实际体重低于标准体重的 40% 以上者称为重度消瘦症。所谓标准体重,国际上通常采用 Broca 法计算,公式如下:

标准体重(kg) = [身高(cm) − 100] × 0.9(男性)或 0.85(女性)

二、消瘦的病因

消瘦是营养不良的表现之一,通常因摄入食物热量不足或体内热量消耗增多而产生热量负平衡,以致体内蓄积的脂肪及蛋白质被过多利用而缺乏所致。

引起消瘦的原因很多,根据是否有疾病来源可将其分成两大类,即非病理性消瘦和病理性消瘦。非病理性消瘦又分为遗传性、作息不当(活动过多、工作过劳、休息或睡眠过少)和膳食不当所引起的消瘦。而病理性消瘦,是指体内存在某些明显或隐蔽的疾病所致的消瘦。

引起消瘦的常见原因主要有以下几种。

(一) 食物摄入不足

人体的各种器官和组织,每时每刻都在进行新陈代谢,为满足各种生理活动的需要,人们每天须摄取一定量的食物。健康成年人的体重基本上保持恒定,就是由于摄入的热量与消耗的能量保持相对平衡的缘故。如果进食减少,食物所提供的能量不能满足身体的需要,就得消耗体内的脂肪和蛋白质,导致体重下降。各种慢性病患者,特别是胃肠道疾病患者,常伴有食欲不振、恶心、呕吐症状,进食明显减少;妊娠剧吐可使孕妇的体重在短期内下降;缺牙或牙周病引起咀嚼困难常是老年人进食不足的原因。此外,不少女性为了追求"苗条"的身材而过度节制饮食,导致明显消瘦。

(二) 饮食营养不合理

1. 偏食 儿童偏食较为多见,由于偏食,致使身体缺乏某种营养,此外,摄入的食物中营养成分的互补作用大大减低,其生理价值也大为降低,长期偏食使身体变得消瘦,甚至对健康带来不利的影响。

2. 膳食调配不合理 人体需要从多种食物中获得营养物质。食物通过合理搭配,可提高其营养价值,如谷类和豆类搭配食用,豆类蛋白质含赖氨酸较多,与含赖氨酸较少的谷类搭配食用,可充分发挥蛋白质互补作用。而某不合理的食物搭配则会降低食物的营养价值,甚至给身体带来不利影响,如菠菜和豆腐一起烹调,菠菜中含草酸较多,与豆腐一起,会使豆腐中的蛋白质凝固,不易被人体吸收。

3. 饮食习惯不合理 饮食习惯不合理会扰乱人体的消化吸收规律,如有的人三餐凑合,或不习惯于吃早餐,则中午吃很多,晚上又不太饿,很容易造成消化系统功能的紊乱。此外,早上空腹喝牛奶也是不合理的,牛奶在消化道中被迅速排至肠道,牛奶中的蛋白质基本上被当做热量消耗掉了,人体几乎没有获得营养。因此,饮食习惯不合理也是引起人体消瘦的原因之一。

(三) 营养消耗过多

人体消耗营养物质过多,能量入不敷出,也会导致消瘦。人在儿童及青年生长发育期间,以及妇女妊娠、哺乳期间,对食物的需求一般要超过正常量的 30~50% 左右;成年人操劳过度和从事繁重的体力劳动,也会使每日需求的热量大量增加;此时,若食物的质和量不能满足人体的需要,也会引起消瘦。此外,人体发热时,平均体温每升高 1℃,基础代谢率约增加 13%,故长期发热的病人体重会减轻。患各种慢性感染病和恶性肿瘤的人,因机体分解代谢加快,并常伴有食欲不振、进食减少,因而体重呈进行性下降。糖尿病人从尿中丢失大量葡萄糖,肾炎病人从尿中丢失大量蛋白质,烧伤病人的创面渗出大量浆液,这些物质的过多丢失都会引起人体消瘦。

三、消瘦对人体的危害

(一) 消瘦对儿童的危害

严重的消瘦对儿童危害极大。譬如正常新生儿体重为 3kg 左右,低于 2.5kg 的新生儿称为低出生体重儿(又称营养不良儿)。这种新生儿体质不良,中枢神经系统发育不好,死亡率高,到了学龄期,约有 30% 出现神经系统异常或智力低下,记忆力差,反应迟钝,生长发育迟缓。这是由于大脑发育过程中营养物质(特别是蛋白质)供应不充足,造成脑细胞发育不良的缘故。

除了神经系统外,严重消瘦还会影响儿童的消化及运动系统的发育,其免疫系统机能常常低下,抵抗力较弱,容易感染疾病。严重营养不良的小儿还常伴有维生素缺乏症。

(二) 消瘦对成人的危害

中度以上消瘦的成年人,常感到疲乏无力、体力不支,对各种活动不感兴趣,喜坐卧,工作效率低,记忆力减退;可出现不同程度的浮肿,初期表现在下肢和面部,严重者可全身浮肿;血压常偏低,易出现头晕或昏厥;心率减慢,有时可降到 50 次/分以下,由于血液循环不良,冬季手脚温度低,易生冻疮。严重消瘦者消化功能也减退,消化液分泌减少,胃酸低,易引起消化不良,从而导致营养不良——消瘦的恶性循环。男性可出现性功能减退。女性常出现月经紊乱、经量减少或闭经不育。据国外研究,女性体内脂肪少于体重的 13% 时,可引起闭经和不育症。这说明妇女的生殖能力与其营养状况有着密切的关系。怀孕的妇女缺乏营养时,容易发生胎儿畸形,与正常体重的妊娠妇女相比,流产、死产的发生率也明显上升。孕妇、哺乳期妇女可因营养不良而发生骨软化病,即成人佝偻病,常表现为四肢及背部酸痛,行走困难,容易发生骨折和骨盆畸形,当再度怀孕分娩时,就可能发生难产。

(三) 消瘦对寿命的影响

过于消瘦者抵抗力低下,易患肺结核、肝炎、肺炎等多种疾病。手术时,消瘦者的麻醉危险性也较大;手术后,伤口愈合差并容易发生感染。《美国医学会杂志》上曾发表过一篇文章,是美国国家心、肺和血液研究所的索利、戈登以及波士顿大学医学中心的凯内尔等研究的调查报告,对 5209 名男、女的身长、体重和死亡的相关情况的分析表明,一般体重的人死亡率最低,死亡率最高的是最瘦的人。美国医学研究中心于 1986 年提出一个新观点:一个成年人最理想的体重应该随着年龄的增长,逐步有所增加。例如,每年增加 0.5kg 左右,有利于老年人保持足够的体力,以抵抗疾病。

第 2 节　消瘦的治疗

体型消瘦的人要想健壮起来,消除皮肤皱褶,改变肌肉纤弱的形象,变得丰满而匀称、结实而健美,需要合理饮食、适度锻炼、规律的起居、良好的精神状态相结合,方可达到理想效果。

一、常用治疗方法

(一) 运动疗法

适度的运动有利于改善食欲、强壮肌肉、健美体魄。人体的肌肉是"用进废退",如果长期得不到锻炼,肌肉纤维就会相对萎缩,变得薄弱无力,人也就显得瘦弱。

"有氧运动"是通过促进能量消耗减轻体重的,消瘦的运动疗法不同于减肥的"有氧运动",应以"重量训练"为主要方式,"重量训练"可增加肌肉比例,达到增重效果。消瘦者可借助哑铃、杠铃与训练器材的使用,配合大肌肉群的完全收缩与放松,使大肌肉群成长,累积一些体重。在美国,已经在尝试对老年人加以适当的重量训练,配合增重食品补充,来增加肌肉比例,提高老年人身体素质,以改善营养不良、容易疲倦、抑郁、肌肉耗损、免疫力变差、容易生病等症状,对于已患有慢性病的老年人,减少其并发症,改善愈后。

此外,对于消瘦症者,慢跑亦是不错的选择,人体在慢跑时肠胃蠕动次数明显增多,可以帮助食物消化、促进能量消耗,从而增进食欲,达到增重效果。

（二）药物疗法

除了疾病所致的继发性消瘦需要治疗原发病以外,对于一般消瘦者也可以辅助用药。消瘦者常用的辅助药物主要有以下几类。

1. 维生素类药物　维生素是人体所需六大类营养素之一,消瘦者往往因摄食减少而缺少某种维生素,若存在维生素缺乏应应给予必要的补充。如预防小儿发生佝偻病,可适当服用维生素 D 和钙剂;老年人可在医生指导下适当服用维生素 E 防病健身。应该注意的是,服用维生素应适量,过多服用反而会给身体带来不利影响甚至引起中毒。

2. 健胃助消化类药物　健胃助消化类药物能增进人的食欲,促进消化液的分泌,加强胃肠蠕动,使食物中的营养物质更易于吸收。常用药有康胃素、山楂丸、胃蛋白酶合剂、胰酶制剂、淀粉酶制剂、乳酶生等。

3. 激素类药物　雄性激素可促进蛋白质的合成。目前已能人工合成的雄激素衍生物,其蛋白合成作用比天然雄激素强大而持久,而雄激素的其他作用大大减少,故可用于严重营养不良、食欲不振、慢性腹泻等病人。常用的药有苯丙酸诺龙、大力补、康复龙、康力龙等。这类药物长期服用存在明显副作用,如能引起浮肿、肝功能损害,妇女还可引起痤疮增多、声音变粗、多毛症等。故必须按医嘱服药,不得擅用。

（三）精神调理及生活调摄

良好的精神状态有利于神经系统和内分泌激素对各器官的调节,胸怀宽阔、乐观豁达能增进食欲,增强肠胃道的消化吸收功能。此外,规律的作息时间、保证充足的睡眠,每天坚持运动健身,养成良好的卫生习惯等是改善消瘦的关键。

二、营养膳食疗法

（一）营养膳食原则

改善消瘦的关键在于日常生活中饮食要科学。所谓合理膳食,就是要求膳食中所含的营养素种类齐全、数量充足、比例适当;不含有对人体有害的物质;易于消化,能增进食欲;瘦人摄入的能量应大于消耗的能量。为此必须做到以下几点。

1. 食品种类丰富多样　食物品种多样,才能保证营养素齐全。《黄帝内经》中对此已有非常科学的认识,明确指出"五谷为养,五果为助,五畜为益,五菜为充",阐明了"谷肉果菜"各自的营养作用。这是我们祖先对饮食经验的总结,是符合现代营养科学的。要知道,人体需要几十种营养素,任何一种食物都不能单独满足这种需要,因此食物单一就会造成营养不良。

2. 食品粗细搭配　有的人以为食品越精越好,于是米要精米,面要精面,菜要嫩心。殊不知许多谷物加工越精营养损失越多。科学分析证明,稻、麦类作物中的维生素、矿物质主要存在于皮壳中。精白面中蛋白质的含量比麦粒中少 1/6,维生素和钙、磷、铁等矿物质的含量也少了许多。精白米同稻谷的营养素比较也是如此。在蔬菜中,菜叶和根中含的营养素往往比较丰富,可有的人只挑嫩心吃,而丢掉根叶,这样既浪费、又不利于身体健美。

3. 保证每日有足够的优质蛋白质和热能的供给　食物中动物性蛋白质和豆类蛋白质应占蛋白质供给量的1/3~1/2。一般来说,高蛋白膳食不如多蛋白膳食,食物少而精不如多而粗。从中医角度来讲,体型消瘦的人多属阴虚和热性体质,所谓"瘦人多火",即指虚火。

因此,体型消瘦者的膳食调配要合理化、多样化,不要偏食。应补气补血.以滋阴清热为主,平时除食用富含动物性蛋白质的肉、蛋外,还要适当多吃些豆制品、赤豆、百合、蔬菜、水果等。对其他性平偏凉的食物,如黑木耳、蘑菇、花生、芝麻、核桃、绿豆、甲鱼、鲤鱼、泥鳅、鲳鱼、兔肉、鸭肉等,则可按各人口味适量选择食用。另外,在身体无病的条件下,在摄取高蛋白、高脂肪、高糖、高维生素食物的同时,还可选用一些开胃健脾助消化的食物,如水果、蔬菜类的苹果、山楂、葡萄、柚子、梨、萝卜、扁豆和滋补品中的蜂蜜、白木耳、核桃肉、花生米、莲子、桂圆、枣和各种动物内脏等。

4. 适当增加餐次或在两餐间增加些甜食　增加体内能量的储存,可使强身效果更为理想。因为消瘦者的体内热能不足,胃肠功能差,一次进餐量太多,消化吸收不了,反受其害。而餐次时间隔得太长,加上食量又小,食物营养供不应求,同样也不利于强健身体。

5. 食物分配要合理　使瘦人丰腴、健美理想的饮食结构百分比为:蛋白质占总量的15%~18%,脂肪占总量的20%~30%,糖类占总量的55%-60%。实验证明,瘦人每日采用4~5餐较为合适。早餐应占全天总热能的25%~30%,午餐应占全天总热能的30%~35%,晚餐应占全天总热能的25%~30%,加餐应占全天总热能的5%~10%。

6. 改进烹调技术　食物的烹调加工也要讲究科学。使食物的色香味俱佳,对于肉类食品以蒸煮为好,仅食肉、不喝汤是不科学的。平时要尽量少吃煎炒食物,对椒、姜、蒜、葱以及虾、蟹等助火散气的食物,应少食。而且在用餐时应极力避免思考不愉快的事情,以免影响消化功能。

总之,丰富的营养物质、科学合理的膳食结构,有助于消瘦者达到丰腴健美的目的。

(二) 改善消瘦的食谱

1. 龙眼参蜜膏

组成:党参250g,沙参125g,龙眼肉120g,蜂蜜适量。

制法:将党参、沙参、龙眼肉以适量水浸泡透发后,加热煎煮,20min 取煎液 1 次,加水再煎,共取煎液 3 次,合并煎液,以小火煎熬浓缩,至黏稠如膏时,加蜂蜜 1 倍,至沸停火,待冷装瓶备用。

用法:每次 1 汤匙,以沸水冲化顿饮,每日 3 次。

功效:补元气,清肺热。可辅治体质虚弱,消瘦,烦渴,干咳少痰,声音嘶哑,疲倦无力等症。

2. 人参粥

组成:人参末3g(或党参末15g),粳米100g。

制法:人参末(或党参末)、粳米、冰糖同入砂锅(忌铁器)煮粥。

用法:宜秋冬季早餐空腹食用。

功效:益元气,补五脏。可辅治老年体弱,五脏虚衰,久病羸瘦,劳伤亏损,食欲不振,慢性腹泻,心慌气短,失眠健忘,性功能减退等一切气血津液不足之症。

注:凡属阴虚火旺体质或身体壮实的中老年人,炎热的夏季不宜服用。在服用本粥期间,不可同时食萝卜和茶。

3. 归地烧羊肉

组成:肥羊肉 500g,当归、生地各 15g,干姜 10g。

制法:肥羊肉切块,加当归、生地、干姜小火红烧,熟烂即可食用。

用法:食羊肉,每日 2 次,随量。

功效:益气补虚,温中暖下,补血止血。可辅治病后、产后体虚瘦弱,血虚宫冷,崩漏等。

4. 陈皮牛肉

组成:牛肉 210g,姜片 6g,陈皮 5g。

制法:将牛肉切成薄片,入碗中,加盐 1.5g,菜油 6g 及葱节、料酒、姜片拌匀,浸渍半小时;干辣椒去籽切成节,陈皮用温水浸泡 10min 后,切成小方块;将味精、白糖、酱油,鲜汤在碗内兑成汁。铁锅放置旺火上,下菜油烧到七成熟时放干辣椒,炸成棕红色,下牛肉炒至肉色发白,加陈皮、花椒、姜、葱,继续炒至牛肉酥香,入汁、醋和辣椒油,待汁收干呈深棕色出锅,拣去葱、姜,淋上麻油即成。

用法:佐餐随量食。

功效:补益脾胃,益气养血。可辅治脾胃虚寒、身体瘦弱、怕冷、腰膝酸软、产后贫血。

5. 地骨爆两样

组成:地骨皮、陈皮、神曲各 10g,嫩羊肉 250g,羊肝 250g。

制法:地骨皮、陈皮、神曲加水适量,煎煮 40min,去渣,加热浓缩成稠液备用。嫩羊肉切丝,羊肝去筋膜切丝,皆用芡粉汁拌匀,再以素油爆炒至熟,烹加药液和葱丝、豆豉、盐、糖、黄酒适量,收汁即可。

用法:分顿佐餐。

功效:补气养血,可辅治久病体弱、消瘦。

6. 肉桂甘草牛肉

组成:净黄牛肉 2500g,肉桂 l0g,甘草 10g。

制法:将牛肉切块,用沸水煮至三成熟,捞起待凉,切成肉条。铁锅置小火上,加入肉汤,放入牛肉条(淹没牛肉为度)、肉桂、甘草、盐、八角、姜片、醪糟汁、白糖、熟菜油,煮 6h 左右(应随时翻动,以免粘锅),至肉汤快干时,便不断翻炒至锅中发出油爆溅的响声时捞起,沥干油,晾冷,拣出姜片、八角、肉桂、甘草即成。

用法:冬季佐餐食。

功效:补益脾胃,温中散寒。可辅治营养不良性浮肿,体虚或消瘦,脾胃虚弱等。

7. 羊肉粥

组成:新鲜羊肉 150~250g,粳米适量。

制法:羊肉同粳米煮粥。

用法:可供早晚餐或上下午作点心,温热食。以秋冬服之为宜。

功效:益气血,补虚损,暖脾胃,可辅治中老年人阳气不足之恶寒怕冷,腰膝酸软,气血亏损,体弱羸瘦,中虚反胃。

8. 参芪炖鸡

组成:党参 30g,黄芪 30g,母鸡肉 150g,红枣 5 枚,生姜 3 片。

制法:以上食材放入碗内加水适量盖严,隔水炖 2h,加盐、味精调味。

用法:吃肉饮汤。

功效:益气血,补虚损,适用于形体消瘦,气短、自汗、易感冒者。

案例 11-1

患者,女,35 岁,因"心慌、消瘦、易急躁 3 个月"入院。3 个月前因工作压力大,劳累后渐出现心慌,脾气急躁,怕热多汗,食欲亢进,失眠,伴颈部增粗,体重 3 个月下降 5kg。既往身体健康。患者平素脾气急躁,查 FT_3、FT_4 增高,TSH 降低。体格检查:T 37.5℃,P 110 次/分,R 26 次/分,BP 130/80mmHg。消瘦,慢性病容,双侧甲状腺Ⅱ度肿大,呈弥漫性对称,无结节,质软,未闻及血管杂音。实验室检查:游离 T_3(FT_3)324.4 pmol/L,游离 T_4(FT_4)454.7 pmol/L。初步诊断:甲状腺功能亢进症。

问题及思考:①根据所学知识,试述导致该患者消瘦的原因?②应该如何改善该患者的消瘦?

分析:①导致该患者消瘦的原因是患有甲状腺功能亢进症,甲亢患者基础代谢率增高,此外,正常情况下,甲状腺激素具有促进蛋白质合成的功效,但甲状腺激素分泌过多,反而引发蛋白质,特别是骨骼肌的蛋白质大量分解,导致机体严重缺乏营养物质,从而使患者表现出食量增多但体重减轻的症状。②由于该患者的消瘦乃甲状腺功能亢进症所致,因此,改善消瘦的关键在于治疗原发病。根据患者病情和身体状况选择药物、放射性碘或手术治疗,同时,适当休息,选择高热量、高蛋白质、高维生素和低碘饮食。

案例 11-2

张某,女,12 岁,身高 148cm,体重 31kg,自幼偏食、挑食,不爱吃菜,尤其不爱吃肉食,常吃干饭伴酱,食量少,平素身体素质较差,容易患感冒等。体格检查:T 36.3℃,P 80 次/分,R 18 次/分,Bp 120/70mmHg,一般状态好,体型消瘦。血常规检查正常。

问题及思考:试述导致该患者消瘦的原因及如何进行饮食调摄。

分析:导致该患者消瘦最主要的原因是长期偏食,营养物质摄入不足所致。要改善其消瘦症状,首先应改变其偏食的不良饮食习惯。食物的种类应丰富多样,并保证足够的优质蛋白质和热能的供给,同时,可适当服用健胃消食片等助消化药物。

(刘长征)

目标检测

简答题

1. 何谓消瘦?

2. 引起消瘦的常见原因有哪些?

3. 消瘦对人体存在哪些危害?

4. 消瘦症者应如何科学饮食?

第 12 章
白发、脱发与养发

1. 掌握白发的原因及营养。

2. 掌握脱发的原因及营养。

3. 不同类型头发的特点与饮食原则。

据研究,头发中 90% 以上是含硫氨基酸的蛋白质。同时还含有纤维和钙、铁、碘、铅、锌、镉、硼、钴、铜、钼等微量元素。

在世界上,由于地区、国家和人种的不同,头发的自然颜色有黑、黄、褐、红棕、白色等。研究表明,头发的颜色同头发里所含的金属元素的不同有关。黑发含等量的铜、铁和黑色素;红棕色的头发含铜、铁、钴较多;金黄色的头发含有钛;灰白色头发中的镍元素含量增多;赤褐色的头发含铅多;有些孩子的头发呈红色,是严重缺乏蛋白质造成的。因此,通过对头发所含微量元素的分析,可以了解人体的健康状况。

第 1 节　白　发

白发是指头发部分或全部变白。目前虽对白发的治疗效果不佳,但对白发形成的原因和机制已经有所了解,这为白发的防治措施提供了一定的依据。

一、常见的白发有以下两种情形

（一）少年白发

在青少年或青年时发病,这种白发称为"少白头"。其表现是最初头发中有散在稀疏的少量白发,大多数首先出现在头皮的后部或顶部,夹杂在黑发中呈花白状,随后,白发可逐渐增多,但不会全部发白。这是一种常见的病理现象,一般没有明显的症状,常伴有家族史,属常染色体显性遗传病,"少白头"除与遗传有关外,还与营养缺乏、精神紧张等因素有关。一些疾病也可引起少年白发,如恶性贫血、甲状腺功能亢进、心血管疾病(冠心病、高血压和心肌梗塞)等。

骤然发生的白发,可能与营养障碍有关,为使头发发黑,可常吃一些含铜、铁元素含量高的食物如马铃薯、菠菜、番茄、柿子、豆类、黑芝麻、核桃肉、葵花籽及动物内脏等。这些食物中含有丰富的泛酸,可加速黑色颗粒的合成,促进毛囊生长黑发。部分患者在诱发因素消除后,白发可在不知不觉中减少甚至消失。

（二）老年性白发

随着年龄的增加白发逐渐增多,一般在 25~30 岁时可出现少量白发,45~50 岁以后白发较明显,开始时白发出现在两鬓,而后发展到顶部或整个头部。老年性白发是一种生理现象,毛囊中色素细胞数目正常,但黑素细胞中酪氨酸酶活性逐渐丧失,合成黑色素的能力降低,导致毛发中色素减少,老年性白发一般不可逆转,极少有恢复黑发的现象。

二、白发的中医病因

从白头发发生部位找到白发原因

（一）前额白发的原因是脾胃失调

前额对应的反射区是脾胃,调理好脾胃对防治前额白发大有帮助。脾胃不好的人常常腹胀、腹痛、胃酸,口淡不渴、四肢不温、大便稀溏。还有的人经常伴有口臭、食欲过旺,或四肢浮肿、畏寒喜暖、小便清长或不利,这些都是脾胃虚寒的症状。

解决办法:脾胃虚寒的病人可每隔三五日煲一锅姜丝粥。原料很简单,就是鲜姜 3g,粳米 60g,煲粥的时候,把鲜姜切丝和粳米一起下锅煮至稀烂,早晚饭时可趁温热喝上 1～2 小碗,吃的时候还可以根据个人口味撒些芝麻。鲜姜辛温,具有散寒发汗、温胃镇痛、杀菌抗炎的功效,用它治疗虚寒型胃炎、溃疡型胃炎都有不错的疗效。

（二）两鬓斑白的原因是肝火旺盛

两鬓对应的脏腑反射区是肝胆,肝胆火偏盛的人或者脾气暴躁或者爱生闷气,常伴有口干、口苦、舌燥,眼睛酸涩等,这是由肝胆火旺引起,进而致使脾胃受伤。

解决办法:这种情况,患者吃饭时要以清淡为主,可以多吃一点八宝粥、莲子粥、莲子白木耳粥、莲子心茶、玫瑰花茶、山楂茶。如果口苦、口干严重,可多吃莲子心和苦瓜。用药方面可口服龙胆泻肝丸,舒肝利胆。当然,情绪不好也是引起上火的原因。所以,此类白发人群要保持轻松心情,最好能进行一些可以增加生活情趣的文体活动。

（三）后脑勺白发的原因是肾气不足

后脑勺对应的反射区是膀胱经。膀胱经虚弱的患者常伴有尿频、遗尿或尿失禁、小便不畅等症状。因为膀胱的主要功能是贮尿和排尿,所以,这类患者较之常人不易憋尿。而膀胱的排尿功能和肾气的盛衰有密切关系。

解决办法:益肾的饮食应男女分别对待。男性宜食用动物肾、狗肉、羊肉、鹿肉、麻雀、黄鳝、泥鳅、虾、公鸡、核桃仁、黑豆等;女性不妨食用干贝、鲈鱼、栗子、枸杞、首乌。当然,以上食谱,男女患者也要根据自己是肾阳虚还是肾阴虚有所选择。

实际上,无论是前额还是两鬓,或者是后脑勺部位的白发,都是因为体内营养补充的问题,但是这里将出现白发的区域进行划分,则可以更加具有针对性地来选择相应的食疗办法。

第 2 节 脱 发

脱发是指各种原因的毛发营养不良,造成头发脱落。常见的脱发包括:

1. 斑秃 又称"鬼剃头",是突然发生于头部的局限性片状脱发,本病一般与精神紧张、忧郁及生活不规律有关。此外,内分泌障碍、机械或化学性刺激、微生物感染、药物等因素、严重疾病后、身体虚弱等都可能引起不同程度的脱发。近年来研究认为斑秃是一种自身免疫性疾病。

2. 早秃　又称"博士头",多见于 20~30 岁的男性,特别是脑力劳动者中,如学者等早早脱发者不少,可形成秃顶,早秃是一种遗传性疾病,另外雄激素过多,用脑过度、内分泌障碍也有一定的关系。

脱发原因主要有以下几类。

1. 精神或身体的因素　精神压力过度是导致脱发常见病因。精神紧张、忧郁、恐惧或严重失眠等均能致使神经功能紊乱,毛细血管持续处于收缩状态,毛囊得不到充足的血液供应,而头皮位于人体的最上端,因而头发最易脱落。如果压力持续,再加上心理素质较弱,就易发生断发(毛)癖、食发(毛)癖、拔毛癖等。头部外伤,脊髓、延髓、中脑和脑干的病变,均可引起头发脱落。精神因素还会严重地影响头发的生长周期,长时间的视力疲劳、精神压力过重、神经过度紧张、急躁或忧虑情绪、熬夜等,均可导致头发生长周期缩短,出现脱发现象,导致早秃。常见如产后脱发、重病后脱发、考试后脱发以及一些担负重大责任的单位负责人或商人的脱发。

2. 激素分泌失衡及遗传因素　脑下垂体分泌的生长激素可促进头发的生长,而生长激素的缺乏则会使头发的生长速度相对变慢;性激素还会影响毛发的健美,雌激素使头发柔软而富有光泽;雄性激素则会使头发变得坚硬而粗壮,一旦体内性激素失去平衡,就可能出现毛发异常。因此,产后、更年期、口服避孕药等情况,在一定时期内会造成雌激素不足而脱发;脑垂体功能减退、肾上腺肿瘤、肢端肥大症晚期等,均可导致头发的脱落。大部分女性在接近更年期时都会脱发,有研究表明脱发可因荷尔蒙紊乱而致,如果是这种情况可选择接受荷尔蒙治疗或由医生处方服食药物。

3. 疾病及药物治疗的因素　贫血、营养不良、急性高热、感染性疾病或长期肝病,如果干扰了发根部毛母细胞的功能,则会影响头发的生长与色泽,甚至使毛母细胞正常分裂被抑制,而使毛发处于休止期,出现头发脱落。此外,患卵巢肿瘤时,可因分泌过多雄性激素,发生头皮屑增多、头发油腻,导致脂溢性皮炎与脱发。

许多药物会损伤头发,妨碍美容。免疫抑制剂、化疗药物、砷剂等药物可致脱发,长期服用抗生素和止痛片,易出现头发细短、脱落的现象。部分营养补剂中含有兴奋剂,长期使用易使头发受损。普通的药物例如抗抑郁药、高血压药都可导致脱发,医生可建议病人转用别种药物。

其他的药物治疗因素如接受化学治疗、服用减肥药、胃溃疡药、维生素 A 酸;至于治疗癌症的化疗药物,很多人都知道会引致脱发,这是由于化疗会杀死癌细胞以外任何快速分裂的细胞,包括处于生长期的发根细胞,所以便会有约九成的患者头发脱落。当化疗停止后头发会逐渐重生生长。

4. 食物及营养代谢的因素　由于偏食等因素而引起的营养不良,以及因消化不良、慢性消耗性疾病而致营养不均衡或吸收障碍,均可导致头发的正常生长被抑制而进入休止期,并出现头发稀疏、枯焦、早白或脱落。食糖或食盐过量、蛋白质缺乏、缺铁、缺锌、过量的硒等,以及某些代谢性疾病如甲硫氨酸代谢紊乱等,也是头发脱落的原因。

第 3 节　养　发

"养发如养花,施肥才能发"。一头秀丽、飘逸的长发,是女性魅力的重要标志,"血旺自能生发",发的多少、颜色如何,与血液有密切关系。这不仅指供给毛发的血液量,还包括各种营养素的充足和全面,各种营养素之间比例适当。

现代医学认为,头发的枯荣,在一定程度上可以反映人体的营养状态,除生理上衰老引起的头发变化外,一般人认为头发浓密、乌黑、有光泽表明营养状况好;反之,则表明营养欠佳。

一、头发的营养

(1) 蛋白质有助于头发健康生长:经分析,头发干重的98%是蛋白质,所以只有摄取足量的蛋白质,才能保证头发的正常生长和健康。有研究表明:那些失去光泽和弹性,容易脱落,以致无法电烫的头发,经过数月的补充富含蛋白质的食品与做好自身养护后,多半可以康复。因此每日应摄入适量富含蛋白质的食品,如鱼类、瘦猪肉、牛奶、乳制品及豆制品。由于蛋白质的消化和吸收只有在胃酸的作用下才能正常进行,因此人们在进食蛋白质食物后,吃些酸奶或柑橘类有酸味的水果,可促进胃酸对蛋白质的消化,使人体更好地吸收蛋白质,产生角蛋白,保证头发的健康生长。

(2) 维生素和矿物质可使头发亮泽:维生素 A 对于维持上皮组织的正常功能和结构的完善,促进头发的生长起十分重要的作用,含维生素 A 丰富的食物有胡萝卜、菠菜、莴笋叶、杏仁、核仁、芒果等瓜果蔬菜,其次动物肝脏、鱼虾类以及蛋类也富含维生素 A。

维生素 E 可以促进血液循环,它主要存在于核桃仁、橄榄油、玉米、麦芽、豌豆、芝麻、葵花子等食品中。

缺乏叶酸、泛酸或 B 族维生素时,头发会变成灰白色。

维生素 B 可以促进头皮的新陈代谢,维生素 B 类存在于新鲜蔬果、全谷类食物中,如小麦、红米、花生、大豆、菠菜、番茄、香菇、扁豆等,此外沙丁鱼、奶酪中也含有丰富的维生素 B 类。

矿物质摄入不足同样会影响头发生长。这是因为钙、铁、碘、锌、铜、钴等微量元素是人体组织细胞和皮肤毛发中黑色素代谢的基本物质,缺乏这些物质会引起头发过早变白。

人体内缺钙时,头发会过度变粗、干燥且脆弱易断;缺铜、铁、钴则会使头发逐渐泛黄直至变白。锌也是头发不可缺少的微量元素,能使头发保持或再现其黑色。因为头发光泽的主要成分,无论黑色、金色、褐色还是红色,都依靠锌来维持,锌使头发鲜艳和靓丽。当头发缺锌时,会引起头发大片脱落,甚至产生秃发。含锌较多的食物主要有牡蛎、蛤蚧、蚌肉、瘦猪肉、猪肝、芝麻、白菜及块根蔬菜,还有苹果和酵母等。

碘可促进毛囊内的毛母色素细胞合成黑色颗粒,有助于产生足量的黑色素,碘缺乏时黑发在生长过程会变成白色;另外,碘可以促进甲状腺素的合成,因为头发的光泽和发亮与甲状腺素的作用是也分不开的。因此要适当多食些海产品。有刺激甲状腺的功能,使头发滋润光亮;

此外,富硒的小麦胚芽、洋葱头、紫皮蒜、灵芝等,也有助于头发变黑、发亮。

黑色食品则含有较多的这类微量元素,常见的包括黑豆、黑米、黑木耳、黑枣、黑芝麻、乌骨鸡等。

(3) 美发需要节制高脂和高糖饮食:头发浓密的关键是限制人工合成的糖制品和脂肪含量高的动物性食品的摄入量。如糕点、含糖饮料、巧克力等,可以从水果中摄取天然糖,多吃新鲜蔬菜和水果。

1) 防止头皮屑,可采用碱性食物,如适量的牛奶、新鲜蔬菜、水果和海产品、豆制品等。

2）注意生活规律,讲究饮食平衡,保证充足的睡眠,戒除烟、酒。

3）按摩头皮:每天多次用梳子梳头或用手指在头皮上抓挠、按摩直到头皮发热时为止。

4）积极治疗原发病,如慢性头部皮肤性疾病等。

5）中药:如何首乌、六味地黄丸、桑麻丸等。

6）西药:可口服复合维生素和硫酸亚铁等。

7）其他:如中医的药膳治疗等。

二、各类不同发质的营养

（一）干性发质的保养

干性头发的特点是头发干燥、无光泽、头发僵硬、弹性较低、脆弱易断、易缠绕。特别是在浸湿的情况下难以梳理。通常头发根部较稠密,但至发梢变得稀薄,有时发梢还分叉。营养特点:

1. 适当食用富含油脂的食物　如肉类、鱼类、各种植物油、奶制品等,也可适量服用鱼肝油和维生素 E。

2. 限制食盐　每日食盐摄入量不超过 6g。

（二）油性发质的保养

油性头发的特点是皮脂腺较丰富和分泌旺盛,发丝油腻、光亮,使头发好像打了油一样。这种头发很容易将环境中的灰尘吸附到头上,使头发变脏,还可能使头皮屑产生。这种情形,最好是勤洗发,但不要用高温水洗发,以免刺激油脂分泌。在饮食方面,注意清淡。多喝水,坚持每天吃 2~3 种蔬菜,1~2 种水果。

1. 尽量少吃油腻食物　如黄油、干酪、奶油食物、牛奶、肥肉、动物内脏等;每周食用鸡蛋不超过 5 个;忌食油炸食品和腌制食品。多吃低脂肪食物,如河鱼、鸡肉、牛肉等;

2. 多吃新鲜绿色蔬菜和水果　每天至少饮白开水 8 杯,水果、蔬菜保证供应。饭后可饮用温热的薄荷茶,并可服用少量的维生素 B 和维生素 E 和酵母片等。

（三）中性发质的营养

该种发质头发柔滑光亮、不油腻,也不干枯,容易吹梳和整理,这时健康的头发。

饮食特点:饮食上无特殊要求,保证多样化,均衡营养。

（四）混合型发质的保养

该型头发特点是:头皮油腻但头发是干燥的,靠近头皮的头发很油,越往发梢头发越干燥甚至开叉枯黄、脆弱易断,头皮多头垢、多鳞屑。混合型头发发质的营养特点是遵循油腻头发的饮食特点,少吃油腻和油炸的食物,增加黑色食品的摄入量,保证头发生长所需的各种营养素。

（五）受损发质的保养

该种头发发质主要由于烫、染不当造成,头发没有光泽、蓬乱、摸起来干枯,梳发易脱落和断裂,头皮多头垢、头屑。平时需要特别保养和护理。

1. 受到染、烫等过高温度和化学药剂伤害的头发　多吃含碘的食物如海带等可以增强发质色泽,适当食用黑芝麻能改善头发粗糙,常食用核桃仁可使头发乌黑发亮。

2. 受紫外线照射、吹风整烫等破坏的头发　应多吃蛋白质、奶类和豆制品,同时,多吃含铜、铁丰富的肝脏、番茄、菠菜、芹菜等。

三、头发疾病与营养

各种头发疾病的出现,常与相应的营养素缺乏有关。现根据头发的各种异常变化与饮食调养的作用分别介绍如下。

1. 头发变黄 除由于体力和精神过度疲劳的因素外,主要是由于黑色素含量减少以及摄入糖和脂肪过多,使血液酸性增高所致。

因此需减少糖和脂肪的摄入量,少食用油炸食品、高脂干酪、巧克力、白糖及肥肉等,多食用富含蛋白质、碘、钙、铁的食物;如多摄入蔬菜、水果和豆类食物,如芹菜、油菜、胡萝卜、苋菜等。碱性食物对酸性物质有抑制作用,有利于黄发变黑。

2. 头发干枯 饮食中蛋白质、脂肪、维生素 A 和维生素 B$_6$ 以及锌、碘等营养物质供应不足,头发就会干枯、无光泽、易折断。除使用护发剂外,适量选择食用瘦肉、禽蛋、海鲜、河虾和牛奶等能使头发逐渐滋润、光亮、富有弹性。

3. 头发开叉 头发分叉,俗称"开花头发",医学称为"毛发纵裂症"是头发中蛋氨酸、胱氨酸减少和丙氨酸增加引起的,应选择食用芝麻、核桃和鸡蛋等食物。

4. 头发稀少 头发稀少是由于头发中毛醣素缺少造成的。毛醣素能增进头发对角质蛋白、氨基酸的吸收,加速毛细血管和发囊之间新陈代谢物质的交换。毛醣素在人体发囊中起着重要的"桥梁"作用,没有它,即使供给头发再多的营养,都无法让发干吸收。

因此,发囊中毛醣素的多少,决定了头发的生长状况。

毛醣素的含量及消耗与脑活动有密切关系,多数脑力劳动者发囊肿毛醣素含量相对较低;进入一定年龄结构的大多数男人和女人发囊开始退化,毛醣素也随之减少,这样头发生长的速度跟不上脱落的速度,就会出现稀发、秃发。

在饮食上要注意添加含胶原蛋白的食物,如鱼皮、猪皮、猪蹄等,并多吃些芝麻、花生、核桃等,能起到有效的辅助治疗作用。

5. 脱发 脱发是一组病因复杂的全身性疾病,必须实行综合护理。保持良好的精神状态,加强护发和保养,讲究饮食平衡,有充足的睡眠,戒烟、酒。

研究表明,头发干重的98%是蛋白质,因此要补充足够的蛋白质,头发所含水分为15%~20%,这些水储存在蛋白质组织里,可使头发保持柔软滋润。天气干燥时,头发摄取水分少,因此需要适量饮水。还要注意补充钙、维生素和适量脂肪。夏季是头发最易脱落的季节,这与阳光强烈、紫外线直射头部,对头部皮肤产生很强的刺激有,但主要还是在饮食上。夏天由于人们喜欢吃清淡的食物、摄入动物蛋白质相对较少,这是脱发的主要原因。夏天应注意多吃些含铁、钙和维生素 A 丰富的食物对头发有滋补作用的牛奶、鸡蛋等。如果夏天吃冷饮过多,头发也容易脱落。

青年人由于内分泌旺盛,发生脂溢性脱发者较多,在饮食上可多吃些含维生素 B$_6$ 和泛酸丰富的食物。一般脱发可选食物如花生、黄豆、玉米、海带、蛋类、奶类、和含维生素 E 的芝麻、莴苣、卷心菜等。

6. 头皮屑

(1)预防和减少头皮屑应注意碱性食物的摄入,专家指出,头皮屑过多与机体疲劳有关,疲劳的产生使新陈代谢过程中一些酸性物质滞留在体内,这些酸性物质,不仅造成机体疲劳,同时也使头部皮肤的营养受到不良的影响。而摄入碱性食物,可使碱性物质中和体内过多的酸,使酸碱达到平衡。这一方面有利于头部皮肤的营养,而且减少头皮屑的产生。

碱性食物有蔬菜、水果、蜂蜜等。

（2）有头皮屑的人应注意多吃富含维生素 B_2 与维生素 B_6 的食物,维生素 B_2 有治疗脂溢性皮炎的作用,而维生素 B_6 对蛋白质和脂类的正常代谢具有重要作用。富含维生素 B_2 食物有动物肝脏、肾、心、蛋黄、奶类、黄豆和新鲜蔬菜等;富含维生素 B_6 的食物有麦胚、酵母、谷类等。

（3）少吃脂肪高的食物如肥肉和油炸食品等,尤其是油脂性头屑的人更应注意。脂肪摄入多,会使皮脂腺分泌过多,从而使头皮屑形成更快,加重头皮屑的产生。应多吃新鲜蔬菜和水果。

（4）少吃或不吃辛辣刺激性的食物,如辣椒、芥末、生葱、生姜、酒及含酒精的饮料等。因为头皮屑产生较多时,会伴有头皮发痒,而辛辣刺激性食物会使头皮刺痒加重。

案例 12-1

李先生,23 岁,白发问题困扰了很多年。从 11 岁的时候就开始长白发,一开始只是少许,随着年龄的增大,大部分头发发白,特别是现在学习工作压力加大,头发更白的多了,尤其是两鬓、前额,而且干枯、无光泽。白发虽然并无肉体痛苦,但是精神上的压力与折磨却很大。

问题与思考:请你从营养的角度分析如何改善少白头问题。

分析:少白头主要是毛囊内的毛母细胞充盈了毛干,妨碍细胞合成黑色素颗粒所致。为使头发变黑,可常吃含铜、铁元素含量丰富的食物:吃些含泛酸丰富的食物;如马铃薯、菠菜、番茄、柿子、豆类、黑芝麻、胡桃肉、葵花籽及动物肝脏。这些食物可加速黑色颗粒的合成,促进毛囊生长黑发。

案例 12-2

34 岁的王先生是一家电脑公司的工程师,多年来一直有脱发问题,随着年龄的增长,头顶头发越来越稀疏。光秃的前额让王先生看上去不美观,剃成光头也不合适,请你从营养学角度分析如何改善脱发的问题。

分析:预防脱发要讲究饮食平衡,睡眠充足,要戒烟、限酒,补充足够的蛋白质。蛋白质是生成和营养头发的主要物质。头发含水量为 15%~20%,水分储存在蛋白质组织里,可使头发保持柔软滋润。除此之外,还要补充钙、铁、维生素和适量脂肪。

青年人中脂溢性脱发者较多,在饮食上可多吃含维生素 B_6 和泛酸丰富的食物。一般脱发可选的食物有:花生、黄豆、玉米、海带、蛋类、奶类和含维生素 E 的芝麻、大豆、莴苣和卷心菜。

案例 12-3

周先生,32 岁,还是一个单身汉,虽然有同事帮助介绍女朋友,却因为头皮屑四处招摇,脸上眉间与额头处油腻明显,伴红色脱皮现象,油腻腻地不清爽,始终没能成功。经常有同事半开玩笑地提醒他:是不是几天没洗头了?虽然他每天洗头,甚至有时还洗 2~3 次,但头皮屑始终不见好转,到后来他不敢穿深色衣服去上班,免得头皮屑落到肩头更明显。此事令他很痛苦。

问题与思考:请你从营养学角度来分析如何改善头皮屑问题。

分析:①预防和减少头皮屑应注意碱性食物的摄入;②有头皮屑的人应注意多吃富含维生素 B_2 与维生素 B_6 的食物;③少吃脂肪高的食物如肥肉和油炸食品等;④少吃或不吃辛辣刺激性的食物,如辣椒、芥末、生葱、生姜、酒及含酒精的饮料等。

附:常用的药膳食物

中医认为颜色为红或黑的食物、中药材是补血和生血的佳品,有益于养发和生发。因此平时多吃黑米、黑木耳、紫米、紫菜、黑芝麻、桑葚、黑木耳、阿胶、赤小豆、红枣、猪肝、瘦猪肉、牛肉等。

1. 首乌核桃炖猪脑　何首乌 30g,水煎 20min,去渣取汁,用汁煨核桃仁 30g,猪脑适量,熟后加调料服食,连汤吃尽,隔日食用一次,有养发功效。

2. 生发黑豆　黑豆 500g,水 1000ml〔夏季各用 1/4 量〕。将黑豆洗净,放入砂锅中,加入水,以文火熬煮,至水浸豆粒饱胀为度。然后取出黑豆,撒盐少许,储存于瓷瓶内,每次 6g,每日 2 次饭后食用,温开水送下。

3. 黑芝麻粥　黑芝麻 250g 捣碎,加粳米熬粥食用。

4. 什锦蔬菜汁　胡萝卜一个,杏两个,苹果半个,西芹 40g。把胡萝卜、杏、苹果去皮,与西芹一起放进搅拌器,充分搅拌后服用。

5. 琥珀核桃　核桃仁 1000g,放冷水中浸泡 3 日,取出后去皮。然后将适量白糖放入其中,待融化后倒入核桃仁搅拌均匀,冷后即可食用,每日吃 2 次,每次 10 粒。

(杨金辉)

目标检测

一、选择题

1. 头皮屑过多不宜食用(　　)食物。

A. 油腻　　　　B. 蒸煮

C. 白灼　　　　D. 脱水

2. 脂溢性脱发者应多摄入(　　)食物。

　A. 富含维生素 A

　B. 富含维生素 B_6 与维生素 B_2 的食物

　C. 富含维生素 C 的食物

　D. 动物脂肪

　E. 甜食

3. (　　)食物不适宜头皮屑过多者食用。

　A. 高蛋白　　　B. 高植物纤维素

　C. 腌制、熏制　　D. 油炸、烧烤

4. 头发失去光泽和弹性,容易脱落,应多补充(　　)

　A. 蛋白质　　　B. 维生素

　C. 矿物质　　　D. 脂肪

5. 头发干枯分叉易折断是体内缺少矿物质元素或(　　)。

A. 蛋白质　　　B. 维生素

C. 糖　　　　　D. 脂肪

二、填空题

1. 根据人体的健康、分泌和保养情况,可将头发分为＿＿＿＿、＿＿＿＿、＿＿＿＿、＿＿＿＿四种情况。

2. 美发的饮食要求有:适当摄入＿＿＿＿食物,要多吃＿＿＿＿丰富的食物,多吃含＿＿＿＿丰富的食物,多吃＿＿＿＿丰富的食物。

3. 对于受损发质,应多食＿＿＿＿食物可以增强发质色泽,适当食用黑芝麻能改善头发粗糙,常食＿＿＿＿可使头发乌黑发亮。

4. 头发稀少是因发囊中的＿＿＿＿缺少造成的。

5. 头发分叉,俗称"开花头发",是头发中＿＿＿＿、＿＿＿＿减少和丙氨酸增多引起的。有此种情况者应选择使用芝麻、鸡蛋和胡桃等食物。

三、简答题

根据人体的健康、分泌和保养情况可将头发分为哪四种,试说出不同类型头发的营养要点。

第 **13** 章
衰老与美容保健

1. 了解衰老的原因与机制。
2. 掌握营养素与衰老关系。
3. 掌握延缓衰老措施。

人的生长、发育、衰老是自然规律。衰老是人体细胞及组织在形态结构和机能上所出现的退行性变化现象。如皮肤出现皱纹,头发变白,体力下降,免疫功能降低,消化机能减弱等。随着社会的发展和人们物质生活的丰裕,怎样延缓衰老,留住青春容颜,是人们越来越关注的问题。有关衰老的机理以及延缓衰老的方法,历来是生物学和医学研究的重要内容,更为引人关注并有其特殊的现实意义。

第 1 节 衰 老

衰老是机体整体范围内多器官、多细胞等多种层次上的生理、生化和病理过程的综合表现,这些过程的相互交错、相互制约和相互影响,使得衰老的成因及发生发展过程极为复杂。对此人类进行了长期不懈的探索。

关于衰老学说,各种学说达 300 多种,主要有中医衰老学说和近代衰老学说两大类。

中医衰老学说:包括脏腑虚损论、气血失和论、阴阳失衡论、先天失养论以及精气神亏耗论等。

近代衰老学说:随着细胞学、免疫学、分子生物学以及老年学等的发展,各种衰老学说纷纷出现,包括体细胞突变学说、遗传程序学说、"误差"学说、密码子限制学说、基因调节学说、神经内分泌学说、自由基学说、免疫学说、脑的衰老中心学说、代谢失调学说等。

目前,各种衰老学说还未能完全科学地揭示衰老的本质、机制和过程,但"自由基学说"最具有代表性。

1956 年,美国 D. Harman 博士提出有氧呼吸导致氧损伤的累积是引起机体衰老死亡的主要原因。并断言参与氧自由基(oxygen free radical)生成的酶是参与氧利用的、特别是那些含铁的酶。而且推论体内的物质发生氧化过氧化链式反应是可能的。D. Harman 博士的所有预言在最近 40 多年来均已得到证实。1969 年,超氧化物歧化酶(SOD)的分离鉴定,有力支持了这一学说。随后各种抗氧化剂被认识。1979 年,以 SOD 作工具确定了超氧负离子 O_2 的生成部位是线粒体。

一、支持自由基学说的资料

1. 已经检测到机体内存在的多种氧自由基及氧化产物,其生成反应已得到证实。

2. 氧化对细胞成分及细胞器的结构与功能的损害,并取得基本一致的结果,有的实验还证明抗氧化剂可减轻损伤。

3. 氧化对细胞成分的损伤随增龄而加重,氧化产物随增龄增加,修补损伤能力随增龄减弱。

4. 氧自由基与某些老年性疾病如肿瘤、痴呆症、动脉硬化、缺血性心脏病等疾病的发生发展有密切关系。

5. 某些抗氧化剂可能是物种寿限的决定因子,如血浆 SOD、维生素 E、β-胡萝卜素、尿酸、铜蓝蛋白浓度与物种寿限呈正相关。

二、20 世纪 90 年代以来引人注意的进展

1. 发展氧化产物——戊糖苷与羰基化蛋白 戊糖苷是戊糖与精氨酸、赖氨酸的侧链在氧的参与下氧化而成的化合物,其含量与人的年龄呈正相关。羰基化蛋白是由氨基酸残基的侧链氧化而成。在人脑及培养的成纤维细胞中均存在。其含量的增高与对氧化敏感的 G-6PD 活力下降相关。早老症患者任何年龄该蛋白的含量均相当于 80 岁老人。

2. 线粒体 DNA 的氧化损伤及其与细胞凋亡的关系 人骨骼肌、心肌、脑等的线粒体 DNA 受氧自由基损伤引起的点突变与碱基缺失和增龄相关。损伤标记性产物 8-OH-dG 含量也与增龄相关。线粒体 DNA 损伤后形成许多 DNA 小圈。电子传递活力降低,耗氧增加,又使氧自由基成增多,再加重线粒体 DNA 损伤形成恶性循环。

3. 线粒体 DNA 与老年性疾病的关系 扩张型心肌病、肥厚性心肌病、老年心脏病、老年心力衰竭都有心肌线粒体 DNA 片段缺失和点突变。冠心病患者的心肌活检发现线粒体 DNA 缺失率与缺失的量均显著高于对照组。

4. 褪黑素 是一种内源性抗氧化剂。退黑素是松果体腺分泌的激素之一,是原核生物到人类均存在的进化保留分子。近来发现,退黑素有清除氧自由基的功能。其抑制脑匀浆自氧化、抑制过氧化脂质生成的作用均强于维生素 E。

虽然与增龄相关的多种多样的细胞成分氧化产物,以及机体的复杂的抗氧化系统的大量证据已经被提炼为衰老的自由基学说,实际上它还融合了其他学说,特别是线粒体损伤学说。当前的看法是:线粒体 DNA 受氧自由基(还有活性氧)氧化损伤的积累,导致生物能量缺乏、细胞死亡而衰老。

第 2 节 衰老与营养

机体衰老是一个极其复杂的问题。机体衰老涉及许多组织结构和生理功能的改变,如抗氧化酶活性下降,自由基代谢、脂代谢、糖代谢、核酸代谢紊乱,动脉粥样硬化,生命器官的缺血性改变,免疫功能失调,内分泌调节紊乱等。这些改变既是老化的结果,又直接加速了衰老的进程。遗传因素、环境因素和社会因素等都在衰老的发生和发展中起着一定作用。

营养作为一种环境因素,对衰老进程的影响已引起人们的高度关注。通过对衰老的经验性研究发现,合理营养不仅有利于健康,还能延缓衰老的进程。而营养不良、营养过剩和营养失衡则能明显加快衰老的进程,导致多种老年性疾病,如动脉硬化、高脂血症、肥胖症、高血压、冠心病、糖尿病、脑血管病、癌症、骨质疏松症等。因此,为了维持人们的健康,延缓

衰老的进程,预防疾病的发生,必须注意合理营养和平衡膳食。

一、不合理营养对机体的影响

1. 生命器官功能下降。
2. 免疫功能下降。
3. 抗氧化酶(如 SOD、GSH-PX、G6PD、CAT 等)活性下降。
4. 血糖升高。
5. 血脂升高。
6. 新陈代谢紊乱。
7. 细胞膜线粒体受损。
8. 自由基增多。

二、总热量摄入与衰老

自 1935 年 Mc Cay 提出"限制热量,延缓衰老"的学说以来,引起了医学界和营养学界的广泛重视。大量实验不断证实,多个物种在满足机体对各种营养素需要量的前提下,适当限制热量的摄入,不仅能明显延缓衰老的速度和延长寿命,维持许多年轻时的生理状态,还能延缓和预防一些与年龄相关疾病的发生发展。其主要机理是:

1. 限制热量能降低血清总胆固醇和甘油三酯,升高血液中的高密度脂蛋白,预防动脉粥样硬化和心脑等重要器官的缺血性改变,从而延缓机体的衰老。

2. 限制热量能减少体内过氧化脂质等自由基的产生,使组织细胞的衰老速度减慢。

3. 限制热量能降低血液中的葡萄糖、果糖胺和糖化血清白蛋白,升高组织细胞对胰岛素的敏感性。同时,限制热量能使升高的血清胰岛素含量下降,纠正胰岛素抵抗,改善机体的能量代谢,预防心脑血管疾病和糖尿病的发生,从而使衰老的速度减慢。

4. 限制热量能调节甲状腺素和性激素,使体内的甲状腺素(T_4)下降,而 T_3 略有升高,减缓体内的代谢速率。同时,限制热量能升高雌二醇含量,防止骨钙丢失,改善组织器官供血和细胞新陈代谢,减少体内自由基的产生,从而发挥抗衰老的作用。

5. 限制热量能增强免疫功能,减少自身抗体的生成和减少与增龄相关疾病的发生。

限制热量对机体衰老的影响是多方面的,主要限制碳水化合物和脂肪的摄入,限制的时机越早越好。为了维护健康、延缓衰老,热量摄入要限制在一定水平。1972 年,联合国粮农组织和世界卫生组织(FAO/WHO)推荐了中、老年人热量摄入标准(表 13-1),可作为抗衰老食谱中热量摄入的依据。目前也有人主张每人每天每千克体重摄入的热量在 32~36kcal。

表 13-1　中、老年人热量摄入标准(kcal)

年龄组(岁)	男(体重 65kg)	女(体重 55kg)	相当于青壮年
50~59	2700	1980	90%
60~69	2400	1760	80%
≥70	2100	1540	70%

三、碳水化合物与衰老

从营养学的基本观点出发,碳水化合物是人体热量的主要来源,占总热量的 68% 左右,同时也是组织细胞的重要组成成分之一。因此,碳水化合物是人类的重要营养素。但是碳水化合物摄入过多,则增加了总热量的摄入,引起机体的衰老速度加快。1985 年,Maillard 研究发现非酶糖基化的高级糖基化终末产物,如糖基化白蛋白、糖基化血红蛋白等能导致基因突变,并使遗传物质脱氧核糖核酸(DNA)链的序列出现转位现象;许多抗氧化酶被糖基化后则失去抗氧化活性。同时,在非酶糖基化过程中可发生脂质过氧化现象,促进低密度脂蛋白的氧化,进而产生大量自由基,使 DNA 和细胞受到损伤,直接导致组织细胞的衰老。

摄入碳水化合物的种类与衰老也有密切关系。1968 年,Durand 对实验动物的饲料中分别加入 39% 的蔗糖、淀粉和葡萄糖,结果加淀粉组的动物寿命最长。由此可见,在碳水化合物的选择上应以淀粉为主,在日常生活中碳水化合物的摄入量以 250~300g 为宜。同时,还有研究发现,摄入大量的葡萄糖和果糖可直接导致高血糖和糖尿病。给实验动物注射 d-半乳糖可引起一系列典型的衰老症状。因此,为了预防衰老必须严格控制单糖和双糖的摄入。

四、蛋白质与衰老

蛋白质的摄入量和蛋白质的种类与衰老有密切关系。目前,关于蛋白质摄入量的多少尚有争议,有人主张增加蛋白质摄入以利组织细胞的修复和提高内分泌功能及酶的活性等。而另一些研究则发现,摄入过多的蛋白质可导致正氮平衡,增加肝、肾等组织的负荷,每人每天摄入蛋白质超过 2g/kg 体重时,则可引起骨骼脱钙,导致骨质疏松症的发生。另有研究发现,过多摄入蛋白质能增加体内的衰老色素。基于老年人新陈代谢、无脂体重、尿肌酐排出量比年轻人低 12%~15%。因此,随着年龄的增长,蛋白质的摄入量应适当减少。1977 年,Uauy 提出老年人蛋白质摄入量应每天为 1.0g/kg 体重,目前仍被国际公认为老年人蛋白质摄入的标准。优质蛋白质对老年人十分重要,每天摄入量应不低于 0.59g/kg 体重。目前,我国多数人的食物中鱼、肉、蛋、奶等动物食品仍较少,因此,中、老年人蛋白质摄入量以每天 1.0~1.2g/kg 体重为宜。大量研究结果表明,每天蛋白质摄入量不能低于 0.89g/kg 体重,否则将出现负氮平衡,但也不宜超过每天 1.5g/kg 体重,以免对机体产生不利影响。

除了蛋白质摄入量之外,氨基酸的组成也与衰老有关。随着年龄的增长,人体对必需氨基酸的需要量明显增多。只有提高必需氨基酸与非必需氨基酸的比值,才能维持血浆蛋白的正常水平,满足人体生理功能的需要。对老年人要特别注意补充蛋氨酸、色氨酸、酪氨酸和赖氨酸。

五、脂肪、类脂质与衰老

随着年龄增长,人体细胞不断减少,而脂肪却逐渐增多。体内脂肪的堆积与摄入过多的脂肪和碳水化合物有关,也与活动量减少有关。脂肪摄入过量,加速了机体的衰老速度。因此,要注意限制脂肪的摄入量。但是,脂肪和类脂也是人体重要的营养素之一,人体的生长发育和许多生理功能离不开脂类,为了预防疾病和延缓衰老也需要补充一定的脂类食物。成年人每人每天需摄入脂肪 0.8~1.0g/kg 体重,其中多不饱和脂肪酸与饱和脂肪酸(P/S)应为 1~1.5。P/S 比值为 1.5 时,具有预防动脉硬化和抗衰老的作用。因此,应选择较多的植物油和鱼油,以增加多不饱和脂肪酸摄入量。脂肪的选择应以多不饱和脂肪酸

(植物油)、单不饱和脂肪酸(花生油、橄榄油等)和饱和脂肪酸各占 1/3 为宜。

胆固醇有许多重要生理功能,它是细胞膜和神经髓鞘的组成成分,又是类固醇和前列腺素的前体。这些物质具有抗炎、降糖、防止血小板聚集等作用。胆固醇也能刺激白细胞分泌"抗异变素",后者具有杀伤癌细胞的作用。因此,胆固醇也是防病抗衰老的物质。但是,胆固醇摄入过多可引起高脂血症和动脉粥样硬化,进而可引起机体的衰老。据 WHO 规定,成人每天胆固醇摄入量不宜超过 300mg。在日常食谱中应控制动物内脏和蛋类的摄入,以防止血清总胆固醇升高。

六、无机盐、微量元素与衰老

无机盐和微量元素与人体健康和老化进程有密切关系。钙是维护心血管功能、防止骨质疏松症和抗衰老的重要元素。目前,我国人群的食物中普遍缺钙,钙摄入只达需要量的 43% 左右。而钠(食盐)的摄入又普遍偏高,一般超过需要量的 60%~70%,高钠摄入可导致动脉粥样硬化和高血压,其后果是加速心血管和整体的衰老。一般认为,成人钙摄入量每天为 1.0g(我国的标准为 0.6g),钠摄入量为 8~9g 为宜。

人体必需的微量元素有 14 种,它们是体内 700 多种酶的活性成分,参与机体许多重要生理功能。锌、铜、锰、硒、铁等元素及其所组成的酶,在 DNA、RNA 修复、转录、聚合,以及抗氧化、清除自由基等方面发挥重要作用。因此,微量元素也是抗衰老的重要物质。为了达到抗衰老的目的,成人每天微量元素的需要量应为铁 12mg、锌 15mg、铜 3mg、锰 5mg、硒 50μg、氟 4mg、碘 150μg、钴 20mg、钼 500μg、铬 200μg、镍 20μg、钒 3μg、锶 3mg、锡 3mg。对老年人来说,有的微量元素的摄入量还应适当增加,如铁 15mg、硒 100μg、锰 10mg 为宜。目前,我国城乡人群微量元素摄入量一般都达不到这个标准。为了补充足量的微量元素,必须增加鱼类、瘦肉、海产品、豆类和粗粮的摄入。值得强调的是,抗衰老不是哪一种元素的作用,而是多种元素综合作用的结果,因此,必须全面、均衡地补充微量元素。

七、维生素与衰老

维生素不仅对维护人体健康有着重要作用,而且某些维生素还有良好的抗衰老作用。β 胡萝卜素、维生素 A 具有抗氧化、维持上皮细胞正常功能、增强抵抗力、预防上呼吸道感染和防癌等功能;维生素 C 是良好的抗氧化剂,且能调节血脂代谢、增加血管壁弹性,在一定程度上延缓人体衰老;维生素 E 能阻断自由基连锁反应,防止脂质自由基的产生,改善微循环,防止血小板聚集和血栓形成,是良好的抗衰老营养素。维生素 B_6 缺乏可影响细胞免疫功能,使血液中白细胞减少,淋巴细胞对丝裂原的反应性降低,并出现 IL-2 下降等。免疫功能的下降也可直接加速衰老的进程。从抗衰老的角度来看,成人每天对这些维生素的需要量是:维生素 A 10 000IU,维生素 C 75mg,维生素 E 30mg。我国大多数人这些维生素摄入量都不足,可从肉蛋类、动物肝脏、新鲜蔬菜、水果中补充。另外,多种蔬菜、水果具有抗氧化作用,其中豇豆、韭菜和茄子汁抗氧化活性较高,而黄瓜汁和番茄较低,并不与其中维生素 C 的含量成正比,因此,在某些蔬菜中可能还存在其他的抗氧化物质。

八、纤维素与衰老

纤维素是容易被忽视的营养素,其实它对人体健康和延缓衰老都有重要意义。可溶性的纤维素能增强肠蠕动、改善肠功能,预防便秘和结肠癌;它还能降低血清胆固醇,预防动脉硬化和冠心病;高纤维素饮食还具有升高糖耐量、防止糖尿病发生的作用。成人每天纤维素需要量为35g,可从粗粮、燕麦、麦片、蔬菜、水果等中补充。

九、膳食核酸与衰老

膳食核酸也是人类的重要营养素之一。对老年人来说,它具有更为重要的营养价值。它能促使体内多不饱和脂肪酸的生成,降低血脂,清除内源性自由基,防止动脉粥样硬化的形成。它还能增强机体免疫功能,提高免疫应答能力,刺激 Th 细胞的活性,促进特异性抗体的生成和 IL-2 的基因表达等。膳食核酸的需要量为 1.5~3.0g,主要来源于动物性食品,尤以动物内脏含量丰富。由于动物性食品中含有较多的胆固醇,老年人不宜过多食用。

十、其他营养素与衰老

饮用水不仅是人们生命活动不可缺少的营养素,也是抗衰老的重要物质。除食物中的水分外,每人每天还应喝水 1500~2000ml。茶叶中茶质、茶色素、茶多酚等具有降低胆固醇、阻断亚硝胺、抑制癌细胞等作用。因此,多喝茶有利健康、防病、抗衰老。

总之,营养对机体衰老的影响是多方面的,在具体应用上要全面兼顾,力求达到"平衡膳食、合理营养"。为了延缓衰老,必须注意限制总热量、碳水化合物、脂肪、胆固醇和钠的摄入,补充足够的优质蛋白质、维生素、微量元素、纤维素和核酸等。

第 3 节　延缓衰老的美容保健措施

人类衰老是一种生物发展过程中的规律现象,也是人体新陈代谢一系列复杂的生物学过程。衰老虽然受到许多因素影响,如遗传因素、社会、疾病、心理因素、营养及其他(气候、温度、生活条件、居住环境、公共卫生、医疗保健等)等。但是,通过建立健康的生活方式,提高人们自我保健意识,也能延缓衰老的进程,从而达到延年益寿的目的。

一、保持心理健康

中老年人在心理上常处于紧张状态,工作担子重,精神压力大,持续的心理紧张和心理冲突会造成精神上的疲劳,免疫功能下降,容易引发身体疾病的发生。现代医学证实,精神心理状态对健康长寿的影响是显著的,精神情绪对人体健康和衰老起着关键性作用。保持心理健康是中老年人永葆青春,延年益寿的精神营养。古人曰:"忧则伤身,乐则长寿"。如何才能保持心理健康呢? 第一,要增强健康心理:人的一生难免有喜怒哀乐、生离死别,有欢乐也有悲痛。但是,要正确对待已经发生的种种现实,应采取有效方法,善于适应复杂的环境,及时调节心理状态。第二,培养乐观情绪:要自我珍重,努力培养安定而乐观的情绪,不要因为一些琐碎小事而引起情绪波动。要心胸开阔,保持心境平静。第三,寻找欢快情绪:良好情绪要靠自己主动去寻求,要善于在纷繁而又快节奏的生活环境中寻找欢快情绪,以尽可能地长时间保持相对健康的心理。

二、养成良好的生活饮食习惯

良好的生活饮食习惯可有助于健康长寿。没有睡眠就没有健康,睡眠是人生活节奏中一个重要组成部分。睡眠不足,不但身体能量消耗得不到补充,而且由于激素合成不足,会造成体内环境失调。更重要的是,睡眠左右着人体免疫功能。因此,对中老年人来说,要保持充足的睡眠,养成早睡早起,保持每天 7~8h 睡眠、不熬夜的生活习惯。同时,要做到不吸烟,少饮酒,多喝茶(茶有抗自由基的功能,抗癌、抑癌作用,抗衰老功效及降压、降脂作用)。

科学合理的饮食习惯和营养搭配对延缓衰老起着不可忽视的作用。一年之计在于春,一日之计在于晨。每天上午的时间较长,学习、工作强度都比下午大,体力、脑力消耗也大,所需的能量也多。另外,人体经过一个晚上,胃和小肠中食物基本排空,晚上睡觉,人体能量消耗虽然比白天消耗少,但是为了维持人体呼吸、血液循环等新陈代谢,也需要消耗一定能量。所以,早晨起床后及时补充足够的营养物质。早餐吃得好,不仅整个上午精力充沛,而且能降低血液浓度,促进人体废物排泄,减少患结石的危险,预防低血糖等不良反应,也具有延缓衰老、延年益寿的作用。那么,怎样科学地安排膳食营养呢?首先,要保证人体充足的能量,人体能量来源靠每天进食的各种各样的食物。食物不同,所产生的能量也不同,其中最为经济、最为实惠的能量来源是大米和面粉。在保证了充足的能量的基础上,适当增加如牛奶、蛋、豆制品及鱼、肉等动物性食物,以增加蛋白质摄入量。同时,适当增加蔬菜、水果等,补充足够的纤维素和维生素。中餐要吃好,中餐应含丰富蛋白质、碳水化合物及适量脂肪,维生素类等营养均衡的食物。晚餐不宜过多进食,过量进食加之机体消耗少,往往造成过剩的营养转化为脂肪堆积在体内,容易造成高血脂症、动脉粥样硬化等一系列疾病。因此,根据现代营养学理论和中国营养学会制定的膳食指南,结合日常生活,提出以下十条健康膳食建议:①适当限制总热量的摄入;②每天喝 200ml 左右牛奶;③每天吃一个鸡蛋;④多吃海产品;⑤增加豆类与豆制品的摄入量;⑥多吃禽肉,少吃猪肉;⑦每天最好吃500g 蔬菜和一定量的水果;⑧菌菇类食品要纳入膳食结构;⑨饮食口味要做到清淡、低盐;⑩控制高糖、高脂饮食。

三、适 当 运 动

"生命在于运动",这一名言道出了生命活动的一条规律。老年人新陈代谢明显降低,进行适当的健身运动可达到增强体质、延缓衰老的作用。其主要作用有:

1. 增加运动系统的功能 老年人骨骼、关节出现进行性退化,营养不良,骨质疏松,肌肉萎缩,弹性收缩力降低。坚持适当的健身运动可增加骨骼、肌肉、关节的血液循环,也可使内分泌及物质代谢增强,从而使骨质的弹性、韧性增加,预防老年性骨质疏松和骨折;其次,可加强关节的坚韧性、弹性、灵活性,对防治老年性关节炎、韧带硬化、关节僵直有良好的效果;再者,可使肌肉营养状况改善,防止肌肉萎缩,增强肌张力,得以保持良好体形和容貌。

2. 促进神经系统发育 老年人脑组织常萎缩、神经细胞退化、脑血流减少,老年人神经电生理反应兴奋和抑制过程减弱。因此,出现灵活性下降、反应迟钝,表现为易疲劳、注意力不集中、睡眠欠佳、条件反射不易建立等。健身运动可增加大脑的血氧供应,激活脑的新陈代谢。脑的健身运动包括两大方面:全身的运动锻炼可使脑在指挥运动的中枢兴奋增强,而使语言思维、书写中枢暂时处于抑制,在这一过程中加速被消耗物质的合成与积蓄,起到保护脑神经细胞的作用;另一方面是"扩脑"活动,"扩脑活动"是指要用脑思考、记忆等活动。有关资料表明,如进入老年期后不用脑,可加速老化进程,使脑神经细胞退化,同时老年人除了要进行全身的健身运动外,锻炼记忆、思考研究问题、撰写文章等也可使脑老化推迟。

3. 保持心血管系统的健康功能 老年人心血管疾病的发病率明显高于中青年。健身运动可明显减少这种概率。适当的锻炼可增强心排血量,保证组织器官的血流供应,同时可促使心肌收缩储备力增加。再者,运动可降低血脂,使动脉管腔扩大,增加血氧供应,防止心肌缺血缺氧,也可减少低密度脂蛋白、胆固醇堆积于动脉壁,防止动脉硬化的发生、发展。

4. 维持呼吸系统的功能 老年人呼吸功能与年俱衰。适当的健身运动可保持肺组织弹性,改善通气与换气功能,使体内生物氧化的需氧量得到充足供应。但是老年人的锻炼一定要适度,要根据个体情况,因人而异,特别要"量力而行"。锻炼中要做到自量、有恒、全力、全面适宜的原则进行。

四、抗衰老食物的选用

1. 鲫鱼 鲫鱼含有全面而优质的蛋白质,对肌肤的弹力纤维构成能起到很好的强化作用。尤其对压力、睡眠不足等精神因素导致的早期皱纹有缓解功效。

2. 番茄 番茄中含丰富的茄红素,茄红素抗氧化能力是维生素 C 的 20 倍。经烹调或加工过的番茄茄红素含量增加,抗氧化功能更强,因此,番茄熟吃抗衰老作用更为优越。

3. 西兰花 西兰花营养成分含量高且十分全面,包括蛋白质、碳水化合物、脂肪、矿物质、维生素 C 和胡萝卜素等。每100g 新鲜西兰花球含蛋白质 3.5~4.5g,是菜花的 3 倍、番茄的 4 倍。此外,西兰花矿物质成分比其他蔬菜更全面,钙、磷、铁、钾、锌、锰含量很丰富,比同属十字花科的白菜花高很多。此外,西兰花还含有一种特有抗氧化物质,抗氧化性能比其他食物更优。

4. 菠菜 菠菜富含 β-胡萝卜素、维生素 C 和铁、钾、镁等多种矿物质及叶酸。食用菠菜时最好用开水焯一下,减少草酸含量以免引起结石。

5. 蘑菇 蘑菇营养丰富,含有大量无机盐、维生素、蛋白质等营养成分,可提高机体免疫力,但热量低,不易发胖。此外,蘑菇中含有大量纤维素,可防止便秘、降低胆固醇含量。

6. 葡萄 葡萄籽中花青配糖体抗氧化能力是维生素 C 的 20 倍、维生素 E 的 50 倍。用葡萄酿成的红酒经过发酵,抗氧化能力提高。

7. 绿茶 绿茶属未发酵茶,含多种生物类异黄酮,其中茶素为强力抗氧化物质。绿茶含大量维生素 C,可淡化肌肤中黑色素,使肌肤美白柔嫩。

8. 燕麦 富含蛋白质、钙、核黄素、硫胺素等成分,每日摄取适量燕麦能加速人体新陈代谢及氨基酸合成,促进细胞更新。

9. 生姜 生姜含有姜辣素、姜精油等多种具有生物活性的物质,能够抑制体内过氧化脂质的生成,清除氧自由基。现代营养学研究还表明,生姜提取物能降血脂、降血压、抑制血栓形成。因而,常吃生姜可延年益寿,起到抗衰老的效果。

五、抗衰老药物的选用

当前,各国对衰老的机理及抗衰老药物进行了大量的实验与临床研究。祖国医学在这方面也积累了丰富的经验。临床上常用的有:枸杞煎、少阳丹、不老丹、何首乌丸、七宝美髯丹、茯苓酥、椒红丸等。这些方剂通过研究分析,有的具有降血脂、软化血管、增强免疫力的作用,有的可使机体的细胞延长存活时间,有的影响到内分泌系统或代谢而达到抗衰老的作用。

目前,经研究发现的抗衰老药物主要有三类,即抗氧化剂、抗氧化酶及膜稳定剂。

1. 抗氧化剂　如维生素 C、维生素 E、丁羟基甲苯、乙羟基乙胺等,可控制人体细胞在代谢过程中出现的氧自由基所引起的损害,而在抗衰老中发挥作用。

2. 抗氧化酶　如过氧化物歧化酶、过氧化氢酶、过氧化物酶、谷胱甘肽过氧化物酶、谷胱甘肽还原酶等,这些酶主要作用是减少氧自由基的生成。目前临床证实,抗氧化酶的应用能延长寿命,还能治疗某些老年病。

3. 膜稳定剂　如氯苯氧乙酸二甲胺基乙酯,目前已公认此药是一种有前途的大脑活化剂,可治疗老年人由于脂褐质颗粒在脑神经细胞中积累所致的功能障碍,使记忆力与智力障碍有明显改变。

人体衰老过程是一个多因素的十分复杂的过程,每个因素都具有各自的特性,但又互相作用。有效地控制衰老过程,并非单一药物或措施所能达到的,应尽可能采取综合性措施,如安静舒适的生活环境、有规律的健康生活方式、合理的膳食、保持健身运动、保持稳定的心态及戒除不良生活习惯等,这些举措对于推迟衰老、延年益寿、增容驻颜都是至关重要的。

案例 13-1

苏东坡在任杭州太守时,有一天他到净慈寺去游玩,并拜见了寺内住持。这位住持年逾 80 岁,但仍鹤发童颜,精神矍铄,使苏东坡感到十分惊奇,问他用何妙方可以求得延年益寿。住持微笑对苏东坡说"老衲每日用连皮嫩姜切片,温开水送服,已食四十余年矣。"

问题与思考:根据所学知识,分析生姜有何抗衰老功效。

分析:生姜可以延年益寿,颐养天年,并不是这位住持的首创,早在春秋战国时期儒家孔子早已认识到食用生姜具有抗衰老的功能。生姜含有姜辣素、姜精油等多种生物活性物质,能够抑制体内过氧化脂质的生成,清除氧自由基,降血脂、降血压、抑制血栓形成,因此,常吃生姜可延年益寿。

(周理云)

目 标 检 测

一、名词解释

1. 褪黑素　2. 抗氧化剂

二、填空题

1. 不合理营养对机体的影响_____、_____、_____、_____、_____。

2. 1935 年 Mc Cay 提出_____的学说。

3. 蛋白质的_____、_____与衰老有密切关系。

4. 延缓衰老的美容保健措施_____、_____、_____、_____、_____。

第 **14** 章
中医膳食与美容

1. 掌握中医膳食美容的概念和特点
2. 掌握中医膳食美容的应用原则和常用配方
3. 了解中医美容食膳的分类
4. 熟悉中医膳食美容常用原料
5. 了解常用中药与食物的配伍禁忌

第1节 中医膳食美容的概念和特点

一、中医膳食美容的概念

中医膳食美容是在中医基本理论和中医美容理论指导下,结合中国传统烹调技术,运用中药和天然食材,制作成食膳或药膳,以达到美容、保健、减肥、丰胸、养发和抗衰老目的。

二、中医膳食美容的特点

（一）以中医理论为基础

以中医的阴阳五行、脏腑经络、辨证论治理论为基础,利用中药和食物的四气五味偏性来矫正人体脏腑机能的偏性,平衡阴阳,调和脏腑,到达美容保健功效。

1. 中药和食物之四气 四气又称四性,即寒性、凉性、温性、热性。

寒性和凉性的中药或食物,都具有清热、解毒、生津、止渴作用。如绿豆、菊花、马齿苋、鱼腥草、金银花、冬瓜、丝瓜、西瓜、胖大海、鸭肉等,多用于热性病症或阳气旺盛之人,如肺胃热盛引起的痤疮,肥胖等。

热性或温性的中药或食物,具有温中、散寒、补阳、暖胃等功效,如辣椒、生姜、茴香、桂皮、狗肉、羊肉、当归、肉桂、荔枝、榴莲、砂仁等,多用于脾胃虚寒、阳虚怕冷、气血虚弱之人,如脾肾虚寒引起的早衰、脱发等。

2. 中药和食物之五味 五味即辛、甘、酸、苦、咸五种味。

辛味:辛味能散寒、行气、通血脉,适宜有外感风寒或寒湿内困者食用。如:生姜、葱白、紫苏、辣椒、茴香、肉桂、砂仁等。

甘味:有补益强壮功效,能补益气血,温中和胃,消除肌肉紧张和解毒。如:红糖、榴莲、红枣、桂圆。

酸味:有收敛、固涩作用,能促进食欲,健脾开胃、增强肝脏功能、改善慢性腹泻、久咳、虚汗、遗精等。如:五味子、山楂等。

苦味:有清热、燥湿、明目、解毒、泻火的功效,适宜热病、湿热、痤疮疖肿等。如:苦瓜、茶叶、苦参等。

咸味:有滋阴、润燥、软坚、散结、润下功能,适宜热病津伤、燥咳、便秘、痞积胀满、肿结等。如:海带、昆布、海蜇。

(二) 天然的中药和食材与传统烹调技术相结合

中医食膳由药物、食材和调料三部分组成。它是取药物之性,用食物之味,食借药力,药助食功,二者相辅相成,相得益彰。

中药汤剂通常都因为有苦味而使人畏惧服药,而药膳以传统的烹调技术为手段,借助炖、焖、煨、蒸、熬、炒、烧、泡酒等烹调方法,调制出茶饮、汤菜、粥饭、药酒、糕点等七大类食膳,寓药于食,寓效于味,在享受美食的同时达到保健、美容、减肥之效。

(三) 以美容、减肥、抗衰老为目的

面容的娇美,身材的苗条与年轻及精微物质的生成,气血的营养滋润有很大的关系。随着年龄增长和其他因素的变化,人体脏腑失调,经络不通,气血津液生成日趋减少,最终出现损美性疾病如:黄褐斑、痤疮、肥胖、黑眼圈、脱发白发、早衰,采用天然的中医食膳,补益元阳,滋阴养血,活血化瘀,祛湿消脂,以利气血充沛,经络通畅,气血津液得以顺利输送到体表组织器官,可以达到美容抗衰作用。

第2节 中医膳食美容的应用原则

一、根据中医辨证论治理论,分析人体八种常见体质

根据寒者热之、热者寒之、虚者补之、实者泻之的总原则,选择相应的中药和食材制作食膳。

1. 阳虚证 四肢不温,形寒怕冷,易肥胖,大便稀,舌质淡,胖大边有齿痕,脉细弱。如兼见胃寒冷痛、口泛清水、白带清稀,为脾阳虚,可选用干姜、白术等;如兼见腰痛,下肢酸软发凉,耳鸣脱发为肾阳虚,可选用何首乌、肉桂、益智仁、鹿茸、韭菜、虾、狗肉、羊肉等制作食膳。

2. 阴虚证 心烦失眠,口干咽燥,潮热盗汗,形体消瘦,面长色斑,舌红少津,脉细数。如兼见干咳无痰,咽干声哑,为肺阴虚,可选用麦冬、沙参、川贝、雪梨、白木耳、冰糖等;如兼见头晕目涩,易怒,为肝阴虚,易选用山茱萸、女贞子、枸杞子、猪肝、甲鱼等;如兼见耳鸣耳聋、发脱齿摇、眩晕健忘为肾阴虚,可选用熟地黄、黄精、肉苁蓉、桑寄生、枸杞、海参、冬虫夏草等制作食膳。

3. 气虚证 气短乏力,少气懒言,面色㿠白,舌质淡,苔薄白,脉虚无力。如兼见喘咳痰清稀、气短、易感冒,为肺气虚,可选用黄芪炖老母鸡等;如兼见食少便溏,食后腹胀,为脾气虚,可选用党参、莲子、淮山、大枣等煮粥。如兼见腰膝酸软,小便频清甚至失禁,为肾气虚,可选用菟丝子、金樱子、五味子等制作食膳。

4. 血虚证 面色萎黄或淡白,唇、舌、指甲色淡,毛发枯落,舌质淡,脉沉细。如兼见心悸心烦,健忘,失眠多梦,脉细或结代,为心血虚,可选用夜交藤、合欢花、柏子仁、猪心等制作药膳;如兼见头晕、眼涩、肢体麻木,月经量少,面部黄褐斑,为肝阴虚,可选用当归、酸枣仁、阿胶、乌鸡、猪肝、鳝鱼等制作食膳。

5. 气郁证 胀满,胸闷,疼痛游走,舌质较黯,脉弦,为气滞证,可选用莱菔子、紫苏子、枇杷叶等制作药膳;如兼见脘腹胀满疼痛,呕吐,嗳气,呃逆,为脾胃气滞,可选用佛手柑、陈皮、木香、柚子等;如兼见乳房胀痛,痛经,易怒,面部黄褐斑,为肝气郁结,可选用柴胡、玫瑰花、桂花、溪黄草、夏枯草制作食膳。

6. 血瘀证 疼痛部位固定,按之有刺痛感,局部麻木,唇黯,面色黧黑或色斑,舌有紫斑,脉涩。可用桃仁、红花、丹参、生地、葛根、玫瑰花、当归等制作食膳。

7. 痰湿症 神疲乏力,头身困重,身体浮肿,体型肥胖,大便溏薄,白带清稀,舌质淡,苔白腻,边有齿痕,脉沉迟,为痰湿症。宜用山药、白术、番薯、茯苓、薏苡仁、白扁豆、陈皮、茴香桂枝等制作药膳。

8. 火热症 素体热盛或嗜食辛辣煎炸及烟酒,出现面红目赤,油腻,粉刺黑头或痤疮脓疱,舌质红,苔黄,脉滑数。如口唇红肿,口腔溃疡,口渴欲冷饮,大便秘结,口臭为脾胃蕴热,可选用苦瓜、茵陈、生地、马齿苋、马蹄、鲜莲藕、西瓜、白茅根、生豆腐等;如兼见鼻咽干燥,咳痰黄稠,心烦失眠,舌尖红痛,为心肺热盛,可选用竹茹、竹叶、西瓜翠衣、莲子芯、桑白皮、桑叶、野菊花、白菜干等制作食膳。如兼见头痛眩晕,目赤干涩,急躁易怒,口苦,双颧部黄褐斑,为肝火上炎,可选用菊花、决明子、夏枯草、鸡骨草、白菊花等制作食膳。

案例 14-1

患者,女,43岁,面色萎黄,无光泽,气短乏力,少气懒言,饭后易腹胀,大便溏稀,月经量少,易头晕,常用白木耳、雪梨、菊花、白糖等炖汤欲改善面色,但无明显效果,便溏、腹胀现象反而越来越严重。

问题与思考:①根据你所学过的有关中医体质分型的知识判断该患者属于什么体质?应使用哪些中药制作药膳? ②该患者用白木耳、雪梨、菊花、白糖等炖汤欲改善面色但效果不明显,为什么?

分析:①患者面色萎黄,无光泽,月经量少,易头晕,为血虚症状;气短乏力,少气懒言,饭后腹胀,大便溏稀,为脾气虚的症状,整体来看,此患者属于血虚兼脾气虚体质,宜使用补气益血健脾的中药和食物制作药膳,如:当归、阿胶、党参、莲子、淮山、大枣、乌鸡、鳝鱼、红糖等。②该患者用白木耳、雪梨、菊花等炖汤想改善面色萎黄无华但效果不佳,因为这些都是属于寒凉清润之品,而气血虚兼脾虚之体质之人不合适用寒凉之食膳,所以不但不能改善面色反而因损伤脾阳而导致便溏、腹胀越来越严重。

二、根据常见的损美性疾病选择中药和食材制作食膳

(一) 黄褐斑

面部对称出现黄褐或淡黑色斑块,不突出皮肤,日晒或情绪压力下加重,病程长,易反复。

1. 肝郁气滞型 斑色黄褐,面色无华,心情急躁易怒或郁闷烦怨,胸胁胀痛,月经不调或痛经,经前斑色加重,乳房胀痛,色苔薄黄,舌质黯红或紫黯,脉弦。

食膳 1 牛肝粥

原料:牛肝500g,白菊花9g,白僵蚕9g,丹参9g,白芍药9g,白茯苓12g,茵陈12g,生甘草3g,丝瓜30g,大米100g。

制作方法:将白僵蚕,丹参,白芍药,白茯苓,茵陈,生甘草,丝瓜洗净装入纱布包内,然

后和牛肝、白菊花、大米一起熬粥,熟后捞出药包喝粥。

食用方法:每日早晚各一次,以上剂量可喝 2 天,每疗程 10 天,中间间隔 1 周,连服 3 疗程。

食膳 2　红白酒

原料:桃花 125g,白芷 15g,古井贡酒 500g。

制作方法:桃花,白芷与酒同入容器中,封泡 30 天即可。

食用方法:早晚各一次,每次 20g,另外倒少许酒于手掌中,待手掌热后来回搓脸部斑处。

2. 肝肾阴虚型　面部色斑灰黑,腰膝酸软,头晕耳鸣,疲倦无力,舌红少苔,脉沉细。

食膳 1　核桃牛乳茶

原料:核桃仁 30g,黑芝麻 20g,田七 15g,牛乳、豆浆各 180g,白糖适量。

制作方法:将核桃、黑芝麻、丹参打磨成粉,与牛乳、豆浆一起倒入锅中搅拌煮沸。

食用方法:早晚各一碗温服。

食膳 2　滋阴祛斑酒

原料:女贞子 150g,菟丝子 150g,客家黄酒 500g。

制作方法:将女贞子,菟丝子蒸后晒干,放入客家黄酒中,加盖密封,每天摇动一次,一周后开始服用。

食用方法:每日 1~2 次,每次 1 小杯。

(二)痤疮

痤疮是发生于面部胸背部等部位的毛囊、皮脂腺的慢性炎症,呈现丘疹、脓疱、结节、囊肿和疤痕等多种皮肤损害。

1. 肺经风热型　丘疹色红,或有痒痛,面色潮红,色质红,苔薄黄,脉浮数。

食膳 1　绿豆桑白皮粥

材料:绿豆 30g,桑白皮 20g,鲜竹叶 10g,粳米 100g。

制作方法:先将桑白皮、鲜竹叶用清水洗净,共煎取汁,绿豆、粳米共煮稀粥,待沸后加入药汁一起熬粥,最好放糖适量。

食用方法:每日 2~3 次,每次 1 碗,常温服食。

食膳 2　银花薄荷饮

材料:银花 30g,薄荷 10g,鱼腥草 15g,冰糖适量。

制作方法:先将银花、鱼腥草加水 500ml,煮 15min,后下薄荷煮沸 3min,过滤去渣,加白糖适量。

食用方法:当茶饮。

2. 湿热蕴结型　皮疹红肿疼痛,或有脓疱、口臭、尿黄、便秘、舌红,苔黄腻,脉滑数。

食膳 1　凉拌苦瓜马齿苋

材料:鲜马齿苋 100g,鲜苦瓜 100g,调料适量。

制作方法:将马齿苋、苦瓜(先切片)分别用开水焯至八成熟,捞出后浸入冷水中 5~10min,取出去水切段入调料后拌匀即可。

食用方法:每日 2~3 次,当菜吃。

食膳 2　茵陈蒲公英汤

材料:茵陈 100g,蒲公英 50g,紫花地丁 50g,白糖适量。

制作方法:取茵陈、蒲公英、紫花地丁加水 500ml,煎取 400ml,加白糖适量。
食用方法:当茶饮。

案例 14-2

患者,女,18 岁,面部额头及双侧面颊长大量红色脓性皮疹,反复发作,面部油脂分泌旺盛,吃辣椒或煎炸食物后加重,大便干结,3~4 天一次,口干口臭,喜欢吃冷饮,痛经,家人常给她食用红糖姜水,曾在美容院做过痤疮疗程,但一直未见好转。

问题与思考:①根据你所学过的中医关于痤疮的分型知识判断该患者属于痤疮的哪一型? 适合采用哪些中药和食物制作食膳? ②该患者因痛经家人常给她服用红糖姜水合适吗? 为什么?

分析:①该患者面部长大量红色脓性皮疹,油脂分泌旺盛,大便干结,口干口臭,为湿热蕴结型痤疮,适合用茵陈,蒲公英,紫花地丁,苦瓜,马齿苋等制作膳食。②因体内湿热蕴结而导致上火,故喜欢吃冷饮,而大量冷饮导致寒凝血瘀,不通则痛,出现痛经。患者身体是上热下寒的状况,根本原因是湿热内盛,故不宜用红糖姜水等温热之品,会起到火上加油的作用,只要少吃冷饮,痛经即可慢慢改善。

(三) 单纯性肥胖

体重超过标准体重的 20%,无明显内分泌、代谢性疾病病因可寻者可称为单纯性肥胖。

1. 脾胃积热型 多见于青少年。食欲亢盛,消谷善饥,体型健硕肥壮,面色红润,油脂分泌旺盛,口干口渴,口舌生疮,大便干,小便黄,舌红苔黄,脉数有力。

食膳 1 魔芋瘦身汤

材料:魔芋 150g,冬瓜 150g,芹菜 150g,黄瓜 150g。

制作方法:将材料放水加盐一起煮成菜汤。

食用方法:午、晚饭前各喝一碗。

食膳 2 山楂荷叶饮

材料:山楂 15g,荷叶 12g,生甘草 10g。

制作方法:将山楂、荷叶、甘草水煎 1000ml。

食用方法:代茶饮。

2. 痰湿内盛型 女性或中年人多见。形体肥胖臃肿,面部有肿胀感,四肢困重,胸腹胀满,嗜睡,白带多,月经不调,大便黏滞,舌体胖大,舌苔白腻,脉濡。

食膳 1 癖谷瘦身方

材料:黑豆 375g,火麻仁 225g,糯米 500g。

制作方法:黑豆洗干净后蒸三遍,晒干去皮;火麻仁浸泡一晚,滤出晒干,去皮淘洗干净,拌黑豆为末,用糯米粥合成团如拳大,蒸 3~5h 后,冷却放冰箱保存。

食用方法:半饱为度,日服一团。

食膳 2 薏米赤豆粥

材料:薏米 50g,赤小豆 50g,泽泻 10g。

制作方法:先将薏米水煎取汁,用汁与赤小豆、薏米同煮为粥。

食用方法:每日 2~3 次,常温服食。

3. 脾肾阳虚型 形体肥胖肌肉松弛下垂,食量减少,面色㿠白,形寒畏冷,腰膝冷痛,精神疲惫,白带清稀,宫寒不孕,舌质胖嫩,舌苔滑润,脉沉细。

食膳 1　肉苁蓉陈皮羊肉汤

材料:肉苁蓉 15g,陈皮 10g,羊肉 200g。

制作方法:三者洗净,羊肉先飞水去腥,再与肉苁蓉、陈皮同入沙锅,加姜,文火炖熟,放少许盐。

食用方法:每餐适量,当菜食用。

食膳 2　茶叶粥

材料:普洱茶 10g,生姜 15g,粳米 50g。

制作方法:取茶叶生姜先煮浓汁约 1000ml,去茶叶生姜,加入粳米再加水 400ml,同煮为粥。

食用方法:每日 2~3 次,温热服。

案例 14-3

患者,女,42 岁,十年前生完小孩后开始肥胖,形体肥胖以腹部和下肢为甚,肌肉松弛下垂,食量少,不喜饮水,大便稀,一天 1~2 次,面色白,易水肿,怕冷,四肢不温,夜尿 1~2 次,腰膝冷痛,易疲劳,白带多清稀,月经推迟,有血块,曾服"排毒养颜胶囊"和多种减肥药,效果不佳。也曾采用节食减肥,但因精神不佳、乏力无法维持正常生活工作而放弃,体重一直增加。

问题与思考:①根据你所学过的有关肥胖的中医分型知识判断,该患者属于肥胖的哪一型? 合适采用哪些中药和食物制作食膳? ②该患者为什么采用节食和服用"排毒养颜胶囊"减肥效果不佳?

分析:①患者产后肥胖,形体肥胖以腹部和下肢为甚,肌肉松弛下垂,食量少,不喜饮水,大便稀,易水肿,为脾虚湿困所致;而怕冷,四肢不温,夜尿,腰膝冷痛,易疲劳,白带多清稀,月经推迟,为肾阳虚的症状,综合来看属于肥胖中的"脾肾阳虚型",适合肉苁蓉、陈皮、羊肉、何首乌、肉桂、益智仁、鹿茸、韭菜、虾、狗肉、桂皮、茯苓、白术、淮山等制作食膳。②该患者的肥胖不是因为胃火旺盛,食欲强引起,采用节食方法减肥,更伤脾阳,故达不到减肥效果。而"排毒养颜胶囊"主要含芦荟等清热排毒偏寒凉的成分,适宜于肺胃热盛、大便不畅、较年轻的肥胖者,而该患者脾肾阳虚、大便稀溏,年纪较大,服用寒凉之品更伤阳气,因此,不但不能减肥反而更虚胖。

(四) 脱发白发

头发突然或渐进性脱落,伴有不同程度的皮脂溢出,或头发干枯变细,缺乏光泽,头发过早变白或白发增多。

1. 血燥风燥　突然脱发,进展较快,头发常大把脱落,伴有不同程度的头皮瘙痒,头晕,失眠,苔薄,脉细数。

食膳:蒲公英黑豆汤

原料:蒲公英 50g,黑豆 500g。

制作方法:加水煮熟去蒲公英,再加白糖适量。

服药方法:每日服 60g。

2. 脾胃湿热　头发稀疏脱落,头皮光亮潮红,头皮呈桔黄色或头皮瘙痒,口干口苦,大便黏或不爽,烦躁易怒,舌红苔黄腻,脉滑数。

食膳:脂溢洗方(外用)

原料:苍耳子30g,王不留行30g,侧柏叶15g,苦参15g,明矾9g。

制作方法:上药煮水洗发。

使用方法:每日1剂,早晚各煮洗1次。

3. 肝肾亏虚 病程长久,头发稀疏脱落日久,脱发处头皮光滑或遗留少数稀疏细软短发,伴眩晕失眠,记忆力差,腰膝酸软,遗尿颇多,舌质淡红苔少,脉细数。

食膳1 首乌寄生鸡蛋汤

原料:鸡蛋4个,何首乌60g,桑寄生30g,红糖适量。

制作方法:何首乌、桑寄生、鸡蛋洗净,放入锅内,加清水适量,武火煮沸后,文火煲半小时,捞起鸡蛋去壳,再放入锅内煲半小时,加红糖煮沸即成。

食用方法:饮汤食蛋,一日2次。

食膳2 黑芝麻首乌糊

原料:熟何首乌500g,黑芝麻500g,红糖适量。

制作方法:熟首乌片烘干打粉,黑芝麻炒熟压碎,净锅置中火上,加清水,何首乌粉煮沸,加入黑芝麻粉,加入红糖适量。

食用方法:一日2次,每次一碗。

食膳3 双地双冬酒

原料:生地、熟地,天冬、麦冬、人参,白茯苓各15g,低度白酒500g。

制作方法:将原料一起研碎后放入瓷缸中,入酒浸泡3天,再以文火煮沸,以酒黑色为度。

食用方法:空腹饮,随量。

(五) 衰老

人体的衰老是一个生理过程,是随着五脏六腑机能的下降,人体由内而外发生的一系列变化。皮肤、形体、精神的衰老是与整个机体的衰老同步发生的,皮肤容貌的娇美与精微物质生成,气血的营养滋润有很大关系,随着年龄增长,人体脏腑、经络功能逐渐减退,气血津液生成日趋减少,人体肌肤失养,脂肪堆积,面容身材衰老。中医认为人的衰老以肾为中心,并与肝、脾、肺密切相关。常用中医食膳养生,补益元阳,滋阴养血,理气活血,健脾养胃,就能达到面容抗衰老的功效。

1. 皮肤抗衰老

食膳1 红白酒

原料:桃花125g,白芷15g,古井贡酒500ml。

制作方法:桃花、白芷与古井贡酒同入容器中,封泡30天即可。

食用方法:早晚各1次,随量,另外倒少许酒于手掌中,两掌对搓,待手掌热后来回搓面部。

食膳2 美颜补血粥

原料:当归10g,川芎3g,黄芪5g,红花5g,鸡汤1000ml,粳米100g。

制作方法:将前三味用米酒洗后,切成薄片,与红花共入布袋,加入鸡汤和清水,煎出药汁,去布袋后,加粳米,用旺火烧开,文火熬粥。

食用方法:每日1次,每次1碗。

食膳 3　养颜美肤茶

原料:生姜 500g,红茶 250g,盐 100g,甘草 150g,丁香 25g,沉香 25g。

制作方法:以上几位共捣成粗末,和匀备用。

食用方法:每次 15~25g,早上泡水代茶饮,一日数次。

食膳 4　祛皱膏

原料:猪皮 60g,白蜂蜜 30g,米粉 15g。

制作方法:先将猪皮去净毛,放入砂锅中,文火煨成浓汁,再下白蜜,米粉熬成汤膏即可。

食用方法:每次吃空腹一匙,约 10g,每日 3~4 次。

2. 整体抗衰老

食膳 1:归脾蜜膏

原料:党参、黄芪、桂圆肉各 100g,当归 50g,甘草 30g,大枣 20 枚,白蜜 700g。

制作方法:将上面中药加水 1000ml,煎汁 700ml,滤药渣,再加水 500ml,煮取 300ml,合并 2 次煎液,文火浓缩至 800ml,入白蜜收膏。

食用方法:每次 20ml,每日 3 次。

食膳 2　桂圆小米粥

原料:桂圆肉 30g,小米 100g,红糖适量。

制作方法:将小米与桂圆肉同煮成粥,粥熟后加入红糖。

食用方法:空腹,每日两次。

食膳 3　甲鱼枸杞女贞汤

原料:甲鱼 1 只,枸杞子 30g,山药 45g,女贞子 15g,盐,料酒适量

制作方法:将女贞子用纱布包好,山药切片,将甲鱼、枸杞子共入锅中炖烂,捡去药包即可。

食用方法:每日 2 次,连服 3~5 天。

食膳 4　当归米酒鸡

原料:母鸡 1 只,当归 30g,酒糟汁 60ml,葱、姜盐,胡椒粉适量。

制作方法:将鸡洗净,当归、鸡、酒糟汁 60ml,姜、盐放入砂锅中武火烧开,文火炖 3h,出锅时撒胡椒粉。

食用方法:佐餐食。

三、根据四季气候变化选择食膳

人与天地相参。人生活在大自然中,与自然息息相关,中医食膳的配方和制作也要顺应四时的变化。《黄帝内经》已明确指出"春夏养阳,秋冬养阴",意思是说在春夏季节应注意保养阳气,秋冬季节应注意保养阴液。而春夏秋冬也分别有"春季养肝,夏季养心健脾,秋季润肺,冬季补肾"的食膳养生原则。

（一）春季食膳美容

"春旺于肝",唐代医家孙思邈提出春季食膳应"省酸增甘,以养脾气",即少食酸味食物,多吃甜食,以防肝旺克脾。因此,春季宜选择性味甘平或有清肝健脾作用的中药和食物。如:茯苓、山药、薏苡仁、莲子、胡萝卜、菠菜、银耳、木耳、牛乳、荠菜、芹菜、小白菜、马蹄、夏枯草、溪黄草等。

春季食膳 1　桑葚蜜膏

原料:桑葚 100g,蜂蜜 400g。

制作方法:桑葚洗净,加水适量,煎煮 30min,取汁 1 次,加水煎煮,共取煎液 2 次。合并 2 次煎液,再以小火煎熬,浓缩至较黏稠时,加蜂蜜煮沸,起锅待冷装瓶。

服用方法:每次 1 匙,热水冲服,每日 2 次。

效用:桑葚甘寒,能补肝益肾、熄火滋液,佐蜂蜜润燥,对春季肝阳上亢、阴虚火旺引发诸证,有较好的调理作用。

春季食膳 2　回春炖盅

原料:桑葚子、枸杞子、红枣各 30g,女贞子 20g,柏子仁 15g,菟丝子、覆盆子各 10g,鸡腰子 20g,老姜 3 片,葱 3 段,米酒、盐适量。

制作方法:①药材稍冲洗后,加水 6 杯以大火煮开,改小火煮至汤汁剩约 2 杯时,去渣。红枣去核,汤药备用。②鸡腰子洗净,入开水汆烫,随即捞起,洗净沥干。③炖盅入红枣、鸡腰子、调料及药汤,加盖入锅蒸至熟透即可。

效用:养心安神,补肾益精。适应于中老年人体虚弱、腰膝酸痛、四肢冰冷、阳痿、早泄、子宫虚寒。

（二）夏季食膳美容

夏季气候炎热,心火当令,食欲减退,脾胃功能较弱,故宜选用清心火,健脾胃的食膳,如:西瓜、黄瓜、绿豆、冬瓜、丝瓜、番茄、杨梅、鳝鱼、玉竹、薏苡仁、石斛、苦瓜、车前草、太子参、西洋参等。

夏季食膳 1　丁香酸梅汤

原料:乌梅 1000g,山楂 20g,陈皮 10g,肉桂 30g,丁香 5g,白砂糖适量。制作:①将乌梅、山楂洗净后,逐个拍破,同陈皮、肉桂、丁香一道装入纱布袋中,扎口。②将洁净锅置火上,注入清水约 5.5 升,把药包投入水中,用旺火烧沸,再转用小火熬约 30min,除去药包,离火后,静置沉淀约 15min,滤出汤汁,加入白砂糖溶化,过滤后即成。

效用:本方用乌梅、山楂生津消食,陈皮、肉桂、丁香行气温中,白糖调味,使敛中有散,酸中有甜,用于暑热伤津之口渴、心烦,暑夹寒湿之口渴、食少、脘痞、吐泻等证。乌梅、山楂、肉桂、丁香对多种胃肠道易感染病菌有较强的抑制作用,故本方可作肠炎、痢疾患者之饮料。

夏季食膳 2　青蒿绿豆粥

原料:青蒿 5g,西瓜翠衣 60g,鲜荷叶 10g,绿豆 30g,赤茯苓 12g。

制作方法:将青蒿(或用鲜品绞汁)、西瓜翠衣、赤茯苓共煎取汁去渣。将绿豆淘净后,与荷叶同煮为粥。待粥成时,将上三味药汁对入,稍煮即成。

服用方法:随意服用。

功效:清暑泄热。青蒿清热解暑,绿豆消暑解毒,荷叶清暑利湿,赤茯苓利水渗湿,西瓜皮利尿祛湿,合而为粥,为解暑良品。

宜忌:虚寒、大便溏泄者不宜多食。

夏季食膳 3　绿豆竹叶粥

原料:绿豆 15~30g,粳米 50~100g,银华露、鲜荷叶、鲜竹叶各 10g,冰糖适量。

制作方法:先将鲜荷叶、鲜竹叶用清水洗净,共煎取汁、去渣;绿豆、粳米淘洗干净后共煮稀粥,待煮沸后对入银华露及药汁,文火缓熬至粥熟;最后调入冰糖。

服用方法:温热服食,每日 2 次。

效用:清暑化湿,解表清营。

夏季食膳4　绿豆南瓜汤

原料:干绿豆 50g,老南瓜 500g,食盐少许。

制作方法:①干绿豆用清水淘去泥沙,滤去水,趁水未干时加入食盐少许(约 3g),拌和均匀,略腌 3min 后用清水冲洗干净。②老南瓜削去表面,抠去瓜瓤,用清水冲洗干净,切成约 2cm 见方的块待用。③锅内注入清水约 500ml,置武火上烧沸后,先下绿豆煮沸 2min,淋入少许凉水,再沸,即将南瓜块下入锅内,盖上盖,用文火煮沸约 30min,至绿豆开花即成。吃时可加食盐少许调味。

效用:绿豆甘凉,能清暑、利尿、解毒。绿豆汤是民间夏季解暑的常用饮料。暑易伤津耗气,故配南瓜生津益气。用于夏季伤暑心烦、身热、口渴、赤尿或兼见头昏、乏力等证,有一定疗效。本方可作夏季防暑膳食。

(三) 秋季食膳美容

秋高气爽,气候偏于干燥,秋气应肺,燥气可耗伤肺阴,使人产生口干咽燥,皮肤干燥,便秘等症状,根据“燥者濡之”的原则,秋天食膳应选择甘润养肺之品,同时,在味型的选择上,秋令肺气旺,辛味助肺气,故应少食辛味,以免肺气过旺而克肝;多食酸味,以助肝气,以抵御肺旺的克伐。酸味与甘味相合,则可以化生阴津以濡养秋燥。故秋季食膳常选的中药和食材有:百合、桑白皮、柿子、酸菜、酸枣仁、蜂蜜、雪梨、葡萄、雪耳、猕猴桃、菠萝、香蕉等。

秋季食膳1　白果秋梨膏

原料:白果汁、秋梨汁、甘蔗汁、山药汁、蜂蜜各 120g,霜柿饼、生核桃仁各 120g。

制作方法:先将白果去膜、心,秋梨、鲜藕、甘蔗、山药去皮后切碎,捣烂取汁。再把柿饼、核桃仁捣烂如泥。把蜂蜜加适量清水稀释后,加水上药汁和泥膏,搅拌均匀,微微加热,融合后,离火稍凉,趁温将其余四汁加入,用力搅匀,瓷罐收藏。

服用方法:每次服 2 汤匙,每日 3~4 次,可常服。

效用:清虚热,止咳止血。适用于肺结核长期低热、咳喘、咯血、声音嘶哑、口渴咽干等证。

宜忌:咳嗽咯痰量多者忌服。

秋季食膳2　百合粥

原料:百合干 50g,白糖 100g,粳米 100g。

制作方法:先将百合干,粳米分别淘洗干净,加入锅中,加清水 1000ml,置火上烧开,熬煮成粥,调入白糖即成。

服用方法:每日服 1 剂,分数次服用。

效用:养阴清热,润肺调中,镇静止咳,抗癌。适用于肺结核、肺燥咳嗽之痰中带血、热病后期余热未清、心神不宁、慢性支气管炎、肺气肿、支气管扩张、癔症、胃癌、食道癌等。

秋季食膳3　萝卜羊肉汤

原料:萝卜 1000g,羊肉 500g。

制作方法:①将羊肉片去筋膜,切成 2.5cm 见方的块,先入沸水锅中焯约 2min,去掉血水,捞出沥水后放在锅内。②萝卜削掉表皮,冲洗干净,切成约 3cm 的滚刀片。③先将羊肉锅置武火上烧沸后,改约文火煮约 30min,放入切好的萝卜同煮至羊肉熟烂即成。

效用:萝卜甘凉,能解热毒、祛痰湿、除胀满;羊肉甘温,又富营养,益中气,补虚弱。二者合用,共奏补虚、清热、清痰之功。用于肺虚咳嗽、咯血,有一定疗效。本方祛痰力优,且有凉血止血作用,可作肺结核咯血、支气管扩张患者之膳食。

秋季膳食4　杏仁奶茶

原料:杏仁200g,白糖200g,牛奶250g。

制作方法:上三味加清水适量,杏仁去皮,共研磨为粉,过滤后烧开即可。

服用方法:代茶饮。

效用:润肺止咳。

案例14-4

患者,王女士,35岁,入秋后皮肤特别干燥,缺水,面部起细纹,经常自行敷补水保湿面膜,但效果不佳。干咳无痰,慢性咽喉炎,每到秋天加重,便秘,大便2~3天1次,喜欢吃辛辣食物,晚睡,舌质红苔薄黄,脉细。

问题与思考:①根据秋季食膳养生原则和王女士的皮肤状况,给王女士配制的中医食膳应该多用哪些类型的中药和食物?②秋季为什么要少食辛味食物、多食酸味食物?

分析:①秋天气候偏于干燥,秋气应肺,燥气可耗伤肺阴,使人产生口干咽燥,皮肤干燥,便秘等症状,根据"燥者濡之"的原则,秋天食膳应选择甘润养肺之品。王女士入秋后皮肤特别干燥,缺水,面部起细纹,故她秋季食膳应多选用的中药和食材有:百合、桑白皮、枇杷叶、川贝、雪耳、柿子、酸菜、酸枣仁、蜂蜜、雪梨、葡萄、雪耳、猕猴桃、菠萝、香蕉等。②在五行生克中肺金克肝木,秋季本身肺气旺,而辛味可以更助肺气,故应少食辛味以免肺气太旺伤阴;而酸味入肝,可以助肝气,可以抵御肺旺克肝,故因适当多吃酸味食物,如酸菜,山楂,酸枣仁等。

(四)冬季食膳美容

冬季自然界万物处于封闭状态,气候严寒,阴气盛,阳气衰,故冬季食膳应很好地保护阳气,宜温补。"肾气旺于冬",故冬季食膳尤要注意温补肾阳,以助肾藏精气,常选用的中药和食材有:羊肉、狗肉、桂圆、红枣、核桃仁、黑芝麻、何首乌、肉苁蓉、鹿茸、胎盘、冬虫夏草、人参、桑寄生等。

冬季食膳1　人参鹿肉汤

原料:人参、黄芪、芡实、枸杞子各5g,白术、茯苓、熟地、肉苁蓉、肉桂、白芍、益智仁、仙茅、泽泻、枣仁、淮山药、远志、当归、菟丝子、怀牛膝、淫羊藿、生姜各3g,鹿肉250g,葱、胡椒粉、食盐各适量。

制作方法:①将鹿肉除去筋膜,洗净,入沸水泡一会儿,捞出切成小块,骨头拍破;将上述中药用袋子装好,扎紧口。②将鹿肉、鹿骨放入锅内,再放入药袋,加水适量,放入葱、生姜、胡椒粉、食盐,置武火上烧沸,撇去泡沫,改用文火煨炖2~3h,待鹿肉熟烂即成。

服用方法:佐餐食。每日2次。

效用:填精补肾,大补元气。适用于体虚羸弱、面色萎黄、四肢厥冷、腰膝酸痛、阳痿、早泄等。

宜忌:凡属身体壮实或阴虚火旺者及在炎热的夏季,均不宜服用。

冬季食膳2　八宝鸡

原料:母鸡1只,香菇、干贝、姜末、料酒各10g,薏苡仁、芡实、百合各5g,糯米60g,莲子、麻油各30g,熟火腿18g,盐3g,胡椒粉0.6g,熟猪油1000g,糖醋生菜150g,椒盐调料2碟。

制作方法:将鸡去毛、内脏,整鸡出骨,洗净。用酒、盐、姜末将鸡身内外抹匀,腌渍约30min。将糯米、薏苡仁、百合、莲子(去心)、芡实分别泡涨、洗净,盛入碗内,上笼蒸熟。火腿、香菇均匀切成与薏苡仁同样大小的颗粒。将以上几种辅料盛入盆内,加猪油60g、盐1.5g、胡椒粉0.6g拌匀,装入鸡腹内,鸡颈开口处与肛门均匀用竹签封严,盛入盆内,上笼蒸2h至九成烂,取出,沥干水,晾冷。用细竹在鸡胸部、鸡腿部戳几个气眼。将铁锅置旺火上,下猪油至六成熟,放入鸡炸至淡黄色,捞出,抽出竹签,在鸡脯上均匀用刀划成1寸长的斜方刀口,盛入盘内,将麻油烧热,淋在鸡脯刀口上,与糖醋生菜、椒盐调料2碟一同上桌。

效用:养心补肾,润肺健脾。适用于脾虚湿困所致的遗精、阳痿、遗尿等病症。

冬季食膳3　黄焖狗肉

原料:狗肉1000g,酱油10g,料酒20g,白糖、精盐、胡椒粉少许,红辣椒5个,葱段15g,生姜10g,植物油适量。

制作方法:先将狗肉洗净,用开水烫一下,切成块,在植物油中炸呈金黄色,捞出。取沙锅将葱、姜、红辣椒稍炸,再加入狗肉、酱油、精盐、清汤,用旺火烧沸,再用文火煨炖,直至肉烂,加入白糖焖烧5min,撒入胡椒粉。

食用方法:食肉饮汤。

效用:温补脾胃,补肾壮阳。适用于阳痿患者。

冬季食膳4　羊肉枸杞汤

原料:羊腿肉1000g,枸杞子20g,生姜12g,料酒、葱段、大蒜、味精、食盐、花生油、清汤各适量。

制作方法:羊肉去筋膜,洗净切块,生姜切片。待锅中油烧热,倒进羊肉、料酒、生姜、大蒜等煸炒,炒烂后,同放砂锅中,加清水适量。放入枸杞等,用大火烧沸,再改用小火煨炖,至熟烂后,加入调料和匀即可。

用法:佐餐服食,也可单独食用。

效用:温阳壮腰,补肾强筋。适用于肾阳不足所致腰膝酸软、筋骨无力等症。

第3节　中医美容膳食的分类

药膳经过千万年的演变、积累和创造,现已形成一系列种类繁多的特殊药膳。药膳食疗的分类,历史上存在庞杂繁多现象,现按药膳的性状、制作方法和作用来分类,简述如下:

一、茶　饮　类

这是使用最方便的一类药膳,是将药物和食物原料经浸泡或压榨、煎煮或蒸馏等方法处理而制成的一种专供饮用的液体,如桑菊薄竹饮、鲜藕姜汁、山楂核桃茶、银花露等,其特点在于可方便随时饮用。茶饮类药膳主要分为以下几种。

1. 鲜汁　水果或新鲜中药材一起洗净、压榨的汁。如甘蔗汁,苦瓜汁。

2. 饮　是一种液体剂型,由中药或与食物共同加水煎煮,去渣取汁而成,可加冰糖、蜜、饮料日常饮用,如酸梅汤,桑菊饮。

3. 药茶　是指含有茶叶或不含茶叶的药物经粉碎、混合而成的制品,用于沏后或加水煎煮后可代茶饮,或者用中药饮片,如溪黄草茶、六和茶、灵芝茶直接泡茶饮用。

二、汤 菜 类

这一类药膳具有中国传统饮食特点,其特点在于可饮可食,等同于菜类。药膳汤羹是以肉、蛋、奶、海味的原材料为主体,加入味美或味淡的药料经煎煮、浓缩而成的较稠厚的汤液。

1. 汤 是用药物与食品同做的一类药菜汤,可饮可食是其特点。它是传统食谱中的汤,有别于一般的汤药之汤。

2. 羹 药膳中汁比菜多,又比汤浓的一款汤菜类膳食,如归参鳝鱼羹、天麻猪脑羹等。

3. 菜肴 是膳食的一个大类,是以蔬菜、肉类、蛋等原料,配以一定比例的药物经烹调而成,具有色、香、味、形的特殊菜肴。它包括:冷菜,如芝麻兔、山楂肉干;蒸菜,如虫草金龟、阳春肘子;煨炖菜,如枣蔻煨肘、八宝鸡汤;炒菜,如首乌肝片、杜仲腰花;卤菜,如丁香鸭、陈皮油烫鸡;榨菜,如饮炸百花鸽、山药肉麻丸等等。

三、酒 类

这种古老的液体从诞生起就有治疗、保健的功能,可温通血脉,行药势和作为溶媒。

1. 酒 包括各种粮食酒、瓜果酒、药物食物混酿酒、药物酿制酒等。如青梅酒、桂花酒、桑葚酒。

2. 药酒 是中药与酒结合的一种液体剂型,可用浸泡法配制。如十全大补酒、蛤蚧酒、首乌地黄酒。

3. 醪 浊酒为药物与米类制作的酒,有时可带渣。如糯米甜酒、客家娘酒。

四、粥 饭 类

中国人传统的主食制作成药膳,药物内容容量大,其特点在于可作正餐,更体现“民以食为天”的思想。

1. 药粥 由药物、药汁与米同煮而成或由一些可食中药,如人参薏芪粥。

2. 药饭 有药物、药汁与米同煮而成或由一些可食中药(如山药、薏苡仁、黄精等)直接做成。如参枣米饭。

五、糕 点 类

这一类药膳做成中国人传统的副食,花色品种多,可增强人们的食欲。

1. 药糕 是由具有治疗或保健作用的食用中药或将其与有关药材一起研为细末,再与米粉、麦粉或豆粉相混合,加适量白糖、食油做成糕,再蒸熟或烘制而成的食物。如茯苓人参糕。

2. 药饼 是将食用中药与有关药物一起研为细粉,与麦粉、米粉或豆粉混合,或加适量枣泥、白糖、食油等做成饼状,经烙、蒸、烤、煎等法而制成的食品。如茯苓饼。

3. 药糖果 用中药与冰糖等做成的糖果。如丁香姜糖。

4. 药粉 这类药膳的制作是将中药与五谷碾成粉,药粉可炒香后直接食用或用开水调成糊后食用,也可煮成糊食用,它包含药糊。

六、其 他 类

由于中国饮食文化丰富无比,药膳也一样,还有很多不是太好归类。

1. 药(水)果　用药将水果加工后的一类药膳。药膳糖果是将药物的加工品加入熬炼成的糖料中混合后制成的固态或半固态、供含化或嚼食的药膳食品,如薄荷糖、山楂软糖等。药膳蜜饯是以植物的果实、果皮类的新鲜或干燥原料经药液、蜂蜜或糖液煎煮后,再附加多量的蜂蜜或白糖而制得的药膳食品,如蜜饯山楂、糖橘饼等。

2. 药蛋　用中药与蛋同煮的一类药膳。如茶叶蛋。

3. 膏滋　是将食用中药或将其与中药材一起加水煎煮,去渣、取汁、浓缩后,加入蜂蜜或蔗糖而制成的半流体制剂。如归脾蜜膏、固元膏。

4. 凝膏　药物即动物胶质熬制的一种凝胶样膏类,如龟苓膏。

此外,随着现代科技的发展,将有更多的药膳品种出现。如药膳罐头就是将药膳食品按罐头生产工艺制成的一种特殊食品。它与其他类型的药膳食品比较,具有可长期贮放、有利于运输保管等优点,如虫草鸭子、雪花鸡等药膳罐头制品。还有一些药膳食品如桂花核桃冻、川贝酿梨、淮药泥、桃杞鸡卷等,与上述各类药膳食品的性质不完全相似,但都具有保健、治疗的作用。

第4节　常用中医膳食美容原材

一、食　　物

（一）谷物及豆类

1. 粳米

【**性味归经**】　味甘、性平。

【**效用**】　滋阴润肺,健脾和胃。

2. 糯米

【**性味归经**】　味甘、性温。

【**效用**】　补中益气。

3. 小米

【**性味归经**】　味甘、咸,性凉。

【**效用**】　和中,益肾,除热,解毒。

4. 黄大豆

【**性味归经**】　味甘,性平。入脾、大肠经。

【**效用**】　健脾宽中,润燥消水。

5. 豆腐

【**性味归经**】　味甘、淡,性凉。

【**效用**】　益气和中,用于脾胃虚弱之腹胀、吐血以及水土不服所引起的呕吐。

6. 黑豆

【**性味归经**】　味甘、涩,性平。入脾、肾经。种皮味甘,性凉,入肝经。

【**效用**】　活血,利水,祛风,解毒,滋阴补血,安神,明目,益肝肾之阴。

7. 绿豆

【**性味归经**】　味甘,性凉。入心、胃经。

【**效用**】　清热解毒,消暑,利水。

（二）水果及蔬菜类

1. 水果

（1）荔枝

【性味归经】 果肉,味甘、酸,性温。核,味甘、微苦,性温。入脾、肝经。

【效用】 果肉,益气补血。核,理气,散结,止痛。

（2）桂圆

【性味归经】 味甘,性平。入脾、心经。

【效用】 果肉补脾养血,益精安神。果壳收敛。果核止血,理气,止痛。

（3）苹果

【性味】 味甘,性凉。

【效用】 补气,健脾,生津,止泻。

（4）梨

【性味归经】 味甘、微酸,性凉。入脾、胃经。

【效用】 生津,润燥,清热,化痰,解酒。

（5）桃子

【性味归经】 果肉,味酸、甘,性温。桃仁,味苦、甘,性平,有小毒。

【效用】 果肉,敛肺生津,敛汗,活血。桃仁,活血消积,润肠。

（6）葡萄

【性味归经】 味甘、酸,性平。入肺、脾、肾经。

【效用】 补气血,强筋骨,利小便。

（7）香蕉

【性味归经】 味甘,性寒。入肺、大肠经。

【效用】 清热,生津止渴,润肺滑肠。

（8）柑

【性味】 果肉,味甘、酸,性平。无毒。

【效用】 滋养,润肺,健脾,止渴,化痰。

（9）佛手柑

【味性】 味苦、酸,性温,无毒。

【效用】 化痰止咳,健脾,解酒,行气,止痛。

（10）甜橙

【性味】 果肉味甘,性平,无毒。果皮味苦、辛,性温。核味苦,性温。

【效用】 果肉滋润健胃。果皮化痰,止咳,健脾胃。核消肿,止痛。

（11）柚

【性味】 果肉,味甘、酸,性寒,无毒。柚皮,味辛、苦、甘,性温。果核,味苦,性温。

【效用】 果肉,健脾,止咳,解酒。柚皮,化痰,止咳,理气,止痛。

（12）芒果

【性味归经】 果,味甘、酸,性平。核,味甘、苦,性平。入肝、脾经。

【效用】 果,理气、止咳、健脾。核,行气止痛。

（13）杨梅

【性味】 味酸、甘,性平,无毒。

【效用】　生津止渴,消食,止呕,利尿。

（14）西瓜

【性味归经】　西瓜瓤及西瓜皮味甘、淡,性寒,无毒。西瓜子味甘,性平。瓜霜味咸,性寒。入肺、心、味、膀胱经。

【效用】　生津止渴,消暑除烦,戒酒利尿。

（15）猕猴桃

【性味归经】　性寒,味甘、酸。入脾、胃经。

【效用】　清热生津,健脾止泻,常用来治疗食欲不振、消化不良、反胃呕吐以及烦热、黄疸、消渴、石琳、疝气、痔疮等症。

（16）柿子

【性味归经】　果味甘、涩,性平,无毒。柿蒂味涩,性平。入肺、脾、胃、大肠经。

【效用】　清热润肺,生津止渴,健脾化痰。

（17）甘蔗

【性味】　味甘,性平。

【效用】　健脾,生津,利尿,解酒。

（18）枇杷

【性味归经】　果,味甘、酸,性平。核,味苦,性平。入肺、胃经。

【效用】　果,清肺生津止渴。核,祛痰止咳,和胃降逆,主要用于治疗肺热咳嗽、久咳不愈、咽干口渴及胃气不足等病症。

（19）山楂

【性味归经】　味酸、甘,性微温。入脾、胃、肝经。

【效用】　消食健胃,活血化瘀,驱虫。

（20）橄榄

【性味】　味甘、酸,性平。

【效用】　清热,利咽喉,解酒毒。

（21）桑葚

【性味归经】　味甘、酸,性寒。入心、肝、肾经。

【效用】　滋阴补肾,养血明目。

（22）柠檬

【性味归经】　果,味酸、甘,性平。入肝、胃经。

【效用】　果,化痰止咳,生津,健脾。核,行气,止痛。

2. 蔬菜

（1）冬瓜

【性味归经】　味甘、淡,性凉。入肺、大肠、小肠、膀胱经。

【效用】　润肺生津,利尿消肿,清热祛暑,解毒排脓。

（2）苦瓜

【性味归经】　味苦,性寒。入心、肝、脾、肺经。

【效用】　清热解暑,明目解毒。

（3）丝瓜

【性味归经】　味甘,性凉。入肝、胃经。瓜络味甘,性平。通行 12 经。

【效用】 清热化痰,凉血、解毒。

(4) 南瓜

【性味归经】 味甘,性温。入脾、胃经。子味甘,性平。

【效用】 补中益气,消炎止痛,解毒杀虫。

(5) 黄瓜

【性味归经】 味甘,性凉。入脾、胃、大肠经。

【效用】 瓜清热利尿。瓜藤清热,利湿,祛痰,镇痉。

(6) 菠菜

【性味归经】 味甘,性凉。入大肠、胃经。

【效用】 养血、止血、敛阴,润燥。

(7) 苋菜

【性味归经】 味甘,性凉。归肺、大肠、小肠经。

【效用】 清热,凉血,利湿。

(8) 芹菜

【性味归经】 味甘,苦,性凉。归肺、胃、肝经。

【效用】 平肝清热,祛风利湿。

(9) 水芹

【性味归经】 味甘,辛,性凉。入肺、胃经。

【效用】 清热解毒,宣肺利湿。

(10) 韭菜

【性味归经】 根味辛,性温,入肝经。叶味甘、辛、咸,性温,入肝、胃、肾经。种子味辛、咸、性温,入肝、肾经。

【效用】 根温中行气,散瘀。

(11) 枸杞叶

【性味归经】 全株味甘苦、甘,性凉。入肝、肺、肾经。

【效用】 全株清肝肾,降肺火。

(12) 荠菜

【性味归经】 味甘,性平。入肝、心、肺、脾经。

【效用】 和脾,利水,止血,明目。

(13) 白菜

【性味归经】 味甘,性平。归肠,胃经。

【效用】 解热除烦,通利肠胃。

(14) 萝卜

【性味归经】 味辛、甘、性凉。入肺、胃经。

【效用】 消积滞,化痰热,下气,宽中,解毒。

(15) 胡萝卜

【性味归经】 味甘,性平。入肺、脾经。

【效用】 健脾消食,行气化滞,明目。

(16) 莲子

【性味归经】 味甘、涩、性平。入心、脾、肾经。莲心味苦,性寒。

【效用】　补虚损,养心安神,健脾止泻,补肾止遗。

(17)核桃仁

【性味归经】　味甘,性温。入肾、肺经。分心木(核中木质隔层)味苦,性温。补肾,涩精。

【效用】　补肾固精,温肺定喘,润肠通便。

(18)栗子

【性味归经】　味甘,性温。入脾、胃、肾经。

【效用】　养胃健脾,补肾强精,活血止血。主治脾胃虚弱、反胃、泄泻、体虚腰酸腿软、吐血便血、金疮、折伤肿痛、瘰疬肿毒。

(19)落花生

【性味归经】　味甘、性平。入脾、肺经。

【效用】　养血补脾,润肺化痰,止血增乳,润肠通便。

(20)黑芝麻

【性味归经】　味甘,性平。入肝、肾经。

【效用】　滋补肝肾,生津润肠,润肤护发,抗衰祛斑,明目通乳。

(21)大枣

【性味归经】　味甘、性平。入脾、胃经。

【效用】　补益脾胃,滋养阴血,养心安神,缓和药性。

(22)芡实

【性味】　味甘、涩,性平。

【效用】　补脾,止泻,涩精。

(23)木耳

【性味归经】　味甘,性平。入胃、大肠经。

【效用】　凉血止血,益气补血。

(24)香菇

【性味归经】　味甘,性平。入胃、肾、肝经。

【效用】　补气健脾,和胃益肾,滋味助食。

(25)银耳

【性味归经】　味甘,性平。入肺、胃经。

【效用】　养阴生津,润肺健脾。

(26)月季花

【性味归经】　味甘,性温。入肝、脾经。

【效用】　活血调经,消肿止痛。

(27)玫瑰花

【性味归经】　味酸、甘,性微寒。入心、肝经。

【效用】　理气活血,疏肝解郁。

(28)荷叶

【性味归经】　味芳香,性平。入胃、脾、肝经。

【效用】　清热祛暑,理脾和胃,凉血止血。

(29)海带

【性味归经】　味咸,性寒。入肝、胃、肾经。

【效用】 软坚化痰,清热行水。

（30）紫菜

【性味归经】 味甘、咸,性寒。入肺经。

【效用】 软坚化痰,清热利尿。

（31）胡椒

【性味归经】 味辛,性热。入胃、大肠经。

【效用】 温中下气,消痰解毒。

（32）茴香

【性味归经】 味辛,性温。入肾、肝、胃经。

【效用】 温肾散寒,和胃理气。

（33）肉桂

【性味归经】 味辛,甘,性热。入肾、脾、膀胱经。

【效用】 补元阳,暖脾胃,除积冷,通血脉。

（34）葱白

【性味归经】 味辛,性温。入肺、胃二经。

【效用】 发表,通阳,解毒,利尿。

（35）姜

【性味归经】 生姜:味辛,性微温;干姜:味辛,性热。入脾、胃、肺经。

【效用】 生姜:解表散寒,止呕化痰。干姜:温中祛寒,回阳通脉。

（36）大蒜

【性味归经】 味辛,性温。入脾、胃、肺经。

【效用】 行滞气,暖脾胃,消积,解毒,杀虫。

（37）醋

【性味归经】 味酸、苦,性温。入肝、胃经。

【效用】 散瘀,止血,解毒,杀虫。

（38）酒

【性味归经】 味苦、甘、辛,性温,有毒。入心,肝、肺、胃经。

【效用】 通血脉,御寒气,醒脾温中,行药势。

（39）茶叶

【性味归经】 味苦、甘,性凉。入心、肺。胃经。

【效用】 清头目,除烦渴,化痰,消食,利尿,解毒。

（40）糯米酒

【性味归经】 味甘、辛,性温,无毒。入肝、肺、肾经。

【效用】 通乳,调经,益肾健脾。

（三）禽畜野味类

1. 猪肉

【性味归经】 味甘、咸,性平。入脾、胃、肾经。

【效用】 补肾养血,滋阴润燥。

2. 猪心

【性味归经】 味甘、咸,性平。归心经。

【效用】　养心安神,补血。

3. 猪肺

【性味归经】　味甘、性平。入肺经。

【效用】　补肺止咳。

4. 猪肝

【性味归经】　味甘、苦,性温。归肝经。

【效用】　补肝明目,养血。

5. 猪皮

【性味归经】　味甘,性微凉。入心、肺经。

【效用】　有养血滋阴之功,用于出血性疾患和贫血的调养和治疗。

6. 猪腰

【性味归经】　味甘、咸,性平。入肾经。

【效用】　补肾利水,止遗止汗。

7. 猪蹄

【性味归经】　味甘、咸、性平。归胃经。

【效用】　补血,通乳,托疮。

8. 猪肚

【性味归经】　味甘,性微温。归脾、胃经。

【效用】　补虚损,健脾胃。

9. 牛肉

【性味归经】　味甘,性平。归脾、胃经。

【效用】　补脾胃,益气血,强筋骨。

10. 牛奶

【性味归经】　味甘,性平。入心、肺、胃经。

【效用】　补虚损,益脾胃,生津润肠。

11. 兔肉

【性味归经】　味甘,性凉。入肝、脾、大肠经。

【效用】　补中益气,凉血解毒。

12. 羊肉

【性味归经】　味甘,性热。入脾、胃、肾、心经。

【效用】　温补脾胃,用于治疗脾胃虚寒所致的反胃、身体瘦弱、畏寒等症。温补肝肾,用于治疗肾阳虚所致的腰膝酸软冷痛、阳痿等症。补血温经,用于产后血虚经寒所致的腹冷痛。

13. 鸡肉

【性味归经】　味甘,性温。入脾、胃经。

【效用】　温中、益气、补精、填髓。

14. 乌骨鸡

【性味归经】　味甘,性平。入肝、肾经。

【效用】　补益肝肾,养阴退热。

15. 蚕蛹

【性味归经】 味甘、辛、咸,性温。入脾、胃经。

【效用】 补肾壮阳,补虚劳,祛风湿。

16. 蜂蜜

【性味归经】 味甘,性平。入肺、脾、大肠经。

【效用】 补中润燥,止痛,解毒。

17. 燕窝

【性味归经】 味甘,性平。入肺、脾、肾经。

【效用】 养阴润燥,益气补中。

18. 狗肉

【性味归经】 味咸、酸,性温。入脾、胃、肾经。

【效用】 温肾壮阳,用于肾阳虚所致的腰膝冷痛、小便清长、小便频数、浮肿、耳聋、阳痿等症。温补脾胃,用于脾胃阳气不足所致脘腹胀满、腹部冷痛等症。

19. 鹿肉

【性味归经】 味甘,性温。入脾、胃、肾经。

【效用】 补脾和胃,养肝补血,壮阳益精。

(四) 水产类

1. 鲫鱼

【性味归经】 味甘、性温。入脾、胃、大肠经。

【效用】 温补脾胃,利尿消肿。

2. 龟肉

【性味归经】 味甘、咸,性平。入肝、肾、肺经。

【效用】 滋阴补血。

3. 泥鳅

【性味归经】 味甘、性平。入脾、肺经。

【效用】 补中益气,祛湿杀虫,利湿退黄。

4. 海参

【性味归经】 味甘、咸,性温。入心、肾、脾、肺经。

【效用】 补肾益精,养血润燥。

5. 海蜇

【性味归经】 味咸,性平。入肝、肾经。

【效用】 清热化痰,消积,润肠。

6. 黄鳝

【性味归经】 味甘,性温。入肝、脾、肾经。

【效用】 补气养血,温补脾胃,祛风湿,通脉络。

7. 虾

【性味归经】 味甘,性温。入肝、肾经。

【效用】 温补肾阳,用于肾阳虚所致阳痿、畏寒、体倦、腰膝酸软等症。增乳通乳,用于妇女产后乳汁不足或不通。托毒,用于治疗丹毒、臁疮等症。

二、中药（为便于查找,按中药药名的汉语拼音字母顺序编排）

艾叶

【性味归经】　苦、辛、温,归肝、脾、肾经。

【功效】　1. 温经止血,用于虚寒性月经过多,崩漏。

2. 调经安胎。

3. 温经通络,温灸穴位。

白果

【性味归经】　甘、苦、涩、平,有小毒,归肺经。

【功效】　1. 祛痰定喘。

2. 收敛除湿,治疗白带。

白茅根

【性味归经】　苦、寒,归肺、胃、肾经。

【功效】　1. 凉血止血。

2. 清热利尿。

3. 清肺胃热。

白芍

【性味归经】　苦、酸,微寒。归肝、脾经。

【功效】　1. 平肝泻火。

2. 止胃脘痛,腹痛。

3. 养血和胃。

柴胡

【性味归经】　苦、辛。微寒。归肝、胆经。

【效用】　1. 疏风退热。

2. 和解少阳。

3. 疏肝解郁。

4. 升举阳气。

车前子

【性味归经】　甘、寒。归肾、肝、肺经。

【效用】　1. 利尿通淋。

2. 渗湿止泻。

3. 清肝明目。

4. 清肺化痰。

陈皮

【性味归经】　辛、苦、温。归脾、肺经。

【效用】　1. 行气健脾。

2. 燥湿化痰。

赤小豆

【性味归经】　甘、酸、平。归心、小肠经。

【效用】　1. 利水消肿。

2. 解毒排脓。

3. 利湿退黄。

穿心莲

【性味归经】　苦、寒。归肺、胃、大肠、小肠经。

【效用】　1. 清热燥湿。

2. 清热解毒。

3. 清肺止咳。

川芎

【性味归经】　辛、温。归肝、胆、心包经。

【效用】　1. 活血行气。

2. 祛风止痛。

葱白

【性味归经】　辛、温。归肺、胃经。

【效用】　1. 发汗解表。

2. 通达阳气。

丹参

【性味归经】　苦、微寒。归心、肝经。

【效用】　1. 活血祛瘀。

2. 清热除烦。

3. 清热消肿。

淡豆豉

【性味归经】　辛、甘、微苦、寒。归肺、胃经。

【效用】　1. 疏散表邪(解表)。

2. 宣散郁热(除烦)。

大枣

【性味归经】　甘、温。归脾、胃经。

【效用】　1. 养血安神。

2. 补中益气。

3. 缓和药性。

淡竹叶

【性味归经】　甘、淡、寒。归心、胃、小肠经。

【效用】　1. 清心除烦。

2. 利尿通淋。

冬虫夏草

【性味归经】　甘、平。归肺、肾经。

【效用】　滋补肺肾。

丁香

【性味归经】　辛、温。归脾、胃、肾经。

【效用】　1. 温中降逆。

2. 温肾助阳。

冬瓜皮

【性味归经】　甘、微寒。归肺、小肠经。

【效用】　消水利肿。

杜仲

【性味归经】　甘、微辛、温。归肝、肾经。

【效用】　1. 补肝肾,强筋骨。

　　　　　2. 安胎。

阿胶

【性味归经】　甘、平。归肺、肝。肾经。

【效用】　1. 养血止血。

　　　　　2. 滋阴润肺。

佛手

【性味归经】　辛、苦、温。归肝、脾、肺、胃经。

【效用】　1. 行气止痛。

　　　　　2. 和胃健脾。

茯苓

【性味归经】　甘、淡、平。归心、脾、肾经。

【效用】　1. 利水渗湿。

　　　　　2. 健脾补中。

　　　　　3. 宁心安神。

附子

【性味归经】　辛,热;有毒。归心、脾、肾经。

【效用】　1. 回阳救逆。

　　　　　2. 温肾壮阳。

　　　　　3. 祛寒止痛。

干姜

【味性归经】　辛,热。归脾、胃、肺经。

【效用】　1. 温中散寒。

　　　　　2. 温肺化饮。

葛根

【味性归经】　甘、辛、凉。归脾、胃经。

【效用】　1. 解肌退热。

　　　　　2. 生津止渴。

　　　　　3. 透疹。

　　　　　4. 止泻。

枸杞子

【味性归经】　甘,平。归肝、肾经。

【效用】　1. 滋阴补肾。

　　　　　2. 益精明目。

桂枝

【味性归经】　辛,甘,温。归心、肺、膀胱经。

【效用】　1. 发汗解表。

　　　　　2. 温经散寒。

　　　　　3. 温通血脉。

海藻

【味性归经】　咸,寒。归肝、胃、肾经。

【效用】　清热化痰,软坚散结。

何首乌

【味性归经】　甘,苦,涩,微温。归肝、肾经。

【效用】　1. 补肝肾,益精血。

　　　　　2. 涩精止遗。

　　　　　3. 解疮毒,通大便。

黑芝麻

【性味归经】　甘,平。归肝、肾、大肠经。

【效用】　1. 补肝肾,益精血。

　　　　　2. 润燥滑肠。

红花

【味性归经】　辛,温。归心、肝经。

【效用】　1. 活血痛经。

　　　　　2. 祛痰止痛。

胡椒

【味性归经】　辛,热。归胃、大肠经。

【效用】　1. 温中散寒。

　　　　　2. 醒脾开胃。

花椒

【性味归经】　辛,热、归脾、胃经。

【效用】　1. 温中止痛。

　　　　　2. 驱蛔。

槐花

【性味归经】　苦,微寒。归肝、胃、大肠经。

【效用】　1. 凉血止血。

　　　　　2. 清肝热。

黄精

【性味归经】　甘,平,归脾、肺、肾经。

【效用】　补脾,益精,润肺。

黄芪

【性味归经】　甘,微温。归脾、肺经。

【效用】　1. 补脾益气。

　　　　　2. 固表止汗。

　　3. 益气升阳。

　　4. 利尿消肿。

　　5. 托疮排脓。

火麻仁

【性味归经】　甘,平。归脾、大肠经。

【效用】　滋阴润肠。

鸡内金

【性味归经】　甘,平。归脾、胃、肾、膀胱经。

【效用】　1. 消食化积健胃。

　　2. 止遗尿。

　　3. 化石通淋。

金银花

【性味归经】　甘,寒。归肺、心、胃经。

【效用】　1. 清热解毒。

　　2. 透表清热。

菊花

【性味归经】　辛、甘、苦,微寒。归肝、肺经。

【效用】　1. 疏风清热。

　　2. 清肝明目。

　　3. 平肝熄风。

苦杏仁

【性味归经】　苦,微温;有小毒。归肺、大肠经。

【效用】　1. 止咳平喘。

　　2. 润肠通便。

昆布

【性味归经】　咸,寒。归肝、胃、肾经。

【效用】　化痰,软坚,散结,利水消肿。

莱菔子

【性味归经】　辛、甘,平。归脾、胃、肺经。

【效用】　1. 消食导滞。

　　2. 降气祛痰。

莲子

【性味归经】　甘、涩,平。归脾、肾、心经。

【效用】　1. 养心益肾。

　　2. 健脾止泻。

龙眼肉

【性味归经】　甘,温。归心、脾经。

【效用】　补心脾,益气血。

芦荟

【性味归经】　苦、寒。归肝、大肠经。

【效用】　1. 泻热通便。

　　　　　2. 凉肝。

　　　　　3. 杀虫疗疳。

鹿茸

【性味归经】　甘、涩、平。归心、甘、肾经。

【效用】　补肾壮阳。

绿豆

【性味归经】　甘,寒。归心、胃经。

【效用】　1. 清热解毒。

　　　　　2. 清热消暑。

马齿苋

【性味归经】　酸,寒。归大肠、肝经。

【效用】　1. 清热凉血治痢。

　　　　　2. 清热解毒消痈。

麦门冬

【性味归经】　甘、微苦,微寒。归心、肺、胃经。

【效用】　1. 养阴清热。

　　　　　2. 润肺止咳。

木瓜

【性味归经】　酸,温。归肝、脾经。

【效用】　1. 舒筋活络。

　　　　　2. 和胃化湿。

牛蒡子

【性味归经】　辛、苦,寒。归肺、胃经。

【效用】　1. 疏散风热,利咽散结。

　　　　　2. 解毒透疹。

女贞子

【性味归经】　甘、苦,凉。归肝、肾经。

【效用】　滋补肝肾。

藕节

【性味归经】　甘、涩,平。归肝、脾、胃经。

【效用】　收敛止血。

胖大海

【性味归经】　甘,寒。归肺、大肠经。

【效用】　1. 清热润肺。

　　　　　2. 解毒利咽。

枇杷叶

【性味归经】　苦,微寒。归肺、胃经。

【效用】　1. 祛痰止咳。

　　　　　2. 和胃降逆。

蒲公英

【性味归经】　苦、甘,寒。归肝、胃经。

【效用】　1. 清热解毒。

　　　　　2. 消痈散结。

芡实

【性味归经】　甘、涩,平。归脾、肾经。

【效用】　1. 健脾止泻。

　　　　　2. 固肾涩精。

肉苁蓉

【性味归经】　甘、咸,温。归肾、大肠经。

【效用】　1. 补肾壮阳。

　　　　　2. 润肠通便。

肉桂

【性味归经】　辛、甘,热。归肾。脾、心、肝经。

【效用】　1. 温肾壮阳。

　　　　　2. 温中祛寒。

　　　　　3. 温经止痛。

三七

【性味归经】　甘、微苦,微温。归心、肝、脾经。

【效用】　1. 祛瘀止血。

　　　　　2. 消肿止痛。

桑白皮

【性味归经】　甘,寒。归肺经。

【效用】　1. 止咳平喘。

　　　　　2. 利水消肿。

桑寄生

【性味归经】　苦、甘,平。归肝、肾经。

【效用】　1. 补肝肾,强筋骨,祛风湿。

　　　　　2. 养血安胎。

桑叶

【性味归经】　苦、甘、寒。归肺、肝经。

【效用】　1. 疏风清热。

　　　　　2. 清肺止咳。

　　　　　3. 清肝明目。

砂仁

【性味归经】　辛、温。归脾、胃、肾经。

【效用】　1. 行气健胃。

　　　　　2. 化湿止呕。

　　　　　3. 安胎。

山药

【性味归经】 甘、平。归脾、肺、肾经。

【效用】 1. 补益脾胃。

2. 益肺滋肾。

山茱萸

【性味归经】 酸、微温。归肝、肾经。

【效用】 1. 固肾涩精。

2. 敛汗固脱。

山楂

【性味归经】 酸、甘、微温。归脾、胃、肝经。

【效用】 1. 消食导滞。

2. 化瘀散结。

石斛

【性味归经】 甘、微寒。归胃、肾经。

【效用】 养阴清热生津

酸枣仁

【性味归经】 酸、甘、平。归心、肝、胆经。

【效用】 1. 养心安神。

2. 益阴敛汗。

太子参

【性味归经】 甘、微苦,平。归脾、肺经。

【效用】 补气生津。

桃仁

【性味归经】 苦、平。归心、肝、大肠经。

【效用】 1. 破血祛瘀。

2. 润燥滑肠。

天门冬

【性味归经】 甘、苦,大寒。归肺、肾经。

【效用】 1. 养阴清热。

2. 润肺滋肾。

天麻

【性味归经】 甘、平。归肝经。

【效用】 1. 平肝熄风。

2. 祛风止痛。

菟丝子

【性味归经】 辛、甘、平。归肝、肾、脾经。

【效用】 补肝肾、益精气。

王不留行

【性味归经】 苦、平。归肝、胃经。

【效用】 行血通经,下乳消肿。

乌梅

【性味归经】　酸、涩、平。归肝、脾、肾、大肠经。

【效用】　1. 敛肺止咳。

2. 涩肠止泻。

3. 生津止渴。

4. 安蛔止痛。

五加皮

【性味归经】　辛、温。归肝、肾经。

【效用】　1. 祛风湿,强筋骨。

2. 化湿消肿。

西洋参

【性味归经】　苦、微甘、寒。归心、肺、肾经。

【效用】　益气生津,养阴清热。

夏枯草

【性味归经】　苦、辛、寒。归肝、胆经。

【效用】　1. 清肝火。

2. 清热散结。

3. 明目。

仙茅

【性味归经】　辛、热;有小毒。归肝、肾、脾经。

【效用】　1. 补肾壮阳。

2. 祛寒除湿。

小茴香

【性味归经】　辛、温。归肝、肾、脾、胃经。

【效用】　1. 理气止痛。

2. 温中开胃。

续断

【性味归经】　苦、辛,微温。归肝、肾经。

【效用】　1. 补肝肾,强筋骨。

2. 安胎。

玄参

【性味归经】　苦、甘、咸、寒。归肺、胃、肾经。

【效用】　1. 清热凉血。

2. 养阴生津。

3. 泻火解毒。

4. 软坚散结。

益母草

【性味归经】　辛,微苦,微寒。归心、肝、肾经。

【效用】　1. 活血调经。

2. 利水消肿。

薏苡仁

【性味归经】 甘、淡,微寒。归脾、胃、肺经。

【效用】 1. 利水渗湿。

2. 祛风湿。

3. 清热排脓。

4. 健脾止泻。

茵陈

【性味归经】 苦,微寒。归脾、胃、肝、胆经。

【效用】 清热利湿。

玉竹

【性味归经】 甘、平。归肺、胃经。

【效用】 养阴润燥。

远志

【性味归经】 辛、苦,微温。归心、肾、肺经。

【效用】 1. 安神解郁。

2. 祛痰通窍。

3. 消散痈肿

泽泻

【性味归经】 甘、淡、寒。归肾、膀胱经。

【效用】 1. 利水渗湿。

2. 泻肾火。

知母

【性味归经】 苦、甘、寒。归肺、胃、肾经。

【效用】 1. 清热除烦。

2. 滋阴润燥。

枳实

【性味归经】 苦、辛、微寒。归肺、胃、大肠经。

【效用】 1. 破气消积。

2. 下气通便。

猪苓

【性味归经】 甘、淡、平。归肾、膀胱经。

【效用】 利水渗湿。

竹茹

【性味归经】 甘,微寒。归肺、胃、胆经。

【效用】 1. 清化热痰。

2. 清热止呕。

紫河车

【性味归经】 甘、咸、温。归肺、肝、肾经。

【效用】 大补气血,益精髓。

紫苏叶

【性味归经】　辛、温。归肺、脾经。

【效用】　1. 解表散寒。

　　　　　2. 行气和中。

　　　　　3. 解鱼蟹毒。

第5节　常用中药与食物的配伍禁忌

中药与食物的配伍禁忌是古人长期食膳经验的总结,古典医籍中有大量有关药物与食物配伍禁忌的记载。其中有些禁忌虽然还有待科学考证,但为安全起见,以慎用为宜。

巴豆忌食芦笋、野猪肉;黄连、桔梗忌食猪肉;半夏、菖蒲忌食饴糖、羊肉;细辛忌食生菜;牡丹皮忌食芫荽;商陆忌食狗肉;茯苓忌食食醋;鳖甲忌食苋菜;天门冬忌食鲤鱼;甘草忌食白菜、海带;常山忌食生葱、生菜;朱砂忌食动物血制食品;葱忌常山、地黄、何首乌、蜜;蒜忌地黄、何首乌;萝卜忌地黄、何首乌;醋忌茯苓;土茯苓、威灵仙忌茶;猪肉反乌梅、桔梗、黄连、百合、苍术忌姜、羊肝;猪血忌地黄、何首乌;猪心忌吴茱萸;猪肝忌鱼酢;羊肉反半夏、菖蒲,忌铜、丹砂、梅子、酢;羊心、肝,忌赤小豆、椒、笋;狗肉反商陆,忌杏仁、蒜、鱼;鲫鱼反厚朴,忌麦门冬;鲫鱼忌朱砂。

(陈　蔚)

目 标 检 测

一、单选题

1. 下列中药和食物不属于寒、凉性的有(　　)。

　　A. 绿豆　　　　　　B. 雪梨

　　C. 荔枝　　　　　　D. 蒲公英

　　E. 鱼腥草

2. 下列中药和食物中,不适合阳虚体质的有(　　)。

　　A. 辣椒　　　　　　B. 羊肉

　　C. 生姜　　　　　　D. 当归

　　E. 绿豆

3. 中医食膳调理黄褐斑,下列说法错误的是(　　)

　　A. 肝郁气滞型:斑色黄褐、面色无华,心情急躁易怒或郁闷烦怨,胸胁胀痛,月经不调或痛经,经前斑色加重,乳房胀痛。可用牛肝粥或红白酒调理。

　　B. 肝肾阴虚型:面部色斑灰黑,腰膝酸软,头晕耳鸣,疲倦无力,舌红少苔,脉沉细。用核桃牛乳茶或滋阴祛斑酒调理。

　　C. 肺经风热型:丘疹色红,或有痒痛,面色潮红,色质红,苔薄黄,脉浮数。用肉苁蓉陈皮汤调理

二、填空题

1. 中药和食物的四气是指 _____、_____、

_____、_____。

2. 中药和食物的五味是指 _____、_____、

_____、_____、_____。

3. 中医食膳按照食品形状分类有五大类,分别是 _____、_____、_____、_____、_____。

4. 中医食膳在不同的季节有不同对应的脏腑,春季对应_____,夏季对应_____,秋季对应_____,冬季对应_____。

5. 中医食膳美容要根据不同的体质选择中药和食物,中医将人体分为八大体质,分别是 _____体质,_____体质,_____体质,_____体质,_____体质,_____体质,_____体质,_____体质。

三、案例分析

王某,女,40岁,10年产后形体渐渐肥胖臃肿,体重比产前增加10kg,以腹部下肢为甚。经常感觉神疲乏力,四肢困重,肿胀,嗜睡,白带较多,大便黏滞不爽,月经推迟,舌体胖大,舌苔白腻,脉濡。

请问:

1. 该女士属于中医体质分型中的哪种体质?

2. 如何运用中医食膳调理她的体质,改善她的肥胖症状?

附录　中国居民膳食指南与膳食宝塔

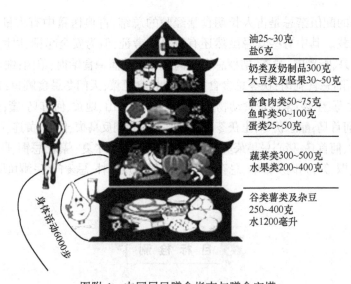

油25~30克
盐6克

奶类及奶制品300克
大豆类及坚果30~50克

畜食肉类50~75克
鱼虾类50~100克
蛋类25~50克

蔬菜类300~500克
水果类200~400克

谷类薯类及杂豆
250~400克
水1200毫升

身体活动6000步

图附-1　中国居民膳食指南与膳食宝塔

一、食物多样,谷类为主,粗细搭配

（一）食物多样化才能保证人体所需营养素

人类的食物是非常丰富的。每种食物所含的营养素各不相同,但是任何一种天然食物都不能提供人体所需的全部营养素。平衡膳食广泛食用多种食物,保证膳食中的营养素种类齐全、营养素充足、比例适当又不过剩,保持身体健康。

（二）谷类为主是平衡膳食的保证

谷类食物是世界上绝大多数国家传统膳食的主体,是最有效、最安全、最易获得、最便宜的食物。谷类食物中碳水化合物占重量的80%左右,蛋白质含量占10%左右,脂肪含量占1%左右,还含有矿物质、B族维生素和膳食纤维等。提倡谷类为主,强调膳食中谷类食物应达到一半以上,是提供能量的主要来源,以植物性食物为主的膳食模式既可提供充足的能量,又可避免摄入过多的脂肪及含脂肪较高的动物性食物,对预防心脑血管疾病、糖尿病和癌症有益。根据中国营养学会推荐:要坚持谷类为主,应保持每天膳食中有适量的谷类食物,一般成年人每天应摄入250~400g。

（三）粗细搭配有利于合理摄取营养素

粗粮和细粮是根据加工程度对谷类食物的分类,是一组相对概念。细粮是指:大米、白面等谷物经过精细加工、谷粒外层被去除的比较彻底,口感细腻、外观精致。粗粮是指:没有经过精细加工的谷类,保留了谷粒较硬的外层,口感粗糙。主要包括:玉米、小米、高粱、燕麦、大麦、荞麦、黑米、红米、等稻麦以外的谷类。

细粮口感好、营养容易吸收。细粮主要成分是淀粉,细粮在加工过程中追求精细,导致维生素、矿物质的大量损失。长期仅进食细粮,容易导致营养缺乏症。

粗粮富含膳食纤维、B族维生素和矿物质,适当摄取粗粮有利于于减少和预防肠道疾病、糖尿病、肥胖症等慢性疾病。粗粮中的膳食纤维有利于刺激肠道的蠕动,增加粪便体积,软化粪便,刺激结肠内的细菌发酵,降低血中总胆固醇和(或)低密度脂蛋白胆固醇的水平,降低餐后血糖和(或)胰岛素水平。

但是,粗粮会影响人体对钙、铁等矿物质的吸收。长期大量进食高膳食纤维食物,会导致蛋白质补充受阻、脂肪摄入不足、微量元素缺乏,因而造成骨骼、心脏等脏器功能的损害。

因此,粗粮、细粮搭配才能减少若干慢性疾病的发病风险,帮助控制体重。因此建议每天食用50g以上的粗粮。

二、多吃蔬菜、水果和薯类

水果是指多汁且有甜味的植物果实,也是对部分可以食用的植物果实和种子的统称,水果不但含有丰富的营养且能够帮助消化。蔬菜是指可以做菜、烹饪成为食品的,除了粮食以外的其他植物(多属于草本植物)。

(一) 水果、蔬菜不能互相替代

蔬菜和水果在营养成分、健康效应方面既有很多相似之处,又各具特点。蔬菜和水果不能相互替换。一般来说,蔬菜品种要远多于水果,而且多数蔬菜(特别是深色蔬菜)的维生素、矿物质、膳食纤维和植物化学物的含量高于水果,水果不能代替蔬菜。水果中的碳水化合物、有机酸和芳香物质比新鲜蔬菜多,蔬菜不能替代水果。推荐每餐有蔬菜、每日有水果。每人每天蔬菜摄入量为300~500g,水果摄入量为200~400g。

(二) 薯类的特点及食用方法

常见的薯类有甘薯(又称红薯、白薯、山芋、地瓜等)、马铃薯(又称土豆、洋芋)、木薯(又称树薯、木番薯)和芋薯(芋头、山药)等。薯类是膳食的重要组成部分。传统观念认为,薯类主要提供碳水化合物,通常把它们归为主食类。但是最新研究发现,薯类除了富含碳水化合物、膳食纤维外,还含有较多的矿物质和维生素,兼有谷类和蔬菜的双重好处。

建议适当增加薯类的摄入,每周吃5次左右,每次摄入50~100g。薯类最好用蒸、煮、烤的方式,可以保留较多的营养素。尽量少用油炸方式,控制油和盐的含量。

三、每天吃奶类、大豆或其制品

奶类营养素成分齐全、组成比例适宜,容易吸收。建议每人每天饮奶300g或相当量的奶制品。大豆富含优质蛋白质、必需氨基酸、B族维生素、维生素E和膳食纤维等营养,建议每人每天摄入30~50g大豆或相当量的豆制品。

(一) 喝牛奶需要注意什么?

喝牛奶的注意事项:①牛奶不宜久煮 牛奶煮时间长了颜色会变褐色,脂香降低、蛋白质变性出现沉淀,B族维生素受热分解,奶中防婴儿腹泻作用的轮状病毒抗体会遭到破坏。②牛奶不宜送服药物 牛奶所含的蛋白质与多种金属离子结合,会影响含金属离子药物在体内的药理作用。所以服药与饮奶最好间隔一段时间。③牛奶不宜空腹喝 空腹身体处于饥饿状态,是需求能量阶段,此时喝牛奶会将蛋白质当碳水化合物变成热能而消耗。在胃中停留时间短,很快排泄至肠道,不利于消化吸收。④牛奶不宜和含鞣酸草酸的食物同食 浓茶、柚子、柠檬、杨梅、石榴、茭白、菠菜等含有大量草酸和鞣酸,如与牛奶同时食用易凝结成块,不易消化吸收,且破坏营养。

(二) 喝豆浆必须煮熟

由于生豆浆中一些抗营养因子,如皂甙、胰蛋白酶抑制物和维生素 A 抑制物等。皂甙对消化道黏膜有很强的刺激性,可引起充血、肿胀和出血性炎症,出现恶心、呕吐、腹泻和腹痛等中毒症状;胰蛋白酶抑制物本身是一种蛋白质,它能选择性地与胰蛋白酶结合,形成稳定的复合物,从而妨碍膳食中蛋白质的消化、吸收和利用,降低豆浆的营养价值;而维生素 A 抑制物能氧化并破坏胡萝卜素,影响营养物质的吸收。所以生豆浆必须先用大火煮沸,再改用文火维持 5min,使这些有害物质被彻底破坏后才能饮用。

四、常吃适量的鱼、禽、蛋和瘦肉

鱼、禽、蛋和瘦肉均属于动物性食物,是人类优质蛋白、脂类、脂溶性维生素、B 族维生素和矿物质的良好来源,是平衡膳食的重要组成部分。推荐成人每日摄入量:鱼虾类 50～100g,畜禽肉类 50～75g,蛋类 25～50g。

(一) 需吃新鲜的海鲜,慎生食

新鲜的海产品很少有腥味。随着存放时间的延长,海产品在细菌和自身酶的作用下可分解出三甲胺等具有腥味的物质,也可产生氨、吲哚等具有臭味的物质。这会降低海鲜的营养价值,还会使其味道变差。如果海鲜变质,还可能导致食用者中毒。

海鲜类产品容易受病原微生物的污染,常见的病原微生物有可引起食物中毒的副溶血性弧菌,有可引起烈性传染病的霍乱弧菌等。所以,加工时一定要烧熟煮透,同时避免外熟内生。

(二) 鸡蛋一天吃多少

鸡蛋营养素含量丰富、质量高,是营养价值很高的食物,同时在日常生活中最常见。但是不宜过多摄入鸡蛋,一是浪费优质蛋白质,二是蛋白质分解产物会增加肝、肾负担,对身体不利。而一个代谢正常的人,适当地吃些鸡蛋,是对身体有益的。一般来说,孩子和老人每天一个,青少年和成人每天吃 1～2 个。

五、减少烹调油用量,吃清淡少盐膳食

食用油和食盐摄入过量是我国城乡居民共同存在的营养问题。建议我国居民应养成吃清淡少盐膳食的习惯,即膳食不要太油腻、不要太咸,不要摄入过多的动物性食物和油炸、烟熏、腌制食物。建议每人每天烹调油用量不超过 25g 或 30g;食盐摄入量不超过 6g,包括酱油、酱菜、酱中的食盐量。

(一) 合理选用烹饪方法

尽可能多用炖、煮、蒸、拌或用猛火快炒等烹调方式。烹调时,先用少量水将蔬菜煮熟,再凉拌或炒,这样可以尽可能保存营养成分并防止摄入过多的脂肪;将蔬菜少量多次放入沸腾的肉汤、鸡汤中,一熟即起锅,一则不再加油,二则减少营养素丢失,使汤更加鲜美营养。

（二）严格控制用盐总量，口味多样化

每天的食盐摄入采取总量控制法，使用量具，每餐按量加入菜肴。一般 20ml 酱油中含有 3g 食盐，如果菜肴需要酱油，应减少食盐用量。

运用醋、糖、姜、蒜、辣椒等加强食物的风味，减少对钠盐的依赖。

六、食不过量，天天运动，保持健康体重

进食量和运动是保持健康体重的两个主要因素，食物提供人体能量，运动消耗能量。如果进食量过大而运动量不足，多余的能量就会在体内以脂肪的形式积存下来，增加体重，造成超重或肥胖；相反若食量不足，可由于能量不足引起体重过低或消瘦。体重过重和过低都是不健康的表现。所以，应保持进食量和运动量的平衡，是体重保持在合理范围。（BMI 指数在 $18.5kg/m^2$ ~ $23.9 kg/m^2$）。

（一）吃多少叫适量

中国营养学会推荐从事轻体力劳动的成年男子每天所需要的热量大概为 2200kcal，成年女性每天所需要的热量为 1800kcal。相当于每天吃谷类 250g，蔬菜 300g，水果 200g，鱼、禽、肉、蛋等动物性食物 150~225g（其中鱼虾类 75~100g，畜、禽肉 50~75g，蛋类 25~50g），300g 的奶类及奶制品和相当于干豆 30~50g 的大豆及制品，烹调油 25g，食盐 6g。同时吃得少不等于热量低，要尽量选择热量较低的食物。

（二）运动多少叫适量

每次运动量应达到相当于中速不少于 1000 步以上的活动量，每周累计约 20000 步活动量。运动锻炼应量力而行，体质差的人活动量可以少一点；体质好的人，可以增加运动强度和运动量。根据能量消耗量，骑车、跑步、游泳、打球、健身器械练习等活动都可以转换为相当于完成 1000 步的活动量。完成相当于 1000 步活动量，强度大的活动内容所需的时间更短，心脏所承受的锻炼负荷更大。不论运动强度和内容，适当多活动消耗更多的能量，对保持健康体重更有帮助。建议每天累计各种活动达到相当于 6000 步的活动量，每周约相当于 40000 步活动量。

七、三餐分配要合理，零食要适当

（一）"早餐要吃好、午餐要吃饱、晚餐要吃少"

"早餐要吃好、午餐要吃饱、晚餐要吃少"，是很有道理的，中国营养学会建议一日三餐的分配比例是：即早餐占全天总热量的 25%~30%，午餐占全天总热量的 30%~40%，晚餐占全天总热量的 30%~40%。上午工作量大，工作时间长，需要足够的营养支持。早餐吃得好，一上午都精力充沛。午餐摄取的能量应该占全天摄入能量的 30%~40%，因为上午活动消耗的能量需要及时补充，下午活动的能量需要积极准备，中餐处在"承前启后"的位置上，自然要吃好。晚餐的时间最好安排在 18 点左右，尽量不要超过晚上 20 点。20 点之后最好不要吃任何东西。晚餐不要过于丰盛，晚上活动少，多吃会不好消化，同时也不利于营养吸收。

（二）哪些人应该吃零食

零食是指早午晚三次正餐之外的时间吃的食物。现代营养学认为合理有度地吃零食，既是一种生活享受，又可以补充能量和营养素。对有些人来说，还应该特别重视吃零食，如

学龄儿童、孕妇、老人以及患胃病和其他疾病而食欲差的人。适当吃零食对身体还是有很大的益处的。

八、每天足量饮水,合理选择饮料

(一)喝什么水最健康

水是膳食的重要组成部分,是一切生命必需的物质。一般来说,健康成人每天需要水2500ml 左右。在温和气候条件下生活的轻体力活动的成年人每日最少饮水 1200ml(约 6 杯)。在高温或强体力劳动的条件下,应适当增加饮水,饮水不足或过多都会对人体健康带来危害。饮水应少量多次,要主动饮水,不要感到口渴时再喝水。

健康的水是指:①没有污染的水——无毒、无害、无异味;②具有生命活力的水;③符合人体营养需要的水(含有一定有益矿物质、pH 呈中性和弱碱性)。目前,我国居民的饮用水主要有:自来水、纯净水、人造矿泉水、矿泉水。

(二)饮料不能代替水

饮料和饮水完全不在一个健康层面上,各类饮料不宜大量饮用,更不能用饮料代替水。主要因为:①饮料含有较高的糖分,可以抑制食欲,减少食量。大量饮用后会刺激胃黏膜,影响食物的消化和吸收;引发消化功能紊乱。②饮料大量添加色素、香精、糖精以及防腐剂,加重肝肾负担。③目前多数市售饮料都含有一定的能量,长期大量饮用会造成热量摄入过量,刺激血脂升高。还可能导致心律加快,增加心血管负担。

九、如饮酒应限量

(一)喝多少是适量?

适量饮酒对身体健康是有益的。中国营养学会建议成年人适量饮酒的限制量是成年男性一天饮用酒的酒精量不超过 25g,相当于啤酒 750ml,或葡萄酒 250ml,或 38°的白酒75ml,或 50°白酒 50ml,成年女性一天饮用酒的酒精量不超过 15g,相当于啤酒 450ml,或葡萄酒 150ml,或 38°的白酒 50ml,或 50°白酒 30ml。

(二)哪些人不应该饮酒

适量饮酒与健康的关系受多种因素的影响,如年龄、性别、遗传、酒精敏感性、生活方式和代谢状况等。妇女在怀孕期间,即使是对正常成人的适量饮酒也可能会对胎儿发育带来不良后果,酗酒更会导致胎儿畸形及智力迟钝。实验表明,酒精会影响胎儿大脑各个阶段的发育,如在胚胎形成初期孕妇大量饮酒可引起严重变化,在怀孕后期大量饮酒可造成胎儿大脑特定区域出现功能性缺陷。儿童正处于生长发育阶段,各脏器功能还不很完善,此时酒精对机体的损害甚为严重。儿童即使饮少量的酒,其注意力、记忆力也会有所下降,思维速度将变得迟缓。特别是儿童对酒精的解毒能力低,饮酒过量,轻者会头痛,重者会造成昏迷甚至死亡。在特定的场合,有些人即使饮用适量的酒也会造成不良的后果,例如准备驾车、操纵机器或从事其他需要注意力集中、技巧或者协调能力的人。有的人对酒精过敏,微量酒精就会出现头晕、恶心、出冷汗等不良症状。因此,青少年、准备怀孕的妇女、孕妇和哺乳期妇女、正在服用可能会与酒精产生作用的药物的人,患有某些疾病(如甘油三酯血症、胰腺炎、肝脏疾病等)及对酒精敏感的人都不应饮酒。血尿酸过高的人不宜大量喝啤酒,以减少痛风症发作的危险。

十、吃新鲜卫生的食物

(一) 什么是新鲜卫生的食物?

新鲜是指食物本身的质量、口感和营养,越是新鲜,其营养和口味也就越好。卫生,是指从食物的生产、制造到消费,每个步骤都能确保食物处于安全、完整的程度。要求卫生,就是防止食物中含有的各种有害因素对人体健康产生危害。

新鲜食物是指存放时间短的食物。例如收获不久的粮食、蔬菜和水果,新近宰杀的畜、禽肉或刚烹调的饭菜等。储存时间过长就会引起食物内在的质量及感官品质的变化,即食物变质。导致食物变质的主要原因有微生物的生长繁殖、化学反应以及食物自身的代谢作用。容易对健康产生影响。

(二) 如何购买及储存?

购买注意事项:①选择具有经营资格的商店购买;②选择知名品牌;③检查食品包装标示是否齐全;④尽量选购有国家认证并标有绿色食品、"QS"等标志的食品;⑤注意食品的色泽、气味;⑥提高安全防范意识。

合理储存注意事项:① 高温灭菌防腐:将食品在 60~65℃ 加热 30min,可杀灭一般致病性微生物,并能基本保持食物的原有风味;②低温储藏:分为冷藏和冷冻。冷藏温度是 4~8℃,冷冻温度为−23~12℃;③贮存食品的容器和环境要求:盛放食品的容器和包装物必须安全、无害,易保持清洁,防止食品污染。贮藏食物要特别注意远离有毒有害物品。

(游　牧)

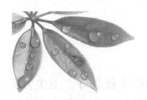

参考文献

蔡景龙.2008.对瘢痕微量元素的初步研究[J].第二届泰山微量元素高级论坛汇编.87-93

蔡美琴.2006.公共营养学[M].北京:中国中医药出版社

蔡美琴.2007.医学营养学[M].上海:上海科学技术文献出版社

陈兰.2013.营养干预对乳腺癌术后伤口愈合的影响[J].广西中医药大学学报.16(1):19-20

高绪文,李继莲.1999.甲状腺疾病[M].北京:人民卫生出版社

关坤.2003.营养与食品卫生学[M].第5版.北京:人民卫生出版社

何志谦.2008.人类营养学[M].北京:人民卫生出版社

洪净.2013.临床营养学[M].湖南:湖南科学技术出版社

黄承钰.2003.医学营养学[M].北京:人民卫生出版社

霍尔福德.2012.营养圣经[M].范志红译.北京:北京出版社

贾润红.2012.美容营养学[M].北京:科学出版社

蒋钰.2006.美容营养学[M].北京:科学出版社

焦广宇.2010.临床营养学[M].第3版.北京:人民卫生出版社

李健.2012.全家人的补益果蔬使用手册[M].北京:中国轻工业出版社

李健.2012.全家人的五谷杂粮使用手册[M].北京:中国轻工业出版社

林俊华.2010.美容营养学[M].北京:人民卫生出版社

刘志诚.2008.肥胖病的针灸治疗[M].北京:人民卫生出版社

潘博等.2014.病理性瘢痕微量元素的初步研究[J].中国康复医学杂志.19(9):672-674

裴海成,刘志民,邱明才.2006.实用肥胖病治疗学[M].北京:人民军医出版社

琼莹.2007.食物是最好的美容师[M].北京:中国国际广播出版社地址

全国第三届肥胖病研究学术会议.1992.单纯性肥胖病的中西医结合诊断、疗效标准[J].中国中西医结合杂志,12(1):690-693

尚水.2011.中国居民膳食指南大全集[M].北京:华龄出版社

孙长灏.2012.营养与食品卫生学[M].第7版.北京:人民卫生出版社

孙桂菊,李群.2013.护理营养学[M].南京:东南大学出版社

孙家平.2006.核心蛋白多糖在病理性瘢痕形成中的作用[J].12(10):584-586

孙耀军.2013.营养师速查手册[M].北京:化学工业出版社

武阳丰.2002.肥胖必须引起国人重视的流行病[J].中华流行病学杂志,23(1):3-4

晏志勇.2006.美容营养学基础[M].高等教育出版社

晏志勇.2010.美容营养学[M].北京:人民卫生出版社

杨孟军,丁志平.2003.实用减肥学[M].北京:中国科学技术出版社

杨天鹏.2005.美容营养学[M].北京:北京科学技术出版社

杨月欣,王光亚,潘兴昌.2002.中国食物成分表2002[M].北京:北京大学医学出版社

姚波,刘万宏,傅亚.2012.影响创面愈合的营养因素研究进展[J].基因组学与应用生物学,31(6):640-643

叶任高.2004.内科学[M].第6版.北京:人民卫生出版社

易少波,何伦.2003.美容医学基础[M].北京:科学出版社

张晔.2010.专家指导美容养颜特效食谱[M].北京:电子工业出版社

郑民.2013.美容营养学[M].北京:中国轻工业出版社

中国就业训练技术指导中心.2013.公共营养师[M].北京:中国劳动社会保障出版社

中国营养学会.2000.中国居民膳食营养素参考摄入量[M].北京:中国轻工业出版社

中国营养学会.2008.中国居民膳食指南[M].拉萨:西藏人民出版社

中华人民共和国卫生部疾病控制司.2006.中国成人超重和肥胖症预防控制指南[M].北京:人民卫生出版社

周文泉.2002.中国药膳辨证治疗学[M].北京:人民卫生出版社

朱智明,俞金龙.2007.肥胖症的最新治疗[M].北京:人民军医出版社

目标检测题参考答案

第1章 绪 论

简答题

1. 美容营养学是在营养学的基础上研究营养与美容关系的学科。

2. 美容营养学的研究内容包括:营养学的基本知识及营养素与美容,食物美容保健,皮肤美容与营养,损容性疾病与营养,美容外科与营养,衰老与美容保健以及中医膳食与美容。

3. 略。

第2章 营养素与美容

一、名词解释

1. 营养 人体摄入、消化、吸收和利用食物中营养成分,维持生长发育、组织更新和良好健康状态的动态过程。

2. 营养素 人体生物代谢与环境进行物质交换循环过程中,能够为生命正常活动提供热能,以及构成、修补、更新机体成分,维持正常生理功能的一类物质。这—类物质包括蛋白质、脂肪、碳水化合物、维生素、矿物质及膳食纤维、水等。

3. 能量系数 在营养学上,产能营养素的产能多少,经过换算其能量系数分别是:每克碳水化合物为 16.8kJ(4.0kcal),每克脂肪为 37.6kJ(9.0kcal),每克蛋白质为 16.7kJ(4.0kcal)。

4. 基础代谢 维持机体最基本生命活动所消耗的能量。一般指清晨睡醒静卧,未进食,免除思维活动,心理安静的状态,此时,只有呼吸、心跳等最基本的生命活动,不受精神紧张、肌肉活动、食物和环境温度等因素影响时的能量代谢。

5. 食物热效应 也称食物特殊动力作用,是指由于进食而引起能量消耗增加的现象。食物的热效应随食物而异,进食碳水化合物或脂肪,分别增加 5%~6% 与 4%~5%,摄入蛋白质可增加 30%,三者的混合膳食增加 10%。

6. 必需氨基酸 人体蛋白质由 20 多种氨基酸组成。其中有些氨基酸是体内必需的,而人体不能合成或合成速度不足,必须从食物中获取,这些氨基酸叫做必需氨基酸。必需氨基酸共有 8 种,即亮氨酸、异亮氨酸、赖氨酸、蛋氨酸、苯丙氨酸、苏氨酸、色氨酸和缬氨酸。

7. 必需脂肪酸 有些脂肪酸是人体不能自身合成的,必须由食物供给,称为必需脂肪酸。

8. 血糖生成指数 简称血糖指数,指餐后不同食物血糖耐量曲线在基线内面积与标准糖(葡萄糖)耐量面积之比,以百分比来表示。

9. 脂溶性维生素 脂溶性维生素包括维生素 A、D、E、K,只溶于有机溶剂而不溶于水,在食物中常与脂类一起,在吸收过程中与脂类相伴进行。可贮存于脂肪组织和肝脏,故过量可引起中毒。

10. 水溶性维生素 水溶性维生素有 B 族维生素(B_1、B_2、B_5、B_6、B_{12}、泛酸、叶酸、生物素)和维生素 C,易溶于水,在食物清洗、加工、烹调过程中若处理不当容易损失,在体内仅有少量贮存,易排出体外。

11. 膳食纤维 指不被肠道内消化酶消化吸收,但能被大肠内某些微生物部分酵解和利用的—类非淀粉多糖物质,包括存在于豆类、谷类、水果、蔬菜中的果胶、纤维素、半纤维素和木质素等。

12. 饮用水 要求感官性状无色、无味、无臭、清洁透阴;有毒有害物质不得超过最高容许浓度;不得含有各种病原体,细菌总数和大肠菌群数应在允许范围内。同时注意饮水卫生,不喝生水;烧开水是最简单、方便而又彻底的饮水消毒法。

二、判 断题

1. × 2. × 3. √ 4. √ 5. × 6. √ 7. √ 8. √

三、选择题

1. A 2. B 3. E 4. A 5. A

四、简答题

1. 三大产能营养素 碳水化合物、脂肪、蛋白质。每克碳水化合物为 16.8kJ(4.0kcal),每克脂肪为 37.6 kJ(9.0kcal),每克蛋白质为 16.7kJ(4.0kcal)。

2. 成年人的能量消耗主要用于维持基础代谢、体力活动和食物生热效应;儿童、青少年还包括生长发育的能量需要;孕妇则包括子宫、胎盘、乳房等生殖系统器官的生长发育和胎儿的生长;乳母还要考虑合成乳汁的能量需求。

3. ①体表面积:与体表面积基本上成正比。儿童年龄越小相对体表面积越大,基础代谢率也就越高。瘦高体型体表面积大于矮胖体型,其基础代谢率也高于矮胖的人。②年龄:婴幼儿时期是一生中代谢最旺盛的阶段,与身体组织迅速生长有关。青春期又是一个代谢率较高的时期,但成年后随着年龄增长代谢率又缓慢地降低,当然,也存在一定的个体差异。内分泌的影响可能是重要因素,也和体内活性组织相对量的变动有密切关系。③性别:即使年龄与体表面积相同,女性的基础代谢耗仍然低于男性。因为体内的脂肪组织比例大于男性,瘦体重比例则小于男性。④激素:对基础代谢影响最大的是甲状腺激素。⑤其他因素:基础代谢率在不同季节和不同劳动强度人群中存在一定差别,说明气候和劳动强度对基础代谢率有一定影响。例如,气温过高或过低都可引起基础代谢率增高;劳动强度增加也可使基础代谢率增高。另外,能引起交感神经兴奋的因素,通常也使基础代谢率增高。

4. (1) 按化学组成分类:①单纯蛋白质:由氨基酸组成,单纯蛋白质又可按其溶解度、受热凝固性及盐析等物理性质的不同分为清蛋白、球蛋白、谷蛋白、醇溶谷蛋白、鱼精蛋白、组蛋白和硬蛋白等 7 类;②结合蛋白质:由单纯蛋白质和非蛋白质组成,其中非蛋白质称为结合蛋白质的辅基,按辅基的不同,结合蛋白质分为:核蛋白、糖蛋白、脂蛋白、磷蛋白和色蛋白等 5 类。

(2) 按蛋白质形状分类:①纤维状蛋白:多为结构蛋白,是组织结构不可缺少的蛋白质,是各种组织的支柱,如皮肤、肌腱、软骨及骨组织中的胶原蛋白;②球状蛋白:具有生理活性的蛋白质,如 酶、转运蛋白、蛋白类激素与免疫球蛋白、补体等均属球蛋白。

(3) 按蛋白质的营养价值分类:①完全蛋白质:所含必需氨基酸种类齐全,数量充足,比例适当,能维持人的健康,并能促进儿童生长发育,如乳类、蛋类、大豆及瘦肉中所含的蛋白质,都是完全蛋白质;②半完全蛋白质:所含必需氨基酸种类齐全,有的氨基酸数量不足,比例不适当,可以维持生命,但不能促进生长发育,如米、麦、土豆和干果中的蛋白质多属于这类;③不完全蛋白质:所含必需氨基酸种类不全,既不能维持生命,也不能促进生长发育,如玉米中的玉米胶蛋白,动物结缔组织和肉皮中的胶质蛋白,豌豆中的豆球蛋白等。

5. 必需氨基酸共有 8 种,即亮氨酸、异亮氨酸、赖氨酸、蛋氨酸、苯丙氨酸、苏氨酸、色氨酸和缬氨酸。此外,对婴儿来说,组氨酸也是必需氨基酸。

6. 蛋白质有何生理功能 ①构成和修补人体组织;②调节机体生理功能;③供给能量。我国成人蛋白质推荐摄入量为 1.16g/kg·d。

7. 蛋白质是构成人体组织的主要成分,能够促进生长发育,修补身体组织,并补充代谢的消耗。蛋白质是皮肤等组织的重要成分;皮肤等组织新陈代谢需要蛋白质参与。

8. 氨基酸分(amino acid score, AAS)亦称蛋白质化学分,是目前应用较广的食物蛋白质营养价值评价方法,不仅适用于单一食物蛋白质的评价,还可用于混合食物蛋白质的评价。方法是将被测食物蛋白质的必需氨基酸组成与推荐的理想蛋白质或参考蛋白质氨基酸模式进行比较,确定第一限制氨基酸,并根据被测食物蛋白质的第一限制氨基酸与参考蛋白质中同种必需氨基酸进行比较,获得氨基酸分。

9. 脂类分类 ①按脂肪酸碳链长度分为长链脂肪酸(含14碳以上),中链脂肪酸(6~12碳)和短链脂肪酸(含2~5碳);②根据脂肪酸饱和程度分为饱和脂肪酸(SFA),单不饱和脂肪酸(MUFA),多不饱和脂肪酸(PUFA);③根据脂肪酸空间结构分类分为顺式脂肪酸(其联结到双键两端碳原子上的两个氢原子都在链的同侧)和反式脂肪酸(其联结到双键两端碳原子上的两个氢原子在链的不同侧);④按不饱和脂肪酸第一个双键的位置分类。△编号系统从羧基碳原子算起;n或ω编号系统则从甲基端碳原子算起。分为n-3系,n-6系,n-9系或ω-3,ω-6,ω-9系列脂肪酸。

摄入脂类的意义:①储存和供给能量;②构成身体成分(起主要作用的是类脂);③供给必需脂肪酸;④提供脂溶性维生素并促进其吸收;⑤维持体温,保护脏器;⑥提高膳食感官性状,增加饱腹感。

10. 脂肪的食物来源主要是烹调用油、油料作物种子及动物性食物。必需脂肪酸的最好来源是植物油。一般成人每日膳食中摄入50g脂肪即能满足机体的需要。

中国成人膳食脂肪适宜摄入量(AI)

年龄(岁)	脂肪占总能量百分比(%)	SFA	MUFA	PUFA	n-6:n-3	胆固醇(mg)
成人	20~30	<10	10	10	(4~6):1	<300

11. 脂肪组织分布于皮下起着保护的作用,可防止热量散失,保持体温,又可对机械撞击起缓冲作用,同时防止皮肤干裂、毛发脆断等。适量的脂肪可保持适度的皮下脂肪,使皮肤丰润、富有弹性和光泽,增添容貌的光彩和身体的曲线美。

脂肪的美容保健作用还体现在EFA的特殊作用上。EFA缺乏导致皮肤细胞膜对水通透性增加,出现炎性反应;可以增强组织的生长,损伤组织的修复。因此,EFA对X射线、紫外线等引起的一些皮肤损害有保护作用,其中亚麻酸效果较好。脂肪酸还可促进生长发育,增进皮肤微血管的健全,预防脆性增加,从而增加皮肤弹性,延缓皮肤的衰老。

12. 根据AFO/WHO的最新报告,综合化学、生理和营养学的考虑,碳水化合物按聚合度(DP)来分,可分为糖、寡糖和多糖三类。其营养学意义:①储存与提供能量;②构成机体组织及重要生命物质,并参与细胞的组成和多种活动;③协助脂肪氧化,节约蛋白质;④帮助肝脏解毒;⑤增强肠道功能,提供膳食纤维。

13. 中国营养学会根据目前我国膳食碳水化合物的实际摄入量和FAD/WHO的建议,建议膳食碳水化合物的参考摄入量为占总能量的55%~65%(AI)。对碳水化合物的来源也做出要求,即包括复合碳水化合物淀粉、不消化的抗性淀粉、非淀粉多糖和低聚糖等碳水化合物;限制纯能量食物如单糖、双糖的摄入量,以保障人体能量和营养素的需要及改善胃肠道环境和预防龋齿的需要。膳食中淀粉的来源主要是粮谷类和薯类食物。粮谷类一般含碳水化合物60%~80%,薯类含量为15%~29%,豆类为40%~60%。

14. 血糖生成指数(GI)是用以衡量某种食物或某种膳食组成对血糖浓度影响的一个指标。GI高的食物或膳食,表示进入胃肠后消化快,吸收完全,葡萄糖迅速进入血液,血糖浓度波动大;反之则表示在胃肠内停留时间长,释放缓慢,葡萄糖进入血液后峰值低,下降速度慢,血糖浓度波动小。食物GI可作为糖尿病患者选择多糖类食物的参考依据,也可广泛用于高血压病人和肥胖者的膳食管理,居民营养教育,甚至扩展到运动员的膳食管理,食欲研究等。

15. 可利用碳水化合物的美容保健作用 ①促进蛋白质的利用:碳水化合物的供给充足,能促进蛋白质合成和利用,并能维持脂肪的正常代谢,起到美容润肤作用;②机体热能的主要来源:供应不足,导致身体能量减少,生长发育迟缓,体重减轻,易疲劳,皮肤干燥,缺少光泽;反之,如果糖类摄入过多,可转化为中性脂肪,贮存在体内,导致肥胖的发生。

膳食纤维的美容保健作用:①促进减肥:膳食纤维吸水膨胀,可形成饱腹感而减少进食;膳食纤维减低消化酶对食物的分解作用,使糖、脂肪吸收减少,起到控制体重和减肥的作用;减低肠道对胆固醇的重吸收,降低血脂;②排毒功能:膳食纤维促进肠道蠕动,利于排出机体代谢废物;吸附食物中食品添加剂、重金属离子等有毒有害物质。经常便秘的人,肤色枯黄,因为有毒物质在体内存留,损害皮肤所致。

16. 维生素 E 抗氧化作用　机体代谢过程中不断产生自由基,自由基是有一个或多个未配对电子的原子或分子,它具有强氧化性,易损害生物膜和生理活性物质,并促进细胞衰老出现脂褐素沉着现象。维生素 E 能捕捉自由基,是体内自由基的良好清除剂,它能对抗生物膜中不饱和脂肪酸的过氧化反应,因而避免脂质过氧化物产生,保护生物膜的结构与功能;并且减少各组织细胞内脂褐素的产生,从而延缓衰老过程;防止维生素 A(类胡萝卜素)、维生素 C、含硫的酶和谷胱甘肽的氧化,从而保护这些必需营养素在体内执行其特定的功能;可与维生素 C 起协同作用,保护皮肤的健康,减少皮肤发生感染。对皮肤中的胶原纤维和弹力纤维有"滋润"作用,从而改善和维护皮肤的弹性。能促进皮肤内的血液循环,使皮肤得到充分的营养与水分,以维持皮肤的柔嫩与光泽。还可抑制色素斑、老年斑的形成,减少面部皱纹及洁白皮肤,防治痤疮;还可阻断硝酸盐和亚硝酸盐转变成亚硝酸,同时刺激免疫系统,增加免疫反应从而起到预防肿瘤的作用。

17. 维生素 C 的美容作用主要是基于抗炎作用。因它可防止晒伤,避免过度日照后所留下的后遗症。维生素 C 能促进伤口愈合。因此,近来便广泛的运用于抗老化、修补日晒伤害的用途上。维生素 C 缺乏时,可引起坏血病。表现为牙龈肿胀出血,皮下出血、贫血。严重者可导致全身内出血和心脏衰竭而死亡。

18. 铁是人体造血的重要原料,人体如果缺铁,可引起缺铁性贫血,出现颜面苍白,皮肤无华,失眠健忘,肢体疲乏,学习、工作效率低下,指甲苍白、变薄、凹陷;锌是人体内多种酶的重要成分之一。它参与人体内核酸及蛋白质的合成,在皮肤中的含量占全身含量的 20%。锌对第二性征体态的发育,特别是女性的"三围"有重要影响。锌在视网膜含量很高,缺锌的人,眼睛会变得呆滞,甚至造成视力障碍。锌对皮肤健美有独特的功效,能防治痤疮、皮肤干燥和各种丘疹。儿童缺锌,会严重影响其生长发育。

第 3 章　食物美容保健

一、选择题

1. C　2. A　3. D　4. D　5. D　6. C　7. D　8. C　9. B　10. C　11. D　12. B　13. D　14. A　15. A　16. D　17. D　18. A　19. C　20. B

二、简答题

1. 食物在烹调加热时,营养素发生的有利于人体消化的变化包括:①蛋白质变性,易受消化酶的作用,提高消化率;②淀粉颗粒吸水膨胀糊化,易消化吸收;③脂肪在热力作用下,才能乳化、分解,更易被消化吸收;④加热可以破坏新鲜食物中的酶、杀死微生物和破坏食物中的天然有毒蛋白。

2. 平衡膳食宝塔共分 5 层:底谷类食物位居底层,每人每天应该吃 250～400g;蔬菜和水果居第二层,每天应吃 300～500g 和 200～400g;鱼、禽、肉、蛋等动物性食物位于第三层,每天应该吃 125～225g(鱼虾类 75～100g,畜、禽肉 50～100g,蛋类 25～50g);奶类和豆类食物合居第四层,每天应吃相当于鲜奶 300g 的奶类及奶制品和相当于干豆 30～50g 的大豆及制品。第五层塔顶是烹调油和食盐,每天烹调油不超过 25g 或 30g,食盐不超过 6g。

第 4 章　皮肤的衰老与营养

一、名词解释

1. 药物疗法　药物疗法主要是对皮肤细胞进行生物活性调控以改善皮肤营养状况。

2. 化学剥脱　化学剥脱的主要作用是除去老化的表皮角质层,促进基底细胞增生,修复老化胶原纤维,提高皮肤张力和弹性。

二、填空题

1. 细胞分化、增殖能力;保湿因子与皮脂腺;基质;弹性蛋白和胶原蛋白;自由基

2. 紫外线;气候影响;灰尘;滥用化妆品

3. 富含蛋白质的食物;富含维生素 E 的食物;富含胶原蛋白的食物;富含维生素的食物;富含矿物质的食物;富含异黄酮的食物

4. 杏仁、榛子、麦胚、植物油

5. 大豆

三、选择题

1. B　2. B　3. D　4. B　5. A　6. A　7. D　8. C　9. B　10. A

第5章　损容性皮肤疾病与营养

一、名词解释

1. 损容性皮肤病　损容性皮肤病即影响容貌的皮肤病,包括皮炎、病毒性皮肤、皮肤附属器疾病、色素性皮肤病、皮肤血管性疾病、皮肤肿瘤及其他。

2. 痤疮　青春期常见的一种毛囊皮脂腺的炎性皮肤病。

3. 脂溢性皮炎　又称脂溢性湿疹,是发生在皮脂腺丰富部位的一种慢性丘疹鳞屑性炎症性皮肤病。

二、填空题

1. 病毒性皮肤、皮肤附属器疾病、色素性皮肤病、皮肤血管性疾病、皮肤肿瘤

2. 急性、亚急性和慢性

三、单项选择题

1. D　2. E　3. B

四、多项选择题

1. A、C、D　2. A、C

五、简答题

1. 维生素C具有抗氧化作用,能减少黑色素的形成,亦能增加胶原的合成,可用于治疗黄褐斑、预防衰老等。

2. 营养及代谢正常是机体健康的重要物质保证,营养及代谢障碍会产生一系列的皮肤损害,营养素缺乏可引起多种皮肤病,而合理的营养可预防某些皮肤疾病的发生,特定的膳食可改善和消除诸多皮肤疾病的症状。

第6章　损容性内分泌疾病与营养

一、名词解释

1. 甲亢指由多种病因导致体内甲状腺激素(TH)分泌过多,引起以神经、循环、消化等系统兴奋性增高和代谢亢进为主要表现的一种临床综合征。

2. Cushing综合征是多种原因使肾上腺皮质分泌过多的皮质醇所引起的一种疾病。

二、填空题

1. 巨人症;肢端肥大症;侏儒症

2. 交感神经兴奋;颈部增粗;突眼;皮肤损害

3. 色素沉着

三、选择题

1. B　2. D　3. C　4. B

四、简答题

1. ①补充适量碘;②避免进食生甲状腺肿物质的食物;③营养丰富:要补充足够的蛋白质,并限制脂肪、胆固醇摄入;④注意纠正贫血。

2. 患者多呈向心性肥胖,满月脸、颈项部脂肪隆起呈"水牛背"状,腹部膨出、悬垂,四肢相对瘦削,儿童两颊外鼓并下坠,口角向下,形成"鲤鱼嘴"状。多数患者面部红润,有明显皮脂溢出,呈多血质外表。毛细血管抵抗力减低,皮肤容易发生紫癜及瘀点,好发部位为上臂、手背及大腿内侧等。因脂肪大量堆积,使皮肤弹性纤维断裂,下腹部、臀外侧、大腿内侧、膝关节及肩部等处可见典型的对称性、中段宽而两端较细的弧形粗大紫色皮纹即紫纹。此外,常有痤疮,汗毛、阴毛、腋毛增多变粗,发际低下,眉浓,女性上唇出现

小须,阴毛可呈男性分布,严重影响了形体与容貌。

第7章 损容性相关疾病与营养

简答题

1. 原发性骨质疏松症是以骨量减少、骨的微观结构退化为特征的,致使骨的脆性增加以及易于发生骨折的一种全身性骨骼疾病。

2. ①保持合适的体重;②补充足够的钙;③足量获取维生素 D;④适量的蛋白质、镁、钾、微量元素、维生素 C 和给生素 K 的摄取,对骨钙的维持也是必要的。

3. 骨质疏松症的主要临床表现和体征为:疼痛,身高缩短、驼背、脆性骨折及呼吸受限等。

4. 儿童佝偻病的发病原因:①围生期维生素 D 不足;②日照不足;③生长速度快;④食物中补充维生素 D 不足;⑤疾病影响。

5. 维生素 D、日照、钙摄取量、人体整体营养状况。

6. 睡眠不安、好哭、易出汗、方颅、胸骨变形、下肢骨变形。

7.(1)提倡高蛋白饮食。蛋白质有利于肝细胞的修复与再生,蛋白质中的多种氨基酸都有抗脂肪肝的作用。高蛋白提供胆碱、氨基酸等抗脂肪因子,使肝内脂肪结合成脂蛋白,有利于将其顺利运出肝脏,防止肝内脂肪浸润。

(2)合理控制能量的摄入。脂肪肝患者的热能供应不宜过高。糖类,蛋白质和脂肪为食物中的主要能量来源。①脂肪肝患者应摄入低糖饮食,禁食富含单糖和双糖的食品。高糖类,尤其是高糖营养,可增加胰岛素分泌,促进糖转化为脂肪,诱发肥胖,脂肪肝,高血脂症等。②限制脂肪摄入。易选用植物油和不饱和脂肪酸含量高的食物,不吃或少吃动物性脂肪,尽量少吃油炸、高胆固醇食物。晚饭要少吃,忌睡前加餐。能量的摄入应逐渐减少,避免过度饥饿引起低血糖反应。

(3)摄取充足的维生素、矿物质和膳食纤维。患肝病时肝脏贮存维生素的能力降低,为保护肝细胞和防止毒素对肝细胞的损害,易供给富含维生素 A、维生素 B_6、叶酸、维生素 B_{12}、维生素 C、维生素 E 和维生素 K 等食物。增加膳食纤维的摄入量,饮食不易过于精细,主食应粗细搭配。多食用新鲜蔬菜、水果和菌藻类,即可增加维生素、矿物质的供应,又有利于代谢废物的排出,对血糖、血脂水平也有很好的调节作用。

(4)补充微量元素硒。硒能让肝脏中谷胱甘肽过氧化物酶的活性达到正常水平,对养肝护肝起到良好作用。硒与维生素 E 合用,有调节血脂代谢,阻止脂肪肝形成及提高机体抗氧化能力的作用,对高脂血症也有一定的防治作用。

8. ①增加膳食纤维和多饮水。膳食纤维的补充是习惯性便秘首选的治疗方法。因膳食纤维本身不被吸收,纤维素具有亲水性,能吸收肠腔水分,增加粪便容量,刺激结肠蠕动,增强排便能力,富含膳食纤维的食物有蔬菜、水果、粗粮等。多饮水,能使肠道保持足够的水分,有利于粪便排出。②摄取适量脂肪。适当多食脂肪、植物油等。植物油能直接润肠,且脂肪酸有刺激肠蠕动作用,但不可过多,易使肠道吸收不良而造成腹泻。③中老年人可经常适量食用核桃、蜂蜜、芝麻、花生、香蕉等,可润燥通便。

9. 失眠营养支持 在饮食上要注意保持一定的规律,尤其是在睡眠前不能进食太饱。中医认为,失眠的病因是心神失调,所以应选择一些具有安神定志作用的食物,如龙眼肉、大枣、银耳、百合、金针菜、莲子、莲子芯、桑葚、柏子仁、蜂蜜、酸枣仁、葡萄等,另外,适当补充蛋白质,B 族维生素,磷、铁、镁、锌、铜等矿物质。失眠者应避免食用茶叶、咖啡、辣椒、生葱、胡椒、盖菜、生蒜、烟、酒等刺激性食物。

10. 慢性腹泻营养支持 ①低脂少渣饮食。许多肠道疾病均影响脂肪的吸收,尤其是小肠吸收不良。脂肪过多会引起消化不良,加重胃肠道负担,刺激胃肠蠕动,加重腹泻。故植物油也应限制,并注意烹调方法,以蒸、煮、汆、烩、烧等为主,禁用油煎炸、爆炒、滑溜等。可用食物有瘦肉、鸡、虾、鱼、豆制品等。应食易消化、质软少渣、无刺激性的食物,粗纤维多的食物能刺激肠蠕动,使腹泻加重。少量多餐,以减少胃肠负担。禁食易产气,刺激性强及富含膳食纤维的食物。当腹泻次数多时最好暂时不吃或尽量少吃蔬菜和水果,可给予鲜果汁、番茄汁以补充维生素。②增加高蛋白高热能饮食。慢性腹泻病程长,常反复发作,影响食物消化吸收,并造成体内贮存的热能消耗及维生素、无机盐、微量元素的缺失。为改善营养状况,应给予高蛋白高热能并富含维生素、无机盐及微量元素(尤其足维生素 C、B、A 和铁等),要用循序渐进逐渐加量的方法,如增加过快,营养素不能完全吸收,反而可能加重胃肠道负担。

第8章 伤口愈合、疤痕与营养

简答题

1. 炎症期会出现血流动力学改变、血管通透性升高、中性粒细胞和单核细胞渗出及吞噬细胞作用等三个主要方面特征。增生期的主要特征是修复细胞的迁移、增生和分化活动以及细胞外基质的合成、分泌和沉淀。组织重塑期的主要特征为胶原的不断更新、胶原纤维交联增加、胶原酶降解多余的胶原纤维、丰富的毛细血管网消退、蛋白聚糖和水分减少、蛋白聚糖分布趋于合理等。

2. 创伤愈合时需要多种营养素联合作用。蛋白质是创伤愈合所需要的基本成分,碳水化合物是创面愈合过程中的主要能量来源。铁离子和维生素 C 参与前胶原肽链上氨基酸的羟化。铜参与构成的细胞色素氧化酶、超氧化物歧化酶在胶原和弹性蛋白的交联中起重要作用。

3. 动物性食品畜、禽、鱼富含蛋白质、铁、钙;大豆类食品富含蛋白质、必需脂肪酸;蔬菜水果富含维生素、矿物质等。这些都是伤口愈合必需的营养成分。如猪蹄含有丰富的锌、胶原蛋白。锌能使成纤维细胞功能增强,胶原蛋白能促进伤口愈合的速度。鲈鱼含有丰富的且易消化的蛋白质、脂肪、维生素 B₂、尼克酸、钙、磷、钾、铜、铁、硒等。黑豆是各种豆类中蛋白质含量最高的,比瘦猪肉蛋白质含量多将近一倍。蜂蜜有消炎、止痛、止血、减轻水肿、促进伤口愈合的作用。黑木耳含有丰富的铁,同时含有丰富的锌。所以它是一种非常好的天然补血食品,能提高创伤后失血过多患者伤口愈合速度。西红柿含有丰富的维生素 C、番茄红素、胡萝卜素等抗氧化成分,有利创伤愈合。

4. 瘢痕形成与胶原蛋白、纤维蛋白、各种蛋白多糖有关。同时,还与锌、铜、铁、锰、硒等微量元素含量下降、抗氧化剂功能下降、氧自由基清除不利有关。

5. 禁忌乱食,如油炸、火炙、肥甘厚腻、辛辣等。禁忌偏食,偏食会导致身体摄纳的营养不平衡,不利于瘢痕的消退。禁食柑橘类食物,其可刺激瘢痕产生瘙痒。禁食鸡、鱼、牛羊肉、辣椒、大蒜、猪蹄、南瓜、葡萄。进食此类食物瘢痕部位会痛会痒。禁忌饮食过多或过少。禁忌过多高蛋白的食物。

第9章 美容外科围手术期营养膳食

一、单选题

1. C　2. A　3. D

二、填空题

1. 减肥美体手术;头面部整形手术

2. 高热量;高蛋白

3. 15%;水溶性维生素;钾、锌

三、案例分析

1. 属于正常现象,一般吸脂手术后,在抽吸区域皮肤有色素沉着,这是由于血铁黄素的沉积或表皮细胞内玄色素增加所导致. 随着时间推移会消失。

2. ①少吃发物,并补充维生素;②避免接触含重金属的化妆品及食品;③减少含色素食品的摄入;④注意避免摄入光敏食品,如红花草、灰菜、盖菜、苋菜、油菜、芹菜、香菜、泥螺等。

第10章 肥 胖 病

一、填空题

1. 25%;30%

2. 单纯性肥胖;继发性肥胖

3. 体脂百分率;BMI;WHR

4. 23;25

5. 24;28

6. 男性 WHR>0.9;女性 WHR>0.8

7. 左上臂肱三头肌肌腹后缘部位;其次为肩胛下角下方;左腹壁脐旁 5cm

8. 能量平衡原则、营养平衡原则与食量平衡原则

二、名词解释

1. 肥胖是指由于能量摄入超过消耗,导致体内脂肪积聚过多(或)分布异常,体重增加而造成的一种内分泌代谢性疾病。

2. 由于脂肪细胞增生所致。多有家族遗传史,往往儿童期甚至婴儿期就出现肥胖。

3. 也称获得性(外源性)肥胖,与 20~25 岁以后营养过度关,成年起病,由于脂肪细胞增生和脂肪细胞肥大所致

4. 低能量饮食法系通过食用低能量饮食来防治肥胖病的方法,这是目前应用最多的一种方法。低能量饮食实际上是为了维持或提高肥胖病人的药物治疗、针灸治疗、运动治疗及其他饮食疗法的减肥效果而设计的一种饮食。它是一种低热量饮食,每天摄入热能 3344~5016kJ(800~1200kcal)或每日每千克理想体重能量摄入在 41.8~83.6kJ(10~20kcal)之间的饮食属低热量饮食。

三、简述题

1. 肥胖的分类 依照发生原因,肥胖可分为单纯性肥胖和继发性肥胖。单纯性肥胖分为:①体质性肥胖(幼年起病型肥胖病)②营养性肥胖(成年起病型肥胖病);依照脂肪在身体不同部位的分布,肥胖可分为腹部型肥胖(又称向心型肥胖)和臀部型肥胖(又称外周型肥胖)。

2. 日常活动所需能量=基础代谢所需能量×活动因素值

日常活动因素值见下表:

一天当中活动内容	活动程度	活动因素值
坐着或站着;驾驶;画画;阅读;实验室工作;缝纫;熨衣;烹饪;玩纸牌或音乐器材;睡觉或躺着;打字	很轻	0.2
车库或饭店工作;电工或木匠活;打扫房间照顾孩子;打高尔夫球;航海;轻度运动(如短距离散步)	轻	0.3
重园艺或家务活;赛车;打网球;滑雪;跳舞	中度	0.4
重体力活(如建筑或挖掘工作);篮球、足球或橄榄球等;爬山	重度	0.5

3. 成年人肥胖的诊断指标及其标准:

诊断指标	肥胖		
	轻度肥胖	中度肥胖	重度肥胖
肥胖度%	20%~29%	30%~50%	>50%
体脂%	男 20%~25% 女 25%~30%	男 25%~30% 女 30%~35%	男>30% 女>35%
BMI(kg/m²)		>30(全球标准) >25(亚太标准) >28(中国)	
WHR(腰围/臀围)		男>0.95 女>0.85	

四、论述题

1. 根据每天摄入能量的多少,国外将饮食疗法分为减食疗法即低能量饮食,半饥饿疗法即超低能量饮食,甚至还有绝食和断食疗法。国内肥胖病的营养膳食疗法一般可分为三种类型:饥饿疗法、超低能量饮

食疗法和低能量饮食疗法。

2. 儿童肥胖的饮食治疗选择原则 ①不妨碍发育成长;②不妨碍在学校生活学习。因此,保证营养摄取为第一选择。对轻度肥胖儿童要多食蛋白质类食品,应吃少吃糖类食品。对中、高度肥胖者,每日热能摄入量多为 6694.4~7114.8kJ(1600~1700 kcal)。蛋白质 75~78g,脂肪类 54~56g,糖类 200~220g。

3. 营养膳食减肥的误区 ①长时间不进食:不进食的时间不应超过 4h。如果长时间不吃东西,身体将释放更多胰岛素导致人们很快产生饥饿感,最终忘掉饮食禁忌,放开肚子暴食,反而越胖。②不吃糖类:许多人认为不吃糖类是一种行之有效的减肥好方法。当然不吃糖类会很快减轻体重,但失去的是水分而不是脂肪。专家建议每天可以摄取适量的糖类。③生吃东西:不仅不能帮助减轻体重,而且容易中毒。少吃生食,多吃熟食。④喝很多咖啡:许多人每天咖啡在手,以此抵制吃东西的诱惑。这样虽然能够欺骗自己的胃,但不要忘了咖啡并不是无害的,它会慢慢导致胃炎。因此,最好不要以咖啡来减肥,而是喝水或减肥饮料。⑤嚼口香糖:有些人会因嚼口香糖失去胃口,从而达到节食减肥的效果,但也有人会因此分泌更多的胃液,导致胃部产生空空的感觉。长期胃液过多还会造成胃溃疡,而且嚼太多口香糖容易使人下颌疲劳。⑥不吃盐:为减肥不吃盐的做法是错误的,人体每天必须摄取一定量的盐分,以维持身体的代谢平衡,当然盐也不应多吃。⑦吃很多水果:吃水果固然能够起到减肥的效果,但是水果同样含有糖分,长期多吃会发胖的。

第 11 章 消 瘦

简答题

1. 消瘦是指人体内脂肪与蛋白质含量减少,体重下降超过正常标准 15% 以上。

2. 引起消瘦的常见原因包括 食物摄入不足、饮食营养不合理、饮食习惯不合理、营养消耗过多。

3. 严重的消瘦会影响儿童的生长发育;使成人体力下降,容易感染疾病,男性可出现性功能减退,女性可出现月经紊乱、经量减少或闭经不育等;此外,严重的消瘦对寿命亦有一定的影响。

4. 科学饮食是改善消瘦的关键,消瘦者饮食中食品种类应丰富多样,粗细搭配合理,并保证每日有足够的优质蛋白质和热能的供给,可适当增加餐次或在两餐间增加些甜食,食物分配、饮食结构百分比合理,并通过改进烹调技术有助于消瘦者达到丰腴健美的目的。

第 12 章 白发、脱发、养发

一、选择题

1. A 2. B 3. D 4. A、B、C、D 5. B

二、填空题

1. 干性发质;油性发质;混合性发质;受损发质

2. 脂肪;蛋白质;矿物质

3. 多吃含碘的食物如海带;核桃仁

4. 毛醋素

5. 蛋氨酸;胱氨酸

三、简答题

干性发质的保养:①多食富含油脂的食物②限制食盐的摄入。油性发质的保养:①尽量少吃油腻食物;②多吃新鲜绿色蔬菜和水果。每天至少饮白开水 8 杯;③饭后可饮用温热的薄荷茶,并可服用少量的维生素 B 和维生素 E 和酵母片等。混合型发质的保养:少吃油腻和油炸的食物,增加黑色食品的摄入量,保证头发生长所需的各种营养素。受损发质的保养:a. 受到染、烫等过高温度和化学药剂伤害的头发宜多吃含碘的食物如海带等可以增强发质色泽,适当食用黑芝麻能改善头发粗糙,常食用核桃仁可使头发乌黑发亮;b. 受紫外线照射、吹风整烫等破坏的头发应多吃蛋白质、奶类和豆制品,同时,多吃含铜、铁丰富的肝脏、番茄、菠菜、芹菜等。

第13章　衰老与美容保健

一、名词解释

1. 褪黑激素主要是由哺乳动物和人类的松果体产生的一种胺类激素。

2. 可控制人体细胞在代谢过程中出现的氧自由基所引起的损害,如维生素 C、维生素 E、丁羟基甲苯、乙羟基乙胺等。

二、填空题

1. 生命器官功能下降;免疫功能下降;抗氧化酶活性下降;血糖升高;血脂升高

2. 限制热量;延缓衰老

3. 摄入量;蛋白质的种类

4. 保持心理健康;养成良好的生活饮食习惯;适当运动;无病早防、有病早治;抗衰老药物的选用

第14章　中医膳食与美容

一、单选题

1. C　2. E　3. C

二、填空题

1. 寒;凉;温;热

2. 甜;酸;苦;辣;辛

3. 茶饮;汤菜;酒;粥饭;糕点

4. 肝;心;肺;肾

5. 气虚;血虚;阴虚;阳虚;气郁;血瘀;痰湿;火热

三、案例分析

1. 痰湿内盛型。

2. 应使用健脾化痰祛湿的中药和食物调理她的肥胖体质,使用如陈皮、砂仁、薏苡仁、赤小豆 50g,泽泻 10g、泽泻、淮山、莲子、芡实,扁豆等。

食膳方:薏米赤豆粥。

材料:薏米 50g,赤小豆 50g,泽泻 10g,

制作方法:先将薏米水煎取汁,用汁与赤小豆、薏米同煮为粥。

食用方法:每日 2~3 次,常温服食。